"十三五"职业教育国家规划教材
高职高专土建专业"互联网+"创新规划教材

建筑三维平法结构识图教程

（第二版）

傅华夏　主　编
张忠台　副主编

U0195052

北京大学出版社
PEKING UNIVERSITY PRESS

内 容 简 介

本书从图纸出发，以图纸为例，通过三维图解和生动的文字叙述，以图文并茂的方式讲解建筑工程结构识图、建筑工程结构力学常识、建筑工程钢筋下料、建筑工程钢筋算量等建筑工程重要的核心知识。

本书主要内容包括：认识钢筋混凝土结构、 柱平法识图规则、 剪力墙平法识图规则、 梁平法识图规则、 板平法识图规则、 楼梯平法识图规则、 基础平法、钢筋下料与算量等内容。

本书适合作为高职高专院校、成人教育学院建筑工程专业的教材和教学参考书，也可供从事土木建筑工作的相关人员参考。

图书在版编目 (CIP) 数据

建筑三维平法结构识图教程 / 傅华夏主编. —2版. —北京：北京大学出版社， 2018.1
(高职高专土建专业“互联网+”创新规划教材)
ISBN 978-7-301-29121-4

Ⅰ. ①建… Ⅱ. ①傅… Ⅲ. ①建筑制图—识别—高等职业教育—教材 Ⅳ. ①TU204

中国版本图书馆 CIP 数据核字 (2017) 第 328624 号

书　　名	建筑三维平法结构识图教程 (第二版) JIANZHU SANWEI PINGFA JIEGOU SHITU JIAOCHENG(DI-ER BAN)
著作责任者	傅华夏　主编
策划编辑	杨星璐　刘健军
责任编辑	刘健军　杨星璐
数字编辑	贾新越　范超奕
标准书号	ISBN 978-7-301-29121-4
出版发行	北京大学出版社
地　　址	北京市海淀区成府路 205 号　100871
网　　址	http://www.pup.cn　　新浪微博：@ 北京大学出版社
电子信箱	pup_6@163.com
电　　话	邮购部 010-62752015　　发行部 010-62750672　　编辑部 010-62750667
印 刷 者	三河市博文印刷有限公司
经 销 者	新华书店 889 毫米 ×1194 毫米　16 开本　14.75 印张　336 千字 2016 年 8 月第 1 版　2018 年 1 月第 2 版 2019 年 6 月修订　2022 年 1 月第 12 次印刷 (总第 14 次印刷)
定　　价	69.50 元

未经许可，不得以任何方式复制或抄袭本书之部分或全部内容。

版权所有，侵权必究

举报电话：010-62752024　电子信箱：fd@pup.pku.edu.cn

图书如有印装质量问题，请与出版部联系，电话：010-62756370

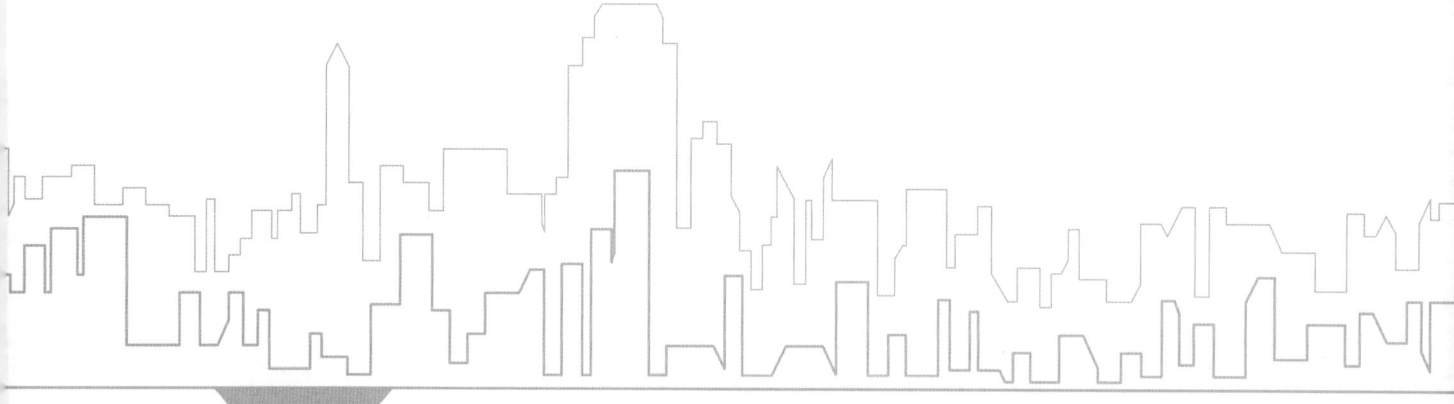

第二版前言

尊敬的读者朋友好，感谢选择《建筑三维平法结构识图教程》（第二版），本书是在《建筑三维平法结构识图教程》第一版基础上，并根据16G101-1/2/3修订的。“16平法”是图纸设计与识读的国家标准之一。因此，熟练地掌握并运用平法识图规则识读钢筋构造详图是学习建筑工程专业学生的必修课。

在学习中我们发现平法结构施工图比较抽象、难以理解，其中又涉及很多设计规范，对于学生或刚入行的广大建筑从业人士来说增加了学习难度。即使是教师在教学中，有时也很难用语言描述清楚结构施工图中复杂的钢筋构造，从而造成学生难学，老师难教的困难局面。

《建筑三维平法识图教程》（第二版）在第一版的基础上根据“16平法”进行了升级和更新，又增加了多幅三维案例图解，并对每章节的三维案例进行了修改和更新，使其更符合工程实际。读者在阅读本书的时候，只要细心对照三维模型与平面结构施工图，就可以了解钢筋构造。

本书从结构识图案例出发，以“16平法”为准，通过彩书三维图解与平面图对照及文字叙述的方式，全面阐述了建筑钢筋混凝土结构识图规则与钢筋算量、钢筋受力等知识。本书注解了国标“16平法”识图规则的大部分内容，除了一般教材中基本的梁、板、柱、墙、楼梯、基础识图规则外，还加入了国标中的无梁楼盖、地下室外墙、板洞、板翻边、基坑、柱帽、后浇、桩基承台等相关混凝土构件识图与钢筋构造相关知识。

全书以图为主，文字为辅，形象、生动、直观、有趣的图文讲解将读者带入建筑三维钢筋世界，在学习中体验乐趣，在乐趣中收获知识。

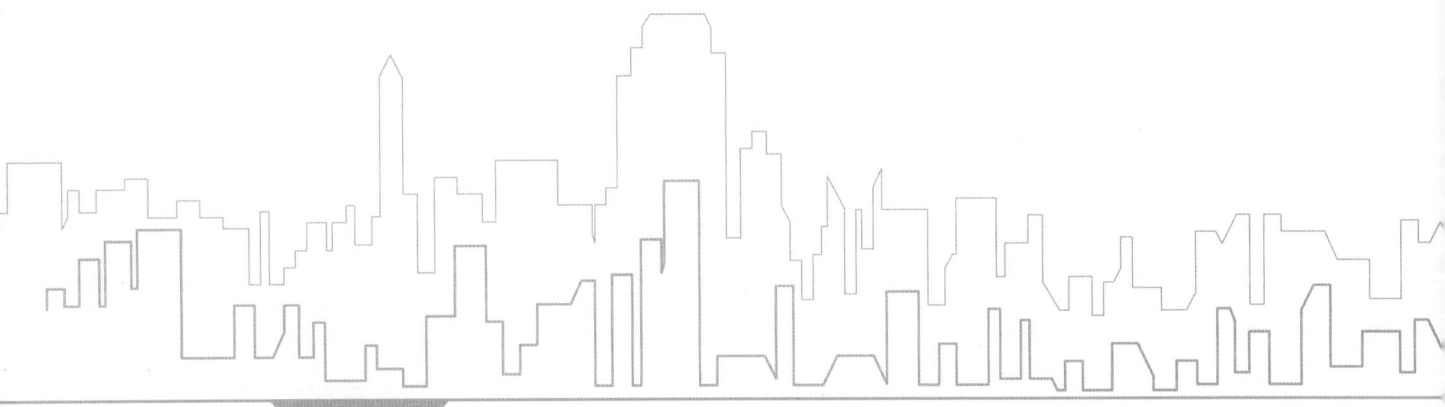

同时，针对《建筑三维平法结构识图教程》（第二版）的特点，为了使学生更加直观地认识和了解结构构件内部钢筋构造与识图规则，也方便教师教学讲解，我们以“互联网+”教材的模式开发了本书配套的APP客户端，读者通过扫描一书一码所附的二维码进行下载，APP客户端通过虚拟现实的手段，采用全息识别技术，应用3ds Max和Sketch Up等多种工具，将书中的全彩钢筋案例示意图转化成可360°旋转并无限放大、缩小的三维模型，读者打开APP客户端之后，将摄像头对准切口带有彩色色块的页面，即可多角度、任意大小、交互式查看三维模型。

本书由广东现代信息职业技术学院傅华夏任主编，黔东南民族职业技术学院张忠台任副主编。

本书在编写过程中，虽然反复推敲论证，但难免还有不足和疏漏之处，恳请广大读者批评指正并提出宝贵的意见和建议，以便日后进一步改进。作者电子邮箱329946810@qq.com。

在此特别感谢广东工业大学郭仁俊教授对本书的编写提出宝贵的意见！

编　者

2019年5月

前言

尊敬的各位读者朋友们，感谢大家选择《建筑三维平法结构识图教程》，在建筑工程中“建筑结构识图”和“建筑钢筋工程算量”是相关工程人员需要掌握的重要专业能力。无论是施工、造价，还是工程管理，我们都离不开对图纸的认识理解和熟练运用，这些工作的开展都要以图纸为依据。同时“国标03/11平法”又是图纸设计与识读的国家标准。因此，熟练地掌握并运用平法识图规则和钢筋构造详图是建筑工程专业的必修课。

我们都知道，平法结构施工图比较抽象、难懂，其中又有很多设计规范，对于初学者、学生和刚入行的广大建筑从业人员来说有一定的学习困难。即使是教师教学，有时也很难用语言清楚地描述复杂的钢筋构造。从而造成学生难学，老师难教的两难局面。

基于这种情况，我们编著了此书。

本书从结构识图案例出发，以国家标准“11平法”为准，通过全彩三维图解及文字叙述的方式全面阐述了建筑钢筋混凝土结构识图规则与钢筋算量、钢筋受力等知识。本书注解了“11平法”的绝大部分内容，除了一般教材中基本的梁、板、柱、墙、楼梯、基础识图规则外，还加入了国家标准中的无梁楼盖、地下室外墙、板洞、板翻边、基坑、柱帽、后浇带、桩基承台等相关混凝土构件识图与钢筋构造的相关知识，其知识全面性、整体性、连贯性较强。

本书精心绘制了多幅全彩三维钢筋详图及三维示意图，采用平面与三维对照的方式讲解识图规则和钢筋构造。全书以图为主，文字为辅，通过形象、生动、直观、有趣的图文讲解，将读者带入建筑三维钢筋世界，使读者在学习中体验乐趣，在乐趣中收获知识。

同时，针对《建筑三维平法结构识图教程》的特点，为了使学生更加直观地认识和了解结构构件内部钢筋构造与识图规则，也方便教师教学讲解，我们以“互联网+”教材的模式开发了本书配套

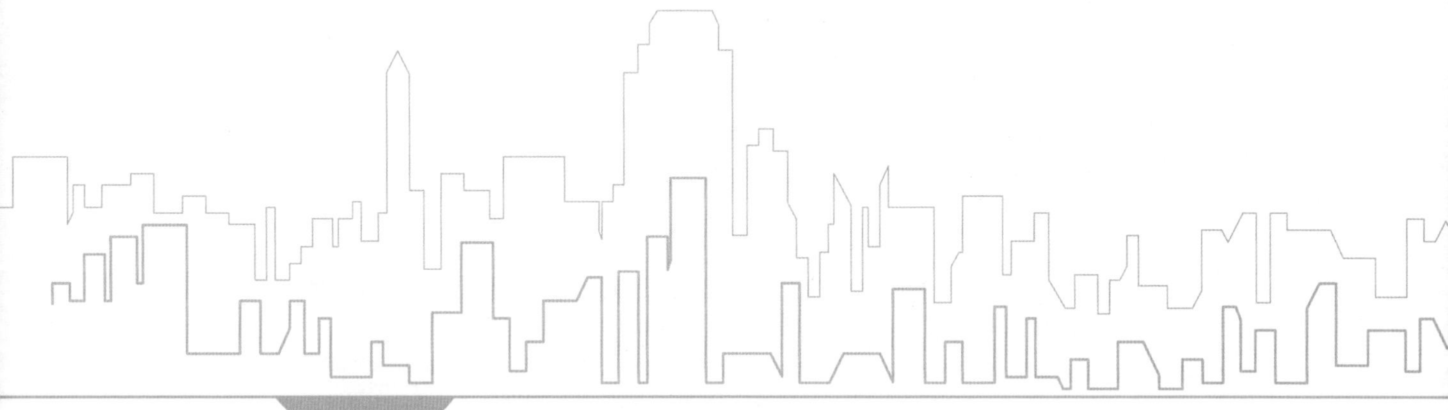

的APP客户端，读者通过扫描一书一码所附的二维码进行下载，APP客户端通过虚拟现实的手段，采用全息识别技术，应用3ds Max和Sketch Up等多种工具，将书中的全彩钢筋案例示意图转化成可360°旋转、无限放大、缩小的三维模型，读者打开APP客户端之后，将摄像头对准切口带有彩色色块的页面，即可多角度、任意大小、交互式查看三维模型。

本书在编写过程中，虽然反复推敲论证，但难免还有不足和疏漏之处，恳请广大读者批评指正并提出宝贵意见和建议，以便我们将进一步　改进。作者电子邮箱：329946810@qq.com。

在此特别感谢广东工业大学郭仁俊教授对本书编写提出的宝贵意见！

编　者

2016年5月

目录 CONTENTS

第1章

认识钢筋混凝土结构

学习思路

在现代建筑工程中建筑的结构形式多种多样。常见的建筑结构有：钢筋混凝土结构、砖混结构、钢结构、木结构、石砌体结构等。但现代建筑结构主要以钢筋混凝土结构为主。本书讲解的结构与识图就是指钢筋混凝土建筑的结构与识图。钢筋混凝土结构又可分为钢筋混凝土框架结构、钢筋混凝土框架剪力墙结构、钢筋混凝土剪力墙结构、钢筋混凝土框支剪力墙结构、钢筋混凝土核芯筒体结构几种常见的结构形式。我们将分别介绍以上几种常见的钢筋混凝土结构建筑的基本分类、构造特征、结构构件受力常识等内容，为进一步学习结构平法识图打好基础。

学习目标

1. 了解建筑结构分类。
2. 掌握钢筋混凝土建筑结构的特征。
3. 了解各种钢筋混凝土建筑结构建筑特点。
4. 掌握各钢筋混凝土建筑结构的适用范围。

能力目标	知识要点	权重
掌握钢筋混凝土的相关知识	（1）钢筋混凝土的基本原理 （2）钢筋混凝土结构建筑的特点	40%
熟悉各种钢筋混凝土结构建筑的形式和特点	钢筋混凝土结构建筑的分类及特征	40%
思考钢筋混凝土不同结构形式之间的联系	钢筋混凝土结构建筑构件相关知识	20%

1.1 认识钢筋混凝土结构建筑

钢筋混凝土结构是指配有钢筋增强的混凝土制成的建筑承重体系。承重的主要结构构件是用钢筋混凝土建造的。钢筋混凝土结构包括薄壳结构、大模板现浇结构，以及使用滑模、升板等建造的钢筋混凝土结构的建筑物。在钢筋混凝土结构中，钢筋承受拉力，混凝土承受压力。钢筋混凝土结构具有坚固、耐久、防火性能好、比钢结构节省钢材和成本低等优点。

钢筋混凝土结构在土木工程中的应用范围极广，各种工程结构都可采用钢筋混凝土建造。钢筋混凝土结构在原子能工程、海洋工程和机械制造业的一些特殊场合，如反应堆压力容器、海洋平台、巨型运油船、大吨位水压机机架等，均得到了十分有效的应用，解决了钢结构所难于解决的技术问题。

特别提示

钢筋混凝土是由钢筋和混凝土按比例混合搅拌浇筑成建筑构件后共同承受荷载和温度应力的结构形式，其中钢筋的抗拉强度和混凝土的抗压强度最为重要。另外，施工时还和天气的温度、湿度有关，因为温、湿度会影响混凝土的强度及抗渗、抗裂、耐久等性能。

1.1.1 钢筋混凝土结构的基本原理

由于混凝土的抗拉强度远低于抗压强度，因而素混凝土结构不能用于承受拉应力的梁和板。如果在混凝土梁、板的受拉区内配置钢筋，则混凝土开裂后的拉力即可由钢筋承担，这样就可充分发挥混凝土抗压强度较高和钢筋抗拉强度较高的优势，共同抵抗外力的作用，提高混凝土梁、板的承载能力。

钢筋与混凝土两种不同性质的材料能有效地共同工作，是由于混凝土硬化后混凝土与钢筋之间产生了黏结力。它由分子力（胶合力）、摩阻力和机械咬合力三部分组成。其中起决定性作用的是机械咬合力，约占总黏结力的一半以上。将光面钢筋的端部做成弯钩及将钢筋焊接成钢筋骨架和网片，均可增强钢筋与混凝土之间的黏结力。为保证钢筋与混凝土之间的可靠黏结和防止钢筋被锈蚀，钢筋周围需具有 15 ～ 30mm 厚的混凝土保护层。若结构处于有侵蚀性介质的环境，保护层厚度还要加大，以防止钢筋被氧化、锈蚀。

梁和板等受弯构件中受拉力的钢筋，根据弯矩图的变化沿纵向配置在结构构件受拉的一侧。在柱和拱等结构中，钢筋也被用来增强结构的抗压能力。它有两种配置方式：一种是顺压力方向配置纵向钢筋，与混凝土共同承受压力；另一种是垂直于压力方向配置横向的钢筋网和螺旋箍筋，以阻止混凝土在压力作用下的侧向膨胀，使混凝土处于三向受压的应力状态，从而增强混凝土的抗压强度和变形能力。由于按这种方式配置的钢筋并不直接承受压力，所以也称间接配筋。在受弯构件中，与纵向受力钢筋垂直的方向，还须配置分布筋和箍筋，以便更好地保持结构的整体性，承担因混凝土收缩和温度变化而引起的应力，以及承受横向剪力。

1.1.2 钢筋混凝土结构的优缺点

1. 钢筋混凝土结构的优点

①就地取材；②耐久性、耐火性好（与钢结构比较）；③整体性好；④可模性好；⑤比钢结构节约钢材。

2. 钢筋混凝土结构的缺点

①自重大；②混凝土抗拉强度较低，易裂；③费工、费模板，周期长；④施工受季节影响；⑤补强修复困难。

1.1.3 钢筋混凝土结构的使用寿命

住宅的使用年限是指住宅在有形磨损下能维持正常使用的年限，是由住宅的构造形式、施工质量等综合因素决定的自然寿命。国家对于不同建筑结构的折旧年限的规定是：钢筋混凝土结构 60 年；砖混结构 50 年。

钢筋混凝土结构建筑的耐久性根据具体情况不同而有所不同，一般民用建筑的设计使用年限是 50 年，大型或者比较重要的建筑为 80 年或 80 年以上。其使用寿命一般会大于设计年限，如果说混凝土的设计使用寿命相对而言不是很长，主要是由于建筑使用过久会出现缺陷，比如混凝土开裂会造成对钢筋的保护能力降低，导致钢筋锈蚀结构破坏加速，从而使耐久性大大降低，还有自然的侵蚀风化作用，也会影响混凝土的耐久性，但如果后期加强维护，对缺陷及时修补，发现隐患进行一定的技术处理，早发现早处理，就会使混凝土耐久性大大提高。

特别提示

为保证混凝土结构耐久性的要求，国家规定了钢筋混凝土结构建筑的最低混凝土强度等级、最小保护层厚度、最大水灰比、最小水泥用量、最低混凝土强度等级、最大氯离子含量、最大碱含量等一些要求。

1.1.4 常见的钢筋混凝土结构建筑分类

工程中常见的钢筋混凝土结构建筑有：钢筋混凝土框架结构、钢筋混凝土框架剪力墙结构、钢筋混凝土剪力墙结构、钢筋混凝土框支剪力墙结构、钢筋混凝土筒体框架结构几种常见的结构形式。

1.2 认识钢筋混凝土框架结构建筑

1.2.1 钢筋混凝土框架结构的建筑性能

钢筋混凝土框架结构建筑是指将梁、柱、板以刚接或者铰接的方式连接从而形成的建筑框架空间承重体系，共同承受建筑使用过程中出现的水平荷载和竖向荷载的建筑结构形式，如图 1.1 所示。

框架结构的房屋墙体不承重，仅起到围护和分隔作用，一般用预制的加气混凝土、膨胀珍珠岩、空心砖或多孔砖、浮石、蛭石、陶粒等轻质板材等材料砌筑或装配而成。

框架结构又称构架式结构。房屋的框架按跨数分有单跨、多跨；按层数分有单层、多层；按立面构成分为对称、不对称；按所用材料分为钢框架、混凝土框架、胶合木结构框架或钢与钢筋混凝土混合框架等。其中最常用的是钢筋混凝土框架主要有现浇整体式、装配式、装配整体式，也可根据需要施加预应力，主要是对梁或板施加预应力。装配整体式混凝土框架和钢框架适合大规模工业化施工，效率较高，工程质量较好。

1.2.2 钢筋混凝土框架结构建筑的优缺点

钢筋混凝土框架建筑的主要优点有：空间分隔灵活，自重轻，节省材料；可以较灵活地配合建筑平面布置化、定型化，若采用装配整体式结构可缩短施工工期；采用现浇钢筋混凝土框架时，其结构配置的优点是利于安排大空间需求的建筑结构；框架结构的梁、柱构件整体性较好、刚度较好，设计处理得好也能达到较好的抗震效果，而且可以把梁或柱浇筑成各种需要的截面形状，灵活多样，造型美观。

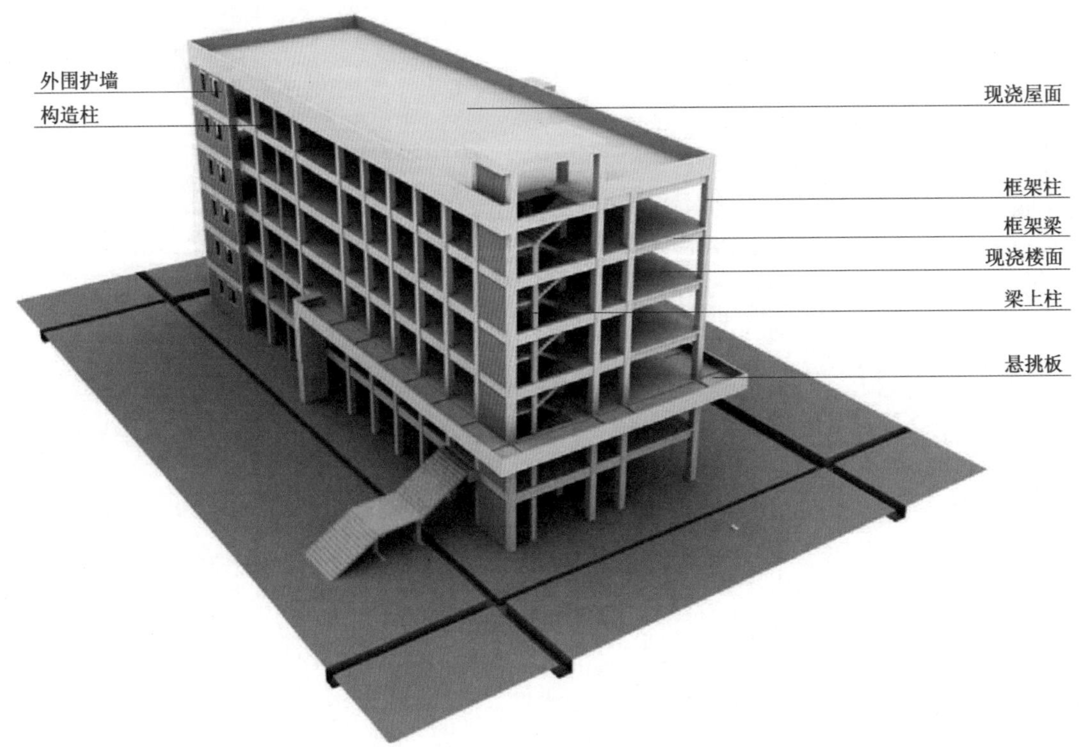

图 1.1　钢筋混凝土框架建筑示意图

框架结构建筑的缺点有：框架节点应力集中明显；框架结构建筑的侧向刚度小，柔性结构框架，在强烈地震作用下，结构所产生的水平位移较大，易造成严重的非结构性破坏；若采用预制组装施工，其吊装次数多，接头工作量大，工序多，浪费人力，施工受季节、环境影响较大。

不适宜建造高层建筑，因为框架是由梁、柱等杆系构件构成的杆系结构，其承载力和刚度都较低，特别是侧向刚度小造成的水平方向承载力较低（即使可以考虑现浇楼面与梁共同工作以提高楼面水平刚度，但也是有限的），在风压水平推力作用下上部位移较大。它的受力特点类似于竖向悬臂剪切梁，其总体水平位移上大下小，但相对于各楼层而言，层间变形上小下大。

对于钢筋混凝土框架结构来说，当高度大、层数相当多时，结构底部各层不但柱的轴力很大，而且梁和柱由于水平荷载所产生的弯矩和整体的侧移也明显增加，从而导致底层柱截面尺寸和配筋增大，因此就给建筑平面布置和空间处理可能带来困难，影响建筑空间的合理使用。此外，在材料消耗和造价方面，框架结构也趋于不合理，故一般只适用于建造不超过 15 层的房屋。

1.2.3　钢筋混凝土框架结构建筑的应用范围

框架结构可设计成静定的三铰框架或超静定的双铰框架与无铰框架。混凝土框架结构广泛用于住宅、学校、办公楼，也有根据需要对混凝土梁或板施加预应力的，以适用于较大的跨度；框架钢结构常用于大跨度的公共建筑、多层工业厂房和一些特殊用途的建筑物中，如剧场、商场、体育馆、火车站、展览厅、造船厂、飞机库、停车场、轻工业车间等。

特别提示

在框架结构中，梁柱的设计与施工是最关键的，设计时如何提高框架的抗侧刚度及控制好结构侧移都是重要因素。

1.3 认识钢筋混凝土框架剪力墙结构建筑

1.3.1 钢筋混凝土框架剪力墙结构建筑的受力特点

框架剪力墙结构是在建筑承重结构中设置部分钢筋混凝土墙体，从而起到增加建筑上部结构与基础的接触面积，使其稳定性、抗震能力和侧向刚度得到很大的提高。

在框架剪力墙结构中布置一定数量的剪力墙，可以构成灵活自由的使用空间，满足不同建筑功能的要求，同时有足够的剪力墙还可提高建筑的侧向刚度［剪力墙的侧向刚度大就是指在水平荷载（风荷载和水平地震力）的作用下抵抗变形的能力很强］。

同时，框架剪力墙结构采用钢筋混凝土墙板来代替框架结构中的梁、柱，能承担各类荷载引起的内应力，并能有效控制结构的水平位移。钢筋混凝土墙板能承受竖向力和水平力，它的刚度很大，空间整体性好，房间内不外露梁、柱棱角，便于室内布置，方便使用。框架剪力墙结构形式是高层住宅采用最为广泛的一种结构形式，如图 1.2 所示。

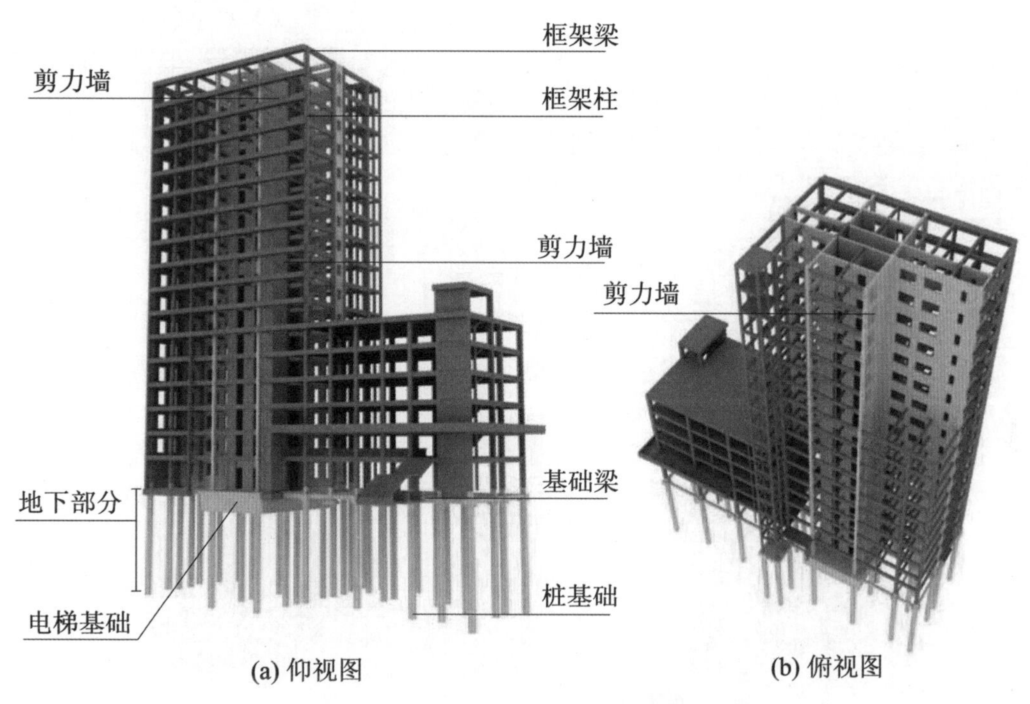

图 1.2 钢筋混凝土框架剪力墙结构建筑

注：框架剪力墙结构的建筑剪力墙与基础连接。图中黄色部分为剪力墙墙体与基础。

1.3.2 钢筋混凝土框架剪力墙结构的优缺点

框架剪力墙结构在现代高层建筑中应用非常普遍，尤其是高层住宅建筑一般都采用该结构形式，也是我们住宅建筑中见得较多的钢筋混凝土结构形式。

框架剪力墙结构的优点：①同样设防烈度地区，框架剪力墙结构因抗震能力较接近剪力墙结构，规范允许建造的高度比框架结构高得多。②框架剪力墙结构在风力水平荷载（或地震水平荷载）作用下的整体侧向变形介于弯曲型与剪切型之间，是中庸平和类型；在用料、舒适度等各方面都比较适中。③由于框架剪力墙结构在水平荷载作用下，大部分剪力由剪力墙承担，底层的框架柱截面尺寸可以做得不必过大，从而节约使用空间。④框架剪力墙结构要求有较大空间区域。

框架剪力墙结构的缺点：框架剪力墙结构施工工艺复杂，剪力墙构件种类繁多，不能采用装配式构件进行工业生产。

特别提示

框架剪力墙结构在高层住宅建筑中较为常见，同学们将来在实践过程中常常与之接触应引起高度重视。尤其是剪力墙构件的施工较为复杂，我们应该将其标准构造详图牢牢掌握，以便在实践中熟练运用。

1.4 认识钢筋混凝土剪力墙结构建筑

1.4.1 钢筋混凝土剪力墙结构的特征

剪力墙结构是指用钢筋混凝土墙板来代替框架结构中的梁、柱，其能承担各类荷载引起的内力，并能有效控制结构的水平力。钢筋混凝土墙板能承受竖向和水平力荷载，它的刚度很大，空间整体性好，房间内不外露梁、柱棱角，便于室内布置，方便使用。剪力墙结构形式是高层住宅采用最为广泛的结构形式之一，如图 1.3 所示。剪力墙结构是用钢筋混凝土墙板来代替框架结构中的梁柱，其能承担各类荷载引起的内力，并能有效控制结构的水平力。钢筋混凝土墙板能承受竖向和水平力荷载，它的刚度很大，空间整体性好，房间内不外露梁、柱棱角，便于室内布置，方便使用。剪力墙结构形式是高层住宅采用最为广泛的结构形式之一。

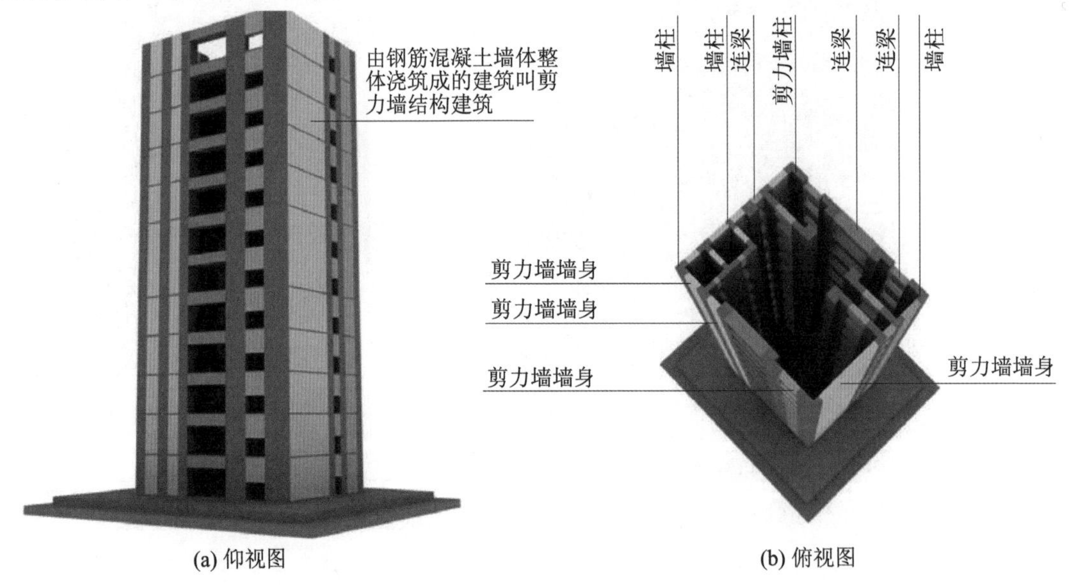

图 1.3　钢筋混凝土剪力墙结构

说明：如果将剪力墙结构建筑楼板隐藏，我们会发现剪力墙结构建筑的竖向承重构件都是由钢筋混凝土墙体所构成，但是剪力墙是由墙柱、墙身、墙梁、墙洞等剪力墙构件组成。

1.4.2 钢筋混凝土剪力墙结构的优缺点

高层建筑中使用钢筋混凝土墙体承受荷载，可提高建筑抵抗地震水平力的能力。同时，高层建筑高空承受风压变形力，采用钢筋混凝土墙体抵抗风压变形力较好于柱。剪力墙结构是由纵向、横向的钢筋混凝土墙所组成的建筑，即结构采用剪力墙的结构体系。墙体除抵抗水平荷载和竖向荷载外，还对房屋起围护和分割作用。

剪力墙结构的优点：①整体性好；②侧向刚度大，水平力作用下侧移小；③由于没有梁、柱等外露与凸出，便于房间内部空间布置。

剪力墙结构的缺点：①不能提供大空间房屋；②结构延性较差。

特别提示

高层建筑楼层越高，风荷载对建筑的水平推力越大，由此建筑上部结构产生的水平位移越大。这是因为建筑的上部结构是被地基基础所约束，风会对建筑上部结构产生水平力，由此建筑会产生一定的摇摆浮动，对建筑造成弯/拉/剪应力极限破坏。设置剪力墙可有效限制建筑摇摆浮动抵抗弯/拉/剪应力，其靠竖向墙板去抵抗风荷载的水平推力，使得建筑不产生摇摆或者是产生摇摆的幅度特别小，提高了建筑的稳定性和抗震能力。但是全剪力墙结构一般很少使用，虽然其整体性好，但其自重大，对基础的要求很高，所以现在高层、小高层建筑绝大多数采用框架剪力墙结构。

1.5 认识钢筋混凝土框支剪力墙结构建筑

1.5.1 钢筋混凝土框支剪力墙结构的特征

框支剪力墙结构建筑指的是结构中的局部，部分剪力墙因建筑设计要求不能落地，直接落在下层梁上，再由梁将荷载传至柱上，这样的梁就叫框支梁，柱叫框支柱，上面的钢筋混凝土墙就叫框支剪力墙（图 1.4）。这是一个局部的概念，因为结构中一般只有部分剪力墙会是框支剪力墙，而大部分剪力墙一般都会与地基连接。例如，在一些地下停车场，剪力墙结构无法满足空间使用要求时，就可以采用框支剪力墙结构。

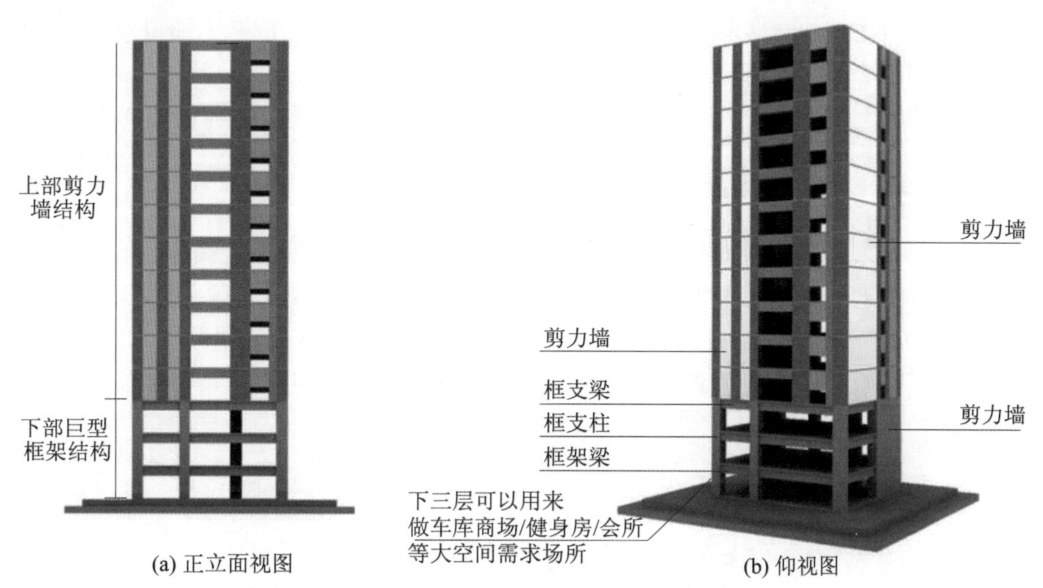

图 1.4 钢筋混凝土框支剪力墙结构

特别提示

在地震区，不允许采用纯粹的框支剪力墙结构。

1.5.2 钢筋混凝土框支剪力墙结构的优缺点

高层中用得最多的是框架剪力墙结构及核芯筒结构。10 层以下用框架结构的较多，特殊情况下 10 层以上用框支剪力墙结构的也较多。

此外，框支剪力墙结构抗震性能差，造价高，应尽量避免采用。但它能满足现代建筑中不同功能组合的需要，有时结构设计中又不可避免需采用此种结构形式，对此应采取措施积极改善其抗震性能，尽可能减少材料消耗，以降低工程造价。

特别提示

相对于框架结构而言，框支剪力墙结构能够承受更大的荷载。但是在建筑高度超过 10 层，荷载不大时，可以优先考虑框架结构，因为框架结构的造价要低于框支剪力墙结构。

1.6 认识钢筋混凝土核芯筒体结构建筑

1.6.1 钢筋混凝土核芯筒体结构的性能

高层建筑中，特别是超高层建筑中，水平荷载越来越大，起着控制作用。筒体结构便是抵抗水平荷载最有效的结构体系。它的受力特点是，整个建筑犹如一个固定于基础上的空心封闭筒式悬臂梁来抵抗水平力。筒体结构可分为框架 - 核芯筒结构、筒中筒结构及多筒结构等。框筒为密排柱和窗下裙梁组成，亦可视为开窗洞的筒体。内筒一般由电梯间、楼梯间组成。内筒与外筒由楼盖连接成整体，共同抵抗水平荷载及竖向荷载。这种结构体系适用于高度不超过 300m 的建筑。多筒结构是将多个筒组合在一起，使结构具有更大的抵抗水平荷载的能力。美国芝加哥西尔斯大楼就是 9 个筒结合在一起的多筒结构。该建筑总高为 442m 的钢结构。

核芯筒就是在建筑的中央部分，由电梯井道、楼梯、通风井、电缆井、公共卫生间、部分设备间围护形成中央核芯筒，与外围框架形成一个外框内筒结构，筒体以钢筋混凝土浇筑而成。此种结构十分有利于高层建筑受力，并具有极优的抗震性能。它是国际上超高层建筑广泛采用的主流结构形式。例如，广州塔就是属于核芯筒体结构外围钢框架的建筑。

1.6.2 钢筋混凝土框架核芯筒体结构建筑的特征

在核芯筒—钢框架结构中，混凝土核芯筒（图 1.5）主要用于抵抗水平侧力。由于材料特点造成两种构件截面差异较大，钢筋混凝土核芯筒的抗侧向刚度远远大于钢框架柱，随着楼层增加，核芯筒承担作用于建筑物上的水平荷载比重越来越大。钢框架部分主要是承担竖向荷载及少部分水平荷载，随着楼层增加，钢框架承担作用于建筑物上的水平荷载比重越来越小。由于钢材强度高，可以有效减少柱体截面，增加建筑使用面积。

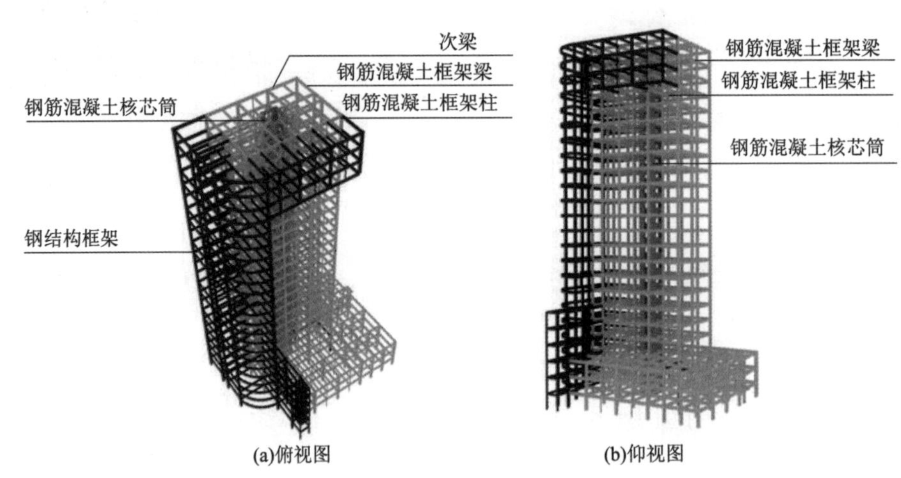

图 1.5 钢筋混凝土框架核芯筒体结构建筑三维示意图

特别提示

过于增强核芯筒刚度而形成弱钢框架结构体系，在强震作用下会造成混凝土墙体开裂，结构整体抗侧向刚度迅速下降，而钢框架结构部分承担的水平荷载的比重迅速增加，超越钢框架承载能力，脱离结构设计人员的设计预想，其破坏是很严重的，甚至会使结构倒塌。

知识链接

钢筋混凝土主体工程施工程序：

施工准备→材料采购→加工→模板、钢筋制作安装→混凝土拌和→运输→浇筑振实→养护→拆模→养护→检查验收。

本章小结

钢筋混凝土结构是指用配有钢筋增强的混凝土制成的建筑承重结构，钢筋混凝土结构包括钢筋混凝土框架结构、钢筋混凝土框架剪力墙结构、钢筋混凝土剪力墙结构、钢筋混凝土框支剪力墙结构和钢筋混凝土核芯筒体结构等常见结构形式。不同结构形式有不同的构造要求和受力特点，在建筑结构学习中我们可以根据实际情况，选用合适的结构形式，学习其构件受力特征及标准构造。通过本章的学习我能够初步认识钢筋混凝土结构，掌握钢筋混凝土结构的基础知识，为第 2 章柱平法的学习打好基础。学习柱平法之前我们应该掌握钢筋混凝土结构中的锚固长度、搭接长度、钢筋间距、搭接百分率、混凝土保护层厚度、环境类别等基本概念知识。

习　题

一、单选题

1. 不属于钢筋混凝土结构的是（　）。

A. 框架结构　B. 框架剪力墙结构　C. 框支剪力墙结构　D. 砖混结构

2. 混凝土的（　）主要与其密实度及内部孔隙的大小和构造有关。

A. 抗冻性　B. 抗侵蚀性　C. 抗老化　D. 抗渗性

3. 框架结构建筑说法正确的是（　）。

A. 适合超高层建筑　B. 节点处应力集中　C. 空间利用率低　D. 墙体承重

二、多选题

1. 属于框架结构建筑的构件有（　）。

A. 框架柱　B. 框架梁　C. 板　D. 楼梯　E. 构造柱

2. 框支剪力墙结构构件有（　）。

A. 框支柱　B. 框支梁　C. 板　D. 楼梯　E. 剪力墙

在线答题

第2章

柱平法识图规则

学习思路

柱子是钢筋混凝土结构中最重要的承重构件之一。钢筋混凝土柱一般会出现在：钢筋混凝土框架结构、框架剪力墙结构、框支剪力墙结构、框架筒体结构等结构中。本章我们只需要掌握钢筋混凝土柱子的平法识图规则及柱子钢筋的标准构造详图，就可以掌握大多数钢筋混凝土结构中的柱子的标准钢筋构造详图及平法识图规则。

学习目标

1. 了解钢筋混凝土柱的受力特点。
2. 掌握柱平法识图规则。
3. 掌握钢筋混凝土柱的标准构造详图及三维示意图。

能力目标	知识要点	权重
了解柱在建筑结构中的性能	（1）了解柱在建筑中的作用、使用范围 （2）柱的受力特点	5%
掌握柱平法识图规则	列表注写方式	35%
掌握柱构件标准构造详图	（1）柱平法识图案例 （2）柱平法标准钢筋构造详图及三维示意图	60%

2.1 钢筋混凝土柱概述

在房屋建筑结构中，截面尺寸较小，而高度相对较高的构件称为柱。

柱主要承受竖向荷载，是主要的竖向受力构件，但柱有时也要承受横向荷载或较大的偏心压力，因此，导致柱出现弯曲和受剪的受力状态。柱是房屋建筑中极为重要的构件，在其较小的截面上，要承受较大的荷载，容易出现失稳破坏，导致整个结构的倒塌。柱广泛应用于房屋建筑中，如框架柱、排架柱、楼盖或屋盖的支柱等。

钢筋混凝土柱是建筑工程中常见的受压构件。对实际工程中的细长受压柱，破坏前将发生纵向弯曲。因此，其承载力比同等条件件的短柱低。

在轴心受压柱中，纵向钢筋数量由计算确定，应不少于 4 根且沿构件截面四周均匀设置。纵向钢筋宜采用较粗的钢筋，以保证钢筋骨架的刚度及防止受力后过早压屈。

柱的箍筋做成封闭式，其数量（直径和间距）由构造确定。当采用热轧钢筋时，箍筋直径不应小于 d/4(d 为纵向钢筋的最大直径），且不应小于 6mm，箍筋的间距不应大于 400mm 及构件截面的短边尺寸，且不应大于 15d(d 为纵向钢筋的最小直径），箍筋形式根据截面形式、尺寸及纵向钢筋根数确定。当柱子短边不大于 400mm，且各边纵向钢筋不多于 4 根时，可采用单个箍筋；当柱子截面短边尺寸大于 400mm 且各边纵向钢筋多于 3 根或当柱子短边不大于 400mm，纵向钢筋多于 4 根时，应设置复合箍筋；对于截面形式复杂的柱，不能采用内折角箍筋。

特别提示

钢筋混凝土柱按照制作方法分为现浇柱和预制柱。现浇钢筋混凝土柱整体性好，但支模工作量大。预制钢筋混凝土柱施工比较方便，但不容易保证节点连接质量。

2.2 柱平法施工图识图规则

（1）柱平法施工图是在柱平面布置图上采用列表注写方式或截面注写方式表达。

（2）在柱平法施工图中，应注有各结构层的楼面标高、结构层高及相应的结构层号，上部结构嵌固部位位置。基础顶面以上柱纵筋非连接区嵌固部位长度大于等于 H_n/6 且大于等于 H_c 且大于等于 500mm 等。

特别提示

以上包括柱平法施工图的列表注写方式和截面注写方式，这两种注写方式是建筑结构施工图中常用的结构表示方法。

2.3 柱平法施工图的列表标注识图方法

列表注写方式是指在柱平面布置图上采用适当比例绘制一张柱平面布置图，包括框架柱、框支柱、梁上柱和剪力墙上柱。分别在同一编号的柱中选择一个（有时需要选择几个）截面标注几何参数代号、柱表中的注写柱号、柱段起止标高、几何尺寸、柱截面与轴线的偏心情况、柱配筋的具体数值、柱截面形状、箍筋类型图等，以此方式来表达柱的结构施工图。

1. 柱编号注写内容

（1）注写柱编号，柱编号由类型代号和序号组成，应符合表 2-1 的规定。

表 2-1 柱编号

柱类型	代号	序号
框架柱	KZ	××
转换柱	ZHZ	××
芯柱	XZ	××
梁上柱	LZ	××
剪力墙上柱	QZ	××

（2）柱编号类型的含义。

框架柱 (KZ)，汉语拼音 kuang jia zhu 的第一个和第三个汉字拼音首字母的缩写。

框架柱是指在钢筋混凝土结构中负责将梁和板上的荷载传递给基础的竖向受力构件（图 2.1）。一般情况下框架柱由基础到屋面穿过标准层连续设置，楼层越往下，框架柱的截面尺寸及配筋越大。

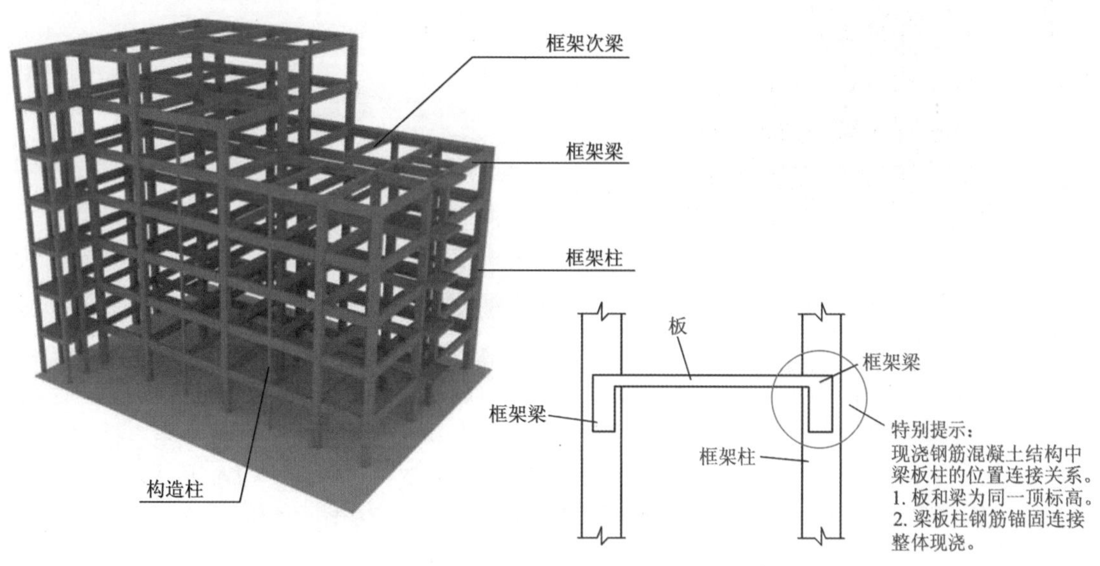

图 2.1 框架柱三维示意图

说明：该图是将一栋框架结构建筑隐藏楼板，显示出框架梁和框架柱的节点构造。
从图中可以看出，整栋楼的荷载由板传递到梁，再由梁传递到框架柱，最后由框架柱传递到基础。
在图中可以看到，较小的构造柱是不承受荷载的，并且不与基础连接。

转换柱 (ZHZ)，汉语拼音 zhuan huan zhu 的汉字拼音首字母的缩写。

转换柱建筑功能要求下部空间大，上部部分竖向构件不能直接连续贯通落地，而是通过水平转换结构与下部竖向构件连接。当布置转换梁支撑上部剪力墙的时候，转换梁叫框支梁，支撑框支梁的构件叫转换柱 (图 2.2)。

芯柱（XZ），汉语拼音 xin zhu 汉字拼音首字母的缩写。

钢筋混凝土结构中，由于底层柱受力较大，因此底层柱设计截面尺寸较大。为了提高其配筋率，在大截面柱中部设置较小的钢筋笼，称之为芯柱 (图 2.3)。

特别提示

在施工时应先绑扎芯柱钢筋，待其落位固定以后，再绑扎框架柱的钢筋，最后合拢模板。

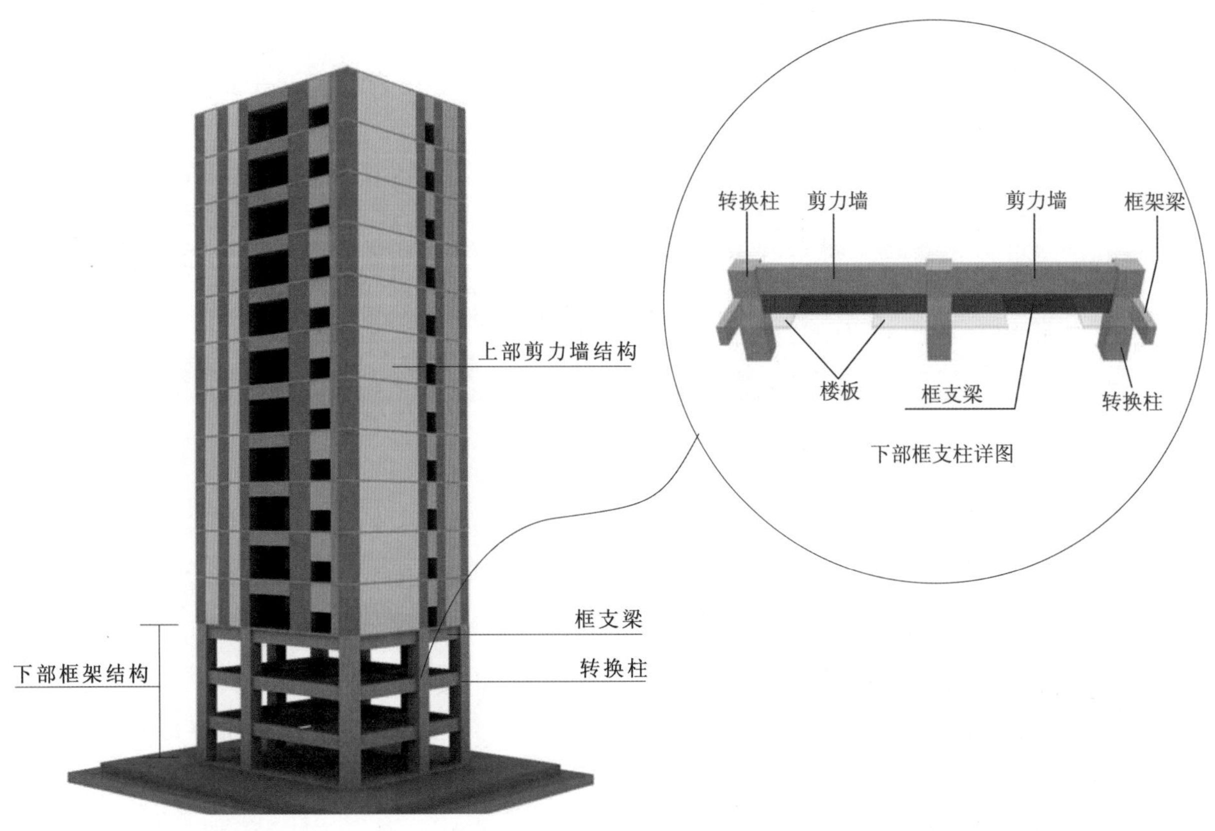

图 2.2　转换柱

注：1. 图中建筑为框支剪力墙结构，上部为剪力墙结构下部为混凝土框架，剪力墙由框支柱支撑，中间为转换梁转换构件。

2. 在结构中为了更好地表现出框支柱与框支梁的节点关系，我们隐藏了现浇楼板，请注意查看。

3. 在工程实际中没有绝对的框支剪力墙结构，大多数都是采用转换柱与剪力墙共同受力的结构。也就是说，上部剪力墙结构中部分剪力墙是要落地与基础连接的。

梁上柱（LZ），汉语拼音 liang shang zhu 的第一个和第三个汉字拼音首字母的缩写。

梁上柱一般设置在楼梯间，作为楼梯梁的支撑构造柱或在剪力墙结构中的框支梁上 (图 2.4)。

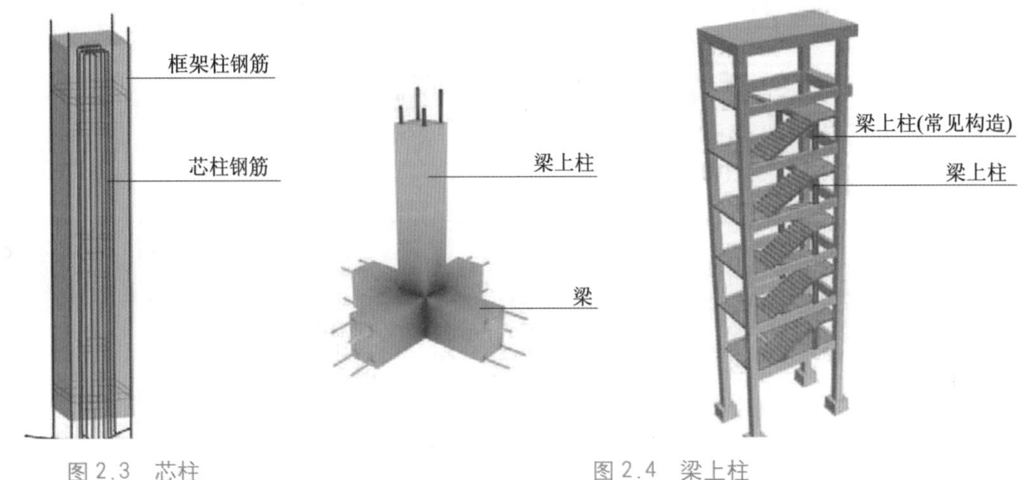

图 2.3　芯柱　　　图 2.4　梁上柱

剪力墙上柱（QZ），汉语拼音 jian li qiang shang zhu 第三个和第五个汉字拼音首字母的缩写。

剪力墙上柱一般在结构转换层设置。如一层为剪力墙结构，二层为框架结构，就会设置剪力墙上柱 (图 2.5)。

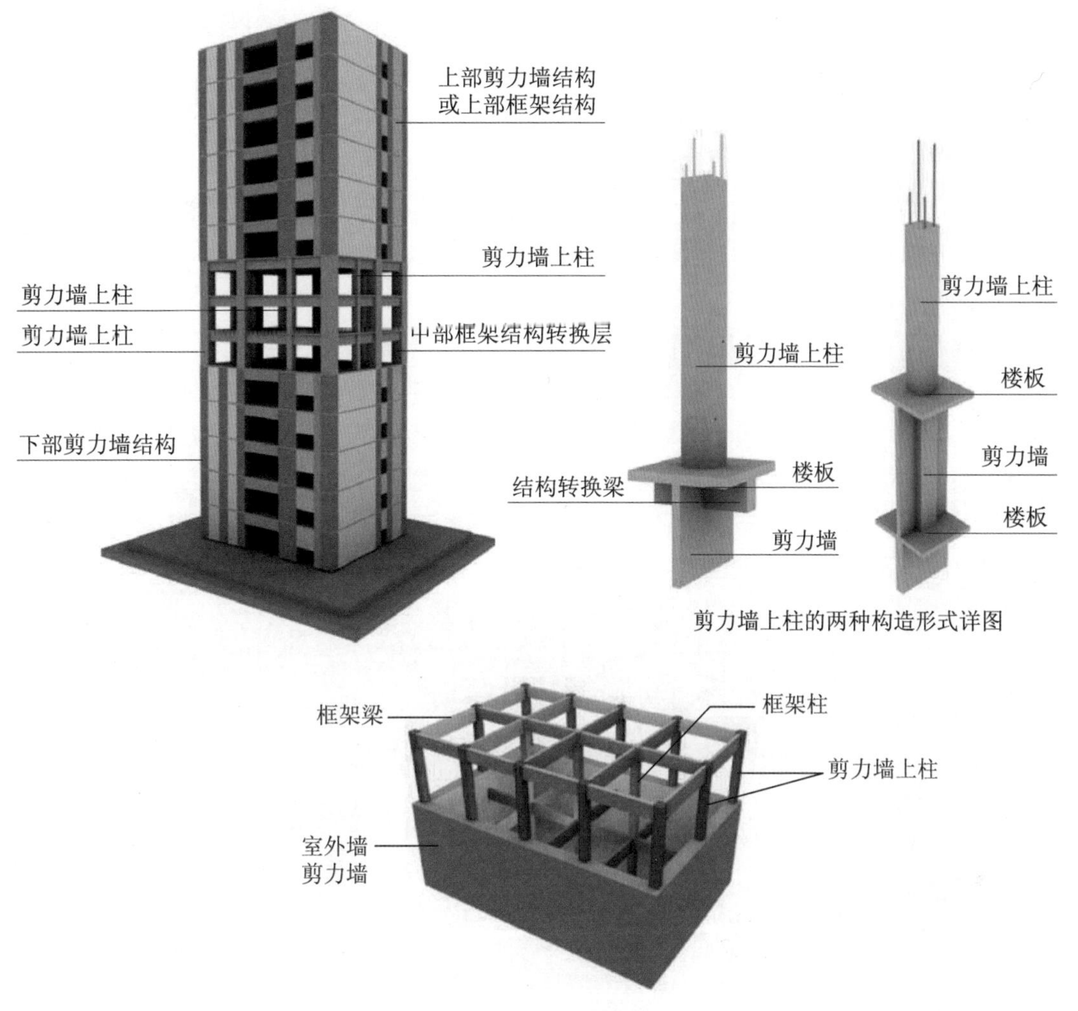

图 2.5　剪力墙上柱在框支剪力墙结构中的三维示意图

说明：

(1) 在框支剪力墙结构中有时候将框架结构设置在建筑中层。以满足该楼层特殊的结构空间需要，这时候需要在下部剪力墙结构上起墙上柱，如图 2.5 所示，该图中剪力墙上柱也可是框支柱。

(2) 在工程实际中没有绝对的框支剪力墙结构，大多数都是采用框支柱与剪力墙共同受力的结构。也就是说，上部剪力墙结构中部分剪力墙是要落地与基础连接的。

2. 柱标高注写内容

各段柱的起止标高，自柱根部往上以变截面位置或截面未变但配筋改变处为界分段注写。框架柱和框支柱的根部标高是指基础顶面高。芯柱的根部标高是指根据结构实际需要而定的起始位置标高。梁上柱的根部标高是指梁顶面标高。剪力墙上柱的根部标高分两种：当柱纵筋锚固在墙顶部时，其根部标高为墙顶面标高；当柱与剪力墙重叠一层时，其根部标高为墙顶面往下一层的结构层楼面标高。

3. 柱截面注写内容

（1）矩形柱：截面尺寸 $b \times h$ 及与轴线关系的几何参数代号 b_1、b_2 和 h_1、h_2 的具体数值，需对应于各段柱分别注写。其中 $b=b_1+b_2$，$h=h_1+h_2$。当截面的某一边收缩变化至与轴线重合或偏到轴线的另一侧时，b_1、b_2、h_1、h_2 中的某项为零或为负值。

（2）圆柱：表中 $h \times b$ 一栏改用在圆柱直径数字前加 d 表示。为表达简单，圆柱截面与轴线的关系也用 b_1、b_2 和 h_1、h_2 表示，并使 $d=b_1+b_2$，$h=h_1+h_2$。

（3）芯柱：根据结构需要，可以在某些框架柱的一定高度范围内，在其内部的中心位置设置 (分别引注其柱编号）。柱截面尺寸按构造确定，并按 16G101-1 图集标准构造详图施工；芯柱定位随框架柱，不需要注写其与轴线的几何关系。

4. 柱纵筋注写内容

注写柱纵筋。当柱纵筋直径相同，各边根数也相同时（包括矩形柱、圆柱和芯柱），将纵筋注写在“全部纵筋”一栏中；除此之外，柱纵筋分角筋、截面 b 边中部筋和 h 边中部筋三项分别注写（对于采用对称配筋的矩形截面柱，可仅注写一侧中部筋，对称边省略不注）。

5. 柱箍筋注写内容

（1）注写柱箍筋，包括钢筋级别、直径与间距。

（2）当为抗震设计时，用斜线“/”区分柱端箍筋加密区与柱身非加密区长度范围内箍筋的不同间距。施工人员需根据标准构造详图的规定，在规定的几种长度值中取其最大者作为加密区长度。当框架节点核芯区内箍筋与柱端箍筋设置不同时，应在括号中注明核芯区箍筋直径及间距。

【案例解析 2-1】

Φ10@100/200，表示箍筋为 HPB300 级钢筋，直径为 10，加密区间距为 100，非加密区间距为 200(图 2.6)。

Φ10@100/200(Φ12@100)，表示柱中箍筋为 HPB300 级钢筋，直径为 10，加密区间距为 100，非加密区间距为 200。框架节点核芯区箍筋为 HPB300 级钢筋，直径为 12，间距为 100(图 2.7)。

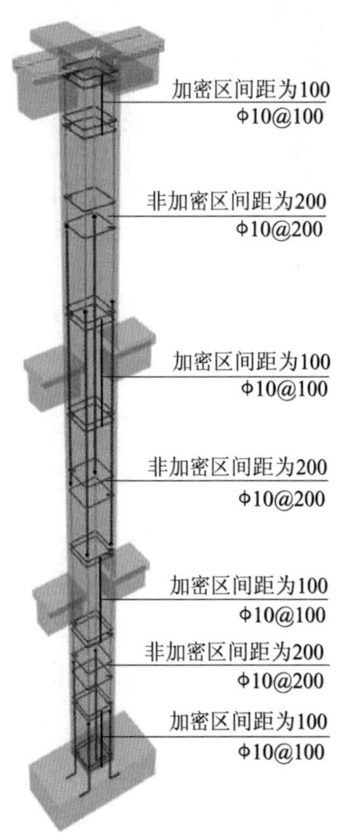

图 2.6　框架柱箍筋加密与非加密范围

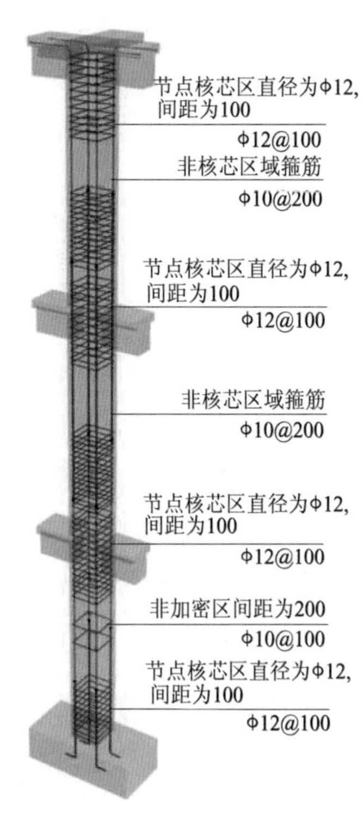

图 2.7　框架柱节点核芯区箍筋

当箍筋沿柱全高为一种间距时，则不使用“/”线。

【案例解析 2-2】

Φ10@100，表示沿柱全高范围内箍筋均为 HPB300 级钢筋，直径为 10，间距为 100(图 2.8)。

【案例解析 2-3】

当圆柱采用螺旋箍筋时，需在箍筋前加“L”。

LΦ10@100/200，表示采用螺旋箍筋，箍筋为 HPB300 级钢筋，直径为 10，加密区间距为 100，非加密区间距为 200(图 2.9)。

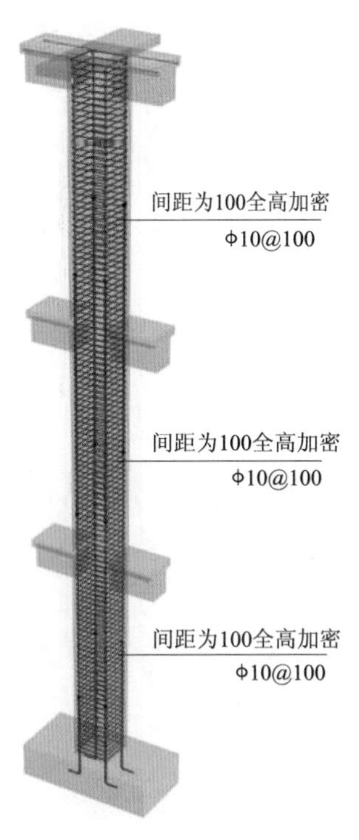

图 2.8 框架柱箍筋全高加密

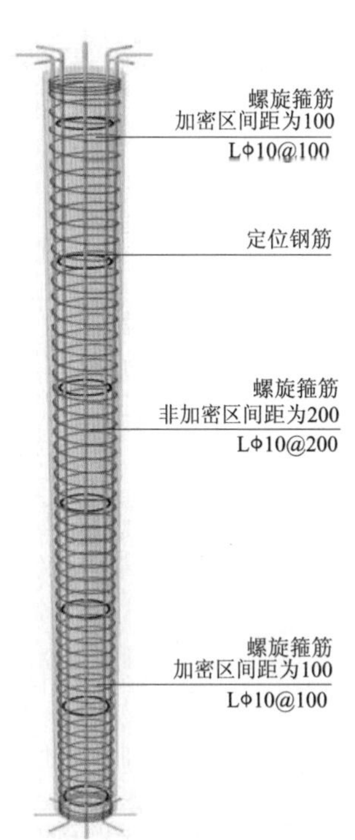

图 2.9 螺旋箍筋三维示意

特别提示

- 柱箍筋的作用是：连接纵向钢筋形成钢筋骨架；作为纵筋的支点，减少纵向钢筋的纵向弯曲变形；承受柱的剪力，使柱截面核心内的混凝土受到横向约束而提高承载能力，因此箍筋的间距不宜过大。
- 在应力复杂和应力集中的部位 (如柱和其他构件连接处) 及配筋构造上的薄弱处 （如纵向钢筋接头处），箍筋需要加密。

6. 芯柱截面注写内容

对除芯柱之外的所有柱截面进行编号，从相同编号的柱中选择一个截面，按另一种比例原位放大绘制柱截面配筋图，并在各配筋图上继其编号后再注写截面尺寸 $b×h$ 角筋或全部纵筋 (当纵筋采用一种直径且能够图示清楚时)、箍筋的具体数值，以及在柱截面配筋图上标注柱截面与轴线关系 b_1、b_2、h_1、h_2 的具体数值。

2.4 柱平法识图案例三维详解

本案例通过解析框架柱 KZ1 在边柱、中柱、角柱的布置情况下的钢筋三维示意图来学习柱平法识图规则及柱钢筋构造。

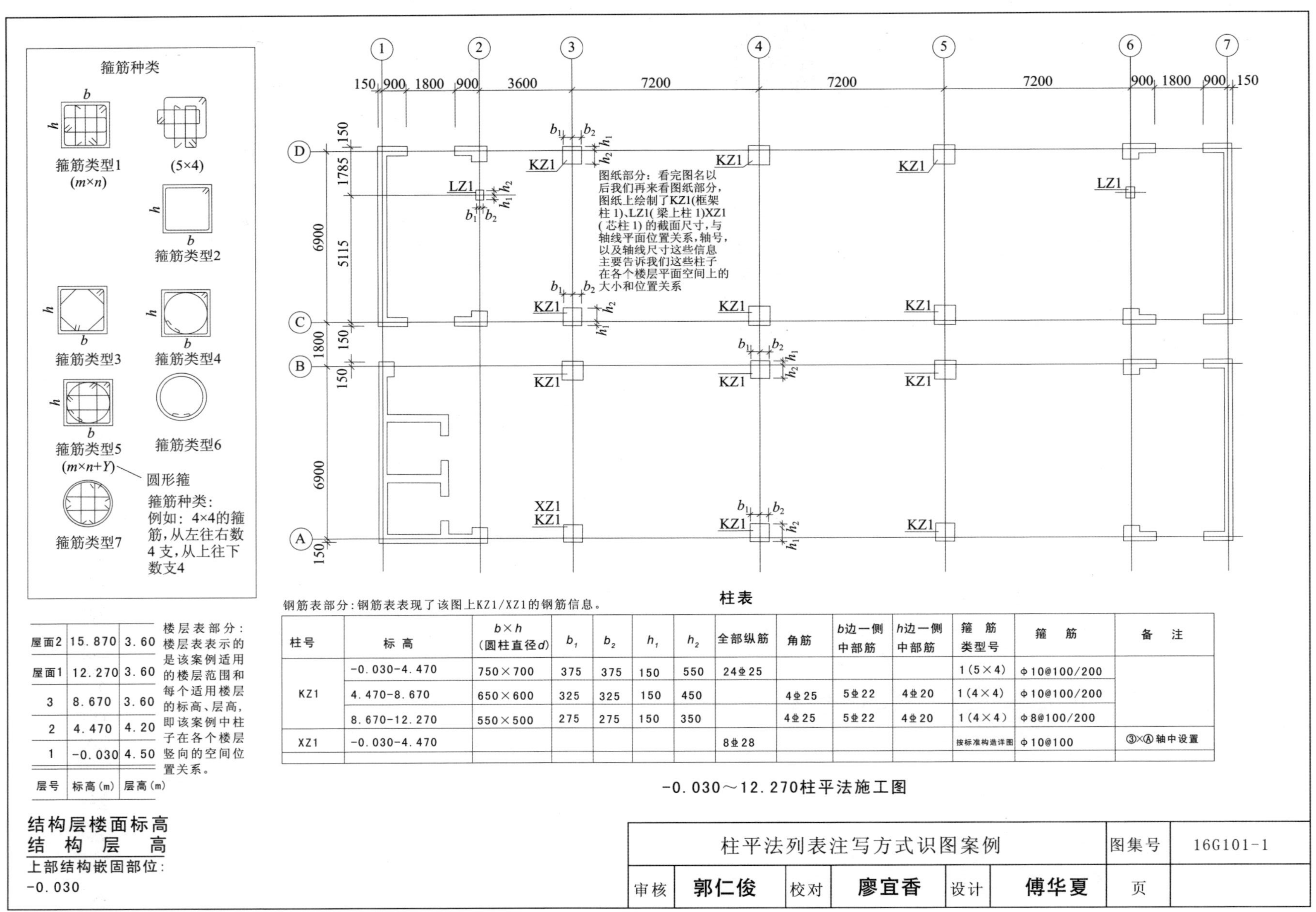

钢筋表部分：钢筋表表现了该图上KZ1/XZ1的钢筋信息。

柱表

柱号	标高	$b\times h$（圆柱直径d）	b_1	b_2	h_1	h_2	全部纵筋	角筋	b边一侧中部筋	h边一侧中部筋	箍筋类型号	箍筋	备注
KZ1	-0.030-4.470	750×700	375	375	150	550	24⌀25				1(5×4)	⌀10@100/200	
	4.470-8.670	650×600	325	325	150	450		4⌀25	5⌀22	4⌀20	1(4×4)	⌀10@100/200	
	8.670-12.270	550×500	275	275	150	350		4⌀25	5⌀22	4⌀20	1(4×4)	⌀8@100/200	
XZ1	-0.030-4.470						8⌀28				按标准构造详图	⌀10@100	③×Ⓐ轴中设置

-0.030～12.270柱平法施工图

层号	标高(m)	层高(m)
屋面2	15.870	3.60
屋面1	12.270	3.60
3	8.670	3.60
2	4.470	4.20
1	-0.030	4.50

楼层表部分：楼层表表示的是该案例适用的楼层范围和每个适用楼层的标高、层高，即该案例中柱子在各个楼层竖向的空间位置关系。

结构层楼面标高
结构层高
上部结构嵌固部位：
-0.030

柱平法列表注写方式识图案例						图集号	16G101-1
审核	郭仁俊	校对	廖宜香	设计	傅华夏	页	

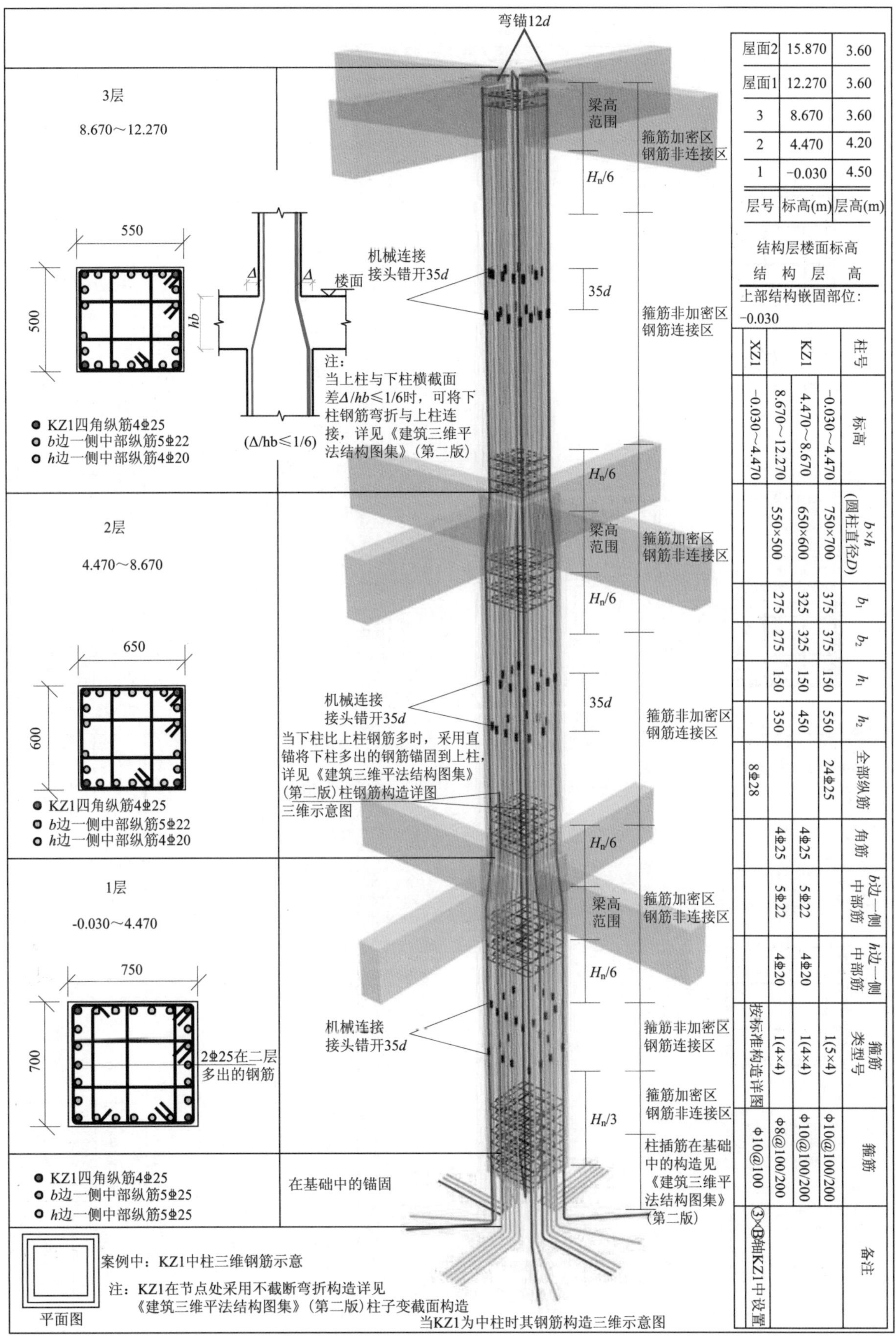

层号	标高(m)	层高(m)
屋面2	15.870	3.60
屋面1	12.270	3.60
3	8.670	3.60
2	4.470	4.20
1	-0.030	4.50

结构层楼面标高
结构层高
上部结构嵌固部位：
-0.030

柱号	标高	$b \times h$(圆柱直径D)	b_1	b_2	h_1	h_2	全部纵筋	角筋	b边一侧中部筋	h边一侧中部筋	箍筋类型号	箍筋	备注
KZ1	-0.030～4.470	750×700	375	375	150	550	24Φ25				1(5×4)	Φ10@100/200	③×Ⓑ轴KZ1中设置
	4.470～8.670	650×600	325	325	150	450		4Φ25	5Φ22	4Φ20	1(4×4)	Φ10@100/200	
	8.670～12.270	550×500	275	275	150	350		4Φ25	5Φ22	4Φ20	1(4×4)	Φ8@100/200	
XZ1	-0.030～4.470						8Φ28				按标准构造详图	Φ10@100	

当KZ1为中柱时其钢筋构造三维示意图

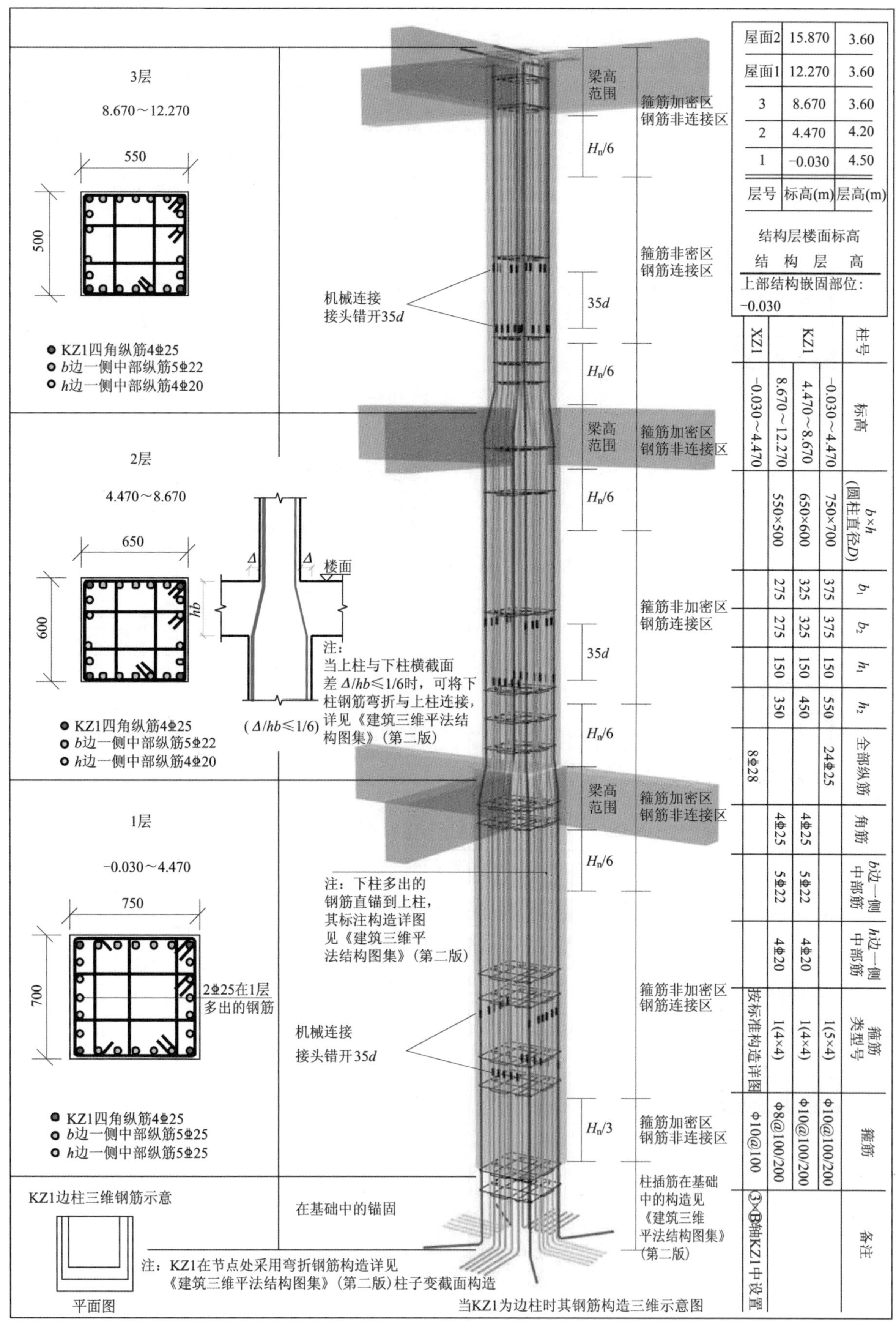

层号	标高(m)	层高(m)
屋面2	15.870	3.60
屋面1	12.270	3.60
3	8.670	3.60
2	4.470	4.20
1	-0.030	4.50

结构层楼面标高
结构层高
上部结构嵌固部位：-0.030

柱号	标高	b×h（圆柱直径D）	b_1	b_2	h_1	h_2	全部纵筋	角筋	b边一侧中部筋	h边一侧中部筋	箍筋类型号	箍筋	备注
KZ1	-0.030～4.470	750×700	375	375	150	550	24⌀25				1(5×4)	Φ10@100/200	
	4.470～8.670	650×600	325	325	150	450		4⌀25	5⌀22	4⌀20	1(4×4)	Φ10@100/200	
	8.670～12.270	550×500	275	275	150	350		4⌀25	5⌀22	4⌀20	1(4×4)	Φ8@100/200	
XZ1	-0.030～4.470						8⌀28				按标准构造详图	Φ10@100	③×Ⓑ轴KZ1中设置

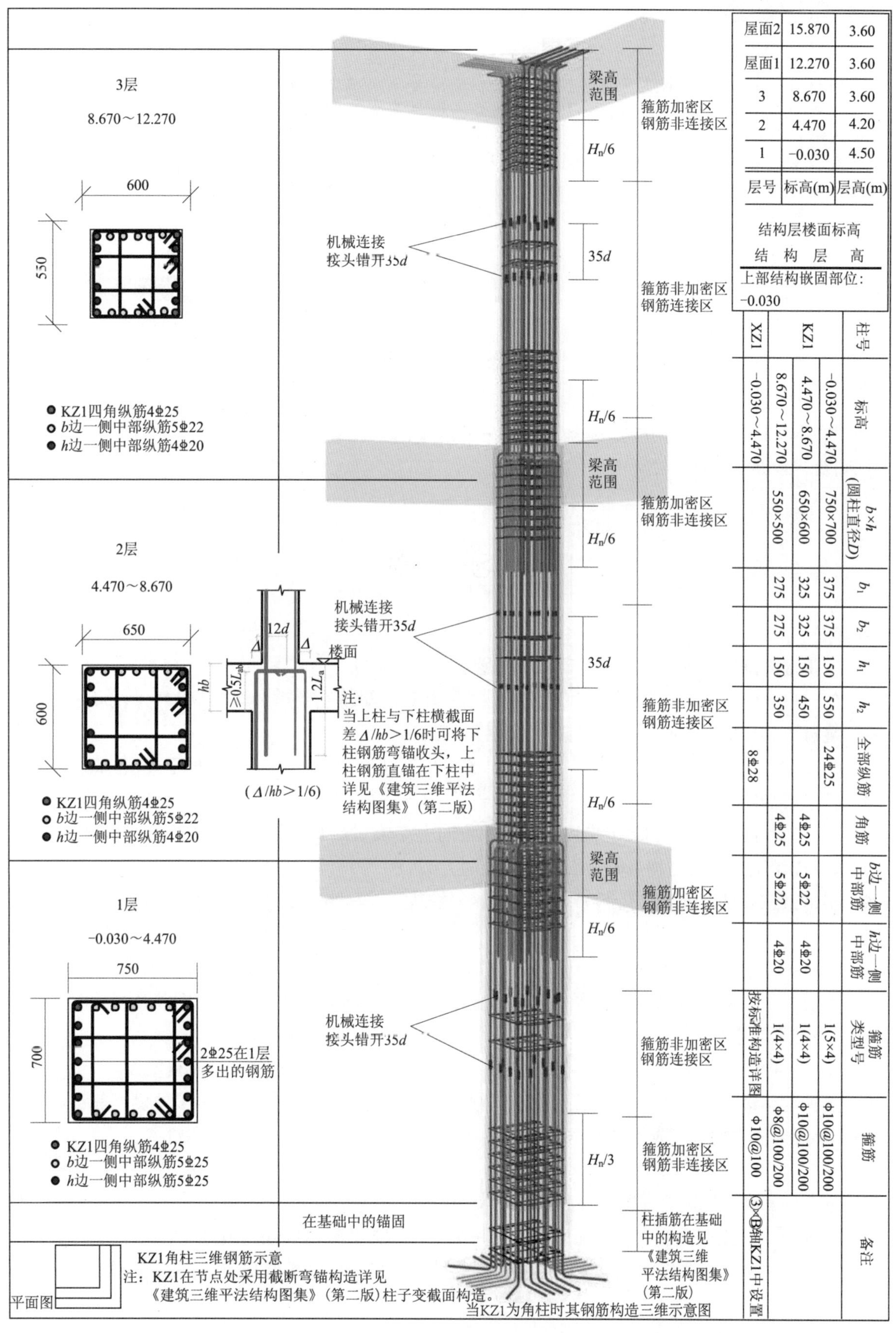

层号	标高(m)	层高(m)
屋面2	15.870	3.60
屋面1	12.270	3.60
3	8.670	3.60
2	4.470	4.20
1	−0.030	4.50

结构层楼面标高
结构层高

上部结构嵌固部位：−0.030

柱号	标高	b×h(圆柱直径D)	b_1	b_2	h_1	h_2	全部纵筋	角筋	b边一侧中部筋	h边一侧中部筋	箍筋类型号	箍筋	备注
KZ1	−0.030～4.470	750×700	375	375	150	550	24Φ25				1(5×4)	Φ10@100/200	
	4.470～8.670	650×600	325	325	150	450		4Φ25	5Φ22	4Φ20	1(4×4)	Φ10@100/200	
	8.670～12.270	550×500	275	275	150	350		4Φ25	5Φ22	4Φ20	1(4×4)	Φ8@100/200	
XZ1	−0.030～4.470						8Φ28				按标准构造详图	Φ10@100	③×Ⓑ轴KZ1中设置

知识链接

柱截面的选择

选择柱的截面形式主要是根据工程性质和使用要求来确定，另外也要便于施工和制造、节约模板和保证结构的刚性。方形柱和矩形柱的截面模板最省，制作简便，使用广泛。方形适用于接近中心受压柱的情况；矩形是偏心受压柱截面的基本形式。单层厂房柱的弯矩较大，为了减轻自重、节约混凝土，同时满足强度和刚度要求，常采用薄壁工形截面的预制柱。当厂房的吊车吨位较大，根据吊车定位尺寸，需要加大柱截面高度时，为了节约和有效利用材料，可采用空腹格构式的双肢柱。双肢柱可以是现浇的或预制的，腹杆可做成斜的或水平的。

本章小结

在本章柱平法的学习中，认识了柱构件在建筑中的力学性能与受力特点，掌握了柱平法识图规则及构造详图。

习　题

选择题

1．在基础内的第一根柱箍筋到基础顶面的距离为（　）。

A．50mm　B．100mm　C．3d（d为箍筋直径）　D．5d（d为箍筋直径）

2．抗震中柱顶层节点构造，能直锚时，直锚长度为（　）。

A．12d　B．L_{aE}　C．伸至柱顶　D．伸至柱顶，L_{aE}

3．柱箍筋加密区的范围包括（　）。

A．有地下室框架结构地下室顶板嵌固部位向上$H_n/6$　B．底层刚性地面向上500mm

C．无地下室框架结构基础顶面嵌固部位向上$H_n/3$　D．搭接范围

4．某框架三层柱截面尺寸为300mm×600mm，柱净高为3.6m，该柱在楼面处的箍筋加密区高度应为（　）。

A．400mm　B．500mm　C．600mm　D．700mm

5．上层柱和下层柱纵向钢筋根数相同，当上层柱配置的钢筋直径比下层柱钢筋直径粗时，柱的纵筋搭接区域应在（　）。

A．上层柱　B．柱和梁相交处　C．下层柱　D．不受限制

6．抗震框架边柱顶部的外侧钢筋采用全部锚入顶层梁板中的连接方式时，该外侧钢筋自底部起锚入顶层梁板中的长度应不少于（　）。

A．L_{aE}　B.0.4L_{aE}　C．1.5L_{aE}　D．2L_{aE}

7．下列关于柱平法施工图制图规则论述中错误的是（　）。

A.柱平法施工图是在柱平面布置图上采用列表注写方式或截面注写方式

B.柱平法施工图中应按规定注明各结构层的楼面标高、结构层高及相应的结构层号

C.注写各段柱的起止标高，自柱根部往上以变截面位置为界分段注写，截面未变但配筋改变处无须分界

D.柱编号由类型代号和序号组成

8. 墙上起柱时，柱纵筋从墙顶向下插入墙内长度为（　）。

A. 1.6 L_{aE}　B. 1.5 L_{aE}　C. 1.2 L_{aE}　D. 0.5 L_{aE}

9. 梁上起柱时，柱纵筋从梁顶向下插入梁内长度不得小于（　）。

A. 1.6 L_{aE}　B. 1.5 L_{aE}　C. 1.2 L_{aE}　D. 0.5 L_{aE}

10. 当柱变截面需要设置插筋时，插筋应该从变截面处节点顶向下插入的长度为（　）。

A. 1.6 L_{aE}　B. 1.5 L_{aE}　C. 1.2 L_{aE}　D. 0.5 L_{aE}

第3章

剪力墙平法识图规则

学习思路

本章从认识剪力墙构件开始学习剪力墙在建筑结构中的作用及功能，以及进一步学习其平法识图规则及标准构造详图。最后通过案例掌握钢筋混凝土剪力墙识图规则与钢筋计算。

学习目标

1. 了解钢筋混凝土剪力墙的基本特性。
2. 掌握钢筋混凝土剪力墙构件的识图规则。
3. 掌握钢筋混凝土剪力墙构件的标准钢筋构造。

能力目标	知识要点	权重
了解剪力墙在建筑构造的性能	（1）剪力墙的作用及效能 （2）剪力墙构件	25%
掌握剪力墙平法识图规则	（1）列表注写方式识图规则 （2）截面注写方式识图规则	30%
掌握剪力墙标准构造详图三维示意图	剪力墙平法识图案例	45%

3.1 认识钢筋混凝土剪力墙

剪力墙是指房屋或构筑物中主要承受风荷载或地震作用引起的水平荷载的钢筋混凝土墙体，可防止结构受剪切破坏，又称抗风墙或抗震墙。

（1）剪力墙是建筑物的承重墙，同时也是围护墙和分隔墙，因此，剪力墙的布置必须满足建筑平面布置和结构布置的要求。

（2）剪力墙有较强的承载能力，同时也具有很好的整体性和空间作用，因此，剪力墙作为抗侧力构件常用于高层建筑。

（3）受剪力墙间距的限制，建筑物的平面开间布置不灵活，所以用于旅馆、公寓住宅等小跨度建筑较为适宜。

（4）剪力墙结构的楼盖结构一般采用钢筋混凝土平板，可不设梁，这样可节约层高。

3.1.1 剪力墙的结构建筑特点

（1）建筑物中的竖向承重构件主要由墙体承担时，这种墙体既承担水平构件传来的竖向荷载，同时又承担风力或地震作用传来的水平荷载。剪力墙即由此而得名(抗震规范定名为抗震墙)。

（2）剪力墙是建筑物的分隔墙和围护墙，因此墙体的布置必须同时满足建筑平面布置和结构布置的要求。

（3）剪力墙结构体系，有很好的承载能力，而且有很好的整体性和空间作用，比框架结构有更好的抗侧力能力，因此，可建造较高的建筑物。

（4）剪力墙结构的优点是侧向刚度大，在水平荷载作用下的侧移小，其缺点是剪力墙的间距有一定限制，建筑平面布置不灵活，不适合要求大空间的公共建筑；另外结构自重也较大，灵活性较差。剪力墙结构一般适用住宅、公寓和旅馆。

3.1.2 剪力墙内部钢筋分类

剪力墙外表面看起来就是一堵钢筋混凝土墙，但是它内部的钢筋是由墙柱、墙梁、墙身、墙洞等钢筋构成。其分类如图 3.1~ 图 3.3 所示。

图 3.1　剪力墙外部混凝土构造

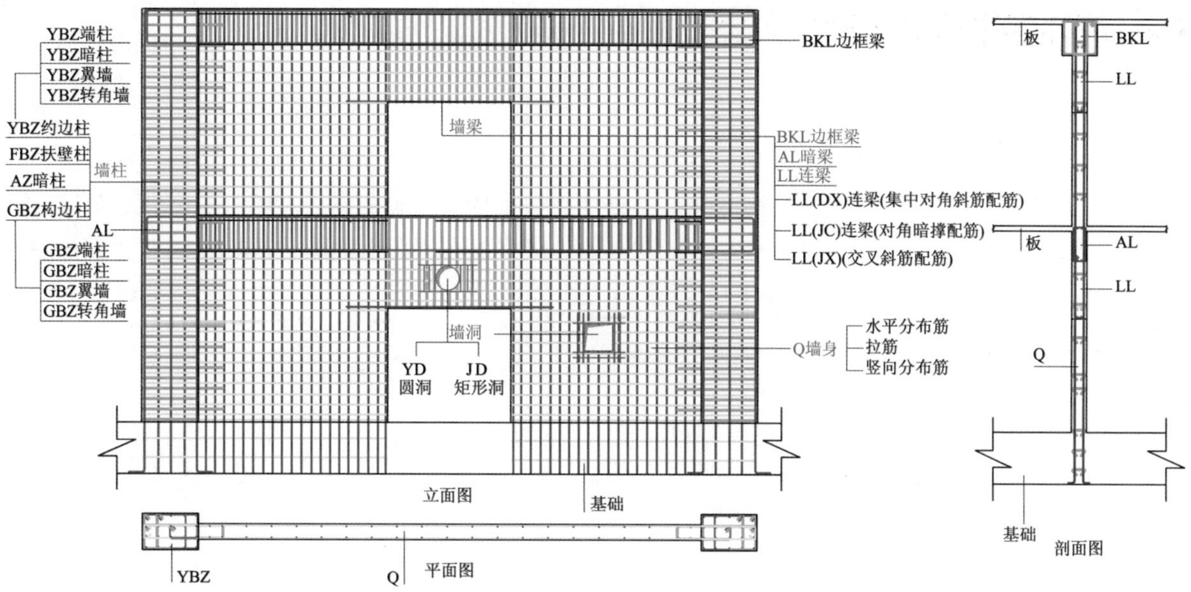

图 3.2 剪力墙内部钢筋分类

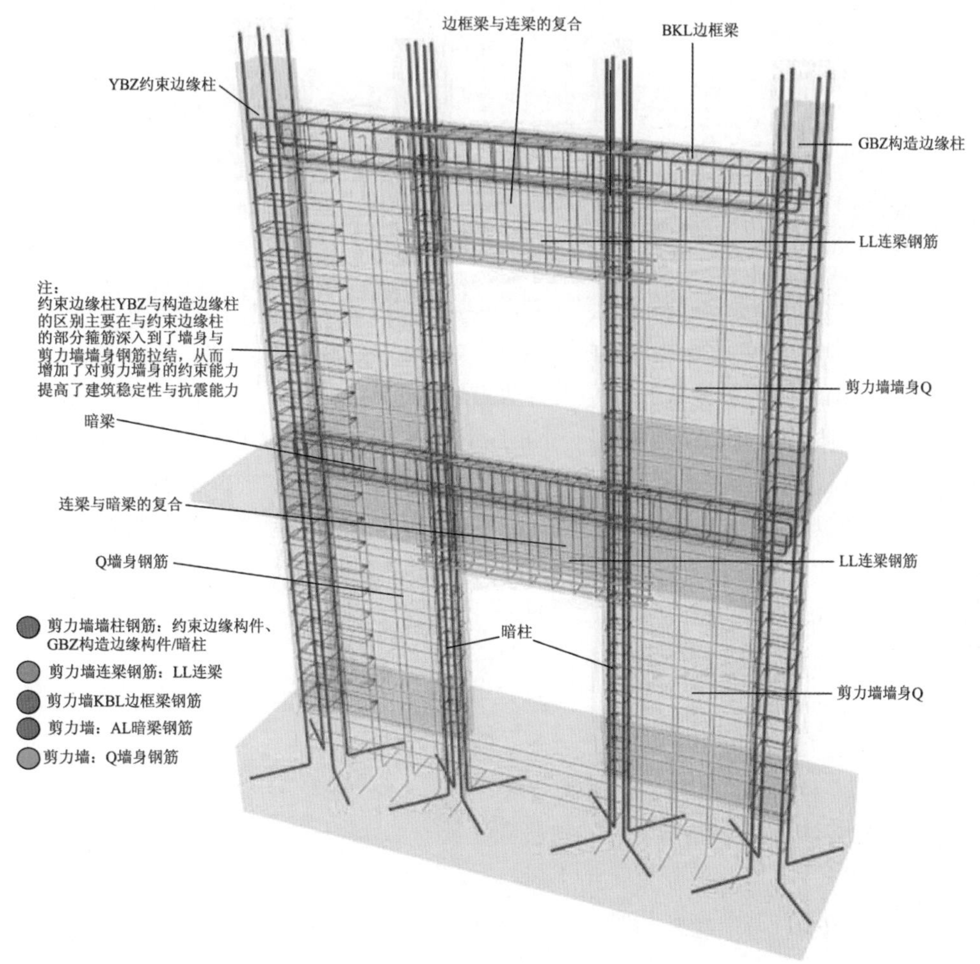

图 3.3 剪力墙内部钢筋构造三维示意图

3.2 剪力墙平法施工图的列表注写结构施工图识图规则

3.2.1 列表注写方式说明

剪力墙由剪力墙墙柱、剪力墙墙身、剪力墙墙梁、剪力墙墙洞四类构件构成。该四类构件即是指剪力墙内部的四种钢筋构造。列表注写方式，是分别在剪力墙墙柱表、剪力墙墙身表、剪力墙墙梁表中注写剪力墙尺寸、标高、钢筋等信息，以此对应剪力墙平面布置图上的编号，用绘制截面配筋图并注写几何尺寸与配筋具体数值的方式，来表达剪力墙的平法施工图。识图时也应按照墙柱、墙梁、墙身、墙洞的识图顺序逐个识图。

3.2.2 剪力墙的分类与编号

编号规定：将剪力墙按剪力墙墙柱、剪力墙墙身、剪力墙墙梁、剪力墙墙洞（简称为墙柱、墙身、墙梁、墙洞）四类构件分别编号。

1. 剪力墙墙柱编号及柱表中表达的内容

1）剪力墙墙柱编号

（1）墙柱编号，由墙柱类型代号和序号组成，表达形式见表 3-1。

表 3-1 墙柱编号

墙柱类型	代号	简称	统称	序号
约束边缘构件	YBZ	约边柱	墙柱	××
构造边缘构件	GBZ	构边柱		××
非边缘暗柱	AZ	暗柱		××
扶壁柱	FBZ	扶壁柱		××

（2）约束边缘构件。约束边缘构件包括约束边缘暗柱、约束边缘端柱、约束边缘翼墙、约束边缘转角墙四种（图 3.4）。约束边缘构件即是指将剪力墙墙柱部分箍筋伸入墙身与剪力墙墙身竖向钢筋绑扎，同时将剪力墙墙身水平分布筋锚固在墙柱中，如此相互拉结从而达到提高剪力墙整体稳定性，提高侧向刚度、抗震能力，减小上部水平位移的作用。

约束边缘构件和构造力缘的区别

（3）构造边缘构件。构造边缘构件包括构造边缘暗柱、构造边缘端柱、构造边缘翼墙、构造边缘转角墙四种，即是剪力墙的抗震构造措施，其箍筋不与剪力墙身拉结（图 3.5）。

（4）非边缘暗柱（图 3.6）。

（5）扶壁柱（图 3.7）。

2）剪力墙墙柱表中表达的内容

（1）墙柱编号，墙柱的截面配筋图，墙柱几何尺寸。

①约束边缘构件需注有阴影部分尺寸。

②构造边缘构件需注有墙柱部分截面尺寸。

③非边缘暗柱及扶壁柱截面注有几何尺寸。

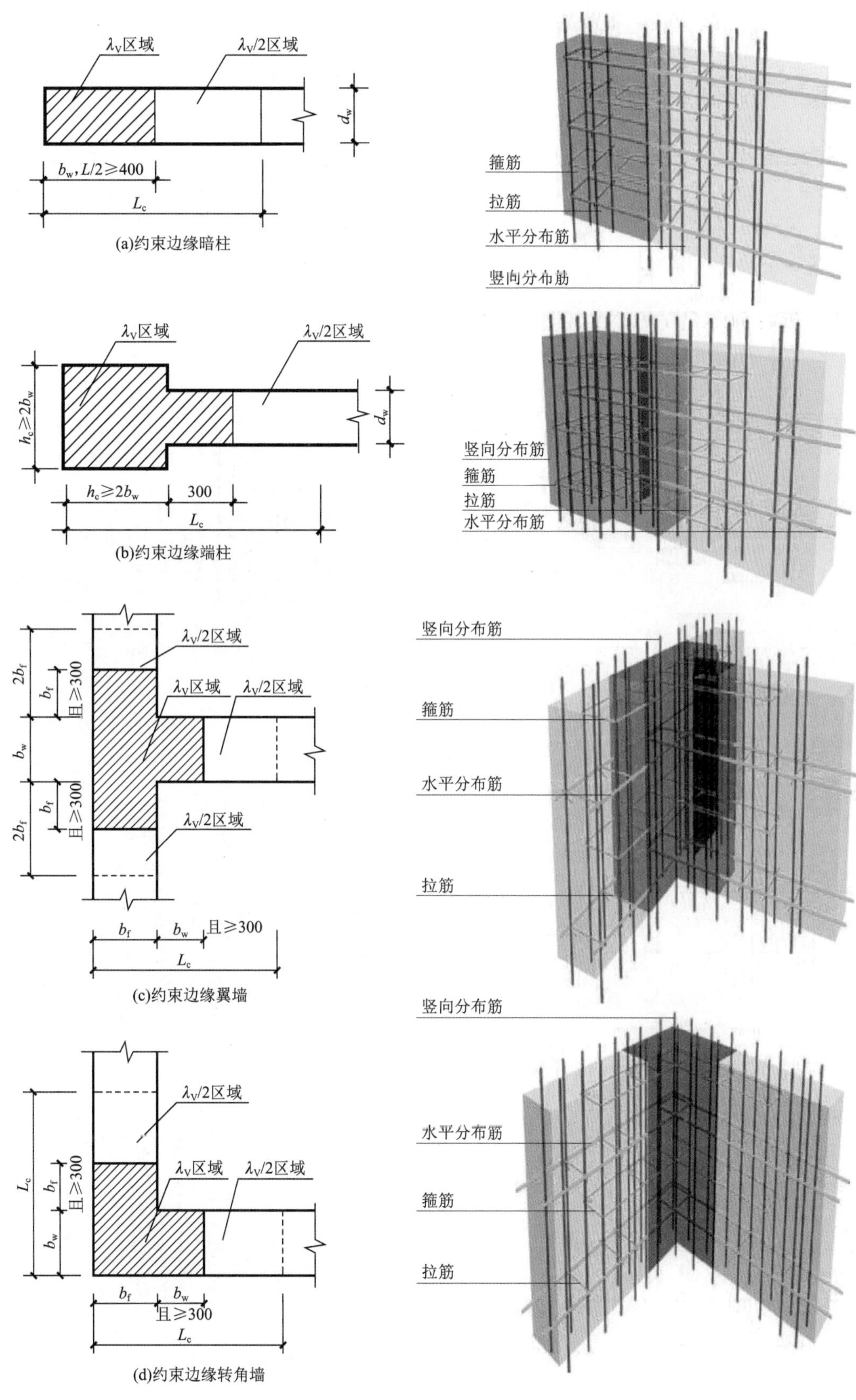
λ_V区域
$\lambda_V/2$区域
d_w
$b_w, L/2\geqslant400$
L_c
(a)约束边缘暗柱
箍筋
拉筋
水平分布筋
竖向分布筋
λ_V区域
$\lambda_V/2$区域
$h_c\geqslant2b_w$
d_w
$h_c\geqslant2b_w$
300
L_c
(b)约束边缘端柱
竖向分布筋
箍筋
拉筋
水平分布筋
$\lambda_V/2$区域
$2b_f$
b_f
且≥300
λ_V区域
$\lambda_V/2$区域
b_w
$\lambda_V/2$区域
b_f
b_w
且≥300
L_c
(c)约束边缘翼墙
竖向分布筋
箍筋
水平分布筋
拉筋
$\lambda_V/2$区域
L_c
b_f
且≥300
λ_V区域
$\lambda_V/2$区域
b_w
b_f
b_w
且≥300
L_c
(d)约束边缘转角墙
竖向分布筋
水平分布筋
箍筋
拉筋

图3.4 约束边缘构件

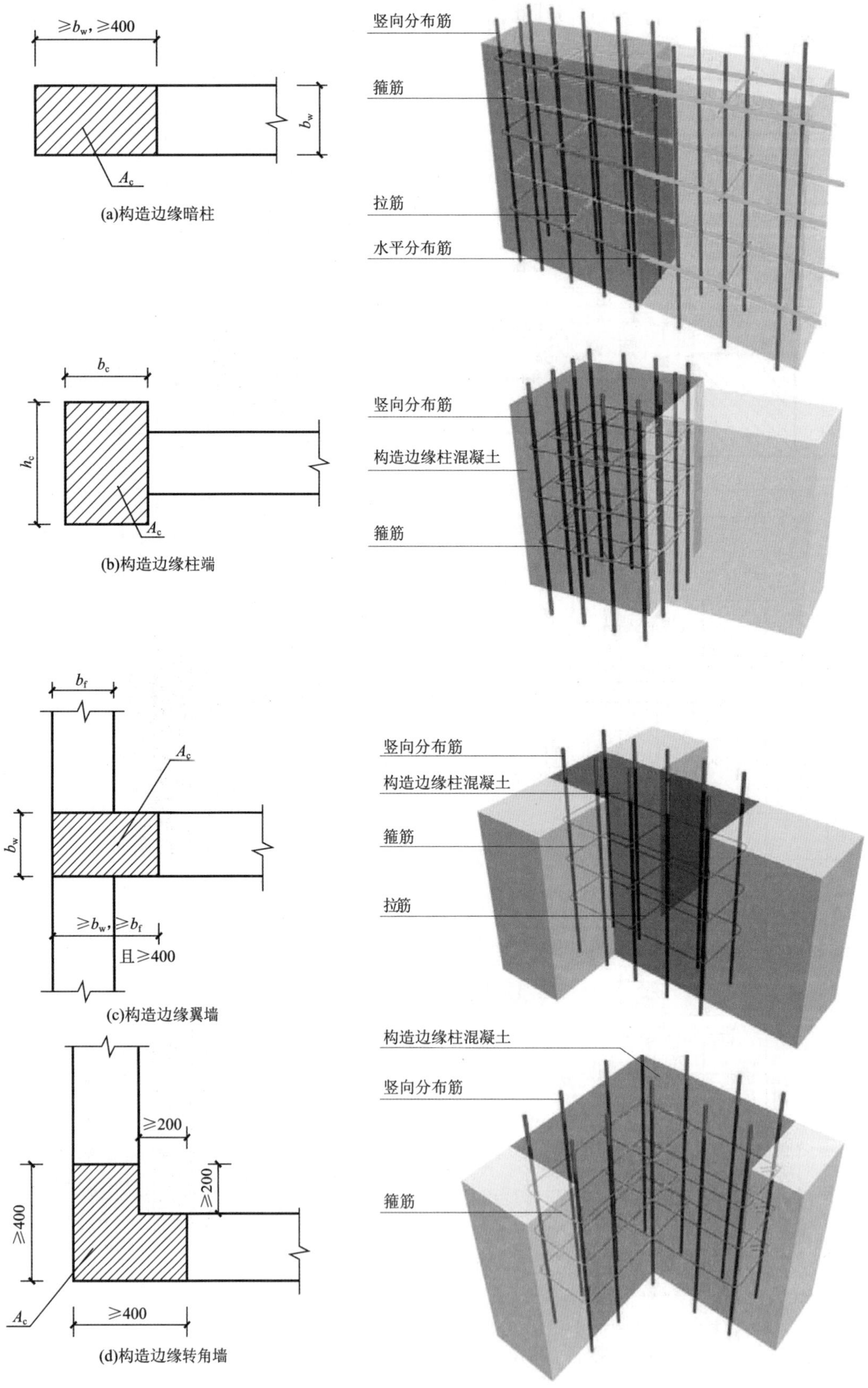

$\geqslant b_w$, $\geqslant 400$

b_w

A_c

(a)构造边缘暗柱

竖向分布筋

箍筋

拉筋

水平分布筋

b_c

h_c

A_c

(b)构造边缘柱端

竖向分布筋

构造边缘柱混凝土

箍筋

竖向分布筋

构造边缘柱混凝土

箍筋

拉筋

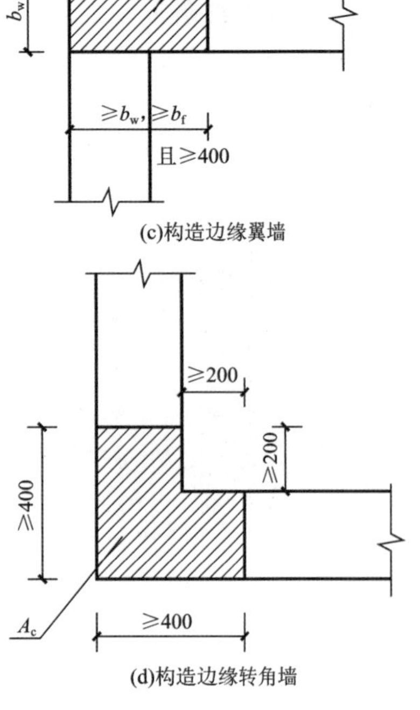

(c)构造边缘翼墙

(d)构造边缘转角墙

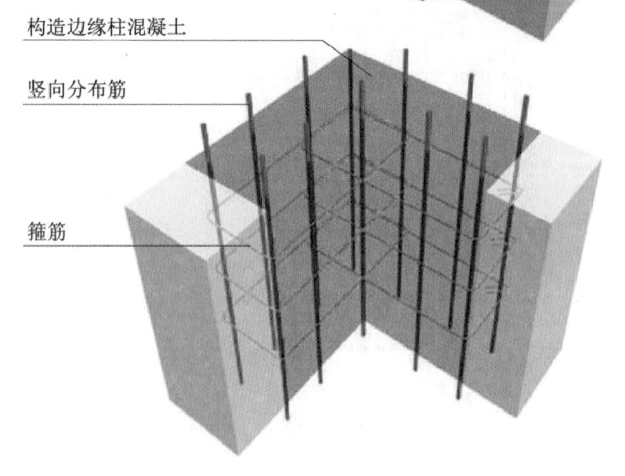

图 3.5　构造边缘构件

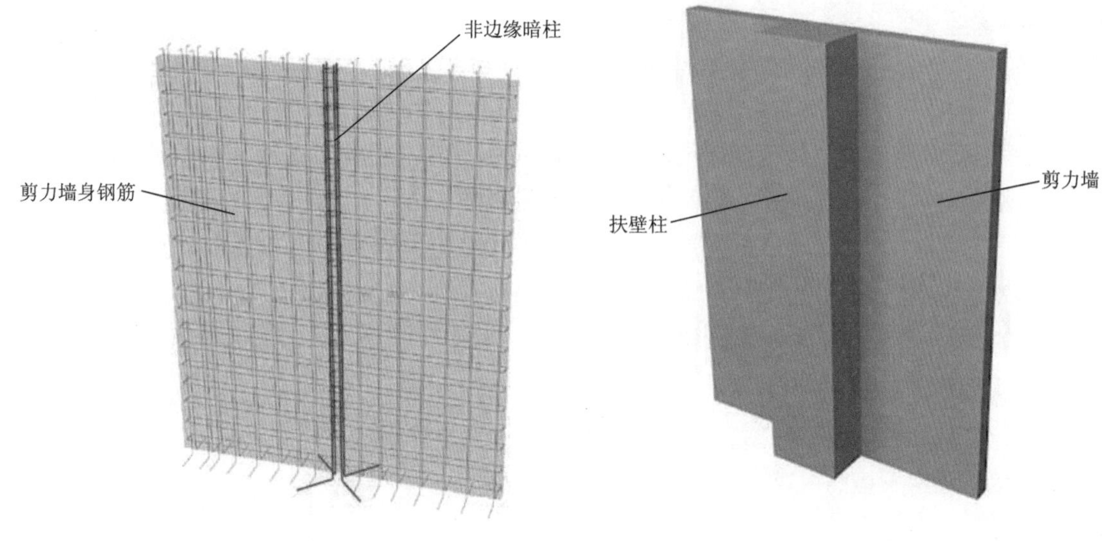

图3.6 非边缘暗柱　　图3.7 扶壁柱

（2）墙柱的起至标高，自墙柱根部往上以变截面位置或截面未变但配筋改变处为界分段注写。墙柱根部标高一般指基础顶面标高(部分框支剪力墙结构则为框支梁顶面标高)。

（3）注有各段墙柱的纵向钢筋和箍筋，注有值应与在表中绘制的截面配筋图对应一致。纵向钢筋注写总配筋值，墙柱箍筋的注写方式与柱箍筋相同。

约束边缘构件除注有阴影部位的箍筋外，在剪力墙平面布置图中注有非阴影区内布置的拉筋（或箍筋）。

特别提示

剪力墙平面布置图中应注意约束边缘构件沿墙肢长度 l_c(约束边缘翼墙中沿墙肢长度尺寸为 $2b_f$ 时可不注）。

2. 剪力墙墙身编号及墙身表中表达的内容

1）剪力墙墙身编号

（1）墙身编号，由墙身代号、序号以及墙身所配置的水平与竖向分布钢筋的排数组成，其中，排数注写在括号内，表达形式为：Q××(×排)。

（2）在编号中，若墙柱的截面尺寸与配筋均相同，仅截面与轴线的关系不同时，可为同一墙柱号；若墙身的厚度尺寸和配筋均相同，仅墙厚与轴线的关系不同或墙身长度不同时，也可为同一墙身号，在图中注有与轴线的几何尺寸关系。当墙身所设置的水平与竖向分布钢筋的排数为2时可不注。

（3）对于分布钢筋网的排数规定。非抗震：当剪力墙厚度大于160mm时，应配置双排；当其厚度不大于160mm时，宜配置双排；当剪力墙厚度不大于400mm时，应配置双排；当剪力墙厚度大于400mm，但不大于700mm时，宜配置三排；当剪力墙厚度大于700mm时，宜配置四排。各排水平分布钢筋和竖向分布钢筋的直径与间距宜保持一致。

（4）当剪力墙配置的分布钢筋多于两排时，剪力墙拉筋两端应同时勾住外排水平纵筋和竖向纵筋，还应与剪力墙内排水平纵筋和竖向纵筋绑扎在一起。

2）剪力墙墙身表中表达的内容

（1）墙身编号（含水平与竖向分布钢筋的排数）。

（2）各段墙身起止标高，自墙身根部往上以变截面位置或截面未变但配筋改变处为界分段注写。墙身根部标高一般指基础顶面标高(部分框支剪力墙结构则为框支梁的顶面标高)。

（3）注写水平分布钢筋、竖向分布钢筋和拉筋的具体数值。注写数值为一排水平分布钢筋和竖向分布钢筋的规格与间距，具体设置几排已经在墙身编号后面表达。

（4）拉筋应注有布置方式“双向”或“梅花双向”[见图 3.8(图中 *a* 为竖向分布钢筋间距，*b* 为水平分布钢筋间距)]。

3. 剪力墙墙梁编号及墙梁表中表达的内容

1）剪力墙墙梁编号

墙梁由墙梁类型代号和序号组成，表达形式应符合表 3-2 的规定。

2）剪力墙梁表中表达的内容

（1）墙梁编号。

（2）墙梁所在楼层号。

（3）墙梁顶面标高高差，是指相对于墙梁所在结构层楼面标高的高差值。高于者为正值，低于者为负值，当无高差时不注。

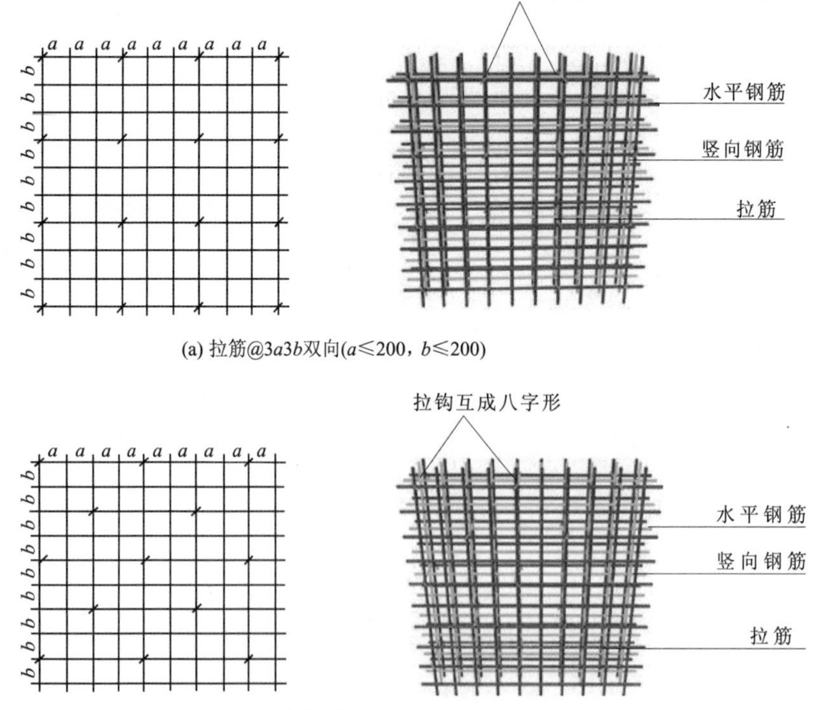

图 3.8　双向拉筋与梅花双向拉筋布置

表 3–2 墙梁编号

墙梁类型	代号	统称	序号
连梁（对角暗撑配筋）	LL(JC)	墙梁QL	××
连梁（交叉斜筋配筋）	LL(JX)		
连梁（集中对角斜筋配筋）	LL(DX)		
连梁	LL		
边框梁(图12)	BKL		
暗梁(图13)	AL		
连梁(跨高比不小于5，框架式连梁)(图14)	LLK		

（4）墙梁截面尺寸 $b \times h$，上部纵筋、下部纵筋和箍筋的具体数值。

（5）当连梁设有对角暗撑时 [代号为 LL(JC)××]，注有暗撑的截面尺寸（箍筋外皮尺寸）；注有一根暗撑的全部纵筋，并标注 ×2，表明有两根暗撑相互交叉；注有暗撑箍筋的具体数值（图 3.9）。

（6）当连梁设有交叉斜筋时 [代号为 LL(JX)××]，注有连梁一侧对角斜筋的配筋值，并标注 ×2，表明对称设置；注有对角斜筋在连梁端部设置的拉筋根数、规格及直径，并标注 ×4，表示四个角都设置；注有连梁一侧折线筋配筋值，并标注 ×2，表明对称设置（图 3.9）。

（7）当连梁设有集中对角斜筋时 [代号为 LL(DX)××]，注有一条对角线上的对角斜筋，并标注 ×2，表明对称设置（图 3.9）。

（8）墙梁侧面纵筋的配置，当墙身水平分布钢筋满足连梁、暗梁及边框梁的梁侧面纵向构造钢筋的要求时，该筋配置同墙身水平分布钢筋，表中不注，施工按标准构造详图的要求即可；当不满足时，在表中会补充注明梁侧面纵筋的具体数值（其在支座内的锚固要求同连梁中受力钢筋）（图 3.10 ～图 3.14）。

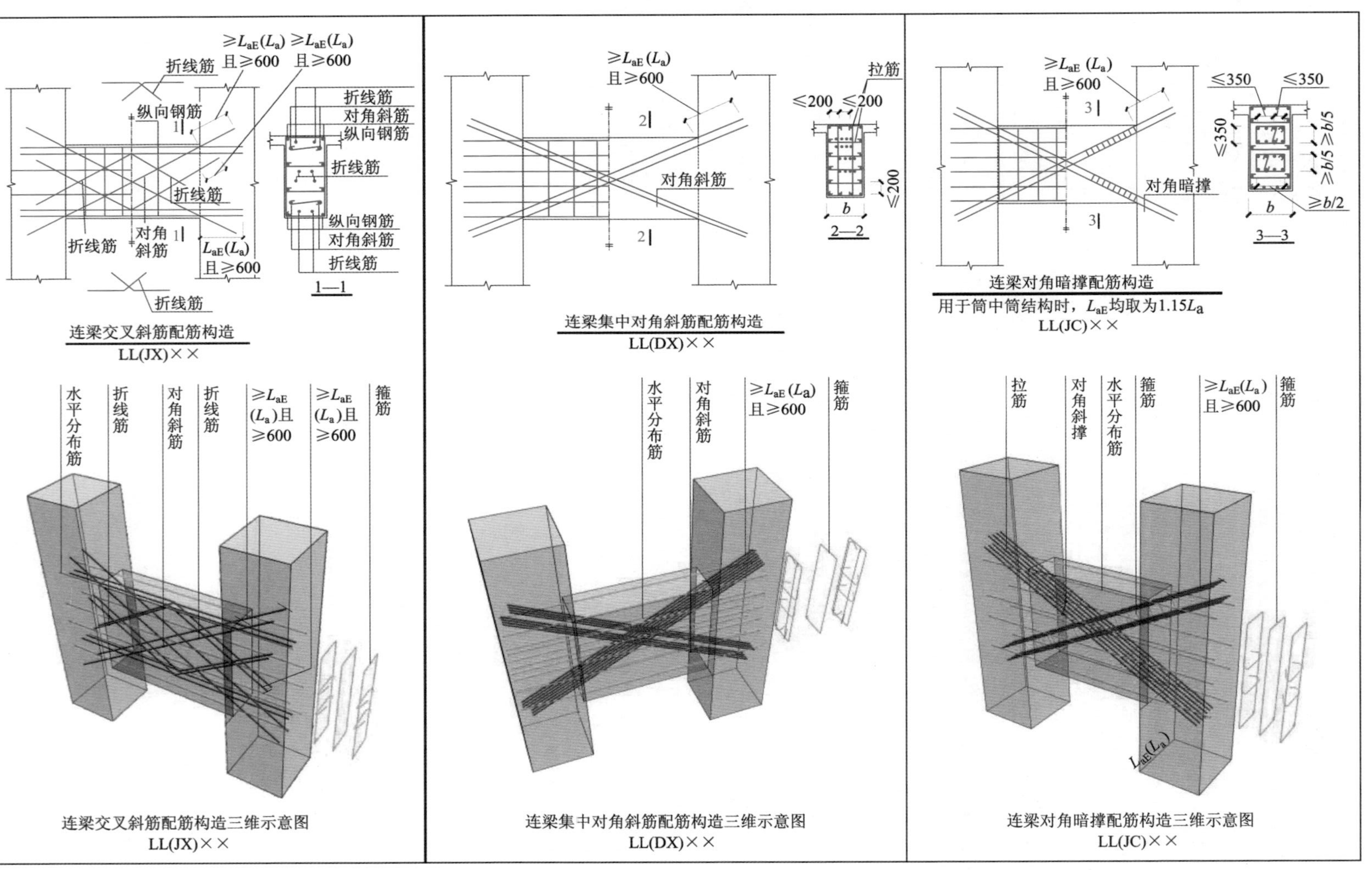

图3.9 剪力墙对角暗撑/交叉斜筋/集中对角斜筋连梁

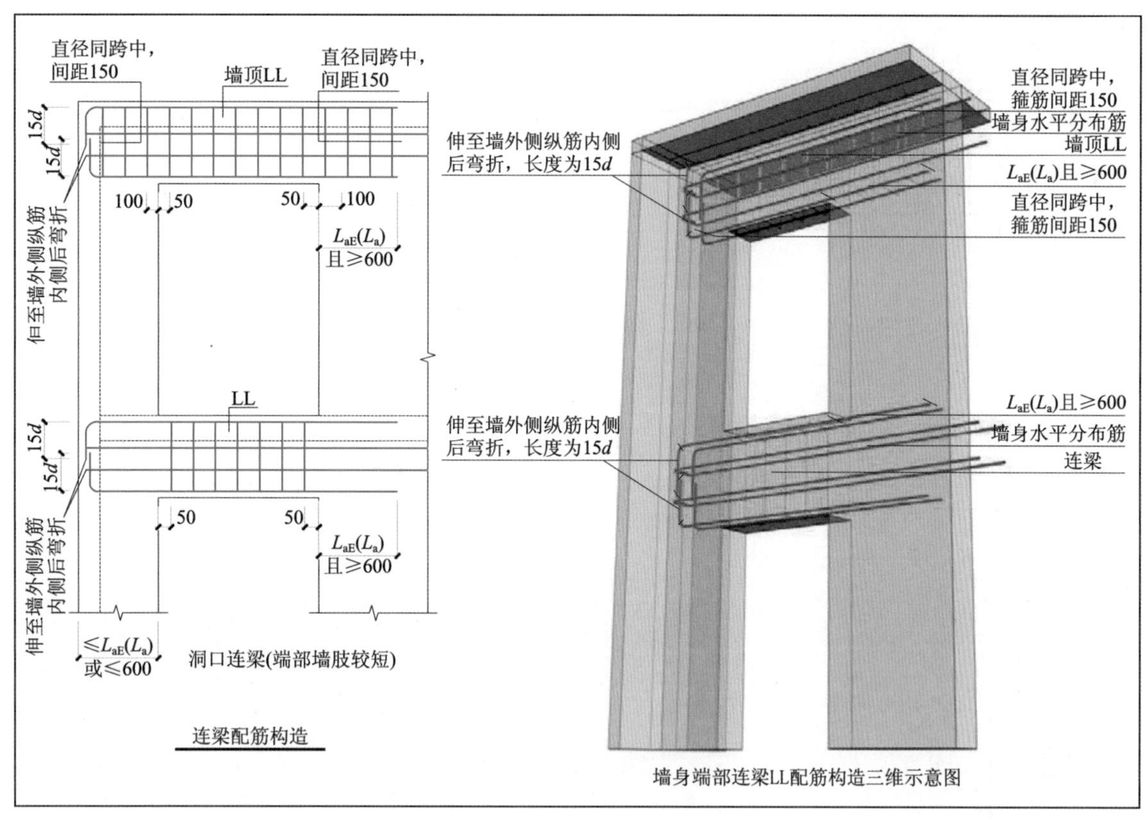

图3.10　剪力墙端支座连梁

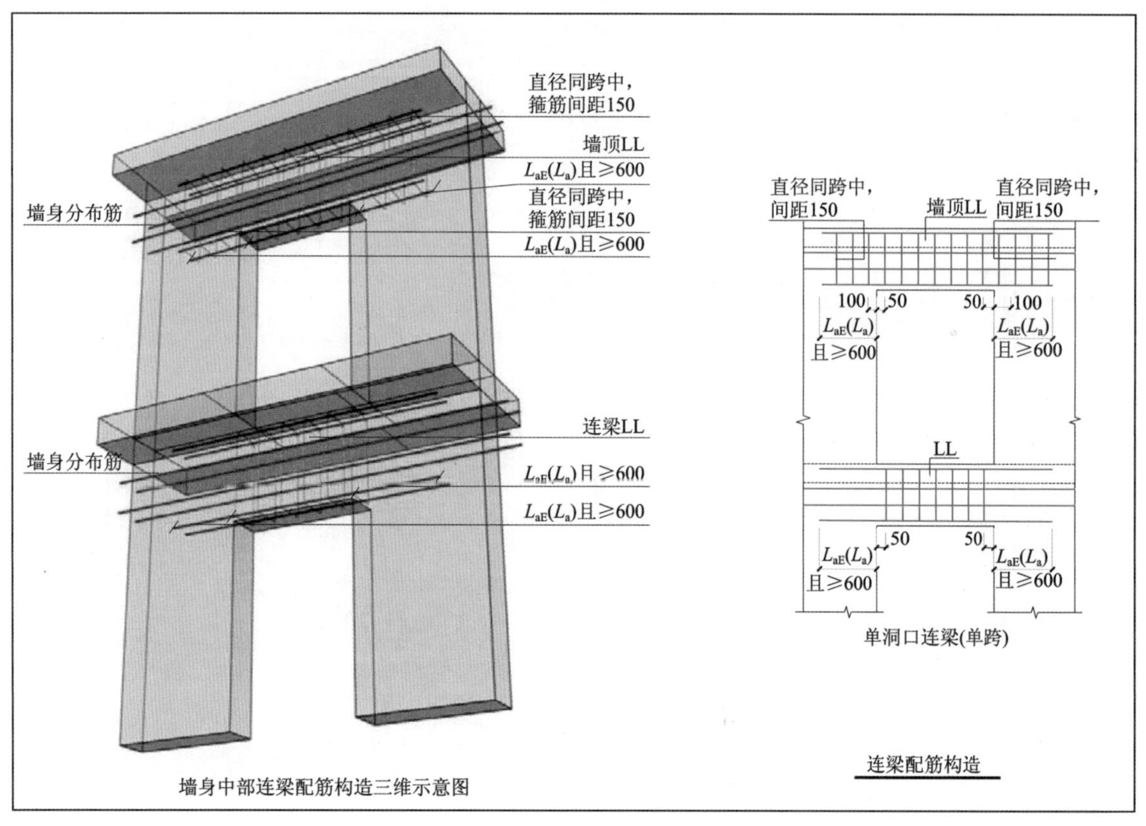

图3.11　剪力墙跨中连梁

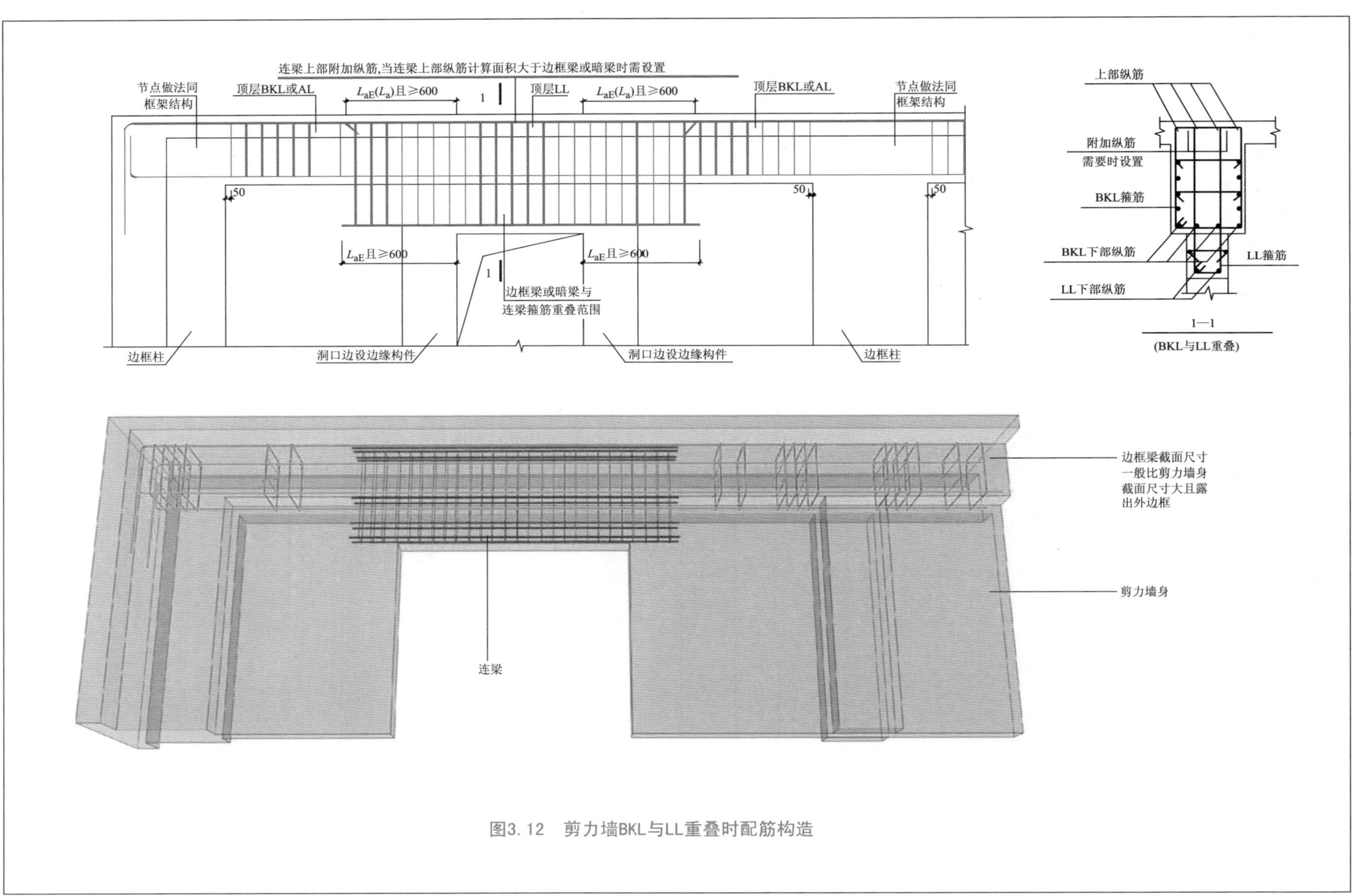

图3.12 剪力墙BKL与LL重叠时配筋构造

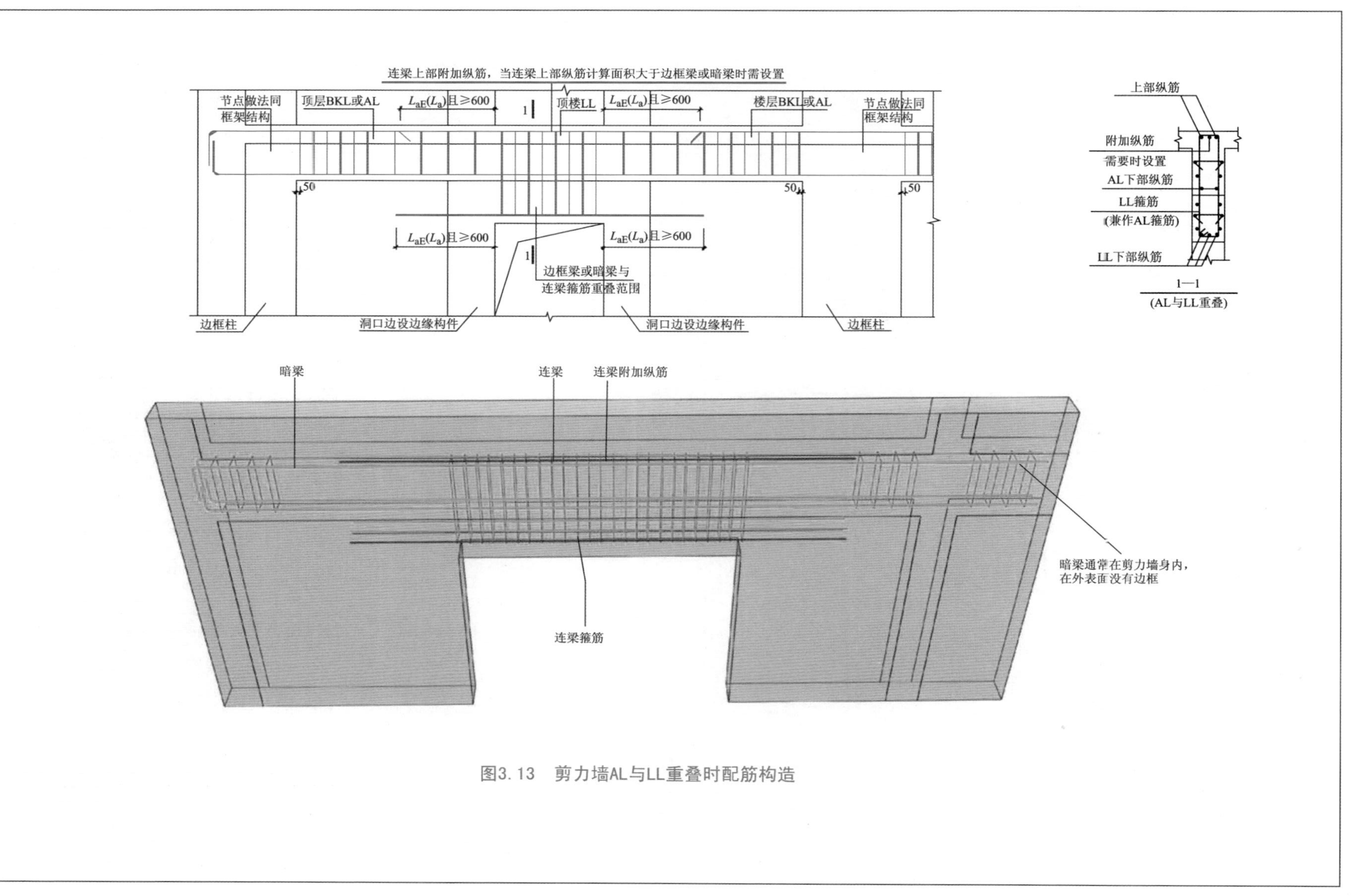

图3.13 剪力墙AL与LL重叠时配筋构造

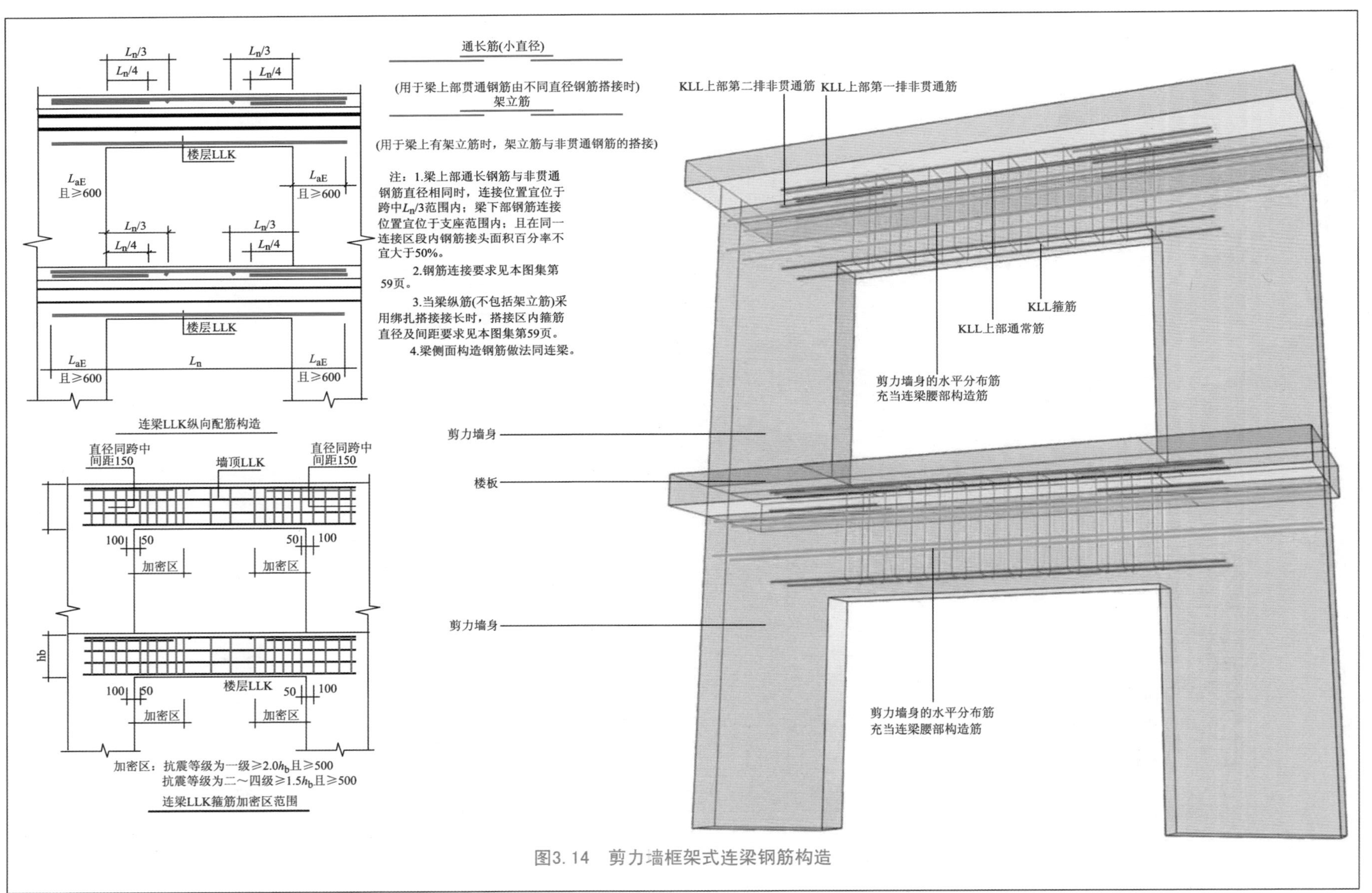

图3.14 剪力墙框架式连梁钢筋构造

4. 剪力墙洞口注写方式说明

无论采用列表注写方式还是截面注写方式，剪力墙上的洞口均可在剪力墙平面布置图上原位表达。

1）洞口的具体表示方法

（1）在剪力墙平面布置图上绘有洞口示意，并标注洞口中心的平面定位尺寸。

（2）在洞口中心位置引注：①洞口编号；②洞口几何尺寸；③洞口中心相对标高；④洞口每边补强钢筋。

2）具体规定

①洞口编号：矩形洞口为 JD××(×× 为序号)，圆形洞口为 YD××(×× 为序号)。

②洞口几何尺寸：矩形洞口为洞宽 × 洞高 ($b \times h$)，圆形洞口为洞口直径 D。

③洞口中心相对标高：是相对于结构层楼（地）面标高的洞口中心高度。当其高于结构层楼面时为正值，低于结构层楼面时为负值。

④洞口每边补强钢筋，分以下几种不同情况。

a. 当矩形洞口的洞宽、洞高均不大于 800mm 时，此项注有洞口每边补强钢筋的具体数值（如果按标准构造详图设置补强钢筋时可不注）。当洞宽、洞高方向补强钢筋不一致时，应分别注有洞宽方向、洞高方向补强钢筋，以“/”分隔。

【案例解析 3-1】

JD2　400×300+3.100　3⌀14：表示2号矩形洞口，洞宽400mm，洞高300mm，洞口中心距本结构层楼面3100mm，洞口每边补强钢筋为3⌀14(图3.15)。

【案例解析 3-2】

JD3　400×300+3.100：表示3号矩形洞口，洞宽400mm，洞高300mm，洞口中心距本结构层楼面3100mm，洞口每边补强钢筋按构造配置(图3.16)。

【案例解析 3-3】

JD4　800×300+3.100　3⌀18/3⌀14：表示4号矩形洞口，洞宽800mm、洞高300mm，洞口中心距本结构层楼面3100mm，洞宽方向补强钢筋为3⌀18，洞高方向补强钢筋为3⌀14(图3.17)。

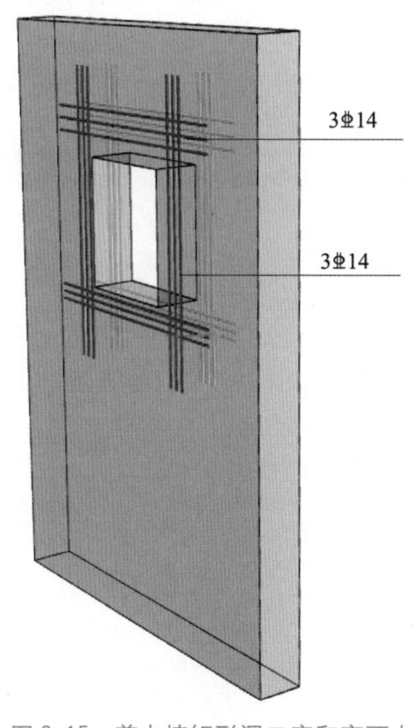

图 3.15　剪力墙矩形洞口宽和高不大于 800 时补强钢筋构造 1

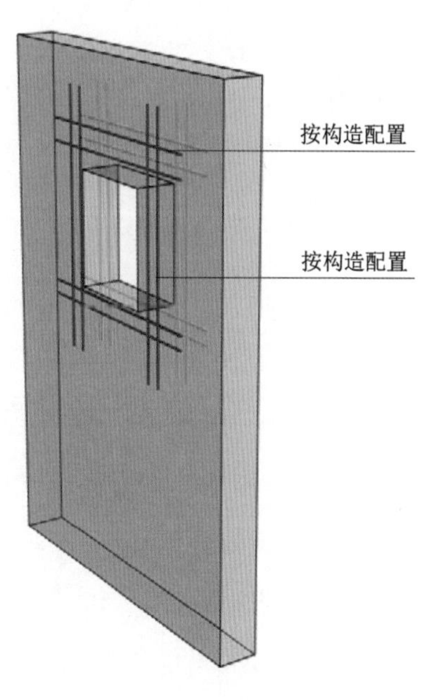

图 3.16　剪力墙矩形洞口宽和高不大于 800 时补强钢筋构造 2

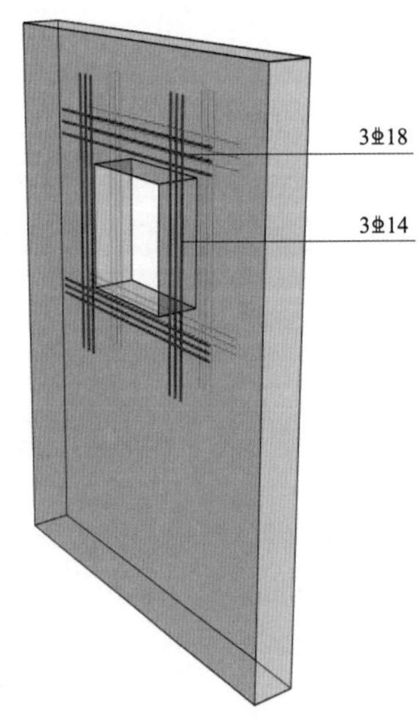

图 3.17　剪力墙矩形洞口宽和高不大于 800 时补强钢筋构造 3

b. 当矩形或圆形洞口的洞宽或直径大于 800mm 时，在洞口的上下需设置补强暗梁，此项注写为洞口上下每边补强暗梁的纵筋与箍筋的具体数值；当为圆形洞口时尚需注明环向加强钢筋的具体数值；当洞口上下边为剪力墙连梁时，此项免注；洞口竖向两侧设置边缘构件时，也不在此项表达。

【案例解析 3-4】

JD5　1800×2100+1.800　6⌀20　ϕ8@150：表示 5 号矩形洞口，洞宽 1800mm、洞高 2100mm，洞口中心距本结构层楼面 1800mm，洞口上下设补强暗梁，每边暗梁纵筋为 6⌀20，箍筋为 ϕ8@150，如图 3.18 所示。

【实例解析 3-5】

YD5　1000+1.800　6⌀20　ϕ8@150　2⌀16：表示 5 号圆形洞口，直径 1000mm，洞口中心距本结构层楼面 1800mm，洞口上下设补强暗梁，每边暗梁纵筋为 6⌀20，箍筋为 ϕ8@150，环向加强钢筋 2⌀16，如图 3.19 所示。

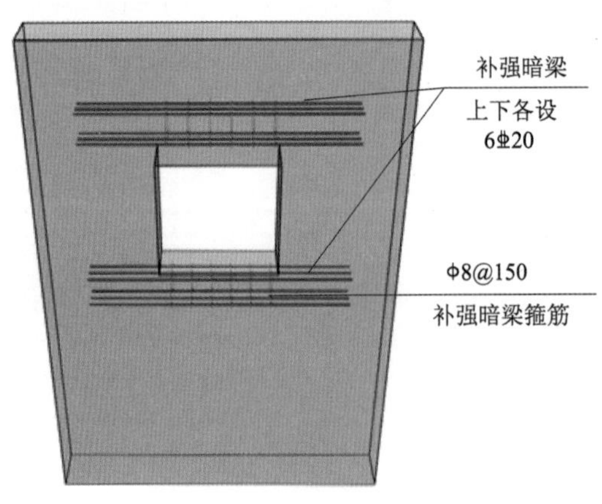

图 3.18　剪力墙矩形洞口宽和高大于 800 时补强钢筋构造 4

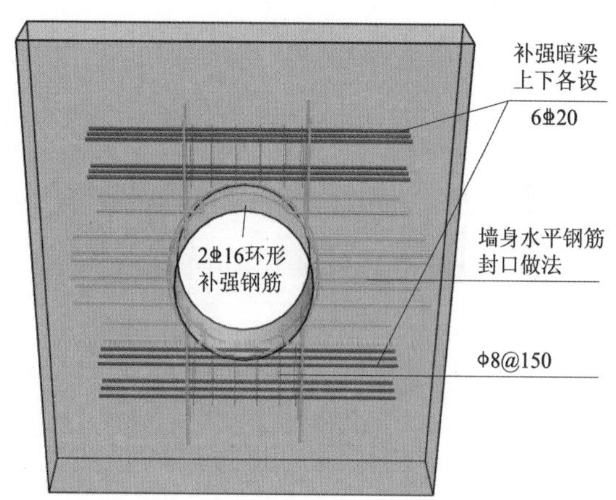

图 3.19 剪力墙矩圆洞口直径大于 800 时补强钢筋构造 5

c. 当圆形洞口设置在连梁中部 1/3 范围（且圆洞直径不应大于 1/3 梁高）时，需注写在圆洞上下水平设置的每边补强纵筋与箍筋。

d. 当圆形洞口设置在墙身或暗梁、边框梁位置，且洞口直径不大于 300mm 时，此项注写为洞口上下左右每边布置的补强纵筋的具体数值。

e. 当圆形洞口直径大于 300mm，但不大于 800mm 时，其加强钢筋在标准构造详图中是按照圆外切正六边形的边长方向布置。

3.3 剪力墙的连梁腰部抗扭钢筋构造

【案例解析 3-6】

⏀16@150，表示墙梁两个侧面纵筋对称配置为：HRB400 级钢筋，直径为 16mm，间距为 150mm，如图 3.20 所示。

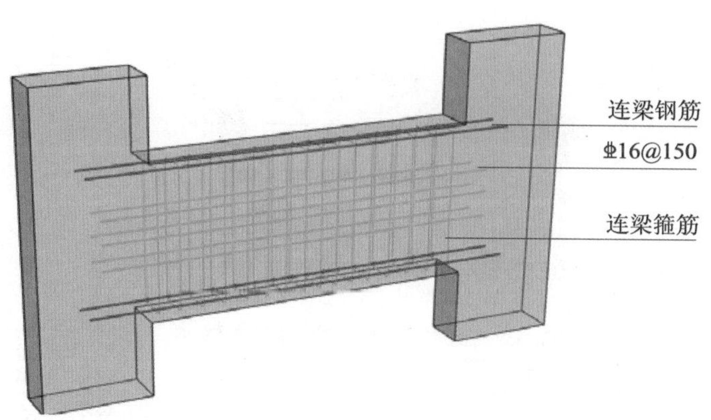

图 3.20 剪力墙的连梁腰部抗扭钢筋三维示意

3.4 剪力墙平法识图案例三维详解

剪力墙钢筋是由墙柱、墙梁、墙身、墙洞几类钢筋组成。看图时对照平面图和三维图结合《建筑三维平法结构图集》(第二版)，按照墙柱、墙梁、墙身、墙洞的顺序逐个阅读。

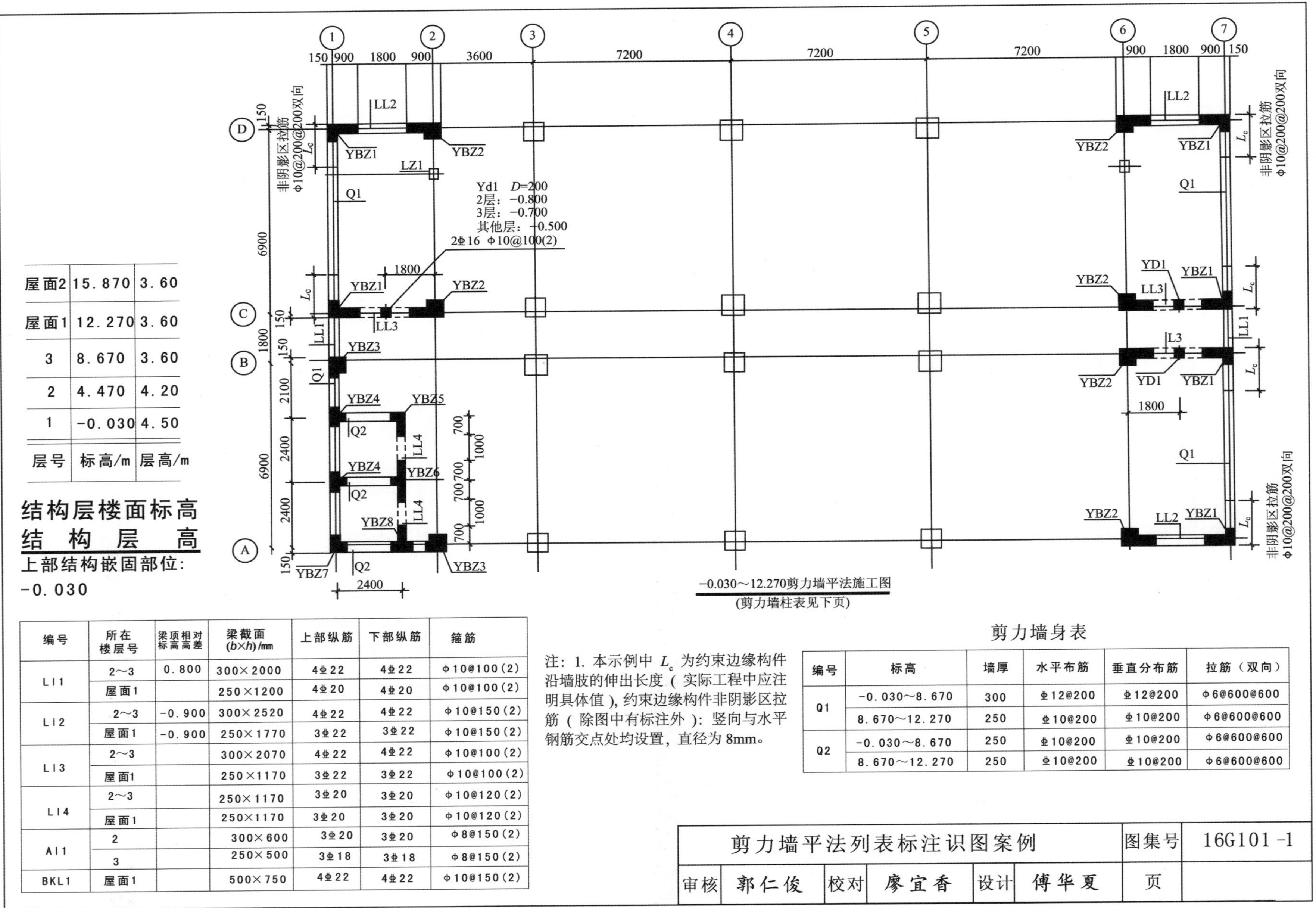

屋面2	15.870	3.60
屋面1	12.270	3.60
3	8.670	3.60
2	4.470	4.20
1	-0.030	4.50
层号	标高/m	层高/m

结构层楼面标高
结构层高
上部结构嵌固部位：
-0.030

编号	所在楼层号	梁顶相对标高高差	梁截面 (b×h)/mm	上部纵筋	下部纵筋	箍筋
LL1	2～3	0.800	300×2000	4⌀22	4⌀22	φ10@100(2)
	屋面1		250×1200	4⌀20	4⌀20	φ10@100(2)
LL2	2～3	-0.900	300×2520	4⌀22	4⌀22	φ10@150(2)
	屋面1	-0.900	250×1770	3⌀22	3⌀22	φ10@150(2)
LL3	2～3		300×2070	4⌀22	4⌀22	φ10@100(2)
	屋面1		250×1170	3⌀22	3⌀22	φ10@100(2)
LL4	2～3		250×1170	3⌀20	3⌀20	φ10@120(2)
	屋面1		250×1170	3⌀20	3⌀20	φ10@120(2)
AL1	2		300×600	3⌀20	3⌀20	φ8@150(2)
	3		250×500	3⌀18	3⌀18	φ8@150(2)
BKL1	屋面1		500×750	4⌀22	4⌀22	φ10@150(2)

注：1. 本示例中 L_c 为约束边缘构件沿墙肢的伸出长度（实际工程中应注明具体值），约束边缘构件非阴影区拉筋（除图中有标注外）：竖向与水平钢筋交点处均设置，直径为8mm。

剪力墙身表

编号	标高	墙厚	水平布筋	垂直分布筋	拉筋（双向）
Q1	-0.030～8.670	300	⌀12@200	⌀12@200	φ6@600@600
	8.670～12.270	250	⌀10@200	⌀10@200	φ6@600@600
Q2	-0.030～8.670	250	⌀10@200	⌀10@200	φ6@600@600
	8.670～12.270	250	⌀10@200	⌀10@200	φ6@600@600

剪力墙平法列表标注识图案例						图集号	16G101-1
审核	郭仁俊	校对	廖宜香	设计	傅华夏	页	

剪力墙柱表

截面	1050 / 300 / 300 300	1200 / 300 / 600 / 600	900 / 300 / 600 / 600	300 250 300 / 300 300
编号	YBZ1	YBZ2	YBZ3	YBZ4
标高	−0.030～12.270	−0.030～12.270	−0.030～12.270	−0.030～12.270
纵筋	24⌀20	22⌀20	18⌀20	20⌀20
箍筋	ϕ10@100	ϕ10@100	ϕ10@100	ϕ10@100

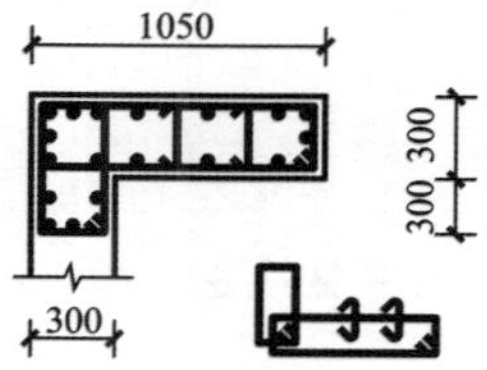

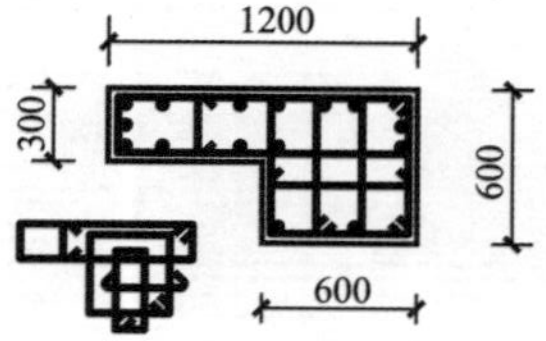

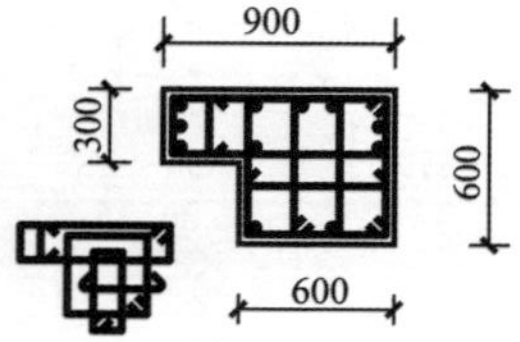

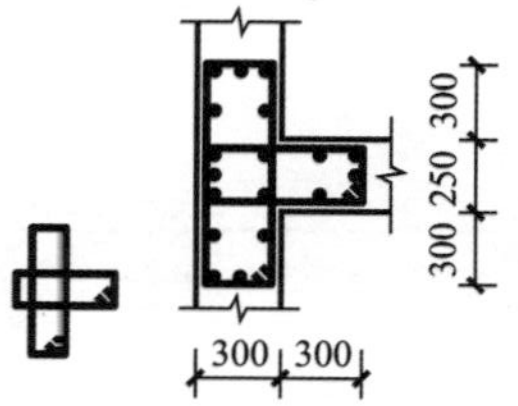

截面	550 / 250 / 825 / 250	250 / 300 / 250 / 1400	300 / 600 / 300 / 600
编号	YBZ5	YBZ6	YBZ7
标高	−0.030～12.270	−0.030～12.270	−0.030～12.270
纵筋	20⌀20	28⌀20	16⌀20
箍筋	ϕ10@100	ϕ10@100	ϕ10@100

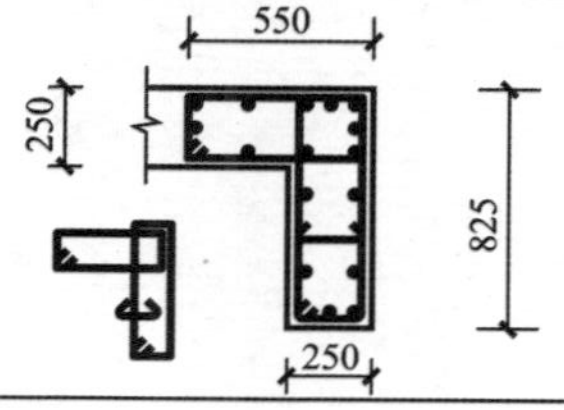

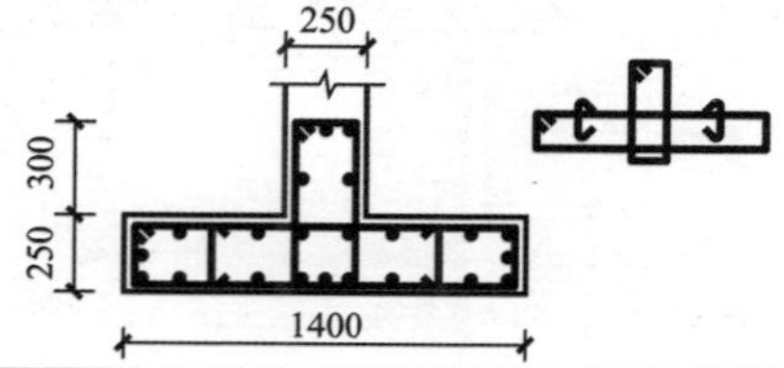

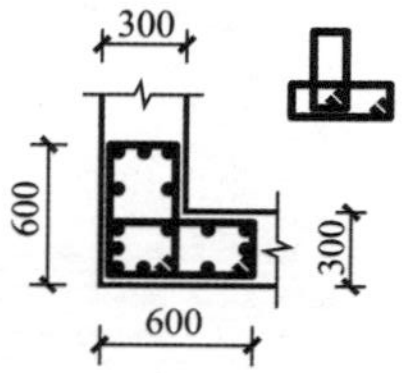

−0.030～12.270剪力墙平法施工图(部分剪力墙柱表)

屋面2	15.870	3.60
屋面1	12.270	3.60
3	8.670	3.60
2	4.470	4.20
1	−0.030	4.50
层号	标高/m	层高/m

结构层楼面标高
结构层高
上部结构嵌固部位:
−0.030

剪力墙列表注写方式墙柱表示例						图集号	16G101-1
审核	郭仁俊	校对	廖宜香	设计	傅华夏	页	

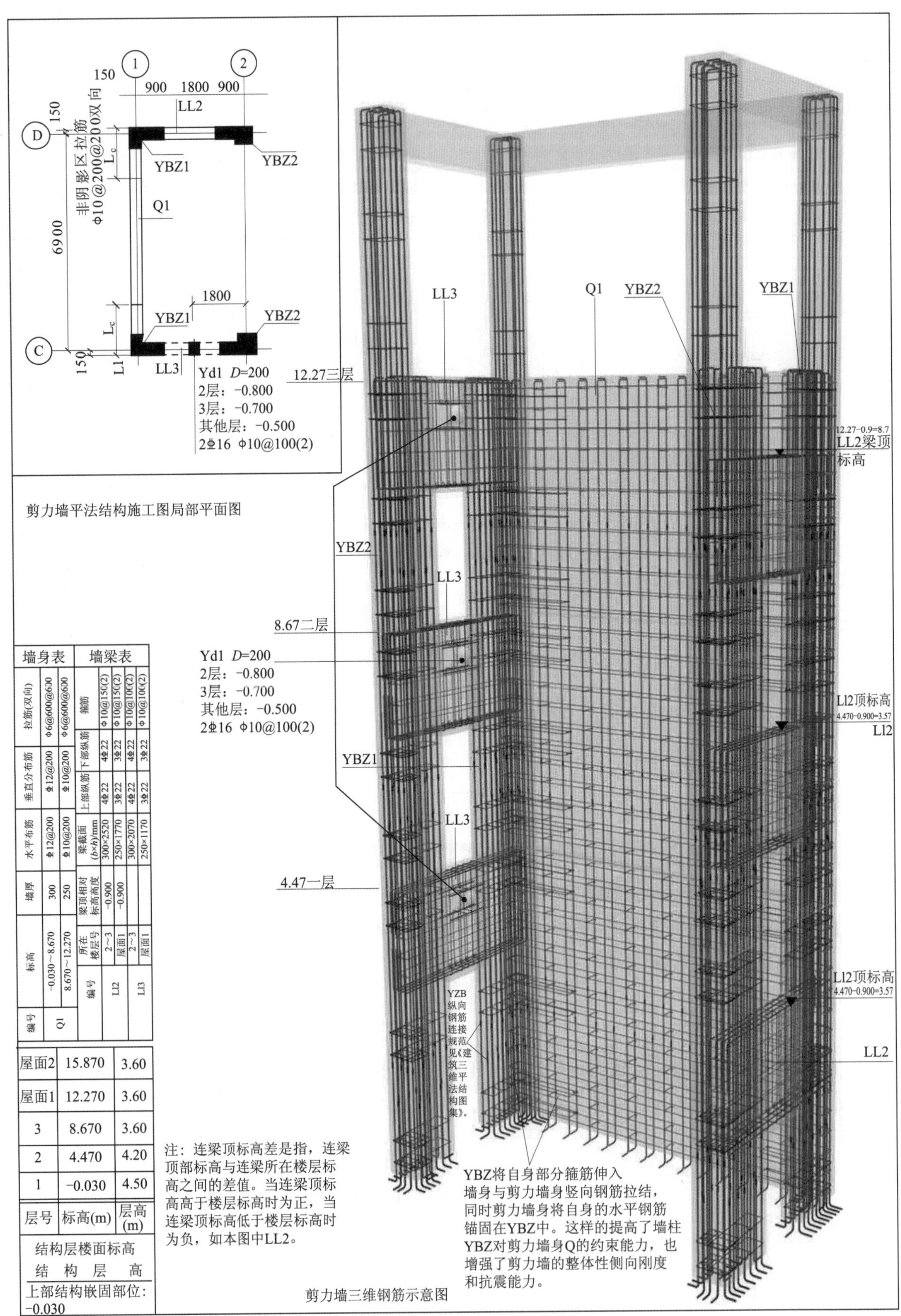

剪力墙平法结构施工图局部平面图

墙身表

编号	标高	墙厚	水平布筋	垂直分布筋	拉筋(双向)
Q1	-0.030~8.670	300	⊈12@200	⊈12@200	Φ6@600@600
	8.670~12.270	250	⊈10@200	⊈10@200	Φ6@600@600

墙梁表

编号	所在楼层号	梁顶相对标高高度	梁截面 $(b\times h)$/mm	上部纵筋	下部纵筋	箍筋
Ll2	2~3	-0.900	300×2520	4⊈22	4⊈22	Φ10@150(2)
	屋面1	-0.900	250×1770	3⊈22	3⊈22	Φ10@150(2)
Ll3	2~3		300×2070	4⊈22	4⊈22	Φ10@100(2)
	屋面1		250×1170	3⊈22	3⊈22	Φ10@100(2)

层号	标高(m)	层高(m)
屋面2	15.870	3.60
屋面1	12.270	3.60
3	8.670	3.60
2	4.470	4.20
1	-0.030	4.50

结构层楼面标高
结构层高
上部结构嵌固部位：-0.030

注：连梁顶标高差是指，连梁顶部标高与连梁所在楼层标高之间的差值。当连梁顶标高高于楼层标高时为正，当连梁顶标高低于楼层标高时为负，如本图中LL2。

剪力墙三维钢筋示意图

3.5 剪力墙地下室外墙识图规则

3.5.1 地下室外墙表示方法说明

本节地下室外墙仅适用于起挡土作用的地下室外围护墙。地下室外墙中墙柱、连梁及洞口等的表示方法同地上剪力墙。

3.5.2 地下室外墙编号的表示方法

地下室外墙编号，由墙身代号、序号组成，表达为：DWQ××。

3.5.3 地下室外墙的注写内容

地下室外墙平面注写方式，包括集中标注墙体编号、厚度、贯通筋、拉筋等和原位标注附加非贯通筋等两部分内容。当仅设置贯通筋而未设置附加非贯通筋时，则仅做集中标注。

3.5.4 地下室外墙标注规定

地下室外墙的集中标注，规定如下：

（1）注写地下室外墙编号，包括代号、序号、墙身长度 (注为 ×× ～ ×× 轴)。

（2）注写地下室外墙厚度 d_w=×××。

（3）注写地下室外墙的外侧、内侧贯通筋和拉筋。

特别提示

- 以 OS 代表外墙外侧贯通筋。其中，外侧水平贯通筋以 H 打头注写，外侧竖向贯通筋以 V 打头注写。
- 以 IS 代表外墙内侧贯通筋。其中，内侧水平贯通筋以 H 打头注写，内侧竖向贯通筋以 V 打头注写。
- 以 tb 打头注写拉筋直径、强度等级及间距，并注明“双向”或“梅花双向”。

【案例解析 3-7】

DWQ2(①～⑥)　b_w=300；

OS:H⏀18@200　V:⏀20@200；

IS:H⏀16@200　V:⏀18@200；

tbφ6@400@400 双向。

表示 2 号外墙，长度范围为①～⑥，墙厚为 300mm；外侧水平贯通筋为 ⏀18@200，外侧竖向贯通筋为 ⏀20@200；内侧水平贯通筋为 ⏀16@200，内侧竖向贯通筋为 ⏀18@200；双向拉筋为 φ6，水平间距为 400mm，竖向间距为 400mm，如图 3.21 所示。

3.5.5 地下室外墙的原位标注

地下室外墙的原位标注，主要表示在外墙外侧配置的水平非贯通筋或竖向非贯通筋。

当配置水平非贯通筋时，在地下室墙体平面图上原位标注。在地下室外墙外侧绘制粗实线段代表水平非贯通筋，在其上注写钢筋编号并以 H 打头注写钢筋强度等级、直径、分布间距，以及自支座中线向两边跨内的伸出长度值。当自支座中线向两侧对称伸出时，可仅在单侧标注跨内伸出长度，另一侧不注，此种情况下非贯通筋总长度为标注长度的 2 倍。边支座处非贯通钢筋的伸出长度值从支座外边缘算起。

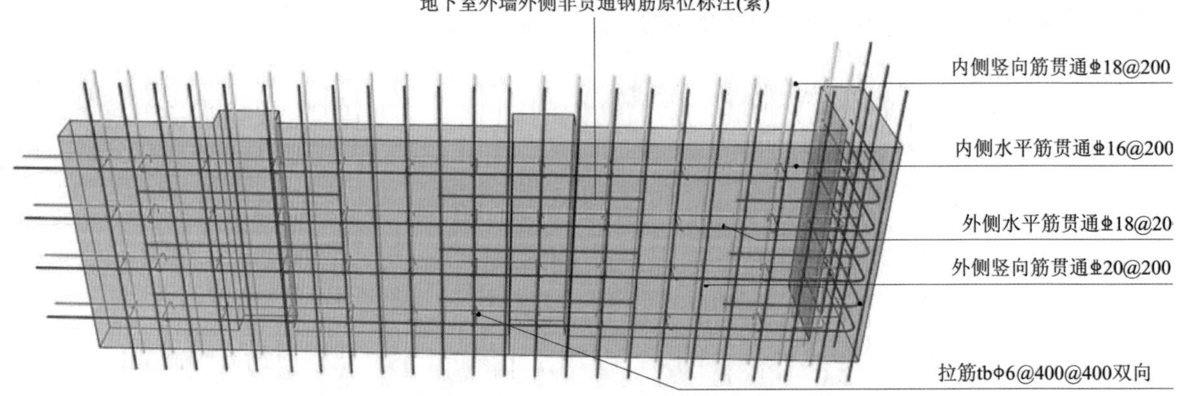

图 3.21　地下室外墙三维钢筋示意

地下室外墙外侧非贯通筋通常采用“隔一布一”的方式与集中标注的贯通筋间隔布置，其标注间距应与贯通筋相同，两者组合后的实际分布间距为各自标注间距的 1/2。

当在地下室外墙外侧底部、顶部、中层楼板位置配置竖向非贯通筋时，应补充绘制地下室外墙竖向截面轮廓图并在其上原位标注。表示方法为在地下室外墙竖向截面轮廓图外侧绘制粗实线段代表竖向非贯通筋，在其上注写钢筋编号并以 V 打头注写钢筋强度等级、直径、分布间距，以及向上（下）层的伸出长度值，并在外墙竖向截面图名下注明分布范围 (×× ～ ×× 轴)。

特别提示

- 向层内的伸出长度值注写方式。
- 地下室外墙底部非贯通钢筋向层内的伸出长度值从基础底板顶面算起。地下室外墙顶部非贯通钢筋向层内的伸出长度值从板底面算起。中层楼板处非贯通钢筋向层内的伸出长度值从板中间算起，当上下两侧伸出长度值相同时可仅注写一侧。
- 地下室外墙外侧水平、竖向非贯通筋配置相同者，可仅选择一处注写，其他可仅注写编号。
- 当在地下室外墙顶部设置通长加强钢筋时应注明。

知识链接

剪力墙结构原理

剪力墙根据功能不同可分为平面剪力墙和筒体剪力墙。平面剪力墙一般用于钢筋混凝土框架结构、升板结构、无梁楼盖体系中。为增加结构的刚度、强度及抗倒塌能力，在某些部位可现浇或预制装配钢筋混凝土剪力墙。现浇剪力墙与周边梁、柱同时浇筑，整体性好。筒体剪力墙一般用于高层建筑、高耸结构和悬吊结构中，由电梯间、楼梯间、设备及辅助用房的间隔墙围成，筒壁均为现浇钢筋混凝土墙体，其刚度和强度较平面剪力墙高，可承受较大的水平荷载。

剪力墙根据受力特点可以分为承重墙和剪力墙，前者以承受竖向荷载为主，如砌体墙；后者以承受水平荷载为主。在抗震设防区，水平荷载主要由水平地震作用产生，因此剪力墙有时也称为抗震墙。

剪力墙按结构材料可以分为钢筋混凝土剪力墙、钢板剪力墙、型钢混凝土剪力墙和配筋砌块剪力墙。其中以钢筋混凝土剪力墙最为常用。

3.5.6 地下室外墙识图案例

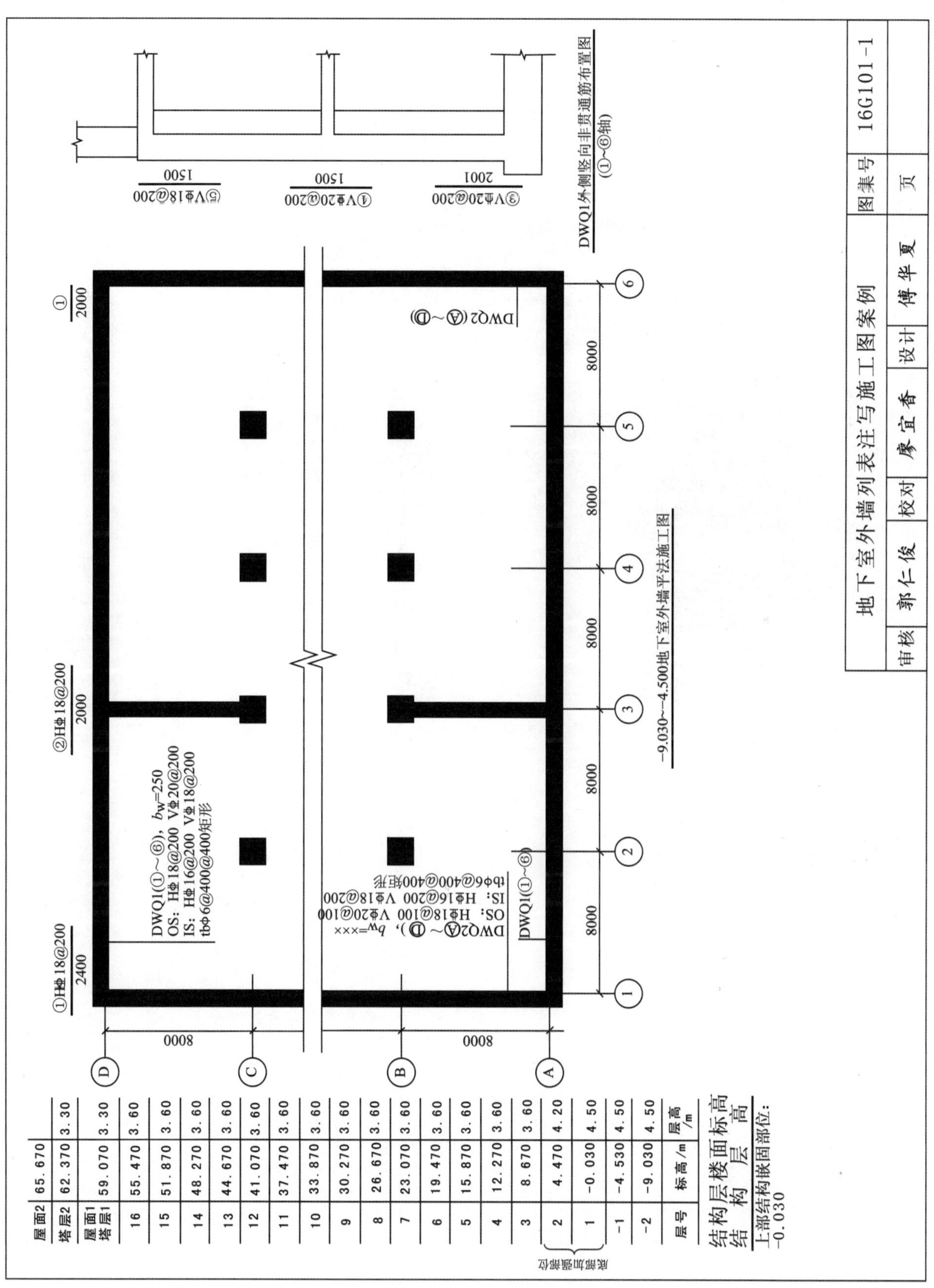

层号	标高/m	层高/m
屋面2	65.670	
塔层2	62.370	3.30
屋面1 塔层1	59.070	3.30
16	55.470	3.60
15	51.870	3.60
14	48.270	3.60
13	44.670	3.60
12	41.070	3.60
11	37.470	3.60
10	33.870	3.60
9	30.270	3.60
8	26.670	3.60
7	23.070	3.60
6	19.470	3.60
5	15.870	3.60
4	12.270	3.60
3	8.670	3.60
2	4.470	4.20
1	-0.030	4.50
-1	-4.530	4.50
-2	-9.030	4.50

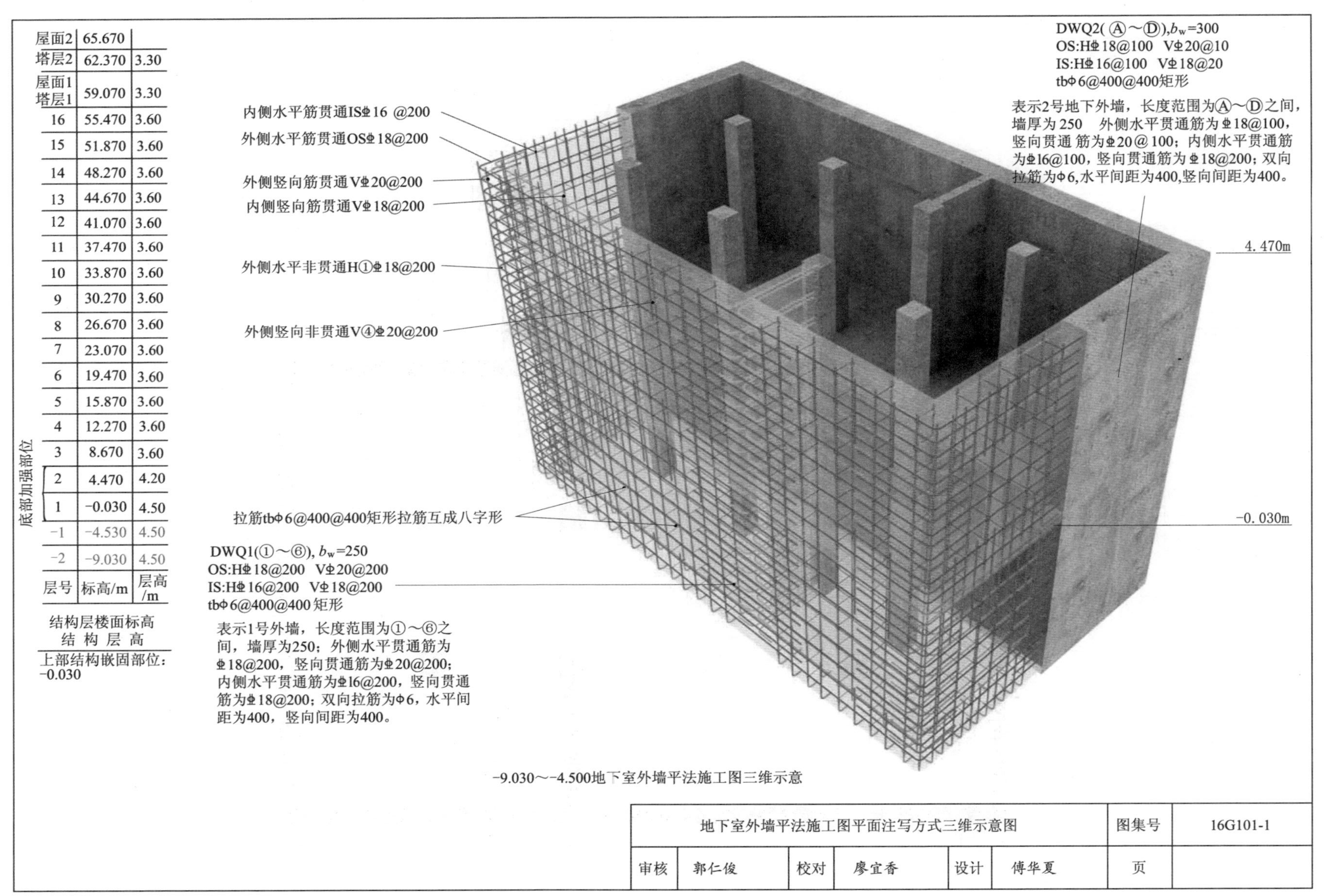

屋面2	65.670	
塔层2	62.370	3.30
屋面1 塔层1	59.070	3.30
16	55.470	3.60
15	51.870	3.60
14	48.270	3.60
13	44.670	3.60
12	41.070	3.60
11	37.470	3.60
10	33.870	3.60
9	30.270	3.60
8	26.670	3.60
7	23.070	3.60
6	19.470	3.60
5	15.870	3.60
4	12.270	3.60
3	8.670	3.60
2	4.470	4.20
1	-0.030	4.50
-1	-4.530	4.50
-2	-9.030	4.50
层号	标高/m	层高/m

结构层楼面标高
结构层高
上部结构嵌固部位：-0.030

-9.030～-4.500地下室外墙平法施工图三维示意

地下室外墙平法施工图平面注写方式三维示意图						图集号	16G101-1
审核	郭仁俊	校对	廖宜香	设计	傅华夏	页	

本章小结

在本章的剪力墙平法识图学习中，我们了解剪力墙在建筑结构中的受力特点和作用，以及剪力墙平法施工图的识图规则和标准钢筋构造详图。读图时一定要先看懂标准构造详图和三维示意图，最后才能进入剪力墙平法案例识图。

习　题

选择题

1. 剪力墙水平分部筋在端部为暗柱时，伸至柱端后弯折，弯折长度为（　）。

A. $10d$　　B. 10cm　　C. $15d$　　D. 15cm

2. 剪力墙中水平分布筋在距离基础梁或板顶面以上多大距离时，开始布置第一道？（　）

A. 50mm　　B. 水平分布筋间距 /2　　C. 100mm　　D. 150mm

3、抗震剪力墙墙身竖向钢筋采用机械连接接头时，第一批接头的位置距基础顶面应大于或等于（　）。

A. 0　　B. 500mm　　C. $15d$　　D. 150mm

4. 剪力墙端部为暗柱时，内侧钢筋伸至墙边弯折长度为（　）。

A. $15d$　　B. $10d$　　C. 150mm　　D. 250mm

5. 剪力墙中间单洞口连梁锚固值为 L_{aE} 且不小于（　）。

A. 500mm　　B. 600mm　　C. 750mm　　D. 800mm

6. 墙身第一根水平分布筋距基础顶面的距离为（　）。

A. 50mm　　B. 100mm

C. 墙身水平分布筋间距　　D. 墙身水平分布筋间距 /2

7. 地下室外墙外侧非贯通筋通常采用”隔一布一”的方式与集中标注的贯通筋间隔布置，其标注间距应与贯通筋相同，两者组合后的实际分布间距为各自标注间距的（　）。

A. 1/2　　B. 1 倍　　C. 2 倍　　D. 1/4

在线答题

第4章

梁平法识图规则

学习思路

本章学习梁平法识图，应先熟悉梁在建筑结构中的受力特点。掌握梁平法的识图规则、钢筋构造详图、三维示意图，完成梁平法案例识图训练。

学习目标

1. 了解钢筋混凝土梁的基本特性。
2. 掌握梁平法识图规则。
3. 掌握钢筋混凝土梁的标准钢筋构造详图。
4. 完成梁平法案例识图训练。

能力目标	知识要点	权重
了解钢筋混凝土梁的相关力学知识	钢筋混凝土梁的特点和适用范围	5%
掌握剪力墙平法识图规则	（1）列表注写方式识图规则 （2）截面注写方式识图规则	40%
完成梁平法识图实例训练	（1）梁平法识图案例 （2）梁平法构造详图及三维示意图	55%

4.1 认识钢筋混凝土梁

在房屋建筑结构中，截面尺寸的高与宽均较小而长度尺寸相对较大的构件称为梁。梁主要承受梁轴上墙板的荷载，属于以受弯为主的构件，跨度较大或荷载较大的梁，还承受较大的剪力（主要发生在近梁支座附近的集中荷载）。梁通常是水平搁置，有时为满足使用要求也有倾斜搁置的。梁在房屋建筑中的用途极其广泛，如楼盖、屋盖中的主梁、次梁、吊车梁、基础梁等。

4.1.1 钢筋混凝土梁的受力特点

在房屋建筑中，受弯构件是指截面上通常有弯矩和剪力作用的构件，梁和板为典型的受弯构件。在破坏荷载作用下，构件可能在弯矩较大处沿着与梁的轴线垂直的截面（正截面）发生破坏，也可能在支座附近沿着与梁的轴线倾斜的截面（斜截面）发生破坏。

1. 梁的正截面破坏

梁的正截面破坏形式与配筋率、钢筋混凝土强度等级、截面形式等有关，影响最大的是配筋率。随着纵向受拉钢筋配筋率 ρ 的不同，钢筋混凝土梁正截面可能出现适筋、超筋、少筋三种不同形式的破坏。适筋破坏为塑性破坏。适筋梁钢筋和混凝土均能充分利用，既安全又经济，是受弯构件正截面承载力极限状态验算的依据。超筋破坏和少筋破坏均为脆性破坏，既不安全又不经济。为避免工程中出现超筋梁或少筋梁，规范对梁的最大和最小配筋率均做出了明确的规定。

2. 梁的斜截面破坏

一般情况下，受弯构件既受弯矩又受剪力，剪力和弯矩共同作用引起的主拉应力将使梁产生斜裂缝。影响斜截面破坏形式的因素很多，如截面尺寸、混凝土强度等级、荷载形式、箍筋和弯起钢筋的含量等，其他影响较大的是配筋率。

4.1.2 钢筋混凝土梁的配筋要求

梁中一般配制下面几种钢筋：纵向受力钢筋、箍筋、弯起钢筋、架立钢筋、纵向构造钢筋。

（1）纵向受力钢筋布置在梁的受拉区，承受由于弯矩作用而产生的拉力，常用 HPB300、HRB335、HRB400 级钢筋。有时在构件受压区也配置纵向受力钢筋，与混凝土共同承受压力。纵向钢筋的数量一般不少于两根；当梁宽小于 100mm 时，可为一根。纵向受力钢筋应沿梁宽均匀分布，尽量布置排成一排；当钢筋根数较多时，一排排不下，可排成两排。在正常情况下，当混凝土强度等级小于或等于 C20 时，纵向钢筋混凝土保护层厚度为 30mm。当混凝土强度等级大于或等于 C25 时，保护层厚度为 25mm，且不小于钢筋直径 d。

（2）箍筋主要是承担剪力，在结构上还能固定受力钢筋的位置，以便绑扎成钢筋骨架。箍筋常采用 HPB300 钢筋，其数量（直径和间距）由计算确定。对高度大于 300mm 的梁，也应沿梁全长按照构造均匀设置，箍筋的直径根据梁高确定。当梁高小于 800mm 时，直径不小于 6mm；当梁高大于 800mm 时，直径不小于 8mm；梁中配筋有计算需要的纵向受力钢筋时，箍筋直径尚应不小于 $d/4$(d 为纵向受压钢筋的最大直径)，箍筋的最大间距不得超过规范的有关规定。

箍筋的肢数有单肢、双肢和四肢等。当梁宽 $b \leqslant 120\text{mm}$ 时，采用单肢箍；当 $120\text{mm} < b < 350\text{mm}$ 时，采用双肢箍；当 $b \geqslant 350\text{mm}$ 时，采用四肢箍。为了固定箍筋，以便与纵向受力钢筋形成钢筋骨架，当一排内纵向钢筋多于 5 根，或受压钢筋多于 3 根时，也采用四肢箍。

（3）弯起钢筋由纵向受拉钢筋弯起而成，有时也专门设置弯起钢筋在跨中附近和纵向受拉钢筋一样可以承担正弯矩，在支座附近弯起后，其弯起段可以承受弯矩和剪力共同产生的主拉应力，弯起后的水平段有时还可以承受支座处的负弯矩，弯起钢筋与梁轴线的夹角（称弯起角）一般是 45°；当梁高 $h>$ 800mm 时，弯起角为 60°。

（4）架立钢筋设置在梁的受压区并平行纵向受力钢筋，承担因混凝土收缩和温度变化产生的应力。如有受压纵筋时，受压纵筋可兼作架立钢筋并应伸至梁的支座。

（5）纵向构造钢筋当梁较高（$h_w \geqslant$ 450mm) 时，为防止混凝土收缩和温度变形而产生竖向裂缝，同时加强钢筋骨架的刚度，在梁的两侧沿梁高每隔 200mm 处各设一根直径不小于 10mm 的腰筋，两根腰筋之间用 Φ6 或 Φ8 的拉筋联系，拉筋间距一般为箍筋的 2 倍。

4.2 梁平法表示方法的有关事项

（1）梁平法施工图是在梁平面布置图上采用平面注写方式或截面注写方式表达。

（2）在施工中采用平面注写方式时，应结合集中标注和原位标注一起注写。

4.3 梁平法施工图的平面注写方式识图规则

4.3.1 平面注写方式

平面注写方式，是在梁平面布置图上，分别在不同编号的梁中各选一根梁，在其上注写截面尺寸和配筋具体数值来表达梁平法施工图。

平面注写包括集中标注与原位标注，集中标注表达通用数值，原位标注表达特殊数值。当集中标注中的某项数值不适用于梁的某部位时，则将该项数值原位标注。施工时，原位标注取值优先（图 4.1、表 4-1）。

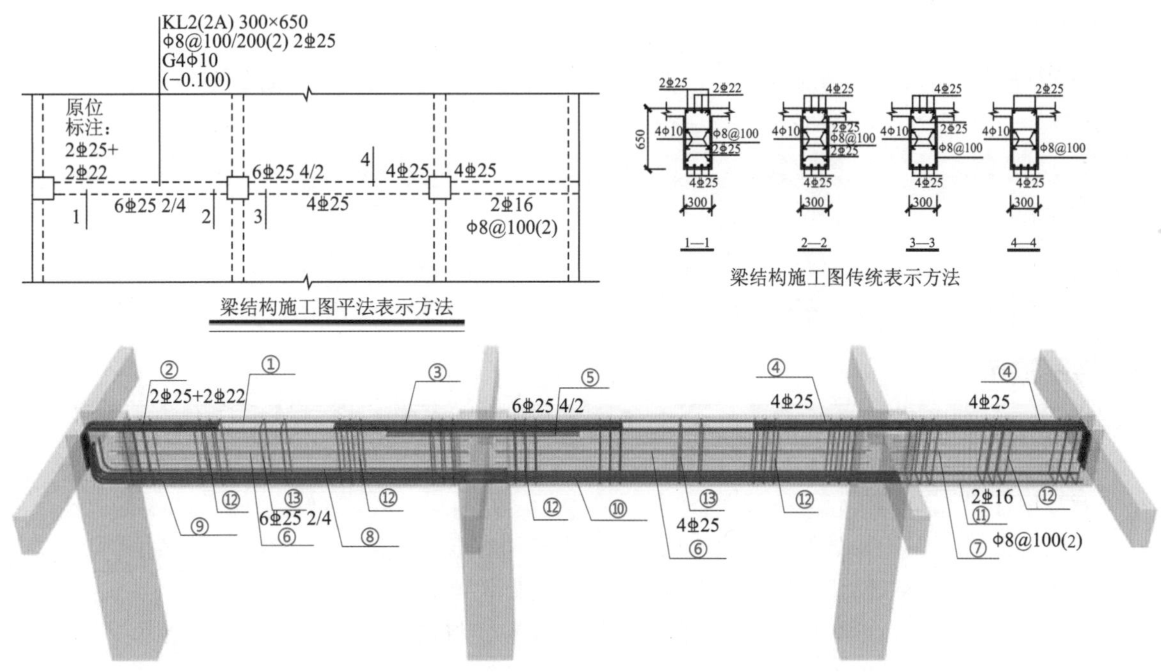

图 4.1　梁平面施工图平法注写方式三维钢筋示意图

注：4 个梁截面是采用传统表示方法绘制的，用于对比按平面注写方式表达的同样内容。实际采用平面注写方式表达时，不需绘制梁截面配筋图和图 4.1 中的相应截面号。

表 4–1　梁平面施工图平法注写方式钢筋排布图

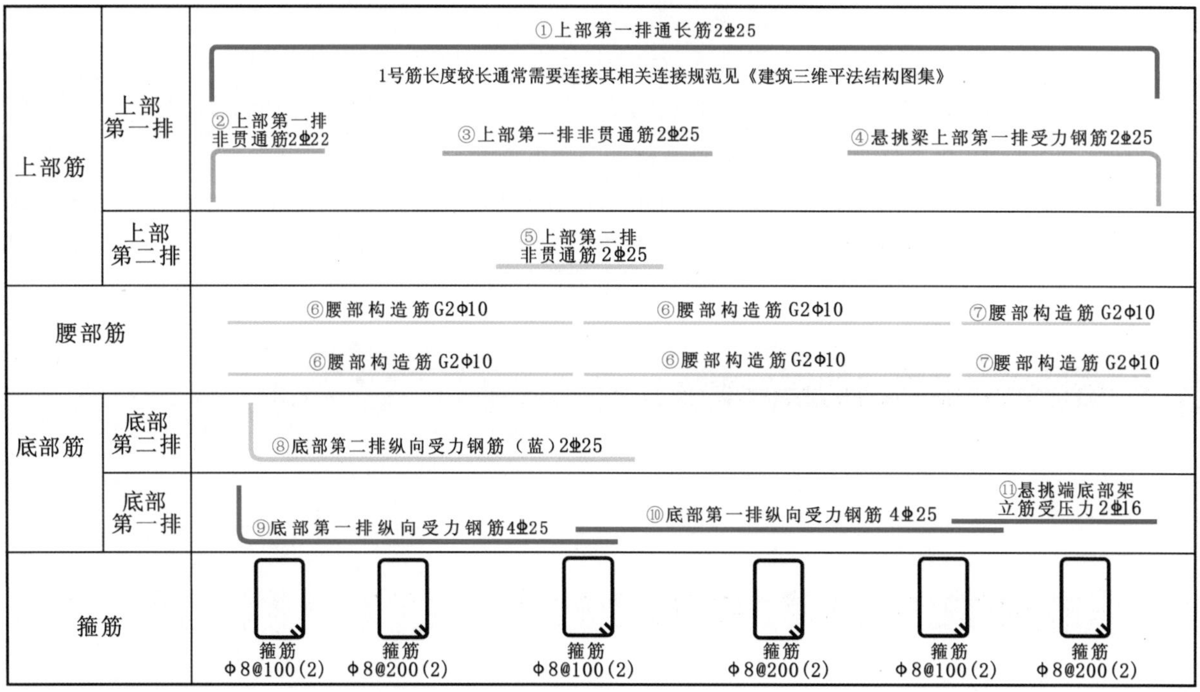

上部筋	上部第一排	①上部第一排通长筋2Φ25 1号筋长度较长通常需要连接其相关连接规范见《建筑三维平法结构图集》 ②上部第一排非贯通筋2Φ22　③上部第一排非贯通筋2Φ25　④悬挑梁上部第一排受力钢筋2Φ25
	上部第二排	⑤上部第二排非贯通筋2Φ25
腰部筋		⑥腰部构造筋G2Φ10　⑥腰部构造筋G2Φ10　⑦腰部构造筋G2Φ10 ⑥腰部构造筋G2Φ10　⑥腰部构造筋G2Φ10　⑦腰部构造筋G2Φ10
底部筋	底部第二排	⑧底部第二排纵向受力钢筋（蓝）2Φ25
	底部第一排	⑨底部第一排纵向受力钢筋4Φ25　⑩底部第一排纵向受力钢筋4Φ25　⑪悬挑端底部架立筋受压力2Φ16
箍筋		箍筋 Φ8@100(2)　箍筋 Φ8@200(2)　箍筋 Φ8@100(2)　箍筋 Φ8@200(2)　箍筋 Φ8@100(2)　箍筋 Φ8@200(2)

4.3.2　梁平法构件标注编号

梁编号由梁类型代号、序号、跨数及有无悬挑代号几项组成，并应符合表 4–2 的规定。

表 4–2　梁　编　号

梁类型	代号	序号	跨数及是否带有悬挑
楼层框架梁	KL	××	(××)(××A) 或 (××B)
楼层框架扁梁	KBL	××	(××)(××A) 或 (××B)
屋面框架梁	WKL	××	(××)(××A) 或 (××B)
框支梁	KZL	××	(××)(××A) 或 (××B)
托柱转换梁	TZL	××	(××)(××A) 或 (××B)
非框架梁	L	××	(××)(××A) 或 (××B)
悬挑梁	XL	××	(××)(××A) 或 (××B)
井字梁	JZL	××	(××)(××A) 或 (××B)

特别提示

◆　(××A) 为一端有悬挑，(××B) 为两端有悬挑，悬挑不计入跨数。

梁编号构件的定义叙述。

（1）楼层框架梁 (KL)。是各楼面的承重梁与框架柱组合成的框架，框架空间共同受力 (图 4.2)。

（2）屋面框架梁 (WKL)。是框架结构屋面最高处的框架梁 (图 4.2)。

（3）非框架梁 (L)。在框架结构中，框架梁之间设置的将楼板的重量传递给框架梁的其他梁 (图 4.2)。

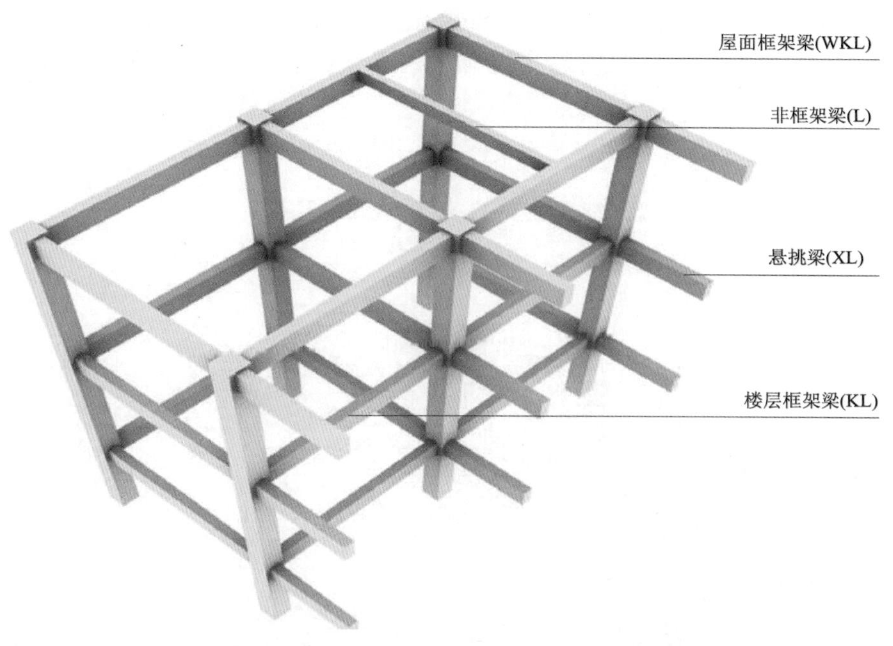

图 4.2 楼层框架梁，屋面框架梁，非框架梁，悬挑梁

（4）悬挑梁 (XL)。是一端埋在或者浇筑在支撑物上，另一端伸出挑出支撑物的梁。其结构上部产生弯矩和剪力，上部受拉受剪，其钢筋配置在上部 (图 4.2)。

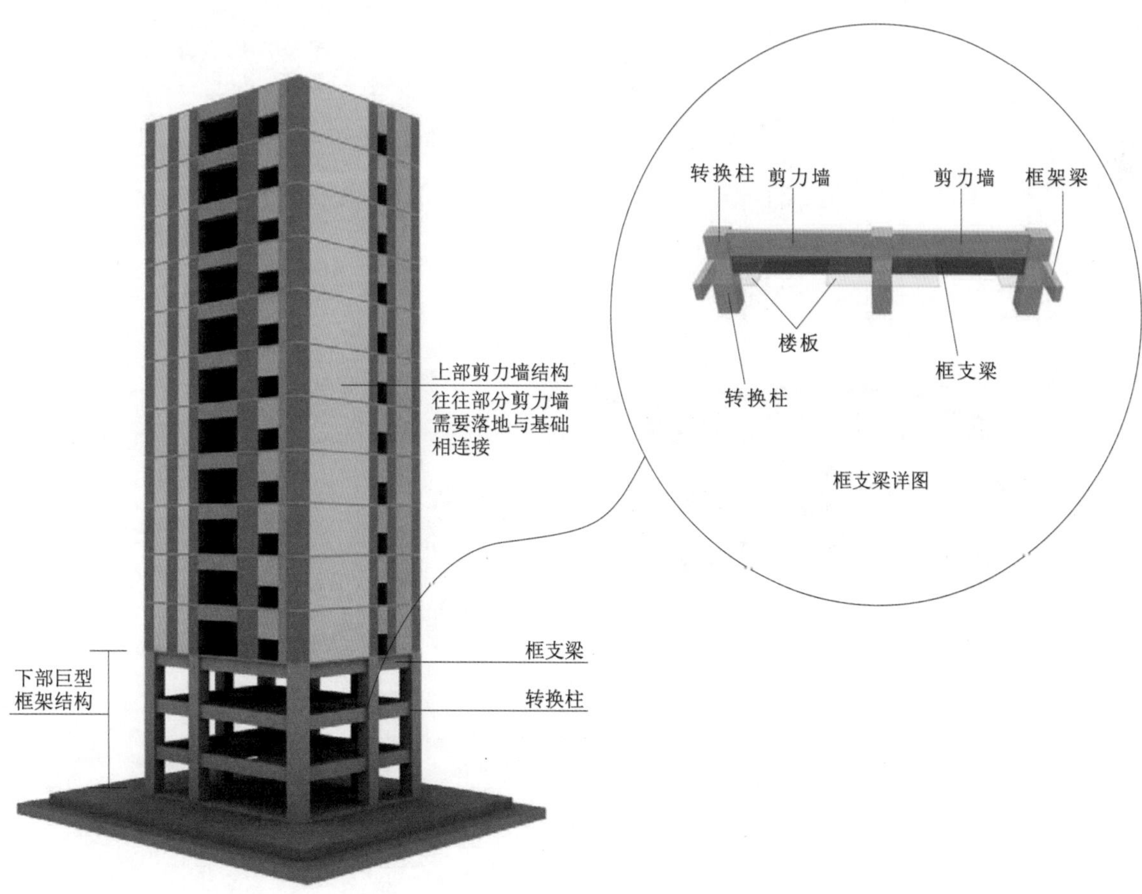

图 4.3 框支梁

（5）框支梁 (KZL)。因为建筑功能要求，下部大空间，上部部分竖向构件不能直接连续贯通落地，而通过水平转换结构与下部竖向构件连接。当布置的转换梁支撑上部的剪力墙时，转换梁叫框支梁，支撑框支梁的柱叫框支柱 (图 4.3)。

（6）井字梁 (JZL)。井字梁就是不分主次梁，高度相当的梁，同位相交，呈井字形。这种梁一般用于正方形楼板或者长宽比小于 1.5 的矩形楼板，大厅比较多见，梁间距 3m 左右，由同一平面内相互正交或斜交的梁所组成的结构构件，又称交叉梁或格形梁 (图 4.4)。

图 4.4　井字梁

（7）楼层框架扁梁 (KBL)。是指当梁宽大于梁高时的框架梁，又称为楼层框架宽扁梁 (或称宽扁梁、框架扁梁)，如图 4.5 所示。

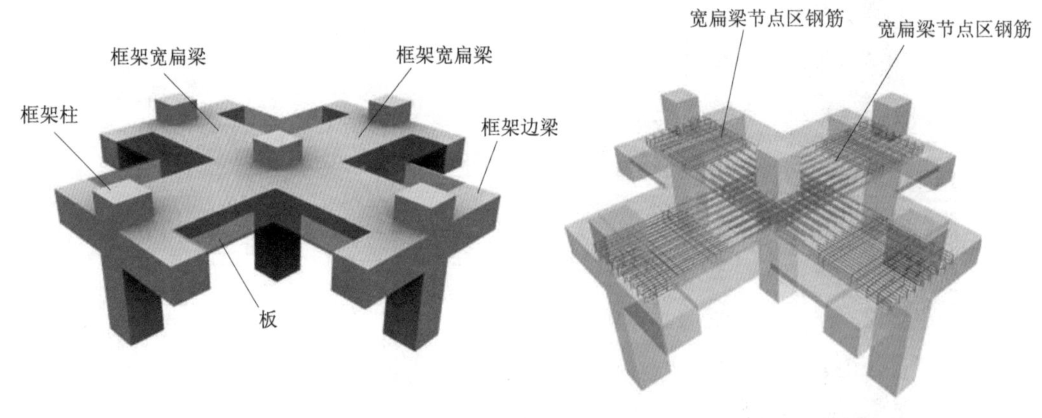

图 4.5　楼层框架宽扁梁局部三维示意

（8）托柱转换梁 (TZL)(图 4.6)。

特别提示

在抗震地区不允许设计纯粹的框支剪力墙结构建筑。本示意图假设为非抗震地区设计。

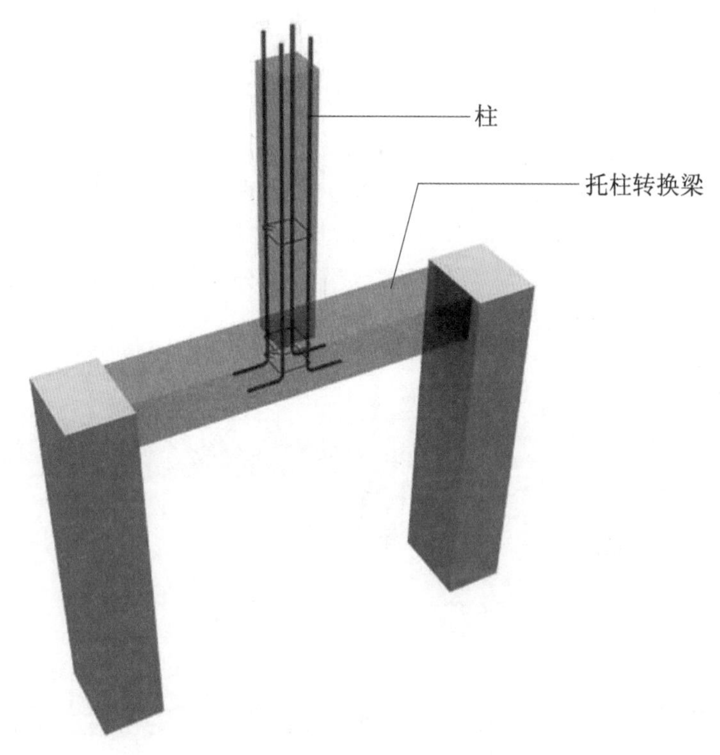

图 4.6　托柱转换梁

框架梁的跨度在结构施工图中的表示。

【案例解析 4-1】

KL7(5A) 表示第 7 号框架梁，5 跨，一端有悬挑，如图 4.7 所示。

L9(7B) 表示第 9 号非框架梁，7 跨，两端有悬挑，如图 4.7 所示。

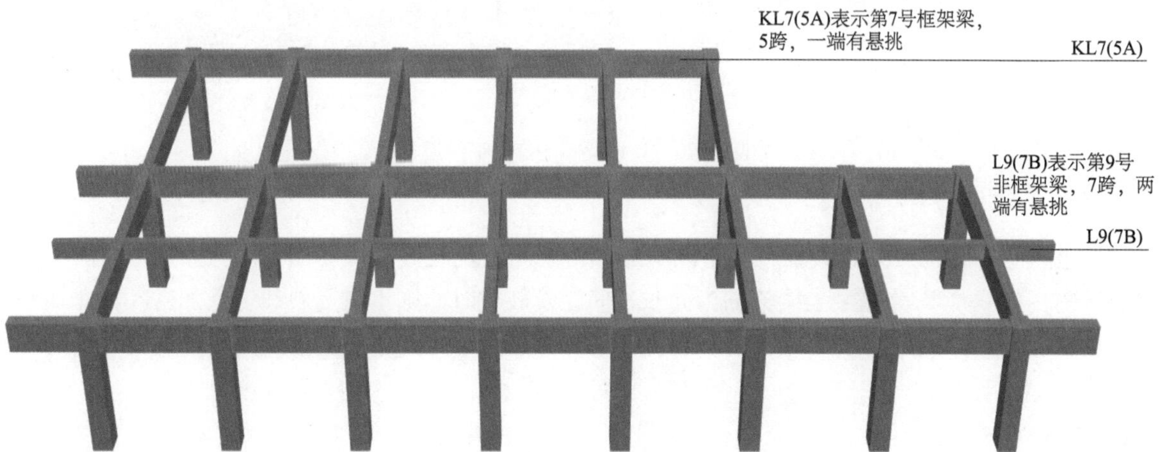

图 4.7　框架梁与非框架梁的跨数三维示意

4.3.3 梁集中标注的内容

1. 梁编号

梁编号，见表 4-2。

2. 梁集中标注截面注写

梁截面尺寸，该项为必注值。

①当为等截面梁时，用 $b \times h$ 表示；

②当为竖向加腋梁时，用 $b \times h$ Y$c_1 \times c_2$ 表示，其中 c_1 为腋长，c_2 为腋高(图 4.8)；

③当为水平加腋梁时，一侧加腋时用 $b \times h$ PY$c_1 \times c_2$ 表示，其中 c_1 为腋长，c_2 为腋宽，加腋部位应在平面图中绘制（图 4.9)；

④当有悬挑梁且根部和端部的高度不同时，用斜线分隔根部与端部的高度值，即为 $b \times h_1/h_2$ (图 4.10)。

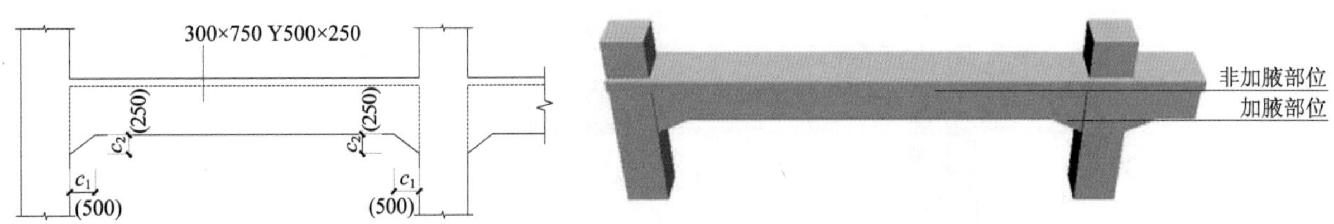

图 4.8 竖向加腋截面注写示意

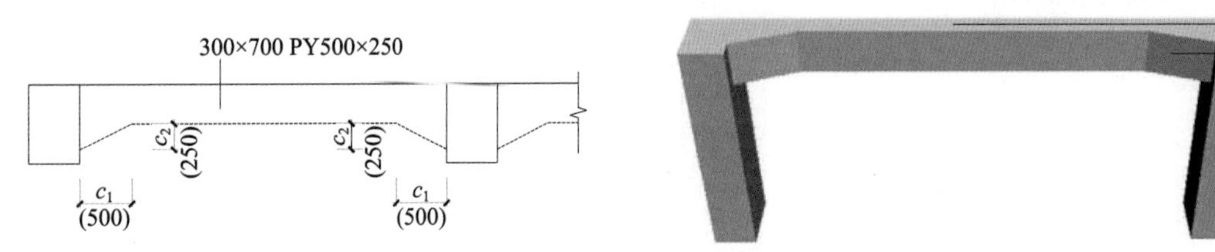

图 4.9 水平加腋截面注写示意

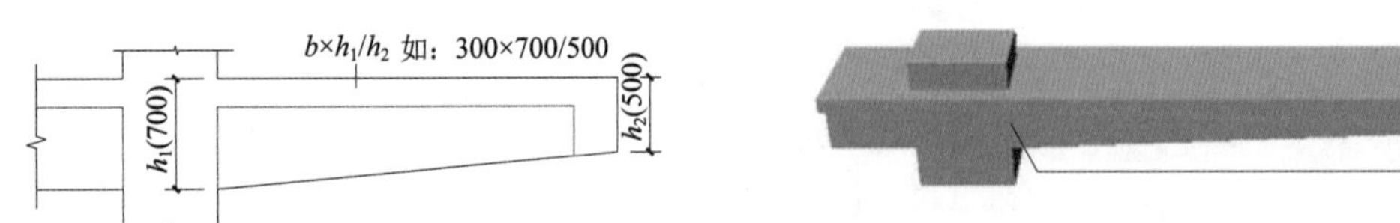

图 4.10 悬挑梁不等高截面注写示意

3. 梁集中标注箍筋注写内容

梁箍筋，包括钢筋级别、直径、加密区与非加密区间距及肢数。箍筋加密区与非加密区的不同间距及肢数需用斜线“/”分隔；当梁箍筋为同一种间距及肢数时，则不需用斜线；当加密区与非加密区的箍筋肢数相同时，则将肢数注写一次；箍筋肢数应写在括号内，加密区范围见相应抗震等级的标准构造详图。

【案例解析 4-2】

ф10@100/200（4)，表示箍筋为 HPB300 钢筋，直径为 10mm，加密区间距为 100mm，非加密区间距为 200mm，均为四肢箍(图 4.11)。

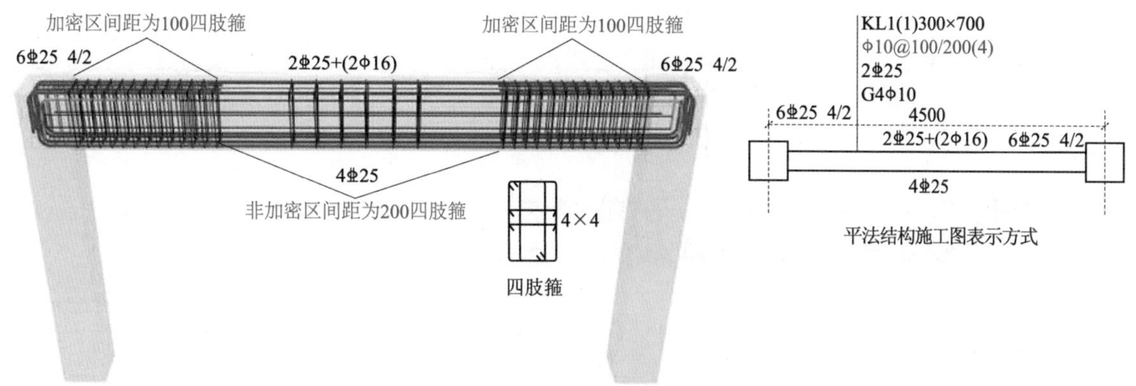

图 4.11 框架梁箍筋加密与非加密区及箍筋肢数三维示意 1

ϕ8@100(4)/150(2)，表示箍筋为 HPB300 钢筋，直径为 8mm，加密区间距为 100mm，四肢箍；非加密区间距为 150mm，两肢箍 (图 4.12)。

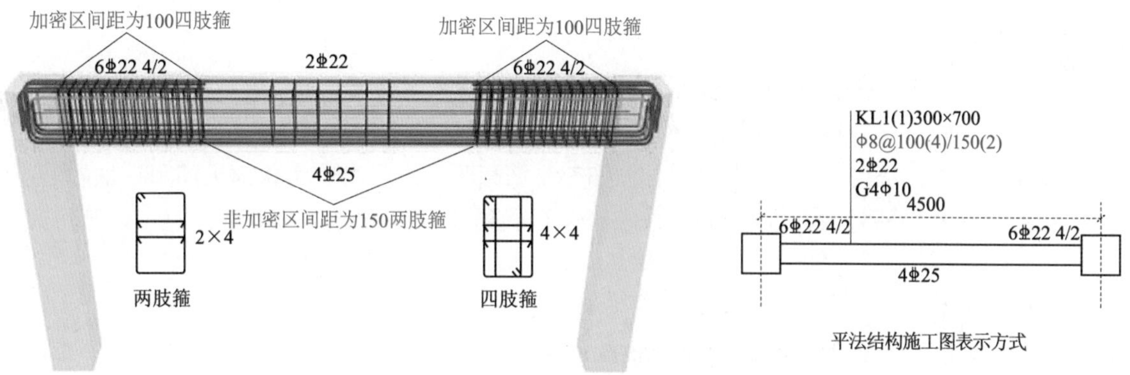

图 4.12 框架梁箍筋加密与非加密区及箍筋肢数三维示意 2

当抗震设计中的非框架梁、悬挑梁、井字梁，以及非抗震设计中的各类梁采用不同的箍筋间距及肢数时，也用斜线“/”将其分隔开来。注写时，先注写梁支座端部的箍筋 (包括箍筋的箍数、钢筋级别、直径、间距与肢数)，在斜线后注写梁跨中部分的箍筋间距及肢数。

【案例解析 4-3】

13ϕ10@150/200 (4) 表示箍筋为 HPB300 钢筋，直径为 10mm；梁的两端各有 13 个四肢箍，间距为 150mm；梁跨中部分间距为 200mm，四肢箍 (图 4.13)。

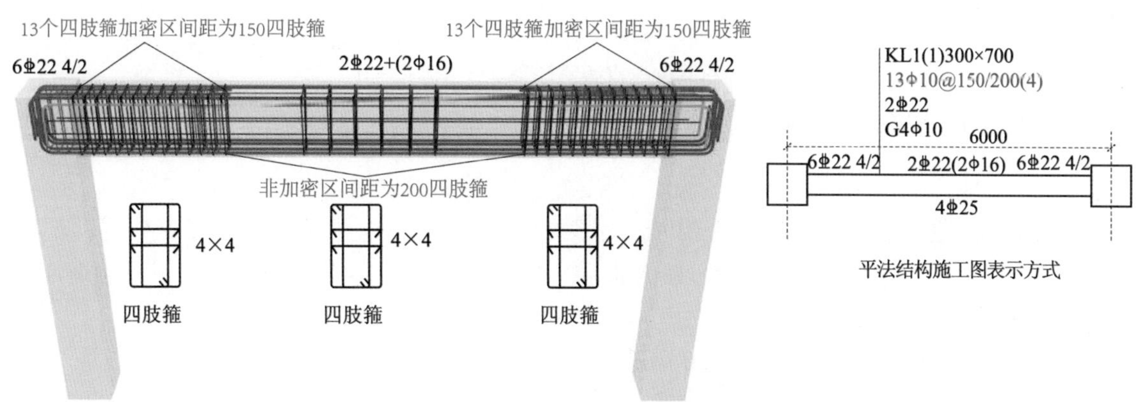

图 4.13 框架梁箍筋加密与非加密区及箍筋肢数三维示意 3

13ϕ12@150 (4) /200 (2)，表示箍筋为 HPB300 钢筋，直径为 12mm；梁的两端各有 13 个四肢箍，间距为 150mm；梁跨中部分，间距为 200mm，两肢箍（图 4.14）。

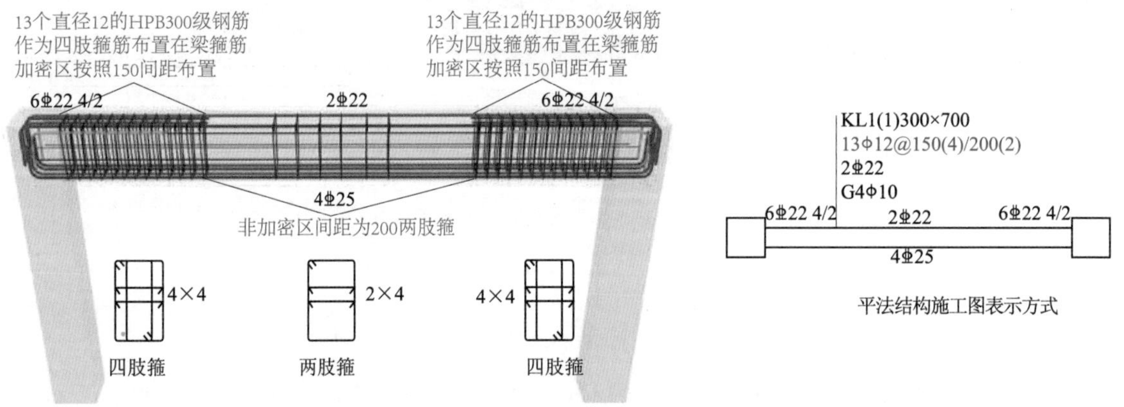

图 4.14　框架梁箍筋加密与非加密区及箍筋肢数三维示意 4

4. 梁集中标注通长筋注写内容

梁上部通长筋或架立筋配置（通长筋可为相同或不同直径采用搭接连接、机械连接或焊接的钢筋），该项为必注值。所注规格与根数应根据结构受力要求及箍筋肢数等构造要求而定。当同排纵筋中既有通长筋又有架立筋时，应用加号“+”将通长筋和架立筋相联。注写时需将角部纵筋写在加号的前面，架立筋写在加号后面的括号内，以示不同直径及与通长筋的区别。当全部采用架立筋时，则将其写入括号内。

【案例解析 4-4】

2⌀22 用于双肢箍；2⌀22+(4ϕ12) 用于六肢箍，其中 2⌀22 为通长筋，4ϕ12 为架立筋（图 4.15）。

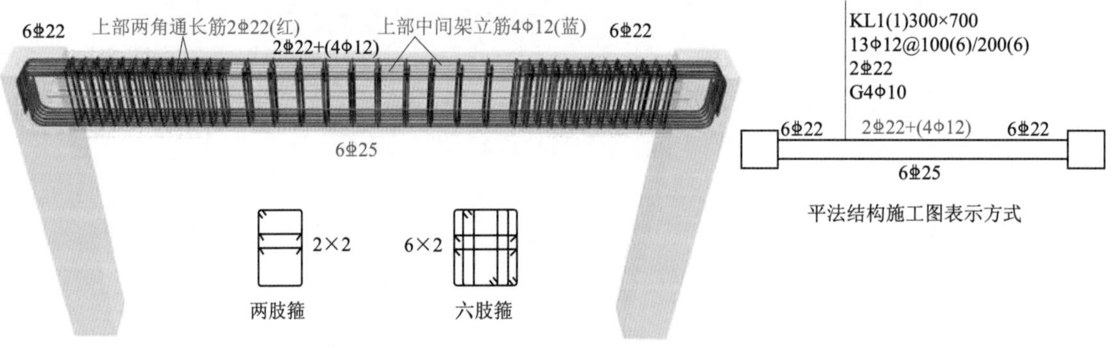

图 4.15　框架梁非贯通筋与架立筋构造三维示意

注：箍筋肢数与纵向钢筋根数一般情况下一致。

5. 梁集中标注纵筋注写内容

当梁的上部纵筋和下部纵筋为全跨相同，且多数跨配筋相同时，此项可加注下部纵筋的配筋值，用分号“；”将上部与下部纵筋的配筋值分隔开来，少数跨不同者，按 16G101—1 第 4.3.1 条的规定处理。

【案例解析 4-5】

4⌀20；4⌀22 表示梁的上部配置 4⌀20 的通长筋，梁的下部配置 4⌀22 的通长筋（图 4.16）。

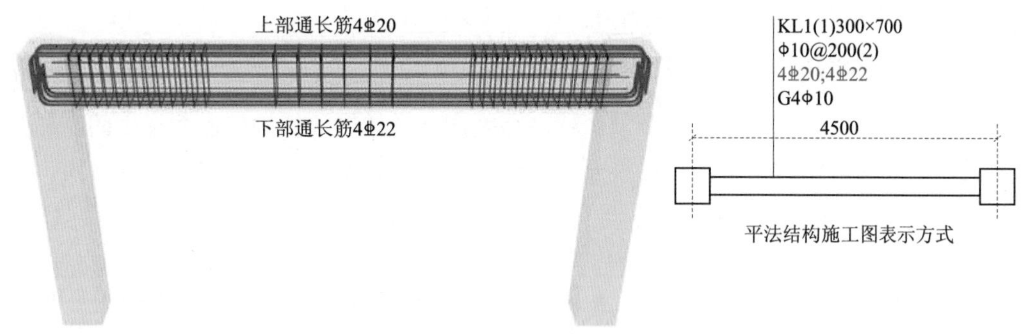

图 4.16 框架梁上部与下部钢筋三维示意

6. 梁集中标注构造钢筋注写内容

梁侧面纵向构造钢筋或受扭钢筋配置，该项为必注值。当梁腹板高度 $h_w \geqslant 450$mm 时，需配置纵向构造钢筋，所注规格与根数应符合规范规定。此项注写值以大写字母 G 打头，接续注写设置在梁两个侧面的总配筋值，且对称配置。

当梁侧面需配置受扭纵向钢筋时，此项注写值以大写字母 N 打头，接续注写配置在梁两个侧面的总配筋值，且对称配置。受扭纵向钢筋应满足梁侧面纵向构造钢筋的间距要求，且不再重复配置纵向构造钢筋。

【案例解析 4-6】

G4Φ12 表示梁的两个侧面共配置 4Φ12 的纵向构造钢筋，每侧各配置 2Φ12(图 4.17)。

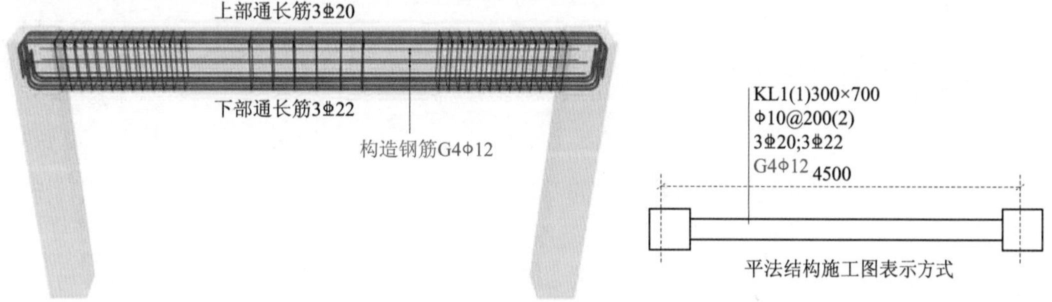

图 4.17 框架梁构造钢筋三维示意

【案例解析 4-7】

N4⌀16 表示梁的两个侧面共配置 4⌀16 的受扭纵向钢筋，每侧各配置 2⌀16(图 4.18)。

注：1. 构造钢筋锚固长度为 15d 一般情况下在柱中直锚。
2. 设置构造钢筋是为了防止温度应力作用下梁腰部混凝土在凝结硬化过程中产生竖向裂缝。
3. 梁构造钢筋相关规范见《建筑三维平法结构图集》。

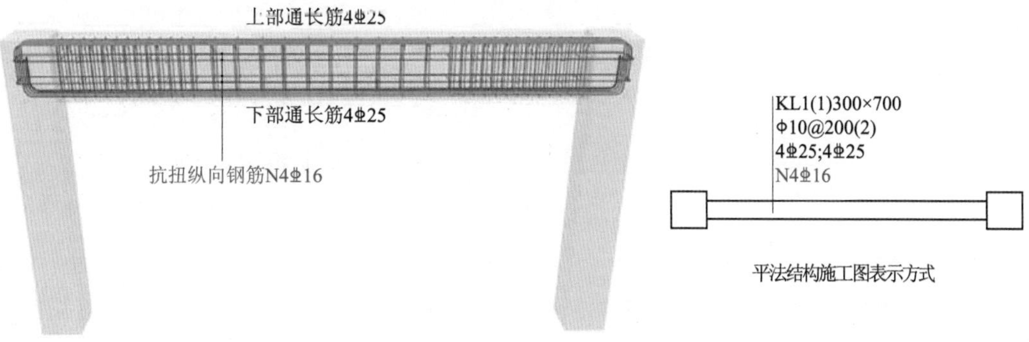

图 4.18 框架梁抗扭钢筋

注：抗扭钢筋锚固长度为 L_{aE} 锚固长度比构造钢筋长，在端支座有时会做成弯锚。

7. 梁顶标高集中标注注写内容

梁顶面标高高差，该项为选注值。梁顶面标高高差，是指相对于结构层楼面标高的高差值，对于位于结构夹层的梁，则指相对于结构夹层楼面标高的高差。有高差时，需将其写入括号内，无高差时不注。

【案例解析 4-8】

某结构标准层的楼面标高为 44.950m，当某梁的梁顶面标高高差注写为（–0.050）时，即表明该梁顶面标高相对于 44.950m 低 0.05m，如图 4.19 所示。

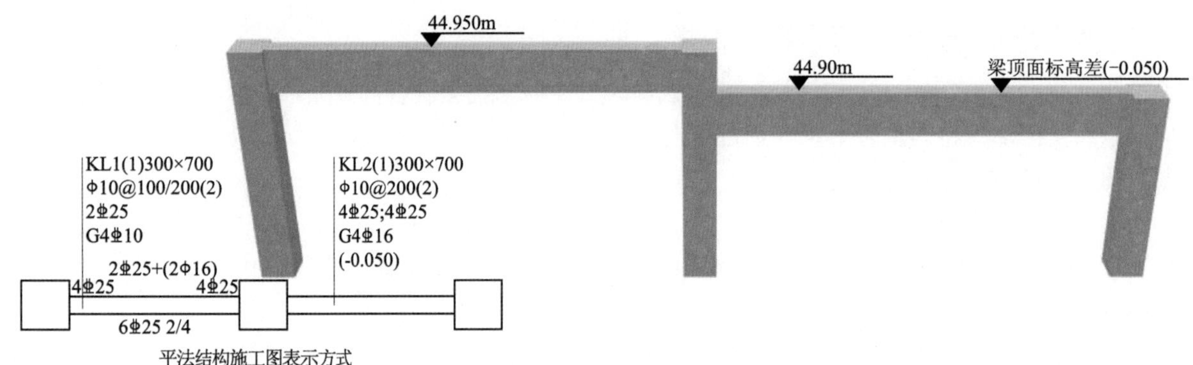

图 4.19　梁顶标高不同的梁结构施工图

4.3.4　梁原位标注的内容规定

1. 梁原位标注上部纵筋注写内容

梁支座上部纵筋，该部位包含通长筋在内的所有纵筋。

（1）当上部纵筋多于一排时，用斜线“/”将各排纵筋自上而下分开。

（2）当同排纵筋有两种直径时，用加号“+”将两种直径的纵筋相连，注写时将角部纵筋写在前面。

【案例解析 4-9】

梁支座上部纵筋注写为 6Φ22 4/2，则表示上一排纵筋为 4Φ22，下一排纵筋为 2Φ22(图 4.20)。

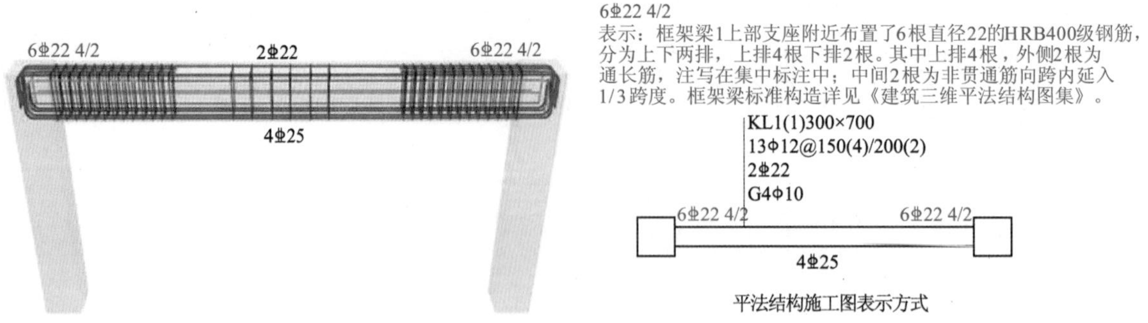

图 4.20　框架梁双排钢筋三维示意

【案例解析 4-10】

梁支座上部有 4 根纵筋，2Φ25 放在角部，2Φ22 放在中部，在梁支座上部应注写为 2Φ25+2Φ22，如图 4.21 所示。

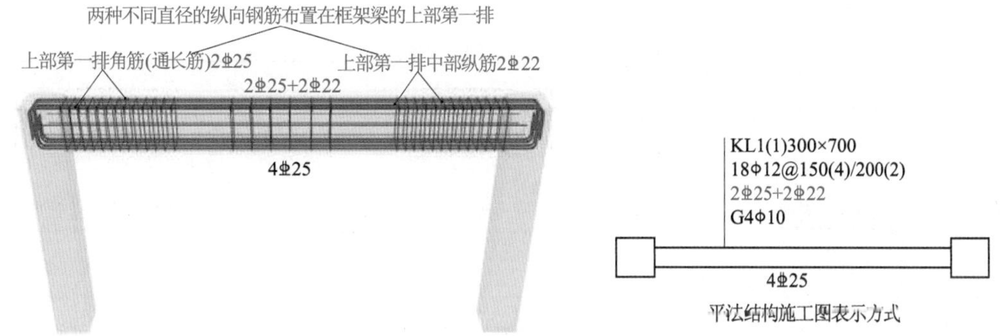

图 4.21　框架梁构同排不同直径钢筋三维示意

（3）当梁中间支座两边的上部纵筋不同时，需在支座两边分别标注；当梁中间支座两边的上部纵筋相同时，可仅在支座的一边标注配筋值，另一边省去不注（图 4.22、表 4-3）。

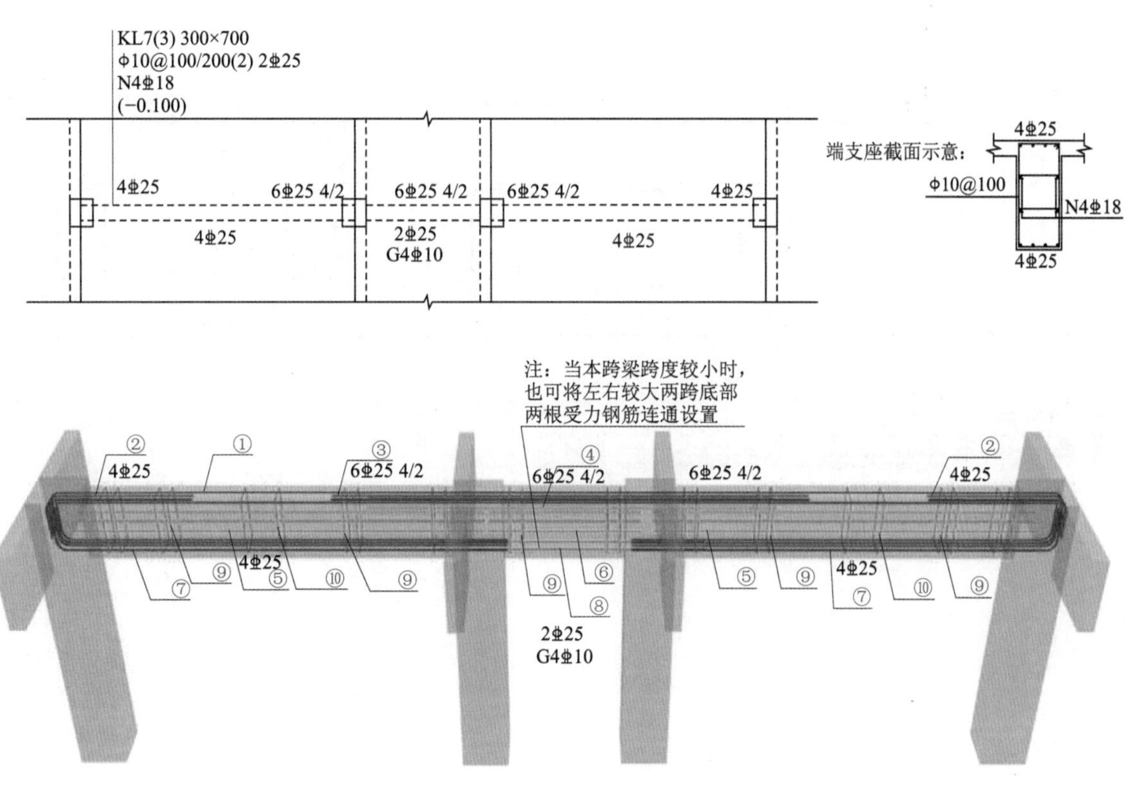

图 4.22　大小跨梁结构施工图三维钢筋示意

2. 梁原位标注下部纵筋注写内容

（1）当下部纵筋多于一排时，用斜线将各排纵筋自上而下分开。

【案例解析 4-11】

梁下部纵筋注写为 8⌀25 4/4，则表示上一排纵筋为 4⌀25，下一排纵筋为 4⌀25，全部伸入支座（图 4.23）。

（2）当同排纵筋有两种直径时，用加号“+”将两种直径的纵筋相联，注写时角筋写在前面。

（3）当梁下部纵筋不全部伸入支座时，将梁支座下部纵筋减少的数量写在括号内。

表 4-3　大小跨梁结构施工图三维钢筋排布图

上部筋	上部第一排	①上部第一排通长筋 2Φ25 ②上部第一排非贯通筋2Φ25　③上部第一排非贯通筋2Φ25　②上部第一排受力钢筋4Φ25
	上部第二排	④上部第二排非贯通筋2Φ25（蓝）
腰部筋		⑤腰部抗扭筋 N2Φ18　⑥腰部构造筋 G2Φ10　⑤腰部抗扭筋 N2Φ18 ⑤腰部抗扭筋 N2Φ18　⑥腰部构造筋 G2Φ10　⑤腰部抗扭筋 N2Φ18
底部筋		⑦底部纵向受力钢筋 4Φ25　⑧ 底部受力筋2Φ25　⑦底部纵向受力钢筋 4Φ25
箍筋		⑨箍筋 ϕ10 @100(2)　⑩箍筋 ϕ10 @200(2)　⑨箍筋 ϕ10 @100(2)　⑨箍筋 ϕ10 @100(2)　⑨箍筋 ϕ10 @100(2)　⑩箍筋 ϕ10 @200(2)　⑨箍筋 ϕ10 @100(2)

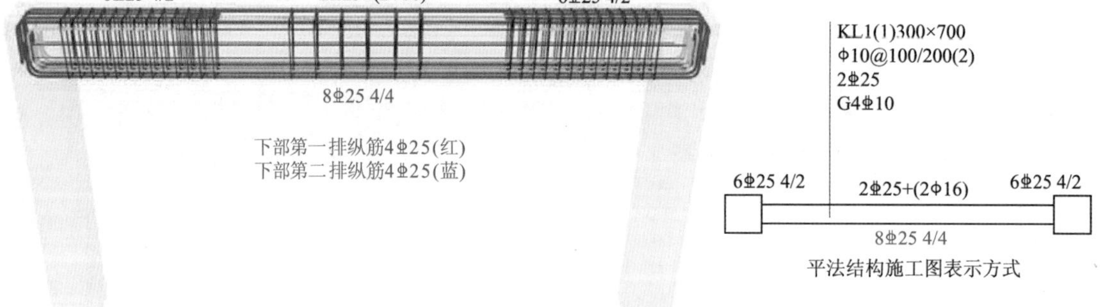

图 4.23　框架梁底部双排纵向受力钢筋三维示意

【案例解析 4-12】

梁下部纵筋注写为 6Φ25 2(−2)/4，表示上排纵筋为 2Φ25，且不伸入支座；下一排纵筋为 4Φ25，全部伸入支座（图 4.24）。

梁下部纵筋注写为 2Φ25+3Φ22(−3)/5Φ25，表示上排纵筋为 2Φ25 和 3Φ22，其中 3Φ22 不伸入支座；下一排纵筋为 5Φ25，全部伸入支座（图 4.25）。

注：当梁（不包括框支梁）下部纵筋不全部伸入支座时，不伸入支座的梁下部纵筋截断点距支座边的距离，在标准构造详图中统一取为 $0.1L_n$（L_n 为本跨梁的净跨值）。

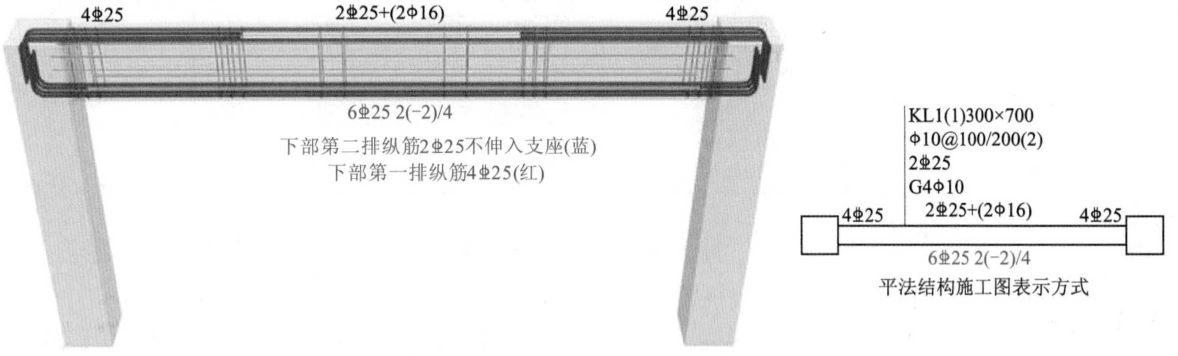

图 4.24 框架梁底部不伸入支座纵向受力钢筋三维示意（一）

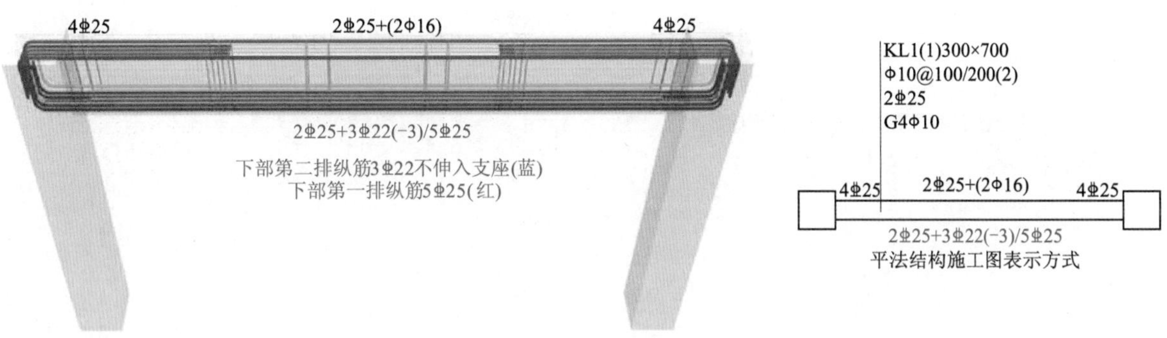

图 4.25 框架梁底部不伸入支座纵向受力钢筋三维示意（二）

（4）当梁的集中标注中已注写了梁上部和下部均为通长的纵筋值时，则不需在梁下部重复做原位标注。

（5）当梁设置竖向加腋时，加腋部位下部斜纵筋应在支座下部以 Y 打头注写在括号内（图 4.26），其钢筋分布见表 4-4；当梁设置水平加腋时，水平加腋内上下部斜纵筋应在加腋支座上部以 Y 打头注写在括号内，上下部斜纵筋之间用“/”分隔 (图 4.27、表 4-5)。

3. 梁原位标注注写注意事项

（1）当在梁上集中标注的内容（即梁截面尺寸、箍筋、上部通长筋或架立筋，梁侧面纵向构造钢筋或受扭纵向钢筋，以及梁顶面标高高差中的某一项或几项数值）不适用于某跨或某悬挑部分时，则将其不同数值原位标注在该跨或该悬挑部位，施工时按原位标注数值取用。

（2）当在多跨梁的集中标注中已注明加腋，而该梁某跨的根部却不需要加腋时，则应在该跨原位标注等截面的，以修正集中标注中的加腋信息 (图 4.27)。

4. 梁箍筋原位标注注写内容

附加箍筋或吊筋，将其直接画在平面图中的主梁上，用线引注总配筋值（附加箍筋的肢数注在括号内）(图 4.28)。当多数附加箍筋或吊筋相同时，可在梁平法施工图上统一注明，少数与统一注明值不同时，再原位引注。

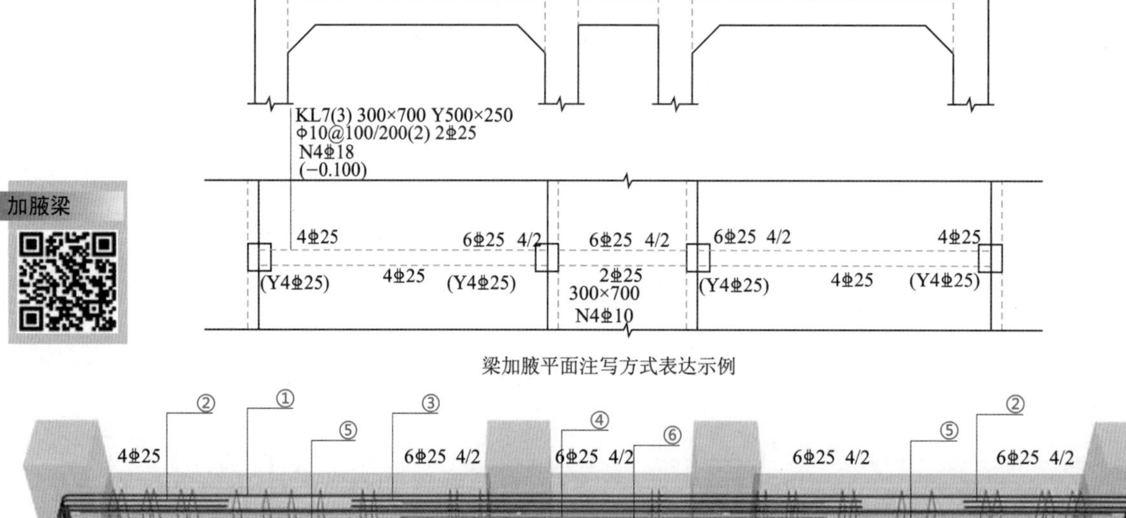

梁加腋平面注写方式表达示例

图 4.26 梁竖向加腋平面注写方式表达示意

注：当本跨梁跨度较小时也可将左右较大两跨底部两根受力钢筋连通设置。

表 4-4 梁竖向加腋平面注写方式表达钢筋排布图

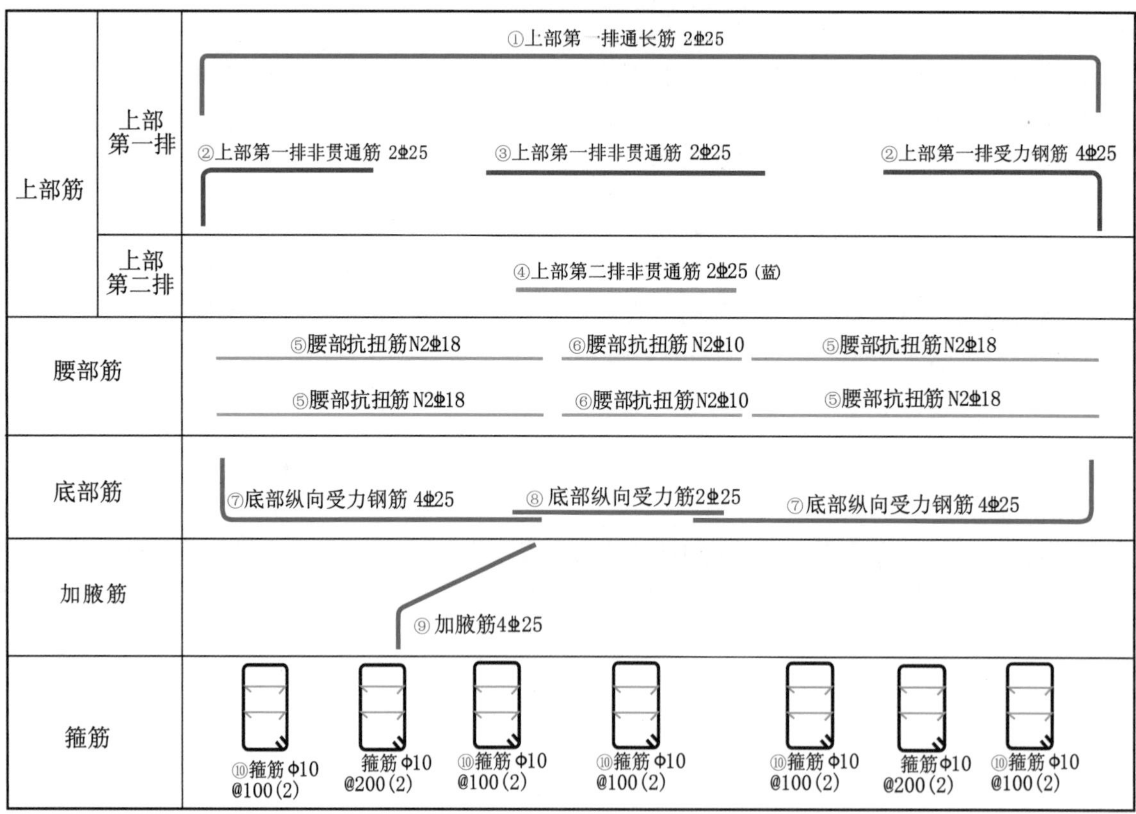

上部筋	上部第一排	①上部第一排通长筋 2Φ25 ②上部第一排非贯通筋 2Φ25　③上部第一排非贯通筋 2Φ25　②上部第一排受力钢筋 4Φ25
	上部第二排	④上部第二排非贯通筋 2Φ25（蓝）
腰部筋		⑤腰部抗扭筋N2Φ18　⑥腰部抗扭筋 N2Φ10　⑤腰部抗扭筋N2Φ18 ⑤腰部抗扭筋 N2Φ18　⑥腰部抗扭筋N2Φ10　⑤腰部抗扭筋 N2Φ18
底部筋		⑦底部纵向受力钢筋 4Φ25　⑧底部纵向受力筋2Φ25　⑦底部纵向受力钢筋 4Φ25
加腋筋		⑨加腋筋4Φ25
箍筋		⑩箍筋 Φ10 @100(2)　箍筋 Φ10 @200(2)　⑩箍筋 Φ10 @100(2)　⑩箍筋 Φ10 @100(2)　⑩箍筋 Φ10 @100(2)　箍筋 Φ10 @200(2)　⑩箍筋 Φ10 @100(2)

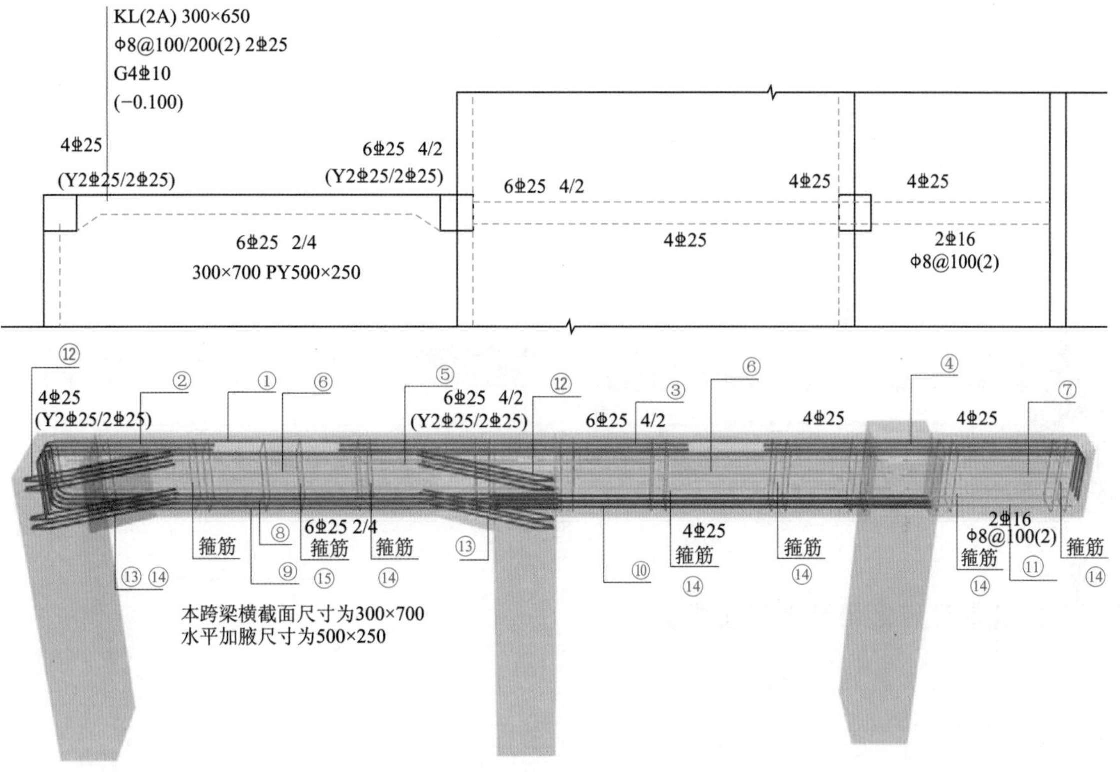

图 4.27 梁水平加腋平面注写方式表达示意

表 4-5 梁水平加腋平面注写方式示例钢筋排布图

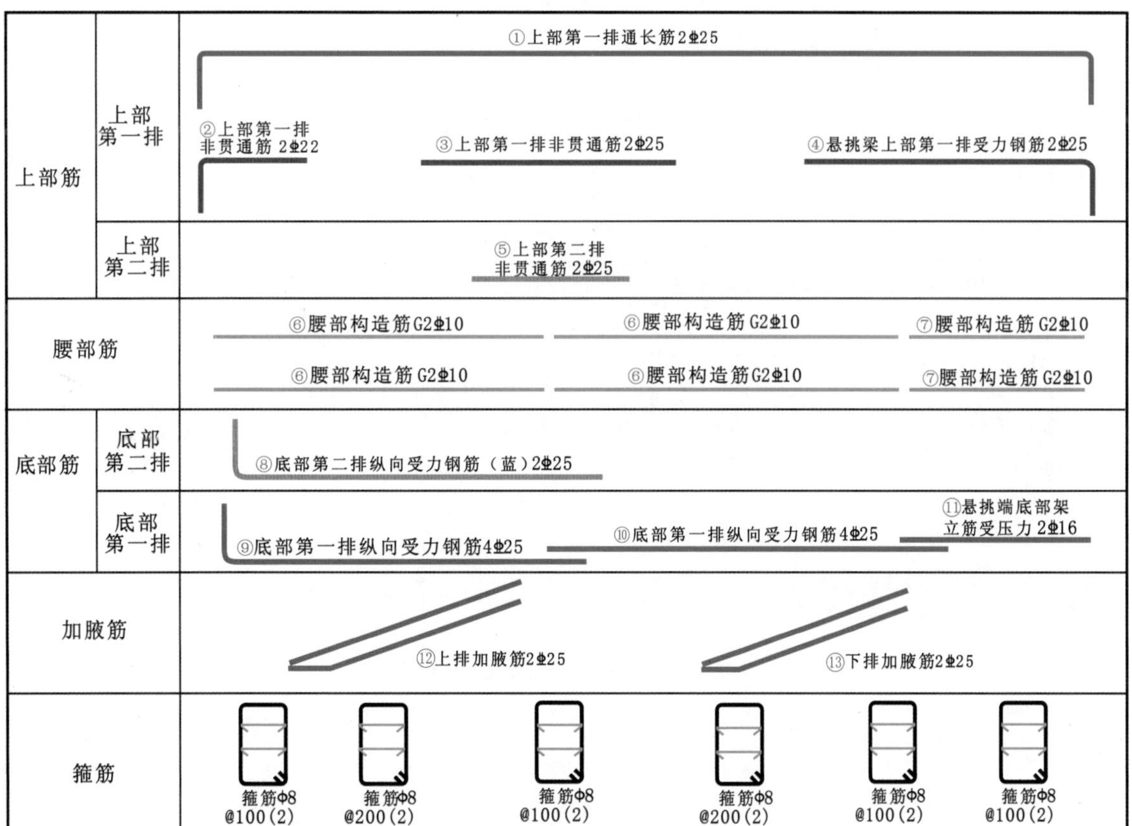

上部筋	上部第一排	①上部第一排通长筋2Φ25；②上部第一排非贯通筋 2Φ22；③上部第一排非贯通筋2Φ25；④悬挑梁上部第一排受力钢筋2Φ25
	上部第二排	⑤上部第二排非贯通筋 2Φ25
腰部筋		⑥腰部构造筋 G2Φ10；⑥腰部构造筋 G2Φ10；⑦腰部构造筋 G2Φ10；⑥腰部构造筋 G2Φ10；⑥腰部构造筋 G2Φ10；⑦腰部构造筋 G2Φ10
底部筋	底部第二排	⑧底部第二排纵向受力钢筋（蓝）2Φ25
	底部第一排	⑨底部第一排纵向受力钢筋4Φ25；⑩底部第一排纵向受力钢筋4Φ25；⑪悬挑端底部架立筋受压力 2Φ16
加腋筋		⑫上排加腋筋2Φ25；⑬下排加腋筋2Φ25
箍筋		箍筋Φ8 @100(2)；箍筋Φ8 @200(2)；箍筋Φ8 @100(2)；箍筋Φ8 @200(2)；箍筋Φ8 @100(2)；箍筋Φ8 @100(2)

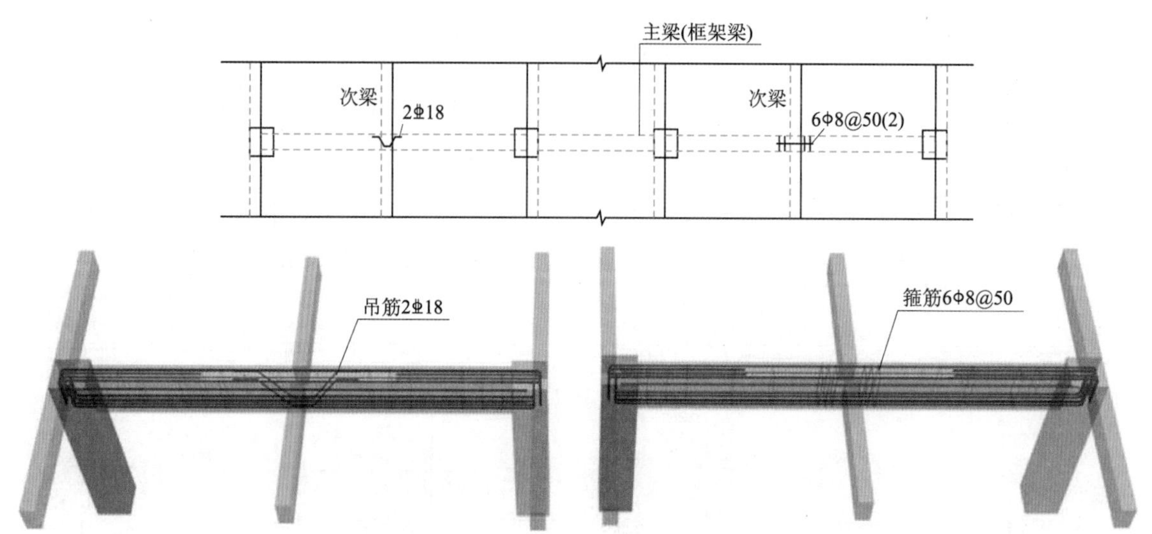

图 4.28 附加箍筋和吊筋结构施工图和三维示意

4.3.5 楼层框架扁梁结构施工图识图

1. 宽扁梁结构施工图集中标注

对于上部纵筋和下部纵筋，尚需注明未穿过柱横截面的纵向受力钢筋根数。

【案例解析 4-13】

10⌀25(4) 表示框架扁梁上部第一排或下部第一排有 4 根纵向受力钢筋未穿过柱截面，柱两侧各 2 根，施工时应注意采用相应构造做法如图 4.29 所示。

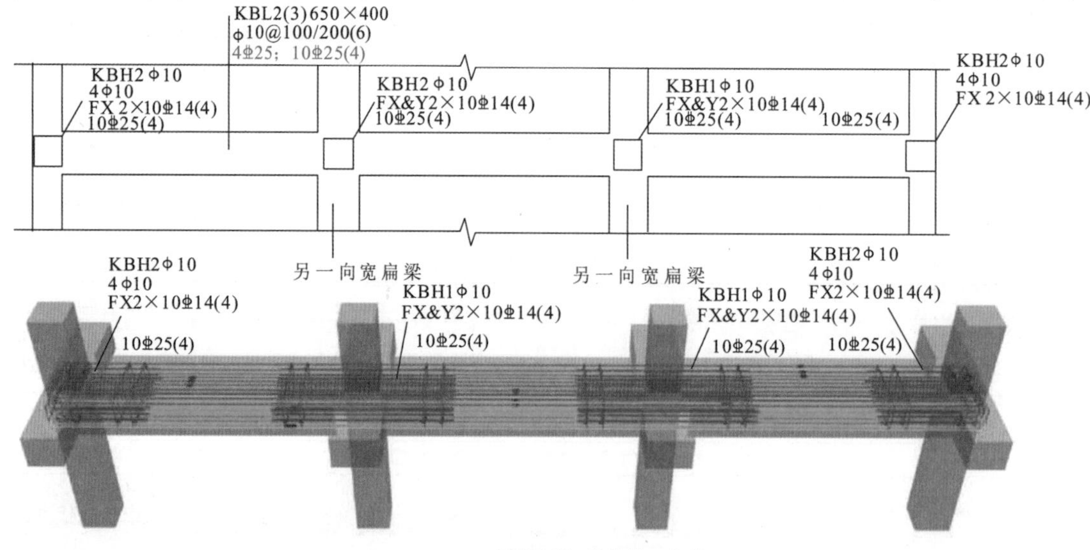

图 4.29 楼层框架扁梁集中标注

2. 框架宽扁梁原位标注

（1）KBH2 ⌀10，FX&Y 2×10⌀14 (4) 表示框架扁梁中间支座节核心区：柱外核心区竖向拉筋 ⌀10; 沿梁 X 向 (Y 向) 配置两层 10⌀14 附加纵向钢筋 , 每层有 4 根纵向受力钢筋未穿过柱截面 , 柱两侧各 2 根附加纵向钢筋沿梁高度范围均匀布置，如图 4.30 所示。

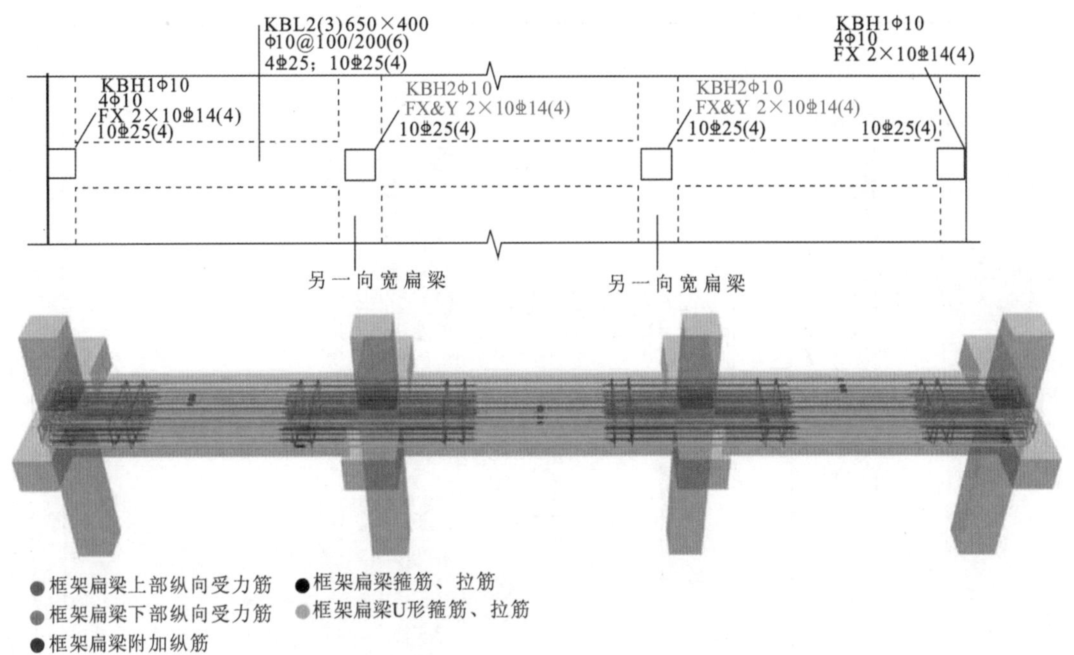

图 4.30　框架扁梁中间支座节点核心区原位标注

（2）KBH2 Φ10，4Φ10，FX 2×10Φ14 (4) 表示框架扁梁端部支座节核心区：柱外核心区竖向拉筋 Φ10 附加 U 形箍筋 4 道，柱两侧各 2 道；沿梁框架扁梁 *X* 向配置两层 10Φ14 附加纵向钢筋，有 4 根纵向受力钢筋未穿过柱截面，柱两侧各 2 根；附加纵向钢筋沿梁高度范围均匀布置，如图 4.31 所示。

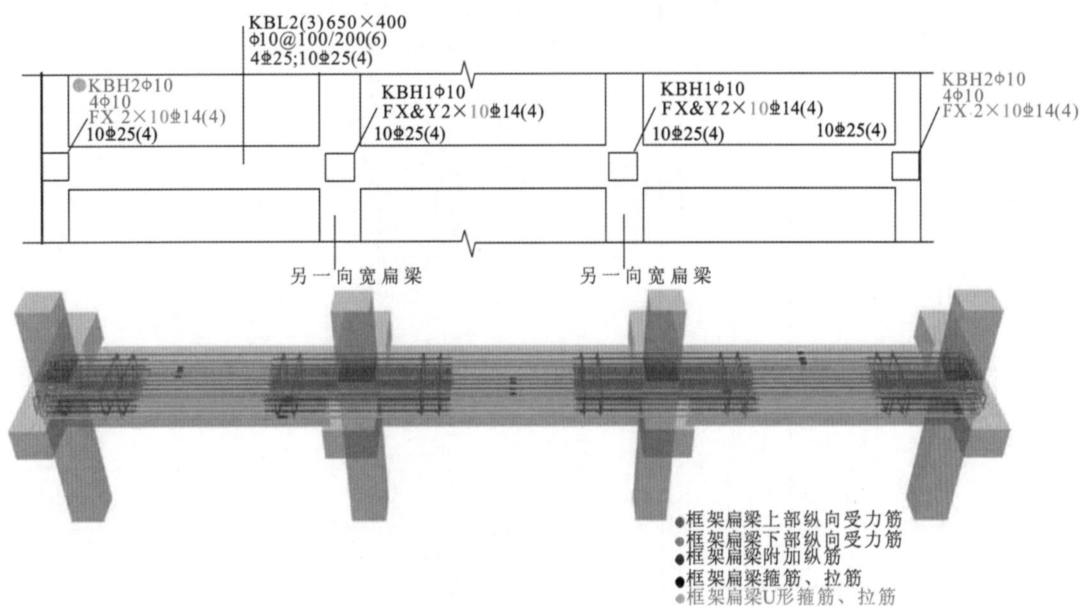

图 4.31　框架扁梁端部支座节点核心区原位标注

4.3.6 框架扁梁识图案例三维详解

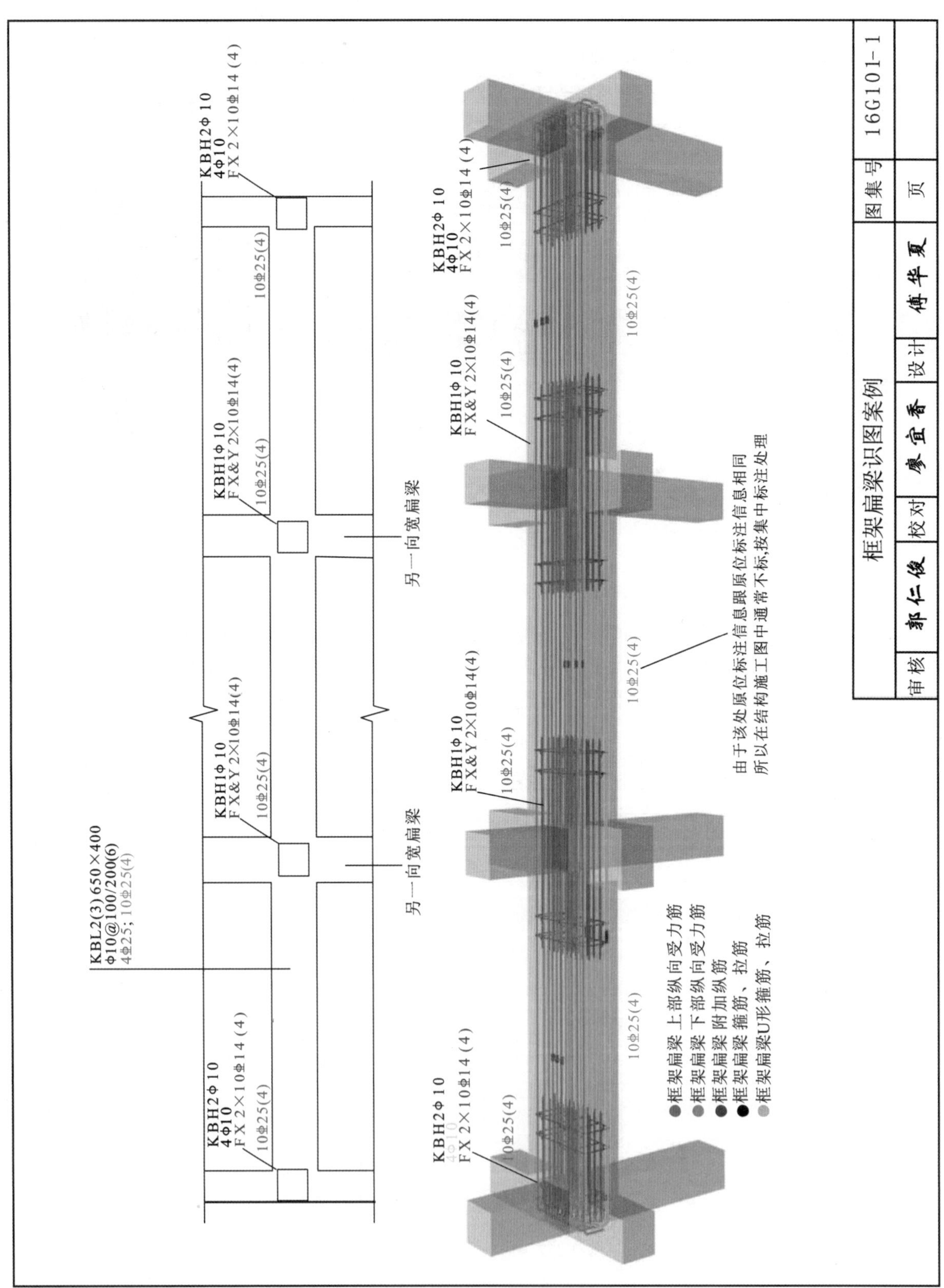

4.3.7 井字梁注写内容

1. 井字梁矩形平面网格注写内容

井字梁通常由非框架梁构成，并以框架梁为支座（特殊情况下以专门设置的非框架大梁为支座）。在此情况下，为明确区分井字梁与作为井字梁支座的梁，井字梁用单粗虚线表示（当井字梁顶面高出板面时可用单粗实线表示），作为井字梁支座的梁用双细虚线表示（当梁顶面高出板面时可用双细实线表示）。

本书所规定的井字梁是指在同一矩形平面内相互正交所组成的结构构件，井字梁所分布范围称为"矩形平面网格区域"(简称"网格区域")。当在结构平面布置中仅有由4根框架梁框起的一片网格区域时，所有在该区域相互正交的井字梁均为单跨；当有多片网格区域相连时，贯通多片网格区域的井字梁为多跨，且相邻两片网格区域分界处即为该井字梁的中间支座。对某根井字梁编号时，其跨数为其总支座数减 1；在该梁的任意两个支座之间，无论有几根同类梁与其相交，均不作为支座 (图 4.32)。

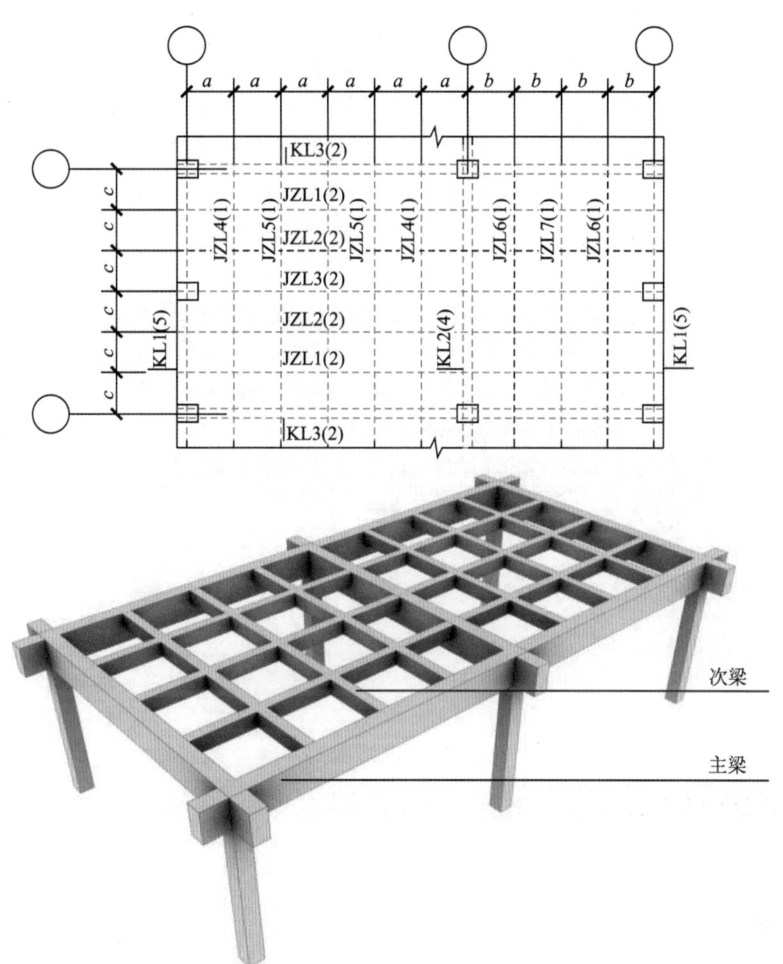

图 4.32 井字梁矩形平面网格区域示意

特别提示

◆ 框架梁是指两端与框架柱相连的梁，或者两端与剪力墙相连但跨高比不小于 5 的梁。

◆ 在梁平法施工图中，当局部梁的布置过密时，可将过密区用虚线框出，适当放大比例后再用平面注写方式表示，看图时要细心识图。

2. 井字梁平面注写内容

井字梁的端部支座和中间支座上部纵筋的伸出长度值 a_0，由设计者在原位加注具体数值予以注明。当采用平面注写方式时，则在原位标注的支座上部纵筋后面括号内加注具体伸出长度值(图 4.33)。

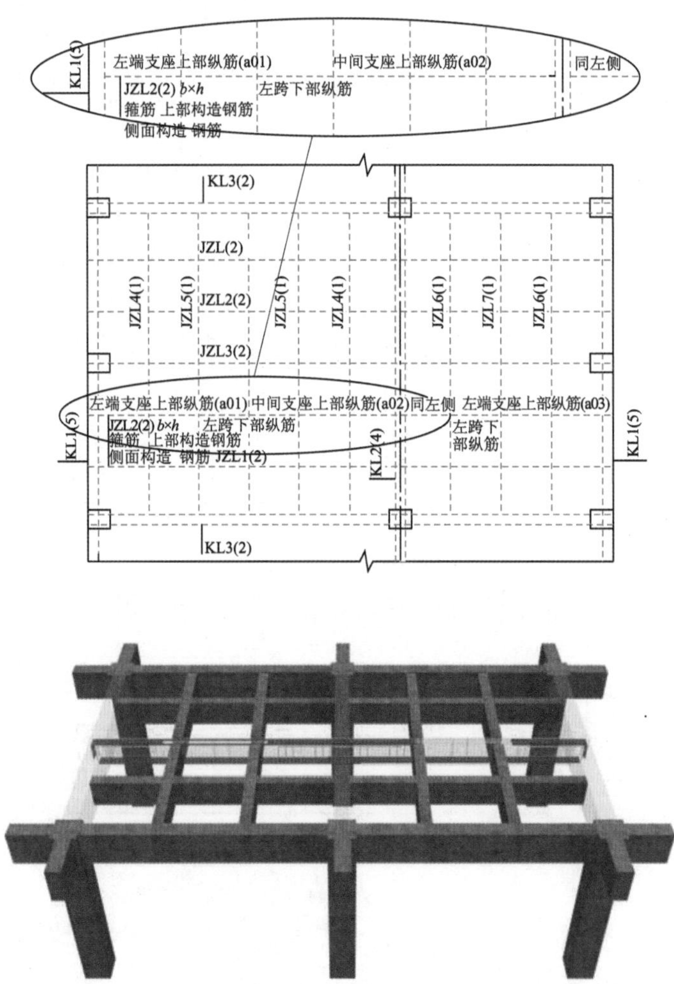

图 4.33　井字梁平面注写方式示例

4.4 井字梁框架梁平法识图案例三维详解

知识链接

梁钢筋绑扎的要求：识图绑扎钢筋时，框架梁上部纵向钢筋应贯穿中间节点，梁下部纵向钢筋伸入中间节点的锚固长度及伸过中心线的长度均要符合设计要求。框架梁纵向钢筋在端节点内的锚固长度也要符合设计要求，绑扎梁上部纵向钢筋的箍筋用套扣法绑扎，箍筋弯钩叠合处在梁中应交错绑扎，梁端第一个箍筋设置在距离柱节点边缘 50mm 处，梁端与柱交接处箍筋加密，其间距及加密长度要符合设计要求，在主次梁受力筋下均加保护层垫块。

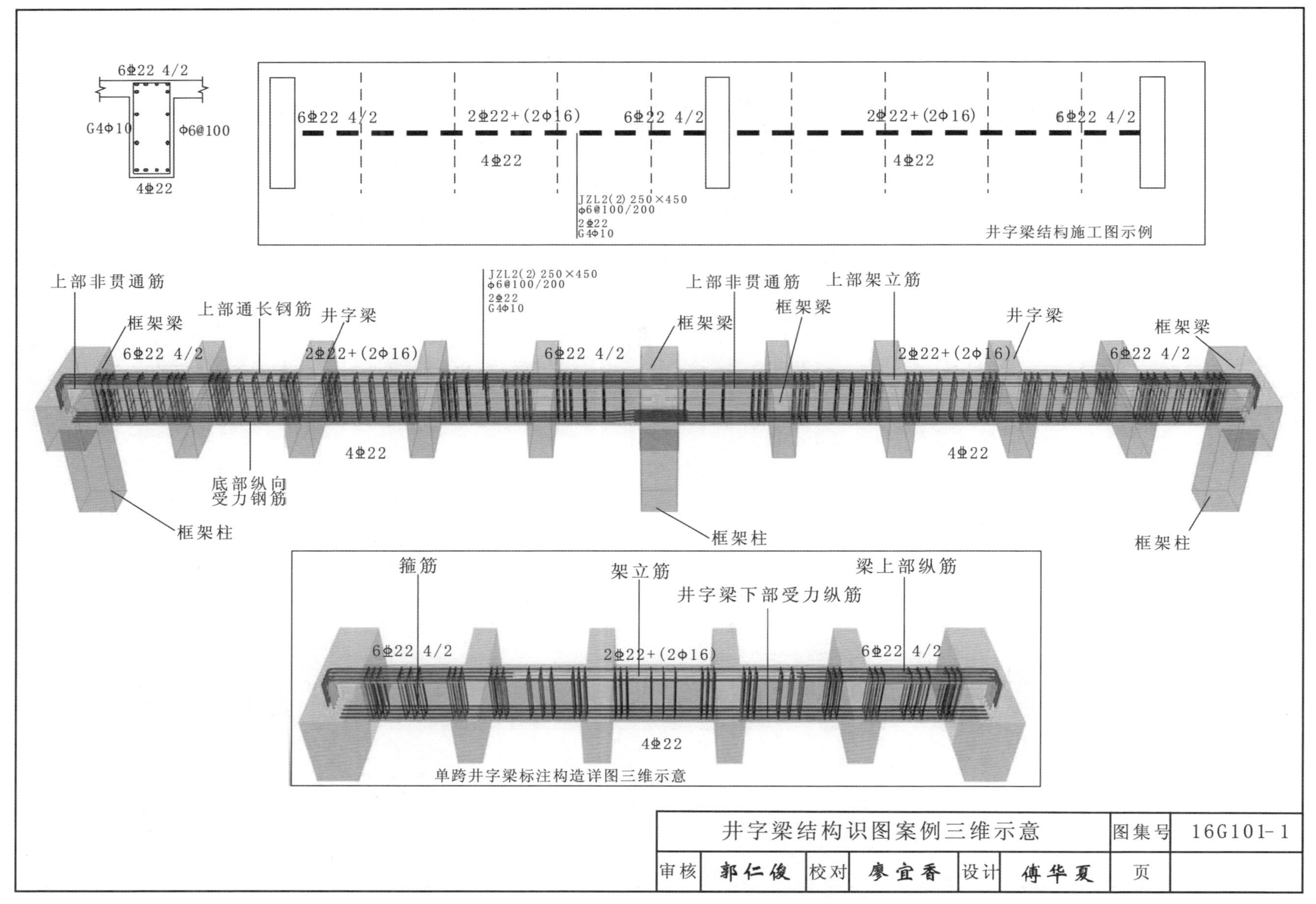

6Φ22 4/2
G4Φ10
Φ6@100
4Φ22
6Φ22 4/2
2Φ22+(2Φ16)
6Φ22 4/2
2Φ22+(2Φ16)
6Φ22 4/2
4Φ22
4Φ22
JZL2(2) 250×450
Φ6@100/200
2Φ22
G4Φ10
井字梁结构施工图示例
上部非贯通筋
框架梁
上部通长钢筋
井字梁
JZL2(2) 250×450
Φ6@100/200
2Φ22
G4Φ10
上部非贯通筋
上部架立筋
框架梁
框架梁
井字梁
框架梁
6Φ22 4/2
2Φ22+(2Φ16)
6Φ22 4/2
2Φ22+(2Φ16)
6Φ22 4/2
4Φ22
4Φ22
底部纵向受力钢筋
框架柱
框架柱
框架柱
箍筋
架立筋
梁上部纵筋
井字梁下部受力纵筋
6Φ22 4/2
2Φ22+(2Φ16)
6Φ22 4/2
4Φ22
单跨井字梁标注构造详图三维示意
井字梁结构识图案例三维示意
图集号 16G101-1
审核 郭仁俊 校对 廖宜香 设计 傅华夏 页

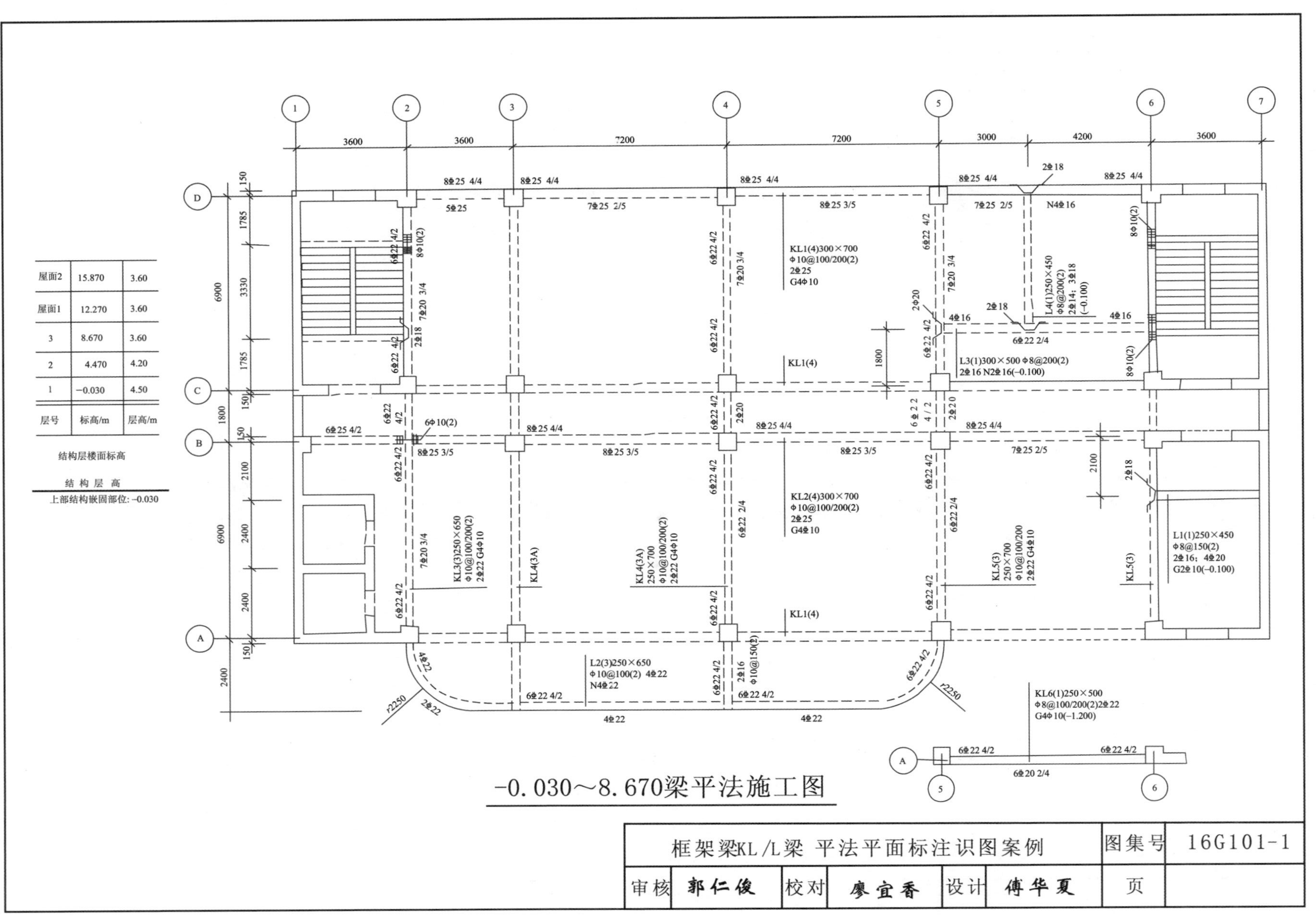
KL1(4)300×700
Φ10@100/200(2)
2⌀25
G4Φ10
KL2(4)300×700
Φ10@100/200(2)
2⌀25
G4Φ10
KL3(3)250×650
Φ10@100/200(2)
2⌀22 G4Φ10
KL4(3A)
250×700
Φ10@100/200(2)
2⌀22 G4Φ10
KL5(3)
250×700
Φ10@100/200
2⌀22 G4Φ10
L1(1)250×450
Φ8@150(2)
2⌀16；4⌀20
G2⌀10(-0.100)
L2(3)250×650
Φ10@100(2) 4⌀22
N4⌀22
L3(1)300×500 Φ8@200(2)
2⌀16 N2⌀16(-0.100)
L4(1)250×450
Φ8@200(2)
2⌀14；3⌀18
(-0.100)
KL6(1)250×500
Φ8@100/200(2)2⌀22
G4Φ10(-1.200)
-0.030~8.670梁平法施工图
框架梁KL/L梁 平法平面标注识图案例
图集号
16G101-1
审核
郭仁俊
校对
廖宜香
设计
傅华夏
页
屋面2 15.870 3.60
屋面1 12.270 3.60
3 8.670 3.60
2 4.470 4.20
1 -0.030 4.50
层号 标高/m 层高/m
结构层楼面标高
结构层高
上部结构嵌固部位：-0.030

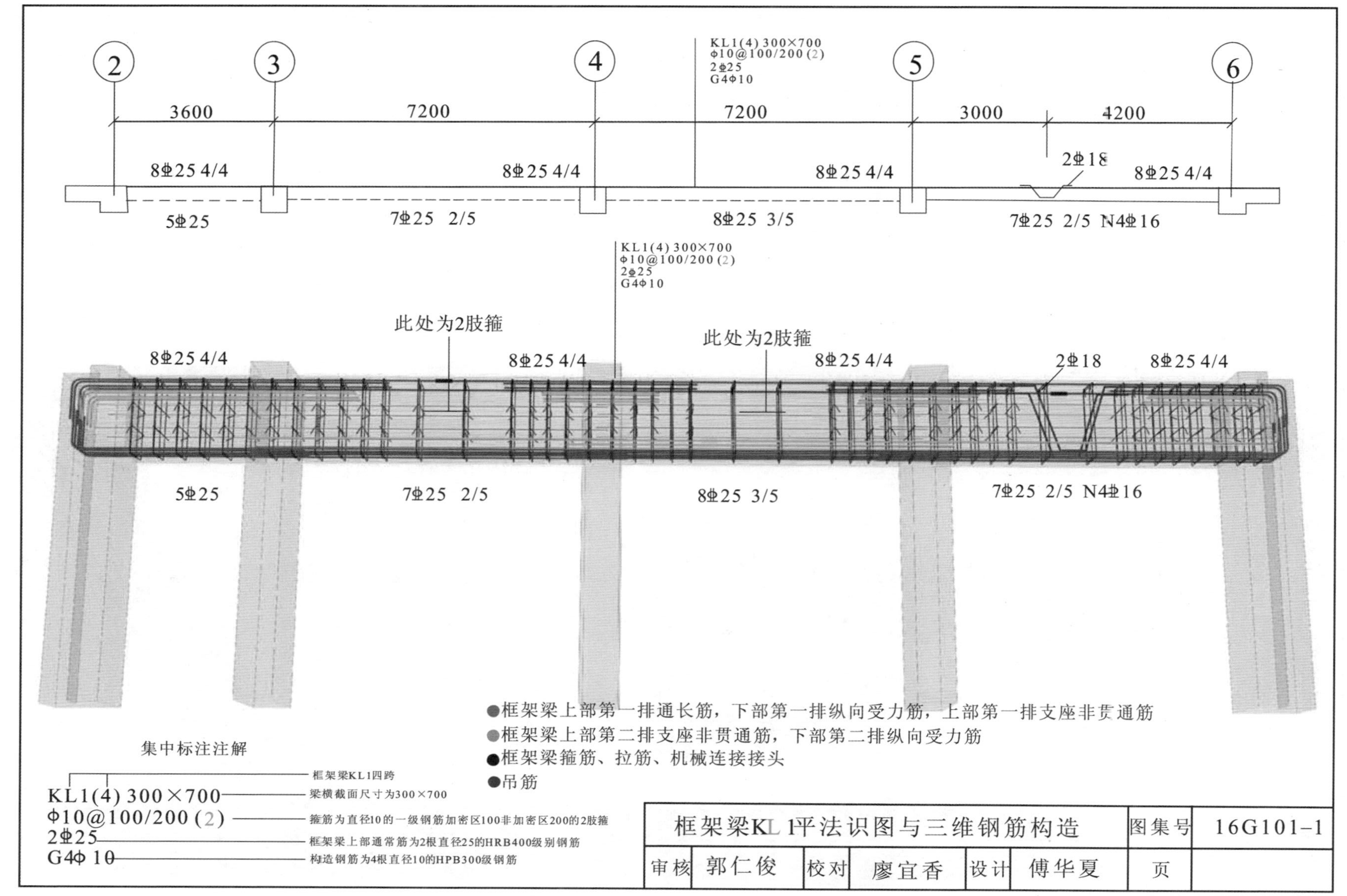

2
3
4
5
6
3600
7200
7200
3000
4200
KL1(4) 300×700
Φ10@100/200(2)
2Φ25
G4Φ10
8Φ25 4/4
2Φ18
5Φ25
7Φ25 2/5
8Φ25 3/5
7Φ25 2/5 N4Φ16
此处为2肢箍
此处为2肢箍
●框架梁上部第一排通长筋，下部第一排纵向受力筋，上部第一排支座非贯通筋
●框架梁上部第二排支座非贯通筋，下部第二排纵向受力筋
●框架梁箍筋、拉筋、机械连接接头
●吊筋
集中标注注解
KL1(4) 300×700
Φ10@100/200(2)
2Φ25
G4Φ10
框架梁KL1四跨
梁横截面尺寸为300×700
箍筋为直径10的一级钢筋加密区100非加密区200的2肢箍
框架梁上部通常筋为2根直径25的HRB400级别钢筋
构造钢筋为4根直径10的HPB300级钢筋
框架梁KL1平法识图与三维钢筋构造
图集号 16G101-1
审核 郭仁俊 校对 廖宜香 设计 傅华夏 页

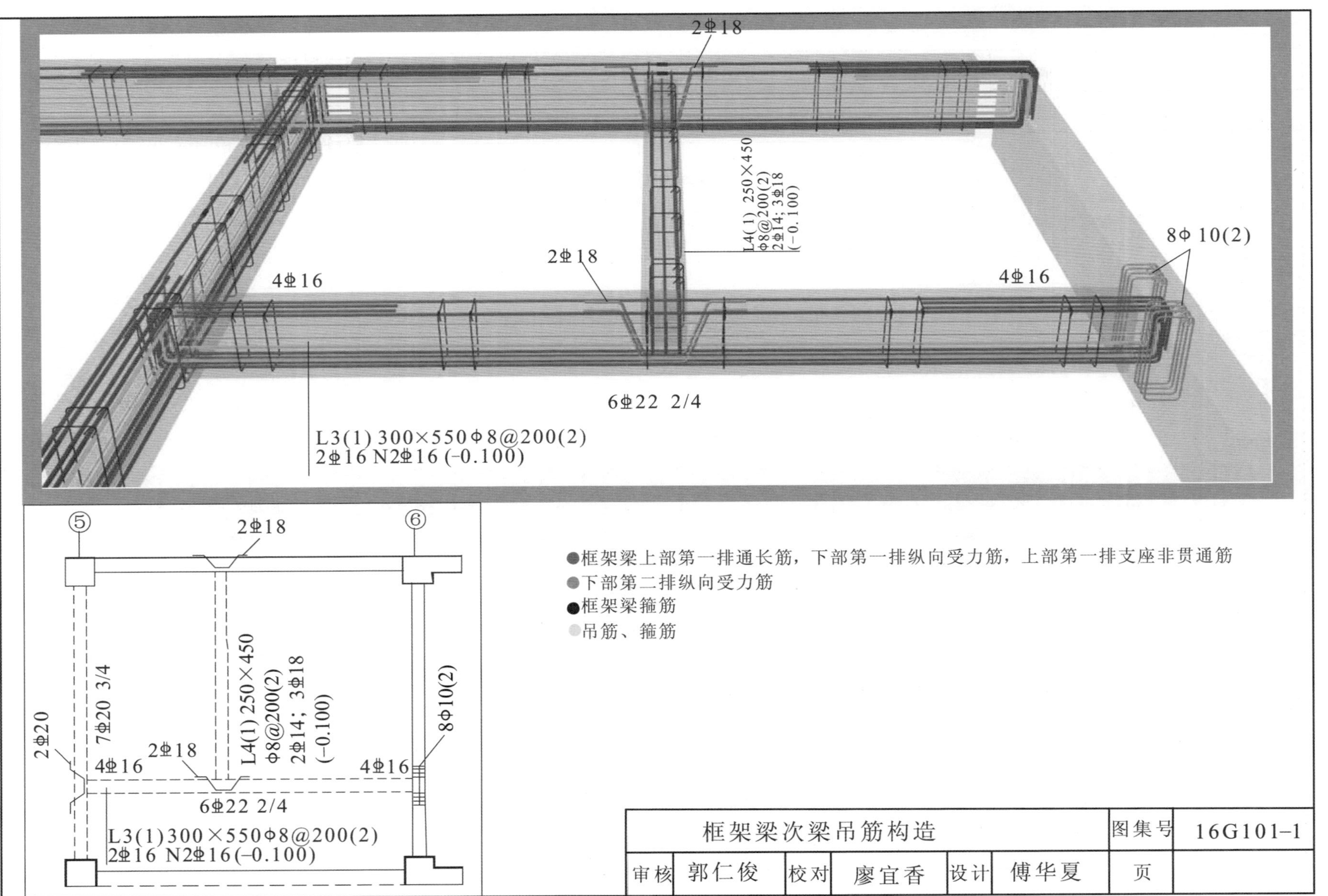
2Φ18
L4(1) 250×450
Φ8@200(2)
2Φ14; 3Φ18
(-0.100)
8Φ10(2)
2Φ18
4Φ16
4Φ16
6Φ22 2/4
L3(1) 300×550Φ8@200(2)
2Φ16 N2Φ16 (-0.100)
⑤
⑥
2Φ18
2Φ20
7Φ20 3/4
4Φ16
2Φ18
L4(1) 250×450
Φ8@200(2)
2Φ14; 3Φ18
(-0.100)
8Φ10(2)
4Φ16
6Φ22 2/4
L3(1)300×550Φ8@200(2)
2Φ16 N2Φ16(-0.100)
框架梁上部第一排通长筋，下部第一排纵向受力筋，上部第一排支座非贯通筋
下部第二排纵向受力筋
框架梁箍筋
吊筋、箍筋
框架梁次梁吊筋构造
图集号
16G101-1
审核 郭仁俊 校对 廖宜香 设计 傅华夏 页

本章小结

在本章梁平法的学习中，我们先是了解了梁在建筑物中的一些性能特征，清楚梁构件在建筑中的作用。紧接着，通过梁识图案例引申出本章的重点内容。本章的重点内容在于梁的识图规则和构造详图分析部分，主要目的是让读者能够读懂图纸的设计意图，在施工图中能够明确钢筋构造钢筋与钢筋之间的位置关系、截面尺寸以及钢筋信息情况，在实际工作中能够对图纸的内容开展施工工作。

习　题

选择题

1. 梁编号为 WKL 代表的是（　）。
   A. 屋面框架梁　B. 框架梁　C. 框支梁　D. 悬挑梁
2. 框架梁平法施工图中集中标注内容的选注值为（　）。
   A. 梁编号　B. 梁顶面标高高差　C. 梁箍筋　D. 梁截面尺寸
3. 梁下部不伸入支座钢筋在（　）处断开。
   A. 距支座边 0.05L_n　B. 距支座边 0.5L_n　C. 距支座边 0.01L_n　D. 距支座边 0.1L_n
4. 框架梁平法施工图中原位标注内容有（　）。
   A. 梁编号　B. 梁支座上部钢筋　C. 梁箍筋　D. 梁截面尺寸
5. 框架梁侧面配置的纵向构造钢筋间距 a 应满足（　）。
   A. $a \leqslant 100$mm　B. $a \leqslant 150$mm　C. $a \leqslant 200$mm　D. $a \leqslant 250$mm
6. 下列关于梁、柱平法施工图制图规则的论述中错误的是（　）。
   A. 梁采用平面注写方式时，原位标注取值优先
   B. 梁原位标注的支座上部纵筋是指该部位不含通长筋在内的所有纵筋
   C. 梁集中标注中受扭钢筋用 N 打头表示
   D. 梁编号由梁类型代号、序号、跨数及有无悬挑代号几项组成

在线答题

第5章

板平法识图规则

学习思路

本章介绍了有梁楼盖与无梁楼盖平法识图规则及基本受力特性；通过有梁楼盖和无梁楼盖的平法识图案例详解，掌握板标准钢筋构造与识图方法。同时，学习本章应结合《建筑三维平法结构图集》(第二版)板钢筋标准构造详图三维示意图对照学习。

学习目标

1. 认识钢筋混凝土有梁楼盖、无梁楼盖和楼板相关构件。
2. 掌握钢筋混凝土有梁楼盖与无梁楼盖的识图规则。
3. 掌握钢筋混凝土有梁楼盖与无梁楼盖的钢筋构造。
4. 完成有梁楼盖与无梁楼盖平法识图案例训练。

能力目标	知识要点	权重
掌握有梁楼盖、无梁楼盖板相关构件分类代号名称	(1)有梁楼盖的基本受力特性 (2)无梁楼盖的基本特点及其楼盖形式	20%
掌握有梁楼盖平法、无梁楼盖平法识图规则	板的集中标注、原位标注注写的内容和规定	50%
完成有梁楼盖和无梁楼盖的平法识图案例详解学习	有梁楼盖平法识图案例	30%

5.1 有梁楼盖平法识图

5.1.1 有梁楼盖的概述

在建筑结构中，平面尺寸较大而厚度较小的构件称为板。

板通常是水平设置，但有时也有斜向设置的（如楼梯板和坡度较大的屋面板等），板主要承受垂直于板面的各种荷载，属于以受弯为主的构件。板在房屋建筑中是不可缺少的，其用量也很大，如屋面板、楼面板、基础板、楼梯板、雨篷板、阳台板等。

5.1.2 钢筋混凝土板的受力特点

钢筋混凝土板是房屋建筑中典型的受弯构件，按其受弯情况，又可分为单向板与双向板；按其支承情况分，还可以分为简支板与多跨连续板。

5.1.3 连续板的受力特点

现浇肋形楼盖中的板、次梁和主梁，一般均为多跨连续板。连续板的受力特点是跨中有正弯矩，支座有负弯矩。因此，跨中按最大正弯矩考虑正筋，支座按最大负弯矩考虑负筋。

（1）受力钢筋的配筋要求。受力钢筋沿板的跨度方向设置，位于受拉区，承受由弯矩作用产生的拉力，其数量由计算确定，并满足构造要求。例如，单跨板跨中产生正弯矩，受力钢筋应布置在板的下部；悬臂板在支座处产生负弯矩，受力钢筋应布置在板的上部。

（2）分布钢筋的配筋要求。分部钢筋是受力钢筋垂直均匀布置的构造钢筋，位于受力钢筋内侧及受力钢筋的所有转折处，并与受力钢筋用细铁丝绑扎或焊接在一起，形成钢筋骨架。其作用是将板面上的集中荷载更均匀地传递给受力钢筋；在施工工程中固定受力钢筋的位置；抵抗因混凝土收缩及温度变化在垂直受力钢筋方向产生的拉力。

5.2 有梁楼盖板平法施工图识图

5.2.1 有梁楼盖平面注写内容

有梁楼盖板平法施工图，是在楼面板和屋面板布置图上，采用平面注写的表达方式。板平面注写主要包括板块集中标注和板支座原位标注。

（1）当两向轴网正交布置时，图面从左至右为 X 向，从下至上为 Y 向。

（2）当轴网转折时，局部坐标方向顺轴网转折角度做相应转折。

（3）当轴网向心布置时，切向为 X 向，径向为 Y 向。

特别提示

有梁楼盖平法施工图的表示方法中采用平面注写方式表达。平面注写标注方式上有板块集中标注和板支座原位标注。在实际工程中，一般采用这两种方式结合进行标注。

5.2.2 有梁楼盖平面板块集中标注的内容

板块集中标注的注写内容为：板块编号、板厚、贯通纵筋，以及当板面标高不同时的标高高差。

1. 板块集中标注中板块编号的注写内容

对于普通楼面，两向均以一跨为一板块；对于密肋楼盖，两向主梁（框架梁）均以一跨为一板块

（非主梁密肋不计）。所有板块逐一编号，相同编号的板块可择其一做集中标注，其他仅注写置于圆圈内的板编号，以及当板面标高不同时的标高高差。板块编号按表 5-1 的规定。

表 5-1　板块编号

板类型	代号	序号
楼面板	LB	××
屋面板	WB	××
悬挑板	XB	××

2. 有梁楼盖板块编号的定义

（1）楼面板（LB）。一种分隔承重构件。楼板层中的承重部分，它将房屋垂直方向分隔为若干层，并把人和家具等竖向荷载及楼板自重通过墙体、梁或柱传给基础，如图 5.1 所示。

（2）屋面板 (WB)。屋面板是可直接承受屋面风荷载、雪荷载、雨荷载、室外温度应力荷载及其他荷载的板，如图 5.1 所示。

（3）悬挑板（XB）。悬挑板是上部受拉的结构，板下没有直接的竖向支撑，靠板自身，或者板下面的悬挑梁来承受（传递）竖向荷载，如图 5.1 所示。

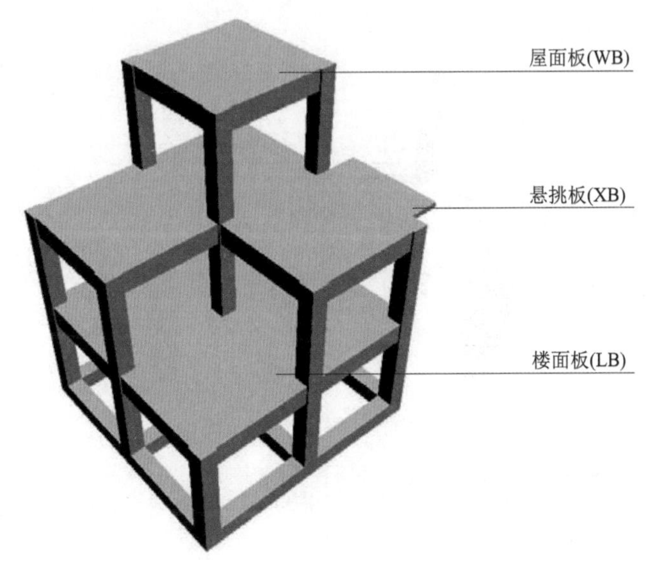

图 5.1　楼面板、屋面板、悬挑板三维示意图

3. 板块集中标注中板厚的注写内容

板厚 (垂直于板面的厚度）注写为：当悬挑板的端部改变截面厚度时，用斜线分隔根部与端部的高度值，注写为 h=×××/×××。

4. 板块集中标注中贯通纵筋的注写内容

贯通纵筋按板块的下部和上部分别注写（当板块上部不设贯通纵筋时则不注），并以 B 代表下部，以 T 代表上部，B&T 代表下部与上部；X 向贯通纵筋以 X 打头，Y 向贯通纵筋以 Y 打头，两向贯通纵筋配置相同时则以 X&Y 打头。

（1）当为单向板时，分布筋可不必注写，而在图中统一注明。

（2）当在某些板内（如在悬挑板 XB 的下部）配置有构造钢筋时，则 Y 向以 Yc 打头注写。

（3）当贯通筋采用两种规格钢筋“隔一布一”方式布置时，表达为 a××/yy@ ×××，表示直径为 ×× 的钢筋和直径为 yy 的钢筋二者之间间距为：直径 ×× 的钢筋的间距为 ××× 的 2 倍，直径 yy 的钢筋的间距为 ××× 的 2 倍。

5. 板块集中标注中板面标高高差的注写内容

板面标高高差，是指相对于结构层楼面标高的高差，应将其注写在括号内，且有高差则注，无高差不注。

【案例解析 5-1】

有一楼面板块注写为 LB5 *h*=110；B:X⌀12@120；Y ⌀10@110：表示 5 号楼面板，板厚 110mm，板下部配置的贯通纵筋 X 向为 ⌀12@120，Y 向为 ⌀10@110；板上部未配置贯通纵筋（图 5.2）。

【案例解析 5-2】

有一楼面板块注写为 LB5 *h*=110；B:X⌀10/12@100；Y⌀10@110：表示 5 号楼面板，板厚 110mm，板下部配置的贯通纵筋 X 向为 ⌀10、⌀12 隔一布一，⌀10 与 ⌀12 之间间距为 100mm；Y 向为 ⌀10@110；板上部未配置贯通纵筋（图 5.3）。

【案例解析 5-3】

有一悬挑板注写为 XB2 *h*=150/100；B:Xc&Yc⌀8@200：表示 2 号悬挑板，板根部厚 150mm，端部厚 100mm，板下部配置构造钢筋双向均为 ⌀8@200（上部受力钢筋见板支座原位标注）（图 5.4）。

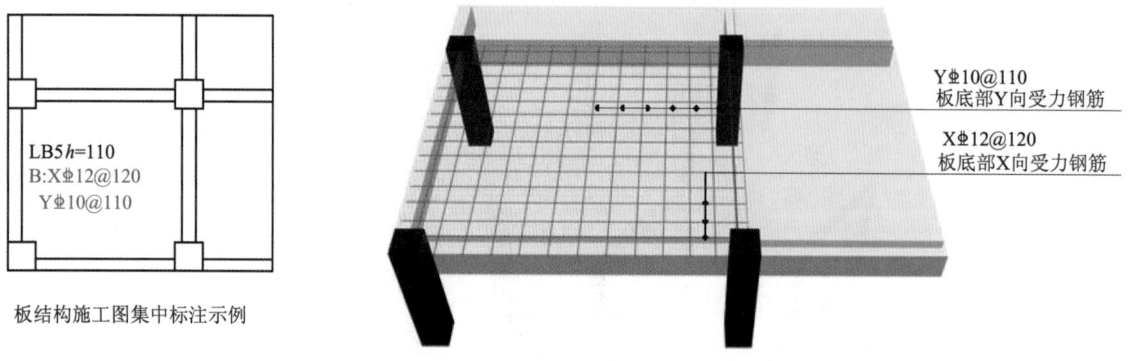

图 5.2　板结构施工图三维示意图（一）

注：底部的受力钢筋采用直锚的形式在梁混凝土中锚固，这是因为板底部受力钢筋采用了 HRB400 级钢筋。它是一种带肋钢筋，可增大钢筋与混凝土的握裹力，如果采用 HRB300 级光圆钢筋作为板底部受力钢筋，必须将钢筋端头弯折成 180° 弯钩再与梁锚固。

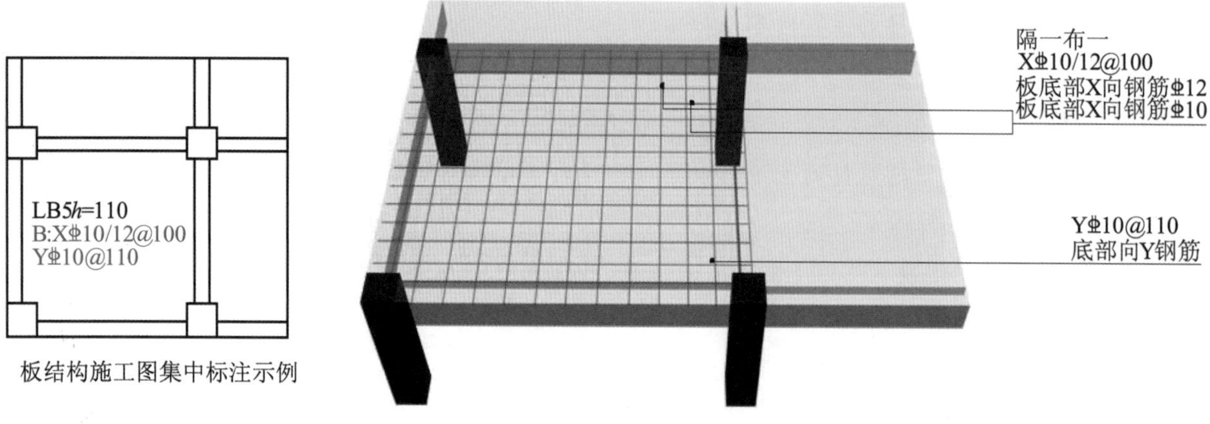

图5.3　板结构施工图三维示意图（二）

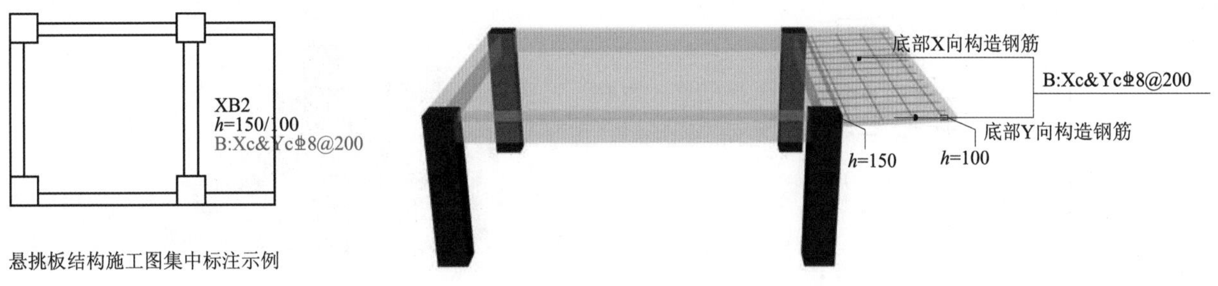

图 5.4 悬挑板结构施工图二维示意图

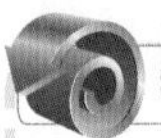

特别提示

悬挑板下部钢筋为构造钢筋，即受压力钢筋、分布钢筋、温度应力钢筋，上部钢筋为纵向受力主筋。

5.2.3 板块原位标注的注写内容

板支座原位标注的内容为：板支座上部非贯通纵筋和悬挑板上部受力钢筋。

1. 板支座原位标注中上部非贯通纵筋的注写内容

（1）板支座原位标注的钢筋，在配置相同跨的第一跨表达。在配置相同跨的第一跨，垂直于板支座绘有一段适宜长度的中粗实线，以该线段代表支座上部非贯通纵筋，并在线段上方注写钢筋编号(如①、②等)、配筋值、横向连续布置的跨数（注写在括号内，且当为一跨时可不注），以及是否横向布置到梁的悬挑端。

（2）板支座上部非贯通筋自支座中线向跨内伸出长度，注写在线段的下方位置。当中间支座上部非贯通纵筋向支座两侧对称伸出时，在支座一侧线段下方标注伸出长度，另一侧不注，如图 5.5 所示。

（3）当向支座两侧非对称伸出时，分别在支座两侧线段下方注有伸出长度，如图 5.6 所示。

（4）对线段画至对边贯通全跨或贯通全悬挑长度的上部通长纵筋，贯通全跨或伸出至全悬挑一侧的长度值不注，只注明非贯通筋另一侧的伸出长度值，如图 5.7 所示。

特别提示

板支座上部非贯通筋又称扁担筋，板边附加筋的作用是防止板边混凝土产生剪应力裂缝。

（5）当板支座为弧形，支座上部非贯通纵筋呈放射状分布时，注有配筋间距的度量位置并加注“放射分布”四个字，如图 5.8 所示。

（6）在板平面布置图中，不同部位的板支座上部非贯通纵筋及悬挑板上部受力钢筋，可仅在一个部位注写，对其他相同者则仅需在代表钢筋的线段上注写编号及按规则注写横向连续布置的跨数即可。

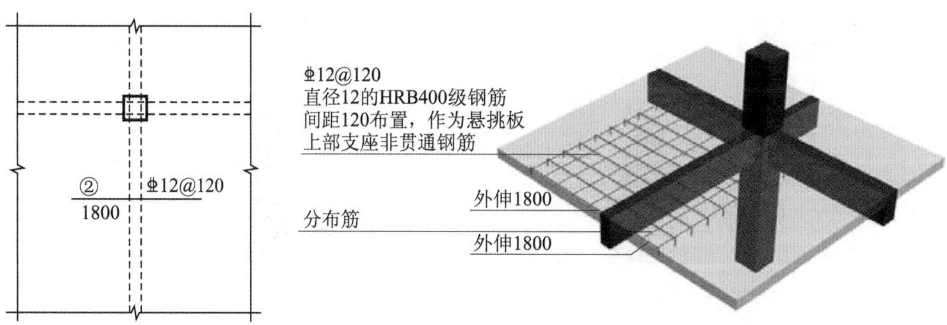

图 5.5　板支座上部非贯通筋对称伸出

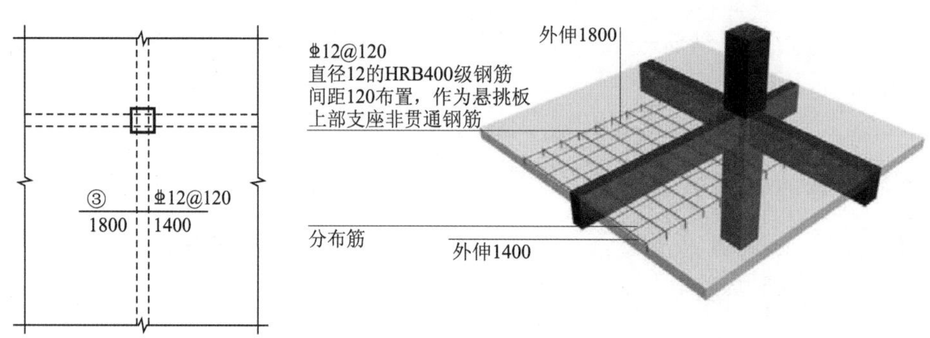

图 5.6　板支座上部非贯通筋非对称伸出

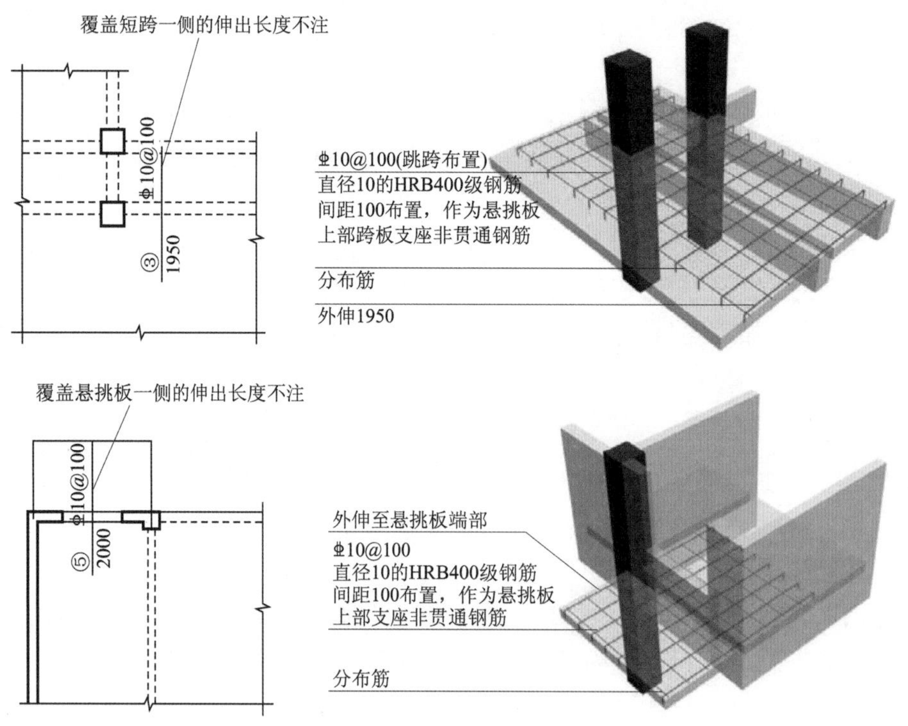

图 5.7　板支座非贯通筋贯通全跨或伸出到悬挑端

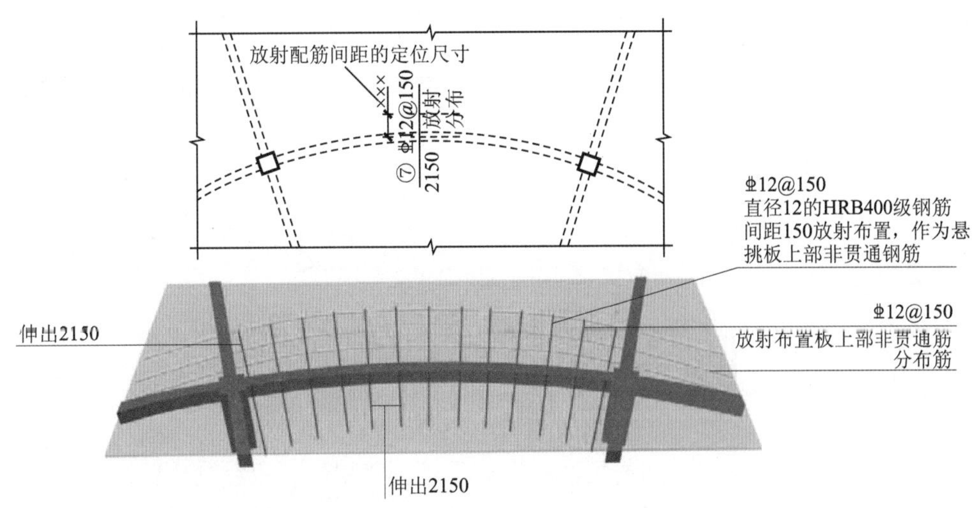

图 5.8 弧形支座处放射配筋

此外，与板支座上部非贯通纵筋垂直且绑扎在一起的构造钢筋或分布钢筋，在图中注明。

【案例解析 5-4】

在板平面布置图某部位，横跨支承梁绘制的对称线段上注有⑦ ⌀12@100(5A) 和 1500，表示支座上部⑦号非贯通纵筋为 ⌀12@100，从该跨起沿支承梁连续布置 5 跨加梁一端的悬挑端，该筋自支座中线向两侧跨内的伸出长度均为 1500。在同一板平面布置图的另一部位横跨梁支座绘制的对称线段上注有⑦者，是表示该筋同⑦号纵筋，沿支承梁连续布置 2 跨，且无梁悬挑端布置（图 5.9）。

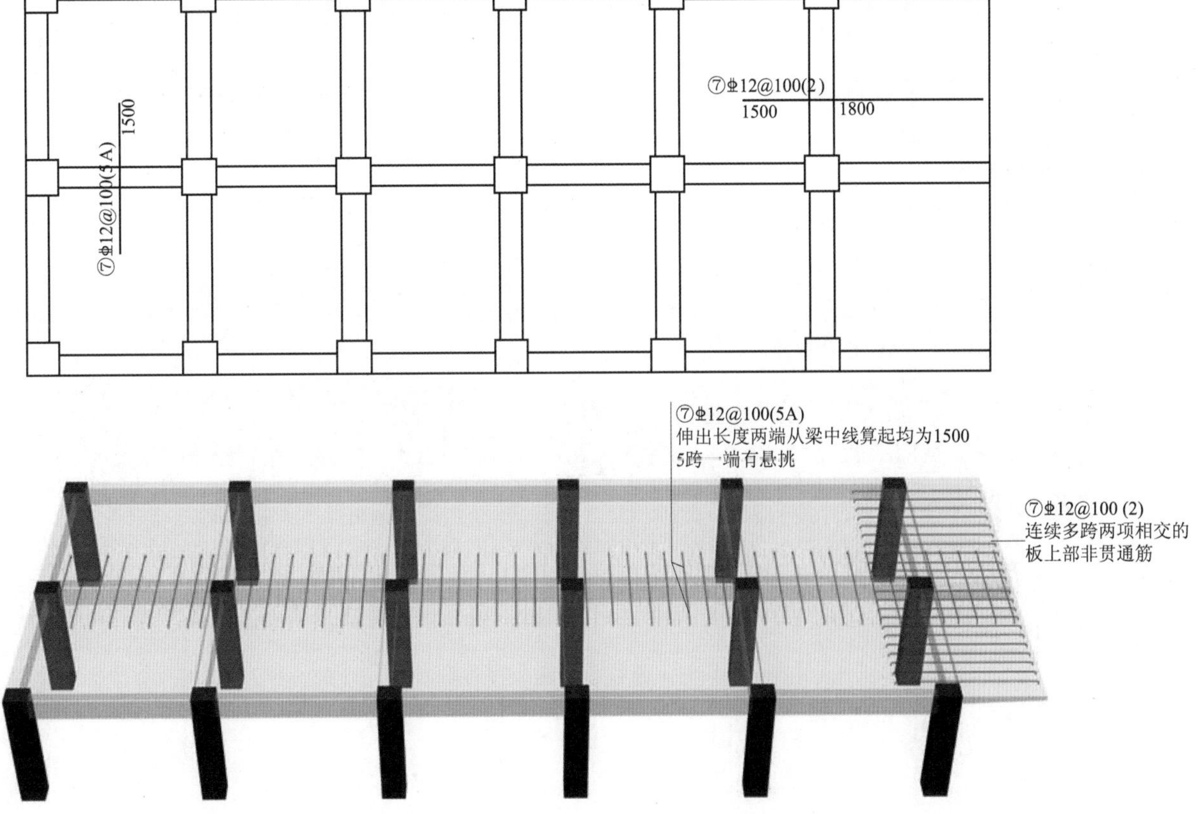

图 5.9 板上部两项非贯通筋相交及非贯通筋跨数三维示意

特别提示

板上部非贯通筋伸出长度可从梁边缘算起，也可以从梁中心线算起，施工时应注意查看。

2. 板支座原位标注中悬挑板的注写内容

关于悬挑板的注写方式如图 5.10 所示。当悬挑板端部厚度不小于 150mm 时，应指定板端部封边构造方式，当采用 U 形钢筋封边时，应指定 U 形钢筋的规格、直径。

3. 有梁楼盖板贯通纵筋原位标注的注写内容

当板的上部已配置有贯通纵筋，但需增配板支座上部非贯通纵筋时，应结合已配置的同向贯通纵筋的直径与间距采取“隔一布一”的方式配置。

“隔一布一”方式，为非贯通纵筋的标注间距与贯通纵筋相同，两者组合后的实际间距为各自标注间距的 1/2。当设定贯通纵筋为纵筋总截面面积的 50% 时，两种钢筋应取相同直径；当设定贯通纵筋大于或小于总截面面积的 50% 时，两种钢筋则取不同直径。

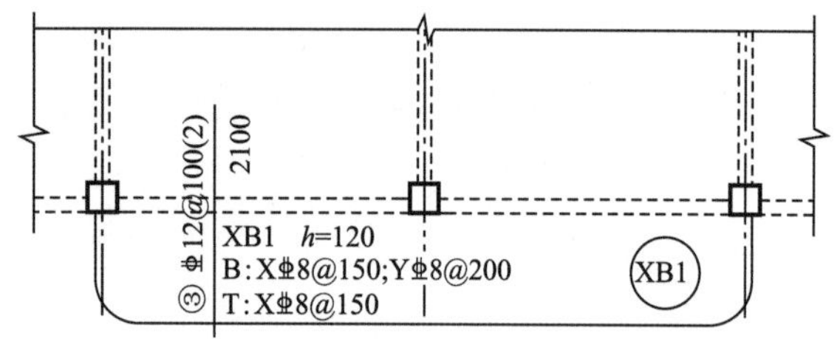

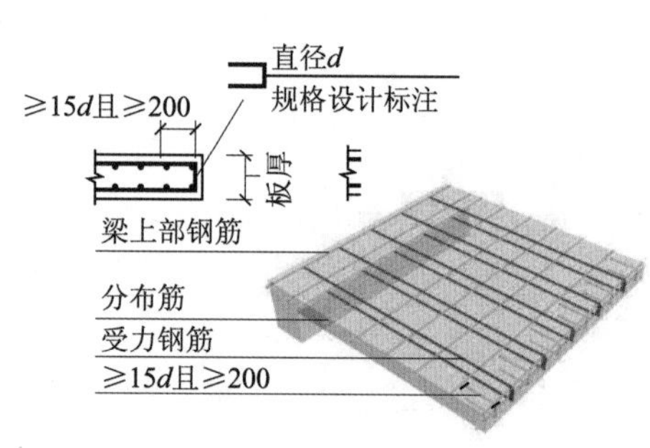

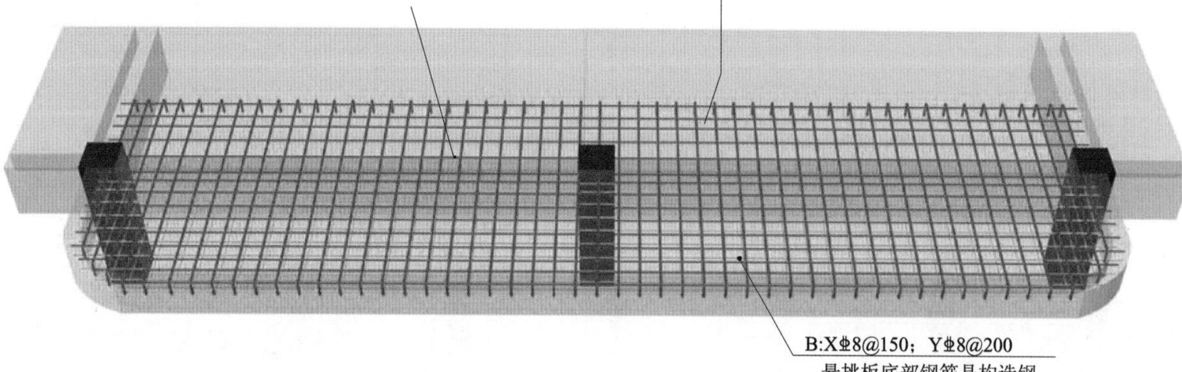

图 5.10 悬挑板支座非贯通筋

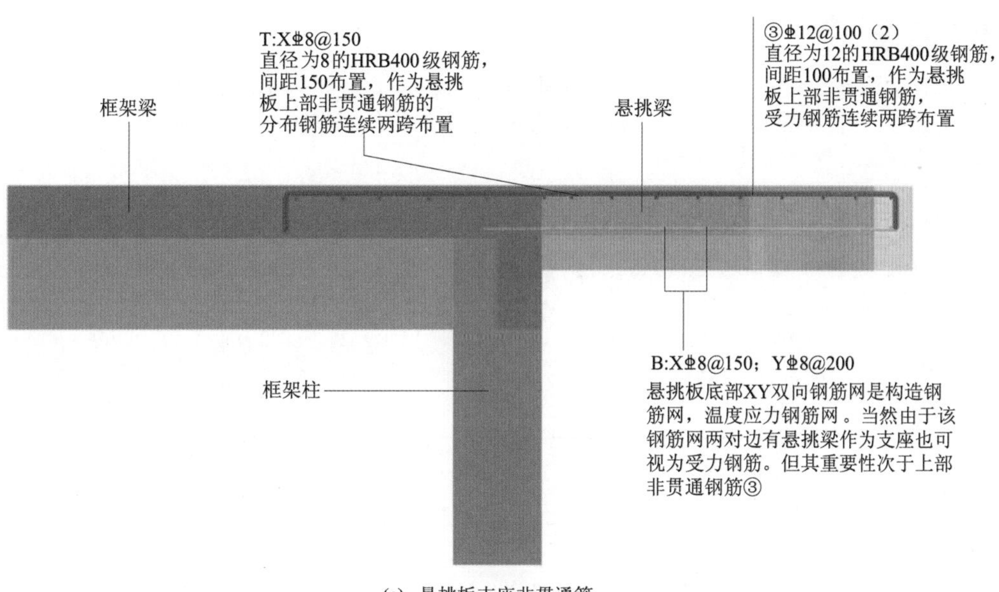

(a) 悬挑板支座非贯通筋

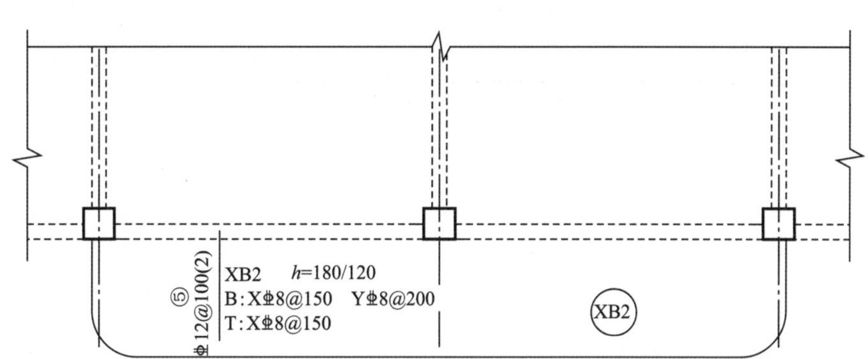

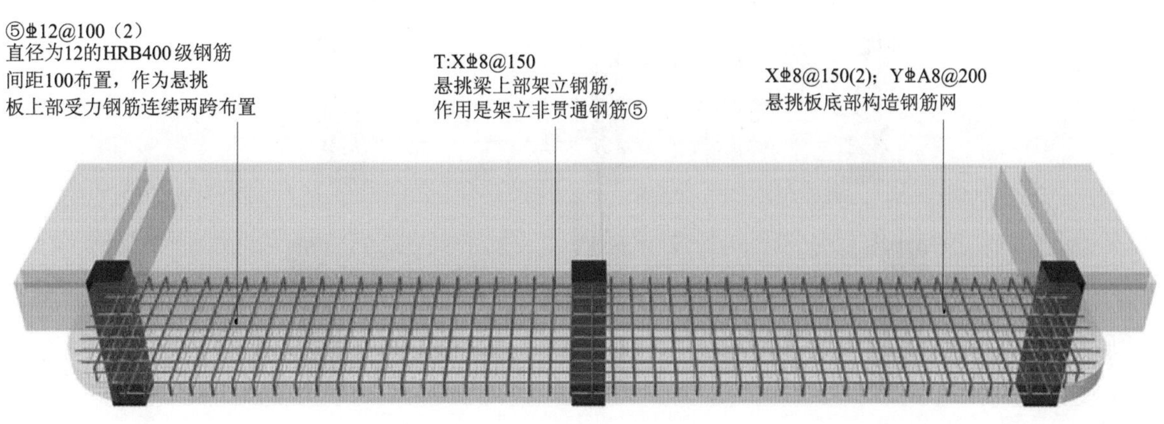

(b) 悬挑板支座非贯通筋

图 5.10 悬挑板支座非贯通筋（续）

注：1. 悬挑板上部非贯通筋是受力主钢筋，在施工中切记不要混淆，关于悬挑板相关钢筋构造见《建筑三维平法结构图集》（第二版）。

2. 注意观察悬挑梁、悬挑板、框架梁、框架柱它们之间的连接关系，在钢筋混凝土结构中框架梁板的顶标高是同一标高，浇筑混凝土的时候是整体浇筑。

特别提示

施工时应注意，当支座一侧设置了上部贯通纵筋（在板集中标注中以T打头），而在支座另一侧仅设置了上部非贯通纵筋时，如果支座两侧设置的纵筋直径、间距相同，应将二者连通，避免各自在支座上部分别锚固。

【案例解析 5-5】

板上部已配置贯通钢筋 ⌀12@250，该跨同向配置的上部支座非贯通纵筋为⑤ ⌀12@250；表示在该支座上部设置的纵筋实际为 ⌀12@125，其中 1/2 为贯通纵筋，1/2 为⑤号非贯通纵筋（伸出长度值略）(图 5.11)。

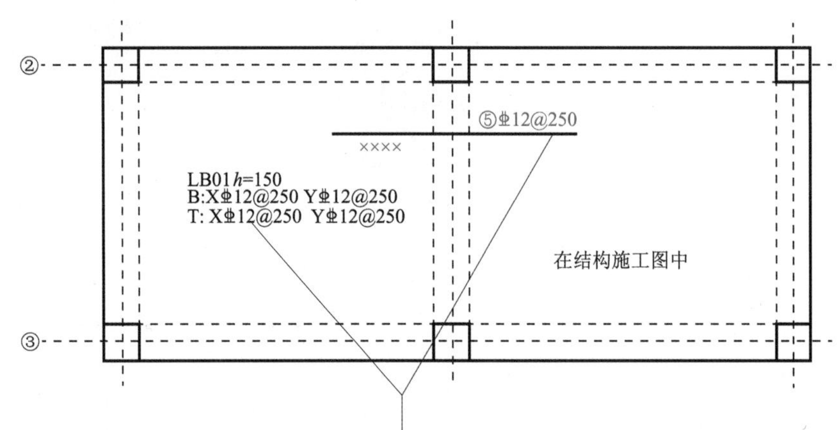

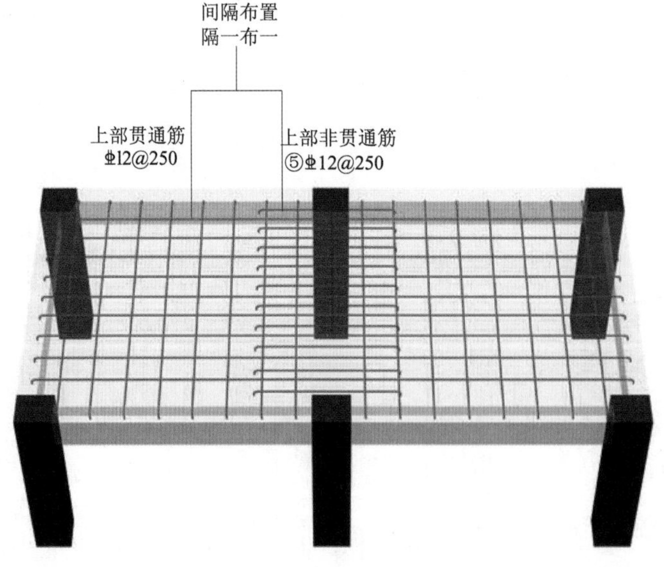

图 5.11 板上部贯通筋与非贯通筋隔一布一三维示意 1

【案例解析 5-6】

板上部已配置贯通钢筋 ⌀10@250，该跨配置的上部同向支座非贯通纵筋为③ ⌀12@250，表示该跨实际设置的上部纵筋为 ⌀10 和 ⌀12 间隔布置，二者之间间隔为 125mm(图 5.12)。

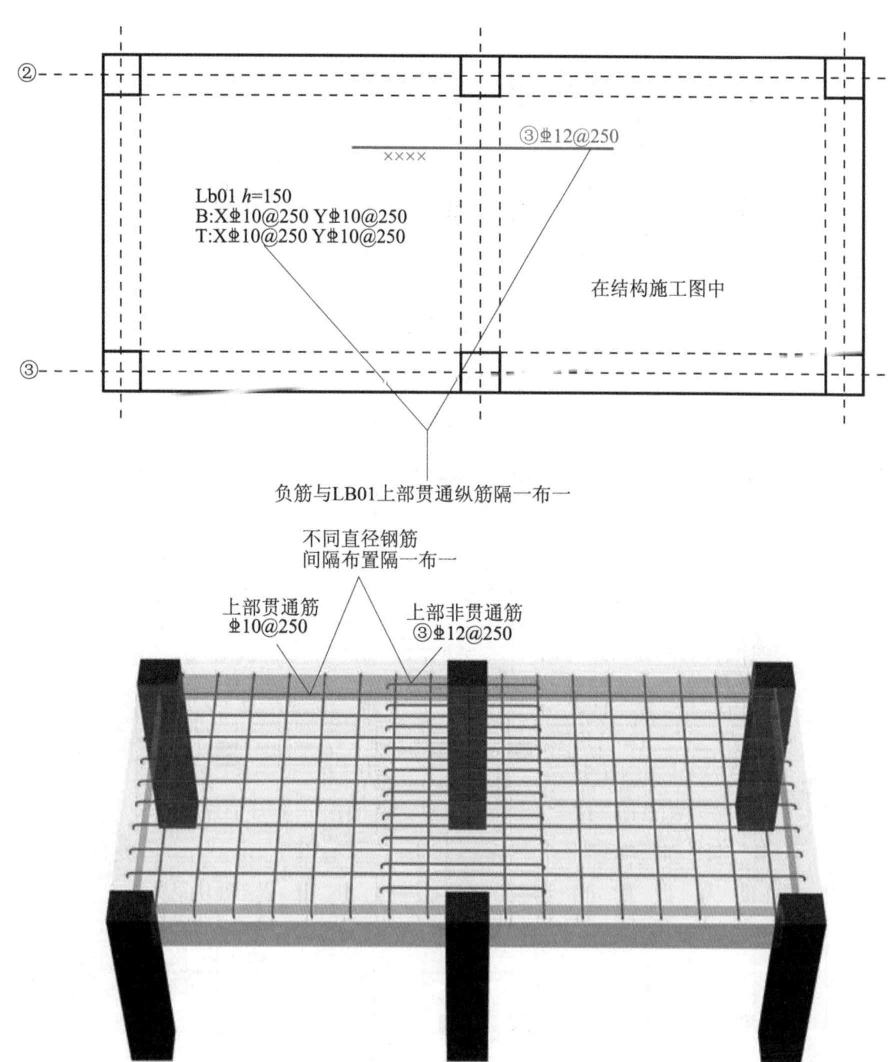

图 5.12　板上部贯通筋与非贯通筋隔一布一三维示意 2

特别提示

板上部纵向钢筋在端支座（梁或圈梁）的锚固要求，标准构造详图中规定：当按铰接时，平直段伸至端支座对边后弯折，且平直段长度为 $0.35L_{ab}$，弯折段长度为 $15d$(d 为纵向钢筋直径)；当充分利用钢筋的抗拉强度时，直段伸至端支座对边后弯折，且平直段长度≥ $0.6L_{ab}$，弯折段长度 $15d$ 应在平法施工图中注明采用何种构造，当多数采用同种构造时可在图注中写明，并将少数不同之处在图中注明。

板纵向钢筋的连接可采用绑扎搭接、机械连接或焊接，其连接位置详见《建筑三维平法结构图集》（第二版）中相应的标准构造详图。当板纵向钢筋采用非接触方式的绑扎搭接连接时，其搭接部位的钢筋净距不宜小于 30mm，且钢筋中心距不应大于 $0.2L_L$ 及 150mm 中的较小者。详见本章钢筋标准构造详图。

5.3 有梁楼盖平法识图案例三维详解

有梁楼盖平法识图案例需学习有梁楼盖平面施工案例与有梁楼盖三维示例。

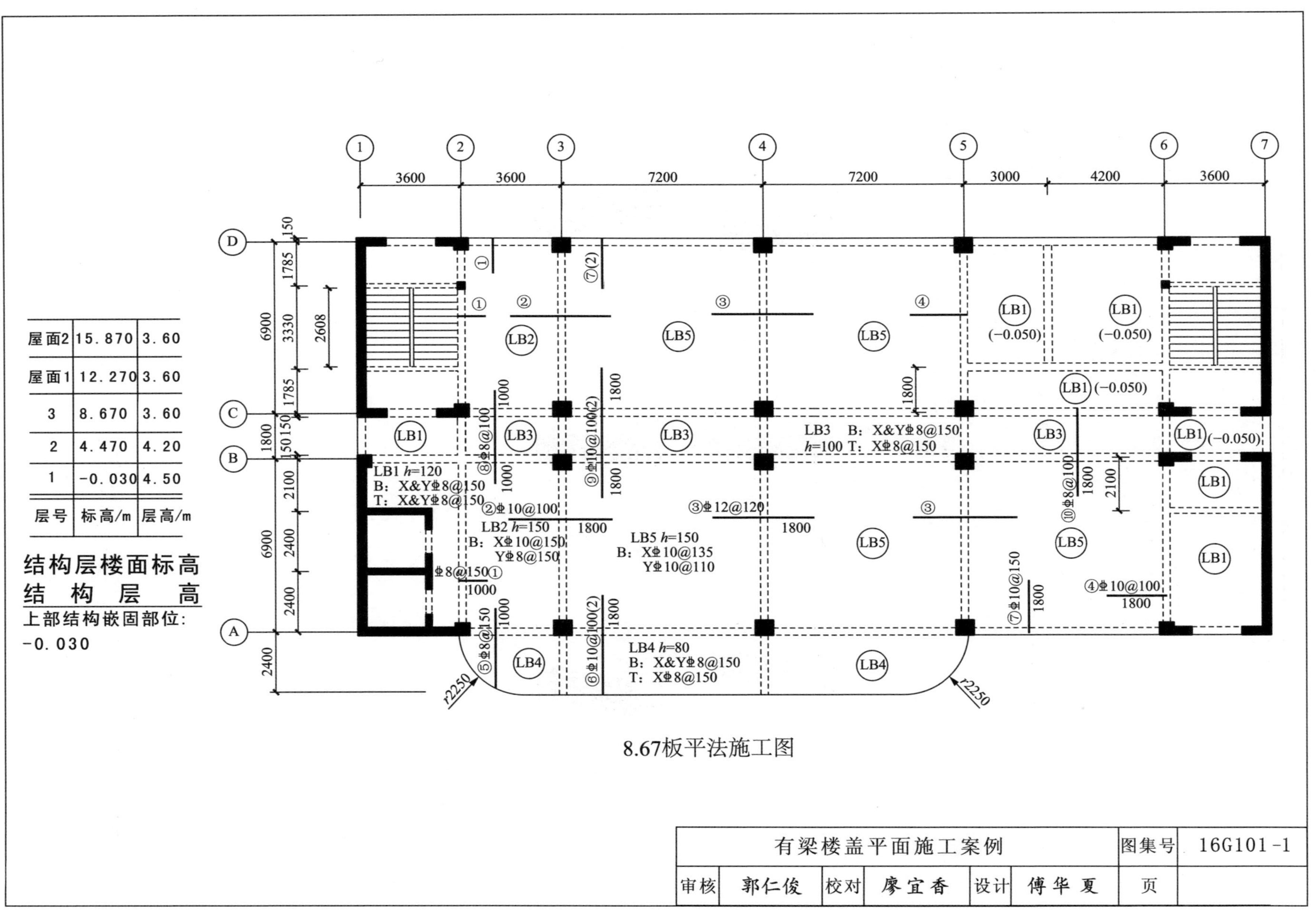

LB1 h=120
B: X&YΦ8@150
T: X&YΦ8@150
LB2 h=150
B: XΦ10@150
YΦ8@150
LB3 B: X&YΦ8@150
h=100 T: XΦ8@150
LB4 h=80
B: X&YΦ8@150
T: XΦ8@150
LB5 h=150
B: XΦ10@135
YΦ10@110
(−0.050)
Φ8@150①
②Φ10@100
③Φ12@120
④Φ10@100
⑤Φ8@150
⑥Φ10@100(2)
⑦Φ10@150
⑧Φ8@100
⑨Φ10@100(2)
⑩Φ8@100
r2250
屋面2 15.870 3.60
屋面1 12.270 3.60
3 8.670 3.60
2 4.470 4.20
1 −0.030 4.50
层号 标高/m 层高/m
结构层楼面标高
结构层高
上部结构嵌固部位:
−0.030
有梁楼盖平面施工案例
图集号 16G101-1
审核 郭仁俊 校对 廖宜香 设计 傅华夏 页

8.67板平法施工图

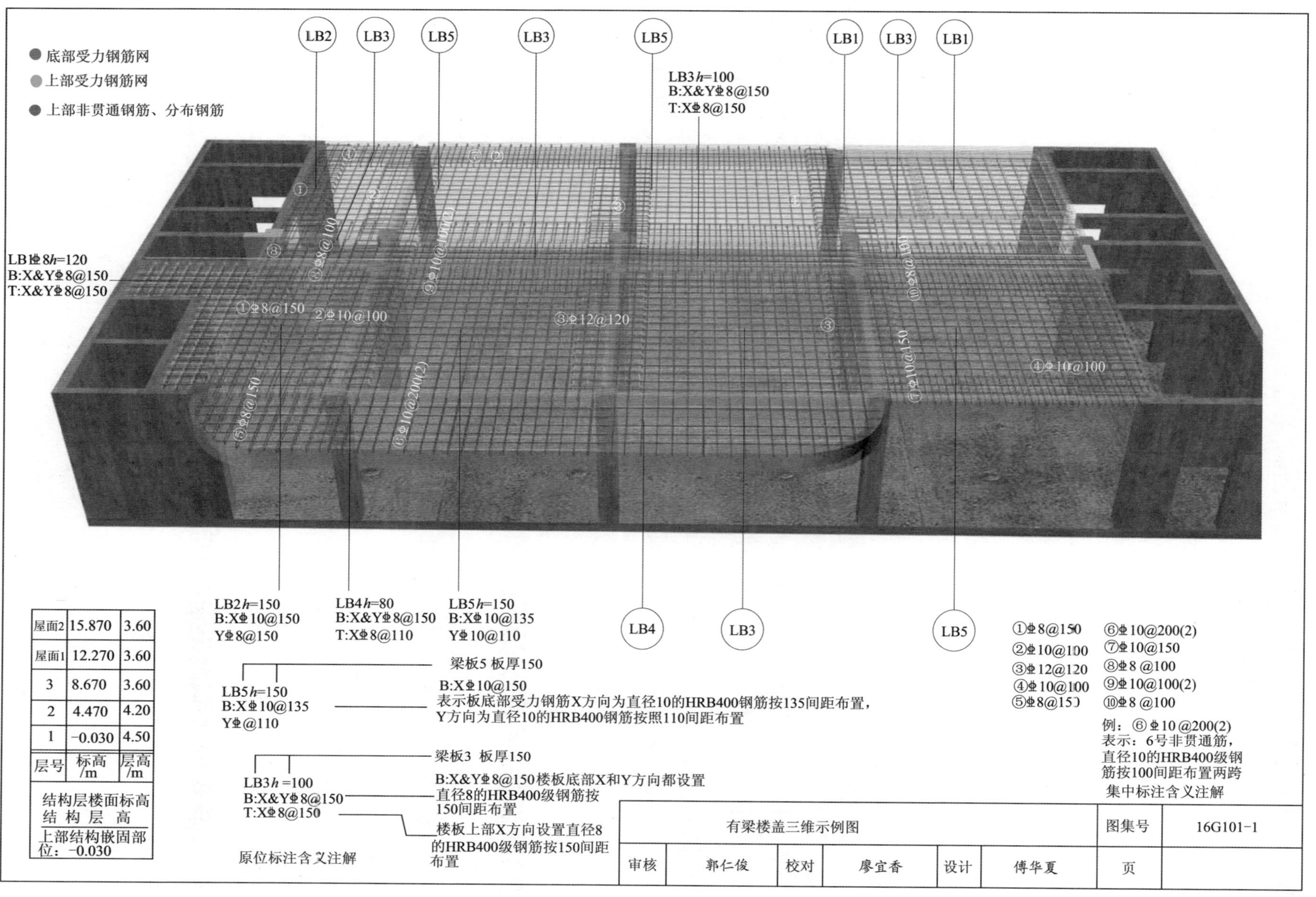

屋面2	15.870	3.60
屋面1	12.270	3.60
3	8.670	3.60
2	4.470	4.20
1	-0.030	4.50
层号	标高/m	层高/m

结构层楼面标高
结构层高
上部结构嵌固部位：-0.030

梁板5 板厚150

LB5 h=150
B:XΦ10@135
YΦ@110

B:XΦ10@150
表示板底部受力钢筋X方向为直径10的HRB400钢筋按135间距布置，Y方向为直径10的HRB400钢筋按照110间距布置

梁板3 板厚150

LB3 h=100
B:X&YΦ8@150
T:XΦ8@150

B:X&YΦ8@150楼板底部X和Y方向都设置直径8的HRB400级钢筋按150间距布置

楼板上部X方向设置直径8的HRB400级钢筋按150间距布置

原位标注含义注解

①Φ8@150　⑥Φ10@200(2)
②Φ10@100　⑦Φ10@150
③Φ12@120　⑧Φ8@100
④Φ10@100　⑨Φ10@100(2)
⑤Φ8@150　⑩Φ8@100

例：⑥Φ10@200(2)
表示：6号非贯通筋，直径10的HRB400级钢筋按100间距布置两跨

集中标注含义注解

有梁楼盖三维示例图						图集号	16G101-1
审核	郭仁俊	校对	廖宜香	设计	傅华夏	页	

5.4 无梁楼盖平法识图

5.4.1 无梁楼盖的概述

无梁楼盖不设梁，是一种双向受力的板柱结构，是在对于净空与层高限制较严格的建筑物中常使用的楼盖形式。由于没有梁，钢筋混凝土板直接支承在柱上，故与相同柱网尺寸的肋梁楼盖相比，其板厚要大些，但无梁楼盖的建筑构造高度比肋梁楼盖小，这使得建筑楼层的有效空间加大。同时，平滑的板底可以大大改善采光、通风和卫生条件，故无梁楼盖常用于多层的工业与民用建筑中，如商场、书库、冷藏库、仓库等，水池顶盖和某些整板式基础也采用这种结构形式。

5.4.2 无梁楼盖的特点

无梁楼盖把原来集中受力的梁变成无数分散空间受力的工字结构体系，使同高的楼层扩大净空，节省建材，提高施工进度，而且质地更密，抗压性更高，抗振动冲击更强，结构更合理。特别是这种“无梁楼盖”使楼层空间布置摆脱了梁的制约，变得更合理。

无梁楼盖的优点：无梁板结构因不设置梁，板面负载直接由板传至柱，具有结构简单、传力路径简捷、净空利用率高、造型美观、有利于通风、便于布置管线和施工的优点。

无梁楼盖的缺点：无梁板结构需要较厚的板、强度较高的混凝土和钢筋。另外，从结构性能方面来看，无梁板的延性较差，板在柱帽或柱顶处的破坏属于脆性冲切破坏。

特别提示

无梁楼盖中常见的楼盖形式有：双向密肋楼盖、井字楼盖、无黏结预应力平板、密肋楼盖及肋型楼盖等。

5.5 无梁楼盖平法注写的有关内容

（1）无梁楼盖平法施工图是在楼面板和屋面板布置图上，采用平面注写的表达方式。

（2）板平面注写主要有板带集中标注、板带支座原位标注两部分内容。

特别提示

无梁楼盖平法施工图的表示方法中采用平面注写方式表达。平面注写标注方式上有板带集中标注和板带支座原位标注。在图纸中标注时，一般采用这两种方式结合进行标注。

5.6 无梁楼盖平面标注识图方法

5.6.1 无梁楼盖板带集中标注的注写内容

集中标注应在板带贯通纵筋配置相同跨的第一跨（X 向为左端跨，Y 向为下端跨）注写。相同编号的板带可择其一做集中标注，其他仅注写板带编号（注在圆圈内）。

板带集中标注的具体内容为：板带编号、板带厚、板带宽和贯通纵筋。

1. 无梁楼盖板带集中标注中板带编号的注写内容

板带编号按表 5-2 的规定。

表 5-2　板带编号

板带类型	代号	序号	跨数及有无悬挑
柱上板带	ZSB	××	(××)、(××A) 或 (××B)
跨中板带	KZB	××	(××)、(××A) 或 (××B)

注：1. 跨数按柱网轴线计算（两相邻柱轴线之间为一跨）。
2. (××A) 为一端有悬挑，(××B) 为两端有悬挑，悬挑不计入跨数。
3. 板带厚注写为 -×××，板带宽注写为 b=×××。当无梁楼盖整体厚度和板带宽度已在图中注明时，此项可不注。

2. 无梁楼盖板带集中标注中贯通纵筋的注写内容

贯通纵筋按板带下部和板带上部分别注写，并以 B 代表下部，T 代表上部，B&T 代表下部和上部。当采用放射配筋时，应注明配筋间距的度量位置，必要时补绘配筋平面图。

【案例解析 5-7】

设有一板带注写为：ZSB1(3A)h=300　b=3000；B=⏀18@100；T=⏀18@200。

表示 1 号柱上板带，有 3 跨，且一端有悬挑；板带厚 300mm，宽 3000mm；板带配置贯通纵筋下部为 ⏀18@100，上部为 ⏀18@200，如图 5.13 所示。

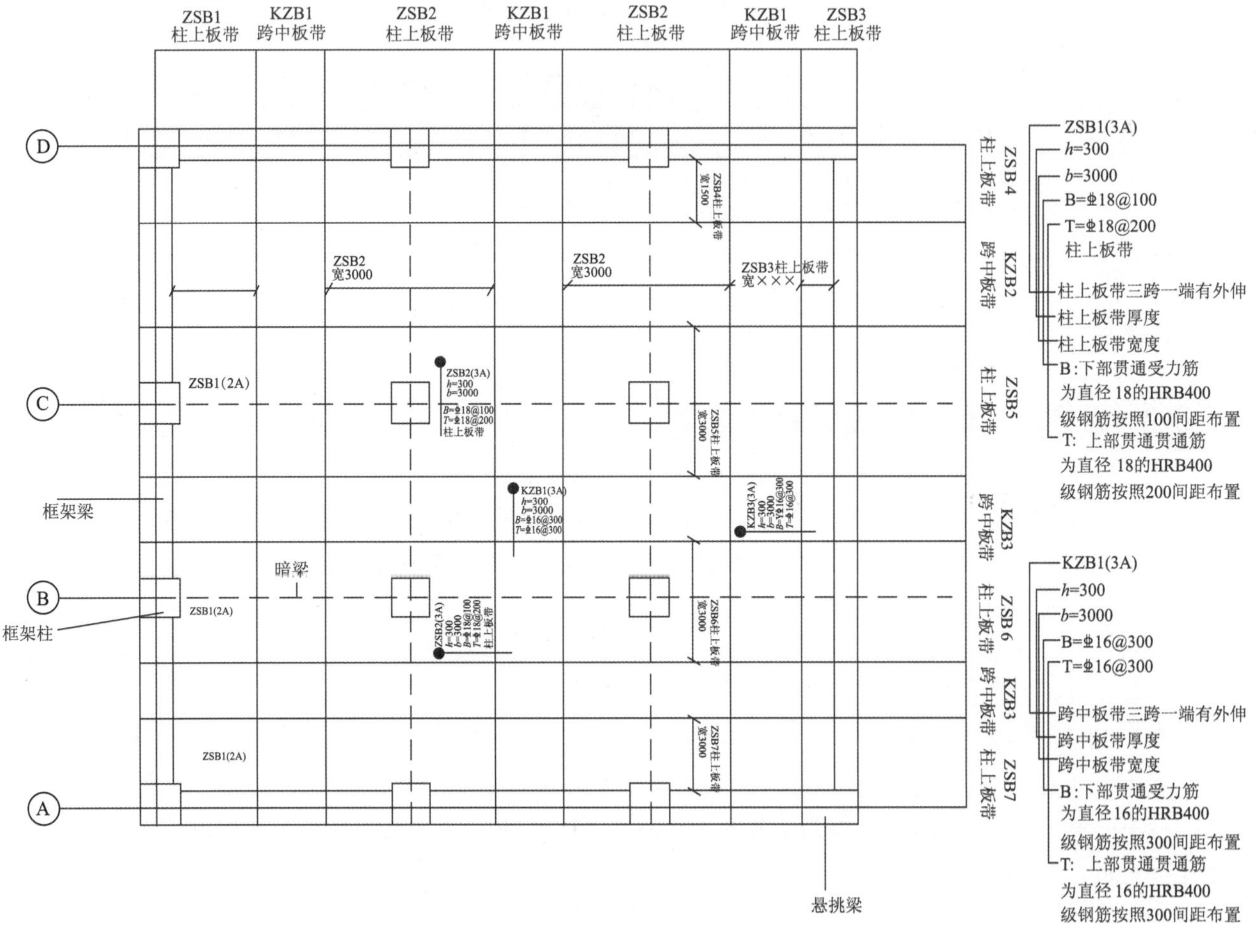

图 5.13　无梁楼板跨中板带、柱上板带、暗梁

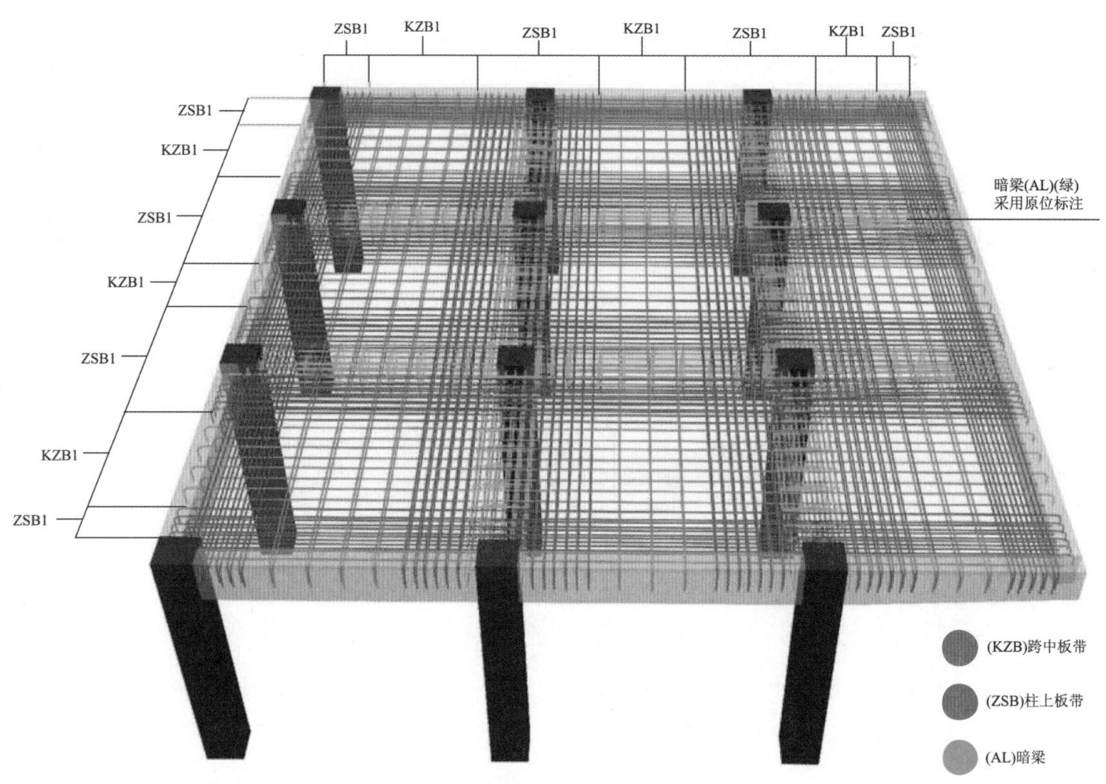

注：1. 本图隐藏了上部非贯通筋，留下了ZSB、KZB钢筋网和AL。
2. 在无梁楼板中：
1 集中标注的水平放置表示板带水平方向的上下层贯通纵向钢筋网。集中标注的竖向放置表示竖向方向的上下层贯通纵向钢钢筋网的竖向布置，而不是采用传统楼板的XY向来表示其水平和竖向纵筋的布置方向。
2 在本案例中可以看出柱上板带由于受力较大较复杂，所以设计中一般它的钢筋直径较大、间距较密。而跨中板带所处的位置受力较小，因而布置的钢筋直径较小、间距较大。由此可以知道为什么无梁楼板需要区分跨中板带和柱下板带来分别设计钢筋了。

图 5.13　无梁楼板跨中板带、柱上板带、暗梁（续）

特别提示

跨中板带位于无梁楼板跨中，其特征是无上部非贯通钢筋。

5.6.2　无梁楼盖板带原位标注的注写内容

无梁楼盖板带支座上部非贯通纵筋原位标注注写内容如下。

以一段与板带同向的中粗实线段代表板带支座上部非贯通纵筋；对柱上板带，实线段贯穿柱上区域绘制；对跨中板带，实线段横贯柱网轴线绘制。在线段上注写钢筋编号（如①、②等）、配筋值及在线段的下方注写自支座中线向两侧跨内的伸出长度。

当板带支座非贯通纵筋自支座中线向两侧对称伸出时，其伸出长度可仅在一侧标注；当配置在有悬挑端的边柱上时，该筋伸出到悬挑尽端。

【案例解析 5-8】

设有平面布置图的某部位，在横跨板带支座绘制的对称线段上注有⑦ ⌀18@250，在线段一侧的下方注有 1500mm，表示支座上部⑦号非贯通纵筋为 ⌀18@250，自支座中线向两侧跨内的伸出长度均为 1500mm，如图 5.14 所示。

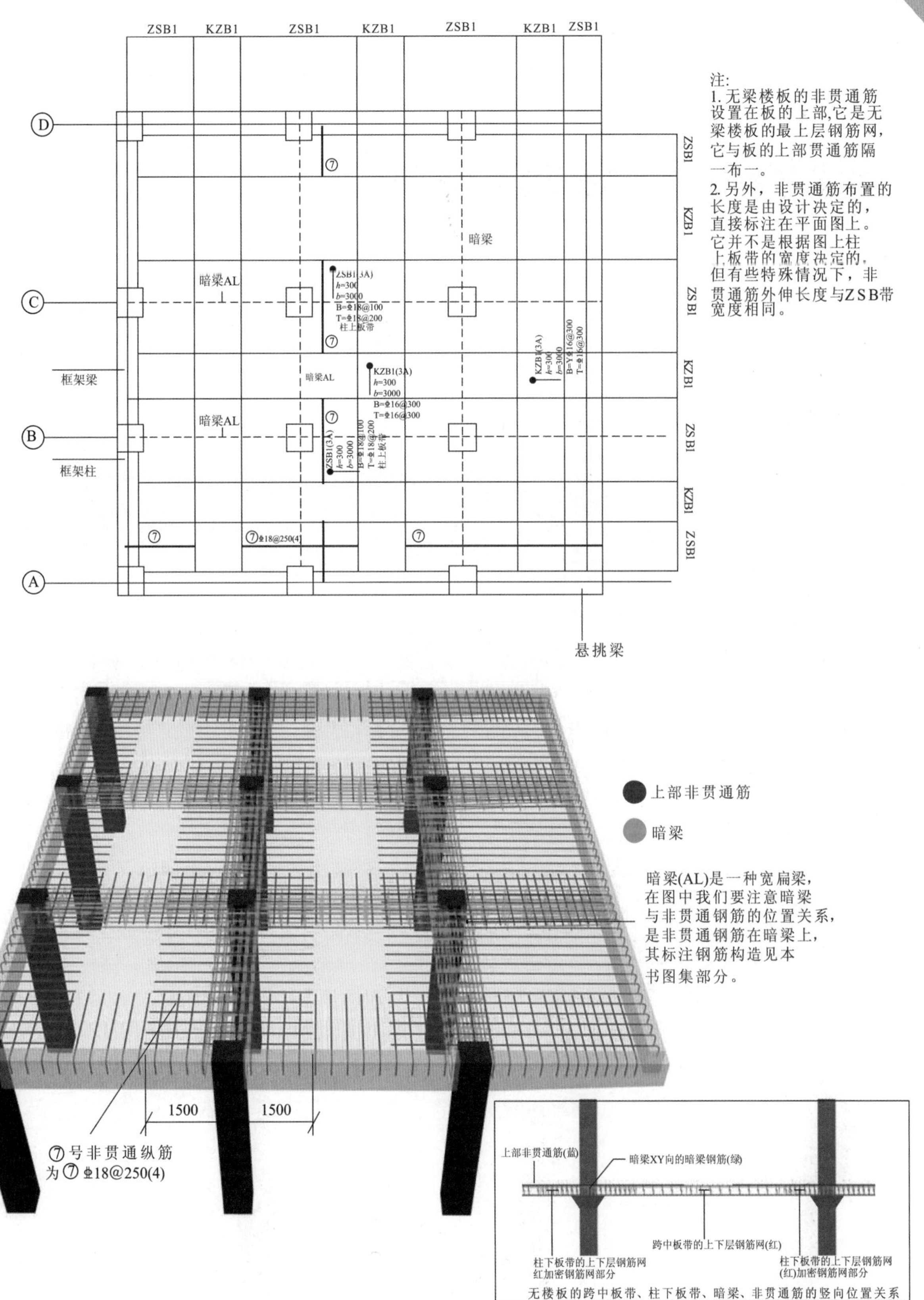

图 5.14　无梁楼板非贯通筋在结构施工图中的示意

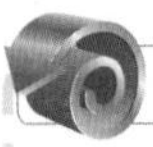

特别提示

本图隐藏了ZSB、KZB上下层钢筋，留下了非贯通筋和暗梁。

5.7 无梁楼盖暗梁的平面注写内容

暗梁平面注写包括暗梁集中标注、暗梁支座原位标注两部分内容。施工图中在柱轴线处画中粗虚线表示暗梁。

1. 无梁楼盖的集中注写内容

暗梁集中标注包括暗梁编号、暗梁截面尺寸（箍筋外皮宽度 × 板厚）、暗梁箍筋、暗梁上部通长筋或架立筋4部分内容。暗梁编号见表5-3。

表5-3　暗梁编号

构件类型	代号	序号	跨数及有无悬挑
暗梁	AL	××	(××)、(××A)或(××B)

注：1. 跨数按柱网轴线计算（两相邻柱轴线之间为一跨）。
2. (××A) 为一端有悬挑，(××B) 为两端有悬挑，悬挑不计入跨数。

2. 暗梁支座原位标注的注写内容

暗梁支座原位标注包括梁支座上部纵筋、梁下部纵筋。当在暗梁上集中标注的内容不适用于某跨或某悬挑端时，则将其不同数值标注在该跨或该悬挑端，施工时按原位注写取值。

当设置暗梁时，柱上板带及跨中板带标注方式与本书梁平法一致。柱上板带标注的配筋仅设置在暗梁之外的柱上板带范围内。暗梁钢筋构造三维示意如图5.15所示。

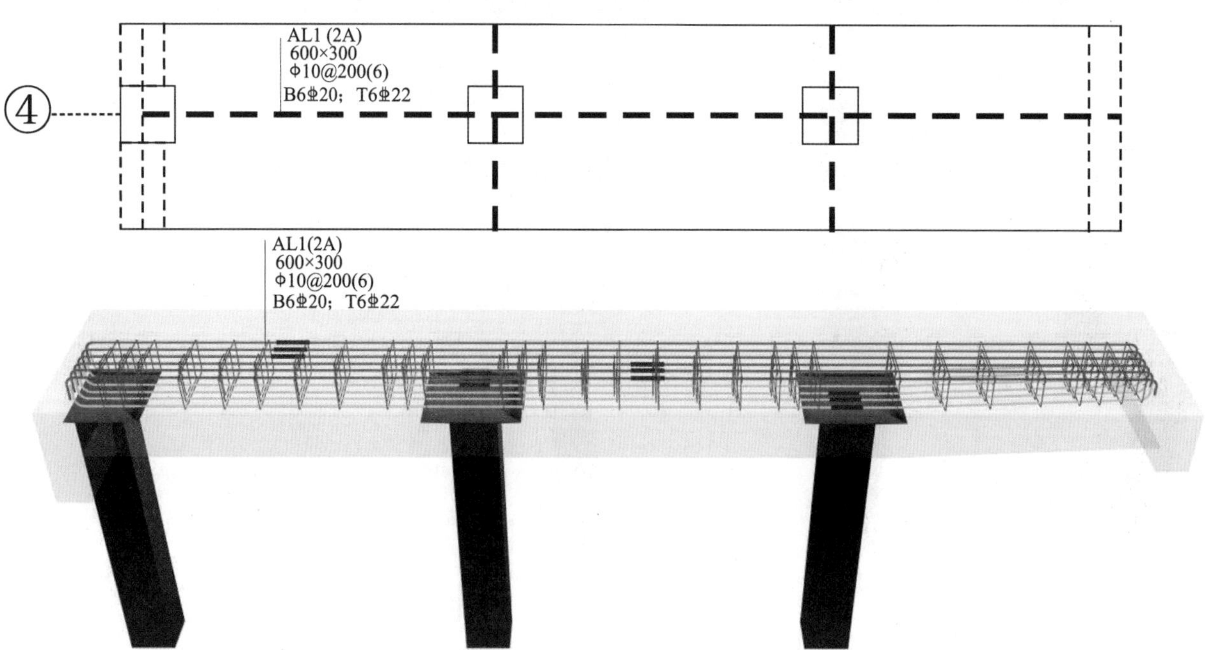

图5.15　暗梁钢筋构造三维示意

注：暗梁是一种宽扁梁，在图中我们要注意暗梁与非贯通钢筋的位置关系是非贯通钢筋在暗梁上，其标注钢筋构造见《建筑三维平法结构图集》（第二版）。

特别提示

暗梁中纵向钢筋连接、锚固及支座上部纵筋的伸出长度等要求同轴线处柱上板带中纵向钢筋。

无梁楼盖跨中板带上部纵向钢筋在端支座的锚固要求，《建筑三维平法结构图集》（第二版）标准构造详图中规定：当按铰接时，平直段伸至端支座对边后弯折，且平直段长度≥$0.35L_{ab}$，弯折段长度为15d(d为纵向钢筋直径)；当充分利用钢筋的抗拉强度时，直段伸至端支座对边后弯折，且平直段长度≥$0.6L_{ab}$，弯折段长度为15d。

板纵向钢筋的连接可采用绑扎搭接、机械连接或焊接，其连接位置详见《建筑三维平法结构图集》（第二版）中相应的标准构造详图。当板纵向钢筋采用非接触方式的绑扎搭接连接时，其搭接部位的钢筋净距不宜小于30mm，且钢筋中心距不应大于$0.2L_{L}$及150mm中的较小者。

5.8 无梁楼盖识图案例

该案例是钢筋混凝土无梁楼盖平法施工图，是采用平面注写方式表达的。案例中介绍了无梁楼盖板块［柱上板带（ZSB）、跨中板带（KZB）］和暗梁（AL）的钢筋标注情况。标注的钢筋内容包括：板上部贯通纵筋、板下部贯通纵筋、板负筋、跨数及有无悬挑等。图纸中的标注是以板块集中标注和板支座原位标注来说明钢筋的配筋情况。

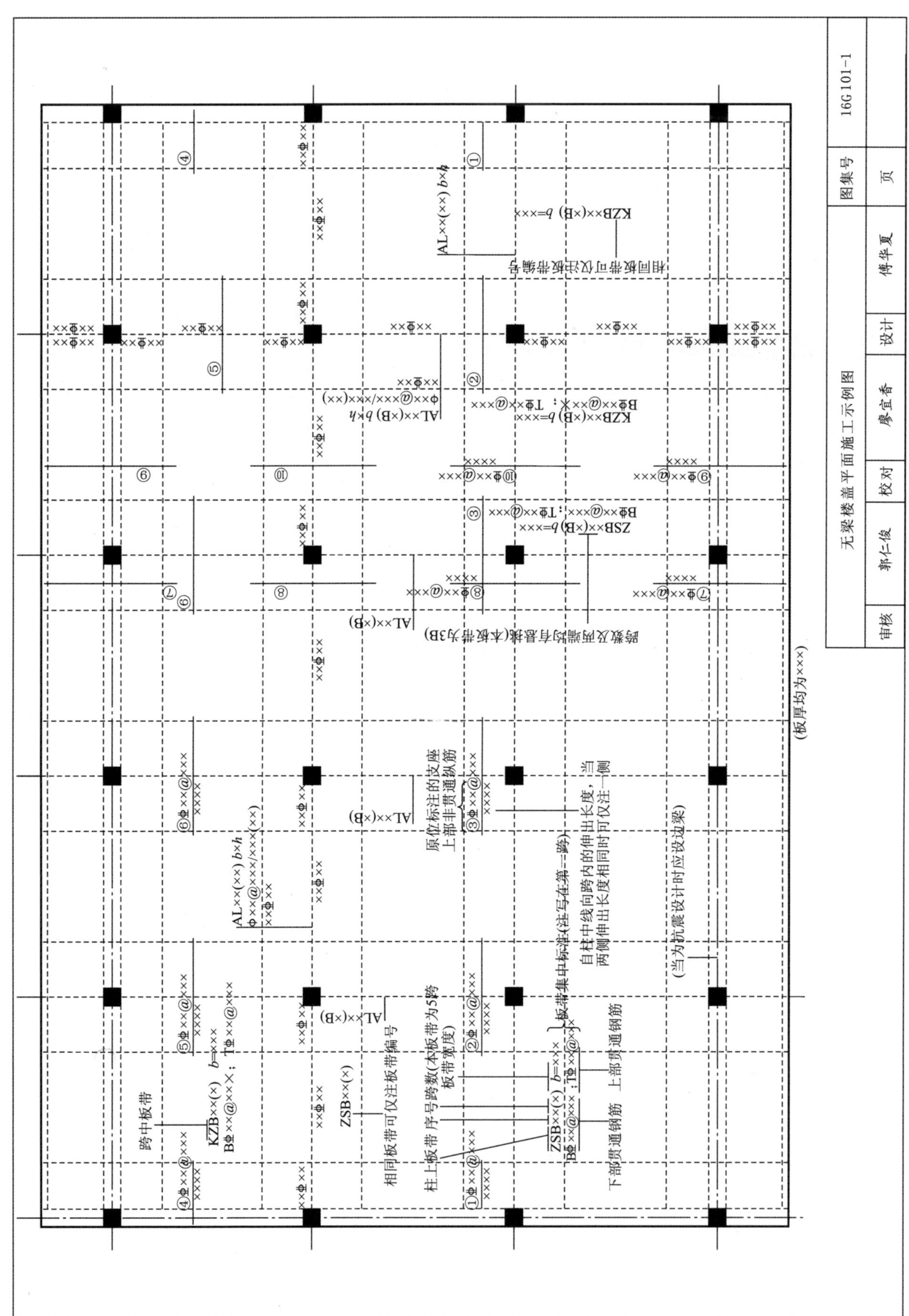

无梁楼盖平面施工示例图
图集号
16G101-1
页
审核
郭仁俊
校对
廖宜香
设计
傅华夏
(板厚均为×××)
(当为抗震设计时应设边梁)
跨中板带
柱上板带
相同板带可仅注板带编号
序号跨数(本板带为5跨
板带宽度)
下部贯通钢筋
上部贯通钢筋
板带集中标准(注写在第一跨)
自柱中线向跨内的伸出长度，当两侧伸出长度相同时可仅注一侧
原位标注的支座上部非贯通纵筋
跨数及两端均有悬挑(本板带为3B)

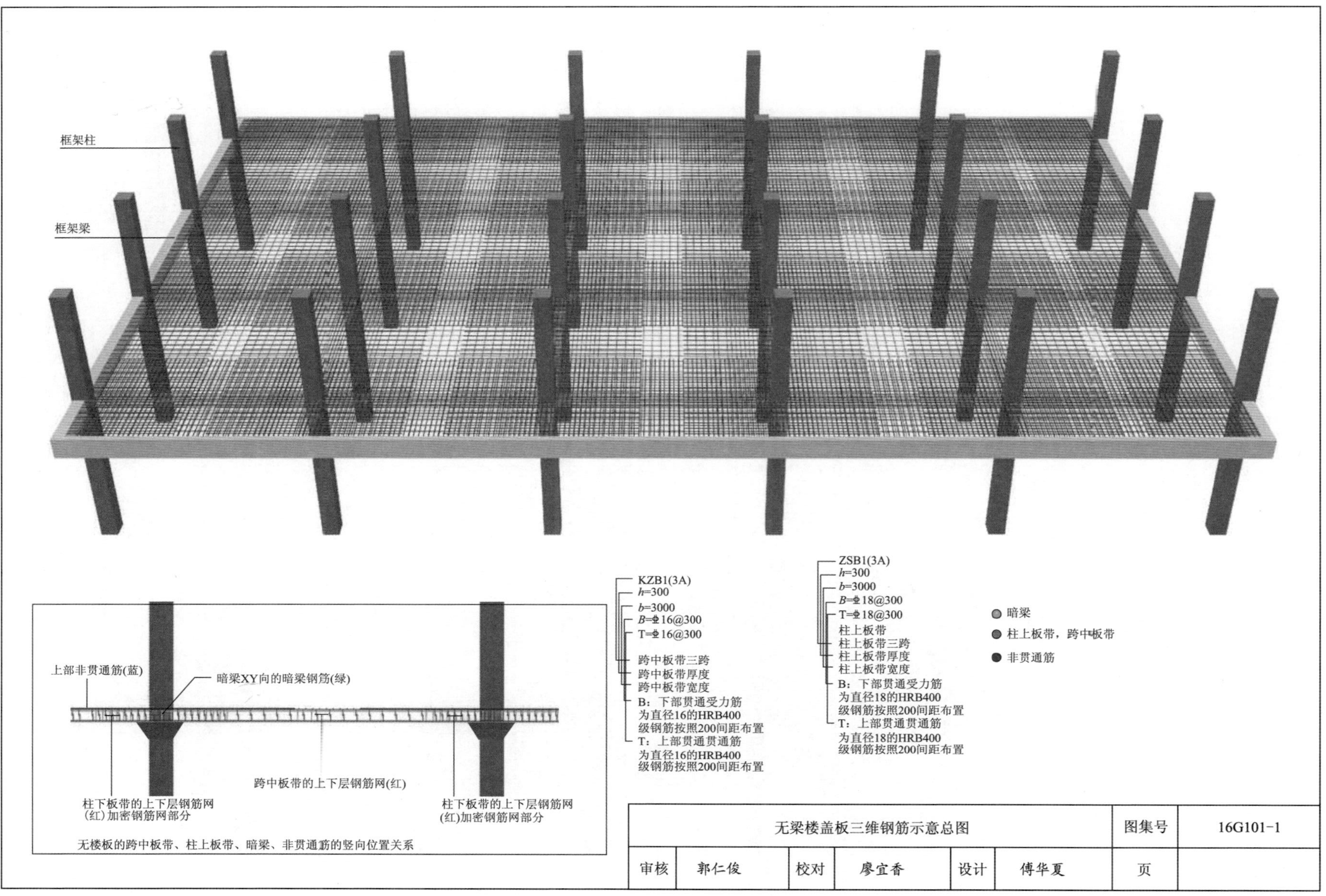
框架柱
框架梁
KZB1(3A)
h=300
b=3000
B=⌀16@300
T=⌀16@300
跨中板带三跨
跨中板带厚度
跨中板带宽度
B：下部贯通受力筋
为直径16的HRB400
级钢筋按照200间距布置
T：上部贯通贯通筋
为直径16的HRB400
级钢筋按照200间距布置
ZSB1(3A)
h=300
b=3000
B=⌀18@300
T=⌀18@300
柱上板带
柱上板带三跨
柱上板带厚度
柱上板带宽度
B：下部贯通受力筋
为直径18的HRB400
级钢筋按照200间距布置
T：上部贯通贯通筋
为直径18的HRB400
级钢筋按照200间距布置
暗梁
柱上板带，跨中板带
非贯通筋
上部非贯通筋(蓝)
暗梁XY向的暗梁钢筋(绿)
跨中板带的上下层钢筋网(红)
柱下板带的上下层钢筋网
(红)加密钢筋网部分
柱下板带的上下层钢筋网
(红)加密钢筋网部分
无楼板的跨中板带、柱上板带、暗梁、非贯通筋的竖向位置关系
无梁楼盖板三维钢筋示意总图
图集号
16G101-1
审核
郭仁俊
校对
廖宜香
设计
傅华夏
页

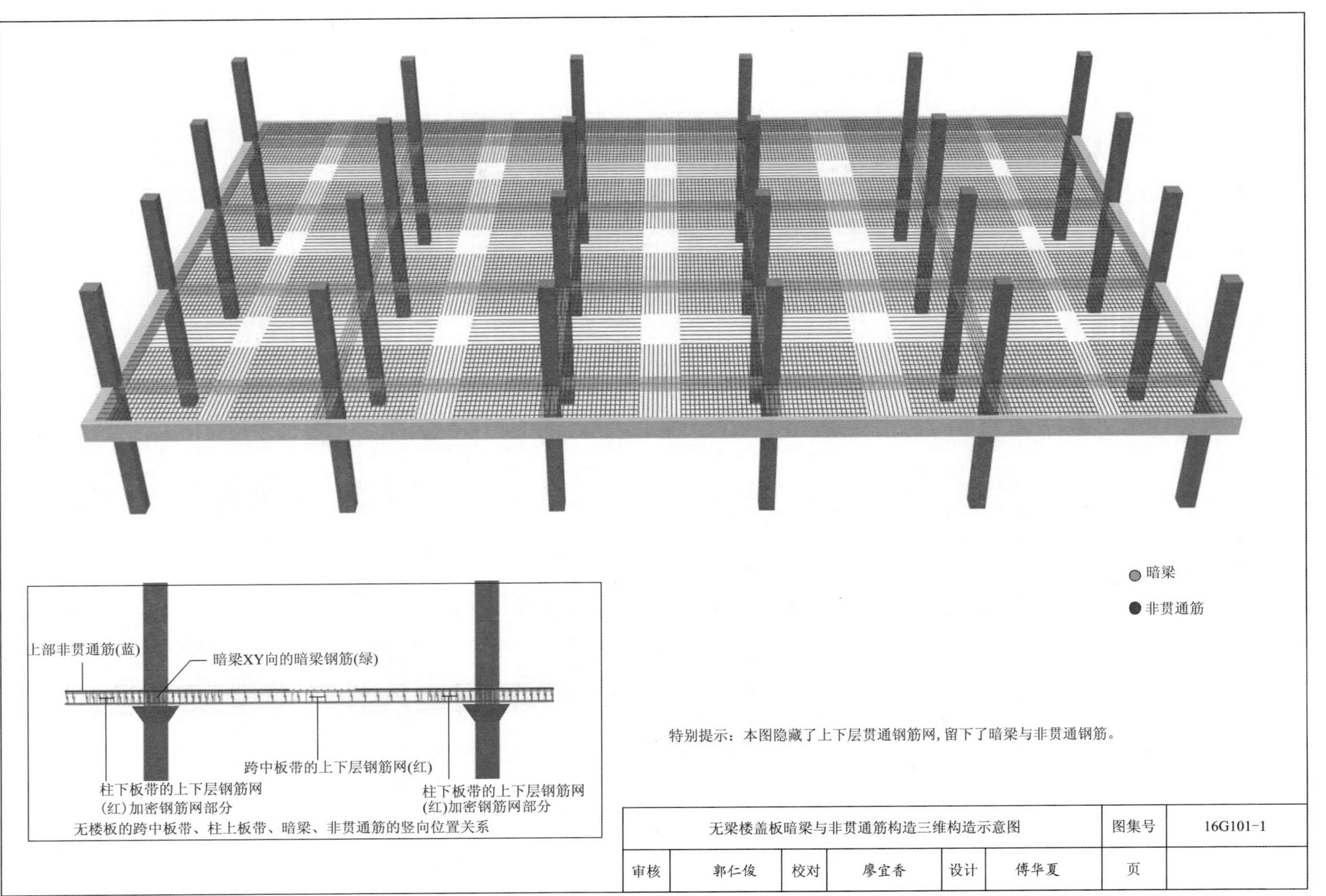
暗梁
非贯通筋
上部非贯通筋(蓝)
暗梁XY向的暗梁钢筋(绿)
跨中板带的上下层钢筋网(红)
柱下板带的上下层钢筋网
(红)加密钢筋网部分
柱下板带的上下层钢筋网
(红)加密钢筋网部分
无楼板的跨中板带、柱上板带、暗梁、非贯通筋的竖向位置关系
特别提示：本图隐藏了上下层贯通钢筋网，留下了暗梁与非贯通钢筋。
无梁楼盖板暗梁与非贯通筋构造三维构造示意图
图集号
16G101-1
审核
郭仁俊
校对
廖宜香
设计
傅华夏
页

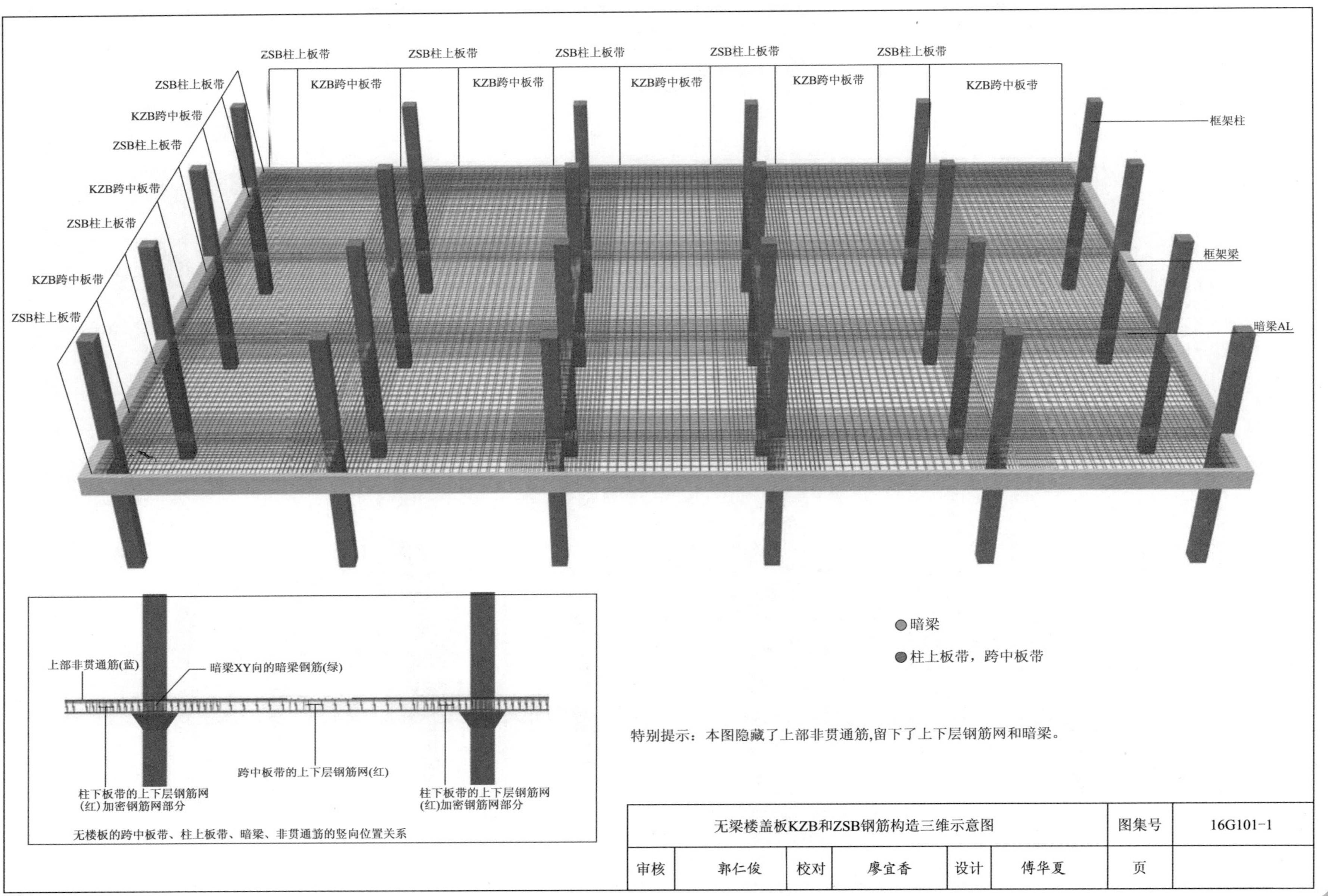
ZSB柱上板带
KZB跨中板带
ZSB柱上板带
KZB跨中板带
ZSB柱上板带
KZB跨中板带
ZSB柱上板带
KZB跨中板带
ZSB柱上板带
KZB跨中板带
ZSB柱上板带
ZSB柱上板带
KZB跨中板带
ZSB柱上板带
KZB跨中板带
ZSB柱上板带
KZB跨中板带
ZSB柱上板带
框架柱
框架梁
暗梁AL
上部非贯通筋(蓝)
暗梁XY向的暗梁钢筋(绿)
跨中板带的上下层钢筋网(红)
柱下板带的上下层钢筋网(红)加密钢筋网部分
柱下板带的上下层钢筋网(红)加密钢筋网部分
无楼板的跨中板带、柱上板带、暗梁、非贯通筋的竖向位置关系
暗梁
柱上板带，跨中板带
特别提示：本图隐藏了上部非贯通筋,留下了上下层钢筋网和暗梁。
无梁楼盖板KZB和ZSB钢筋构造三维示意图
图集号
16G101-1
审核
郭仁俊
校对
廖宜香
设计
傅华夏
页

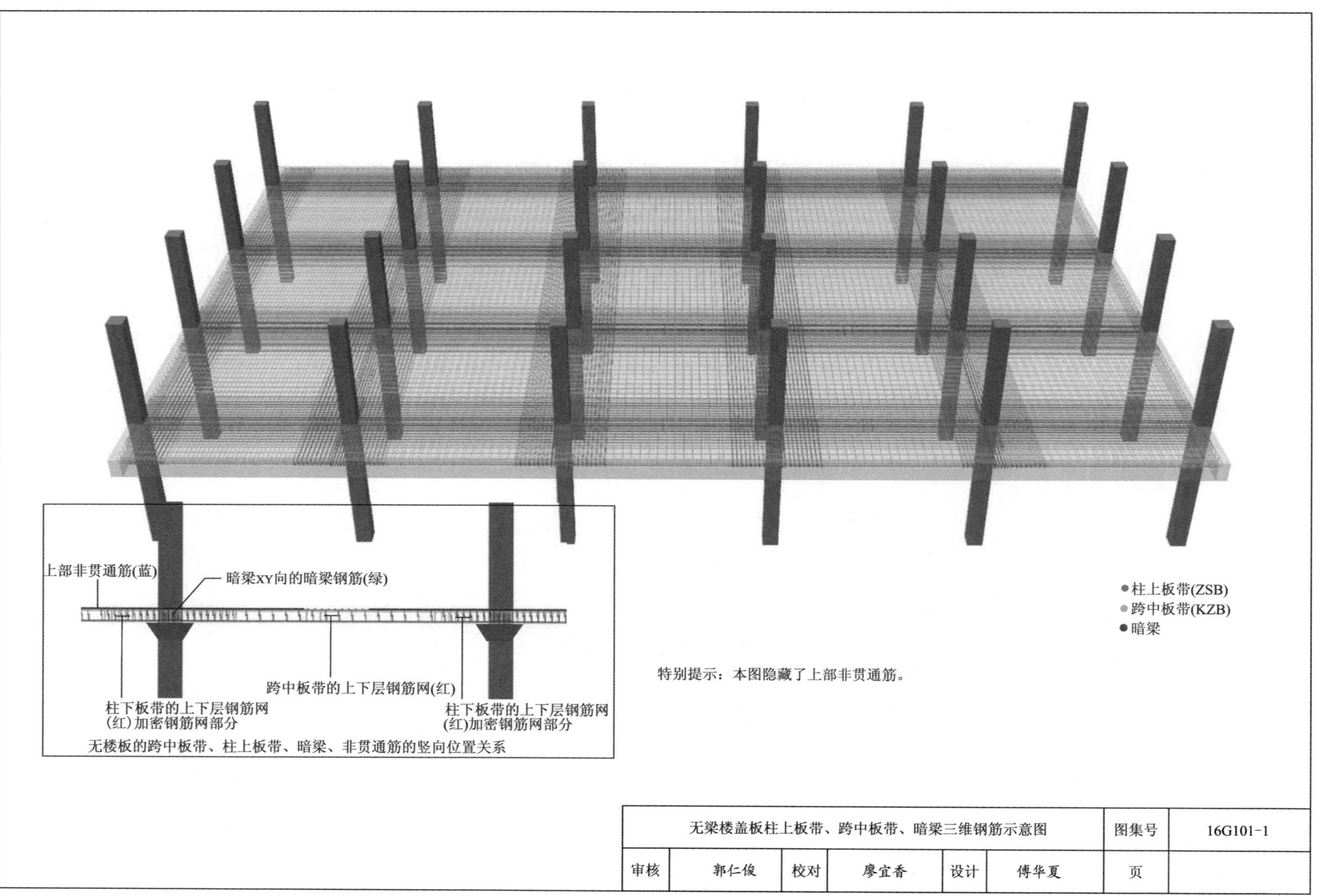

上部非贯通筋(蓝)
暗梁XY向的暗梁钢筋(绿)
跨中板带的上下层钢筋网(红)
柱下板带的上下层钢筋网(红)加密钢筋网部分
柱下板带的上下层钢筋网(红)加密钢筋网部分
无楼板的跨中板带、柱上板带、暗梁、非贯通筋的竖向位置关系
●柱上板带(ZSB)
●跨中板带(KZB)
●暗梁
特别提示：本图隐藏了上部非贯通筋。
无梁楼盖板柱上板带、跨中板带、暗梁三维钢筋示意图
图集号
16G101-1
审核
郭仁俊
校对
廖宜香
设计
傅华夏
页

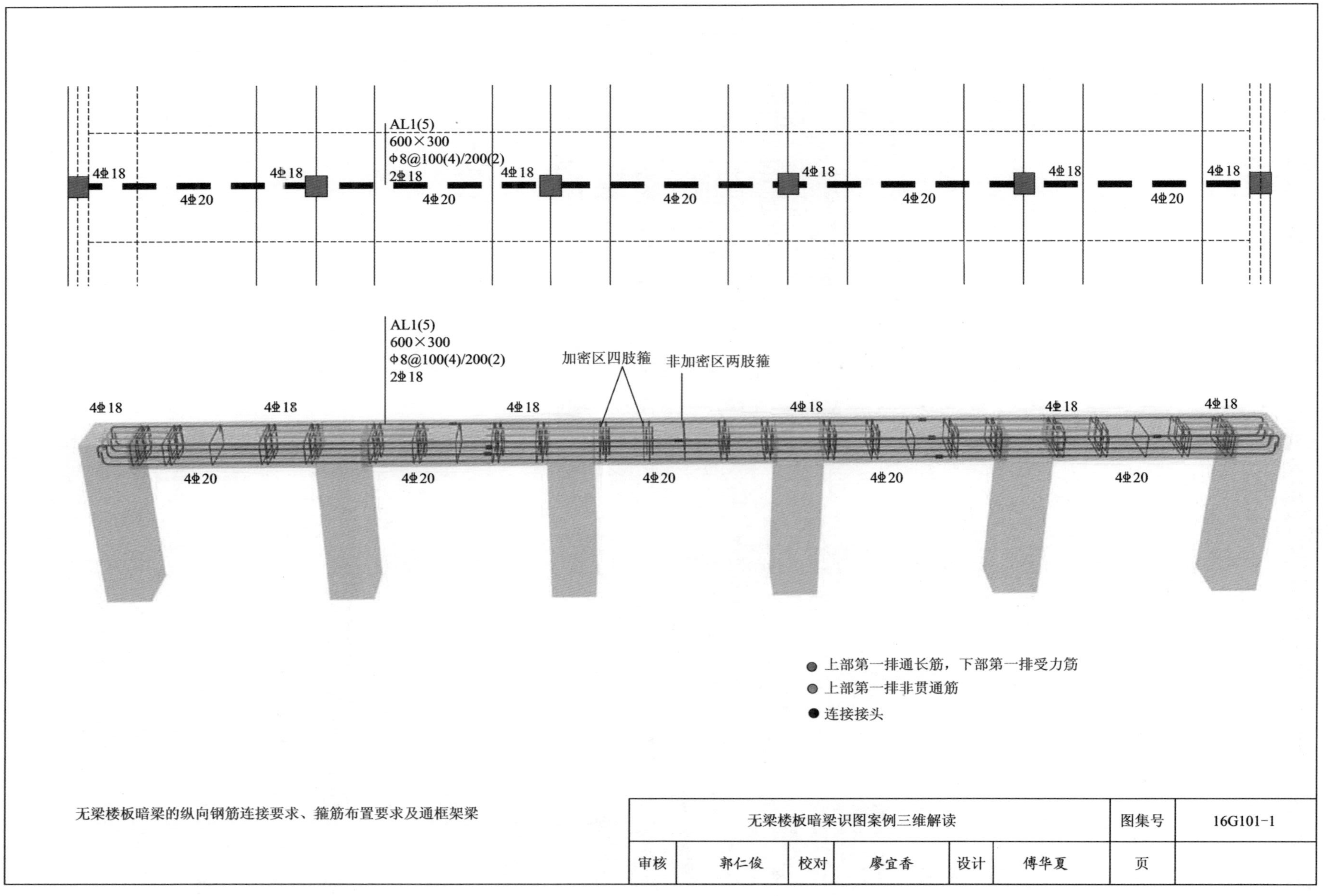
AL1(5)
600×300
φ8@100(4)/200(2)
2Φ18
4Φ18
4Φ20
加密区四肢箍
非加密区两肢箍
上部第一排通长筋，下部第一排受力筋
上部第一排非贯通筋
连接接头
无梁楼板暗梁的纵向钢筋连接要求、箍筋布置要求及通框架梁
无梁楼板暗梁识图案例三维解读
图集号
16G101-1
审核
郭仁俊
校对
廖宜香
设计
傅华夏
页

5.9 楼板相关构造类型与表示方法

5.9.1 楼板相关构造平法识图

楼板相关构造的平法施工图，是在板平法施工图上采用直接引注方式表达。

5.9.2 楼板相关构造编号表

楼板相关构造编号按表 5-4 的规定。

表 5-4 楼板相关构造类型与编号

构造类型	代号	序号	说 明
纵筋加强带	JQD	××	以单向加强纵筋取代原位置配筋
后浇带	HJD	××	有不同的留筋方式
柱帽	ZM×	××	适用于无梁楼盖
局部升降板	SJB	××	板厚及配筋与所在板相同；构造升降高度在 300mm
板加腋	JY	××	腋高与腋宽可选注
板开洞	BD	××	最大边长或直径＜ 1000mm；加强筋长度有全跨贯通和自洞边锚固两种
板翻边	FB	××	翻边高度＜ 300mm
角部加强筋	Crs	××	以上部双向非贯通加强钢筋取代原位置的非贯通配筋
悬挑板阳角放射筋	Ces	××	板悬挑阳角上部放射筋
抗冲切箍筋	Rh	××	通常用于无柱帽无梁楼盖的柱顶
抗冲切弯起筋	Rb	××	通常用于无柱帽无梁楼盖的柱顶

特别提示

楼板构造在图纸中通常使用直接引注的方式进行标注。但相关钢筋标准构造详图需查阅《建筑三维平法结构图集》(第二版）。

5.10 楼板相关构造直接引注方法

5.10.1 纵筋加强带注写的有关事项

纵筋加强带 JQD 的引注。纵筋加强带的平面形状及定位由平面布置图表达，加强带内配置的加强贯通纵筋等由引注内容表达。

纵筋加强带设单向加强贯通纵筋，取代其所在位置板中原配置的同向贯通纵筋。根据受力需要，加强贯通纵筋可在板下部配置，也可在板下部和上部均设置。纵筋加强带的引注如图 5.16 所示。

当将纵筋加强带设置为暗梁形式时，应注写箍筋，其引注如图 5.17 所示。

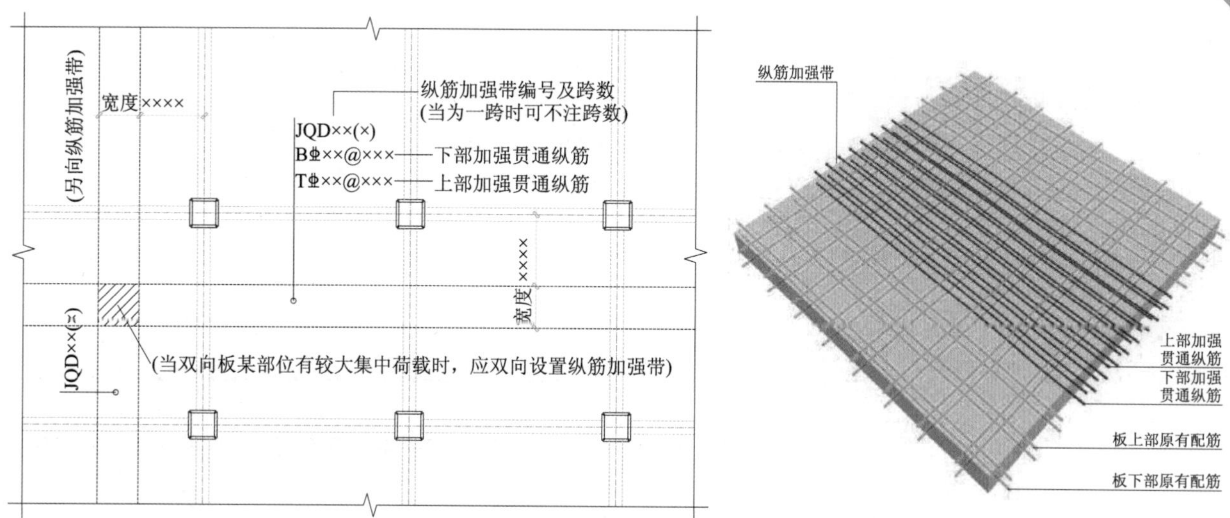

图 5.16　纵筋加强带 JQD 引注图示

特别提示

纵筋加强带 JQD 标准构造详图三维示意图见《建筑三维平法结构图集》（第二版）。

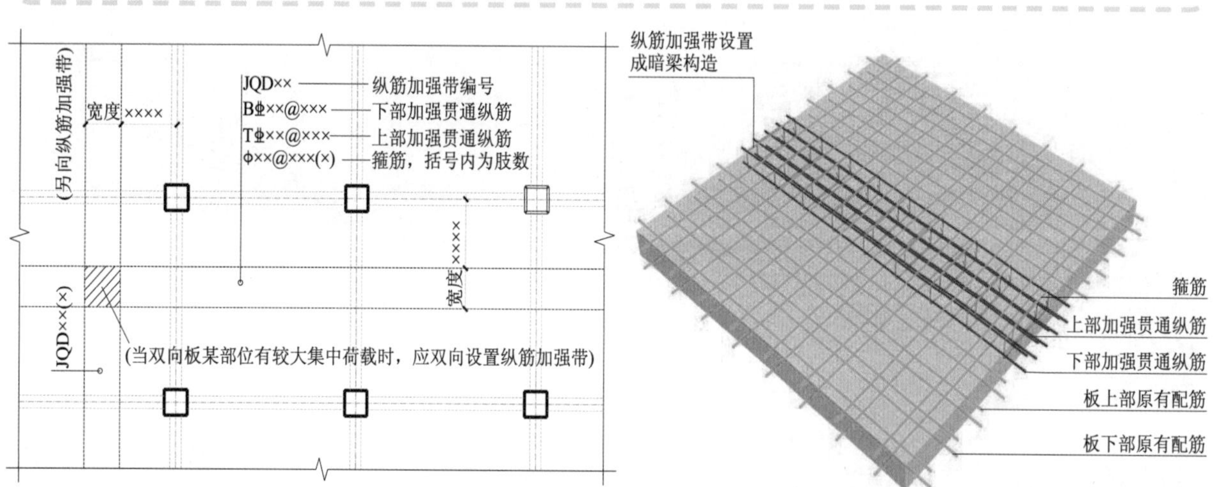

图 5.17　纵筋加强带 JQD 引注图示（暗梁形式）

特别提示

纵筋加强带 JQD 引注图示（暗梁形式）标准构造详图三维示意图见《建筑三维平法结构图集》(第二版）。

5.10.2 后浇带的注写内容

后浇带 HJD 的引注。后浇带的平面形状及定位由平面布置图表达，后浇带留筋方式等由引注内容表达，包括：

（1）后浇带编号及留筋方式代号。本书提供了两种留筋方式，分别为：贯通留筋（代号 GT)，100% 搭接留筋（代号 100%)。

（2）后浇混凝土的强度等级为 C××。宜采用补偿收缩混凝土，设计应注明相关施工要求。

（3）当后浇带区域留筋方式或后浇混凝土强度等级不一致时，设计者在图中注明与图示不一致的部位及做法。后浇带引注见图 5.18。

特别提示

贯通留筋的后浇带宽度通常取大于或等于 800mm；100% 搭接留筋的后浇带宽度通常取 800mm 与（L_L+60mm）的较大值（L_L 为受拉钢筋的搭接长度）。

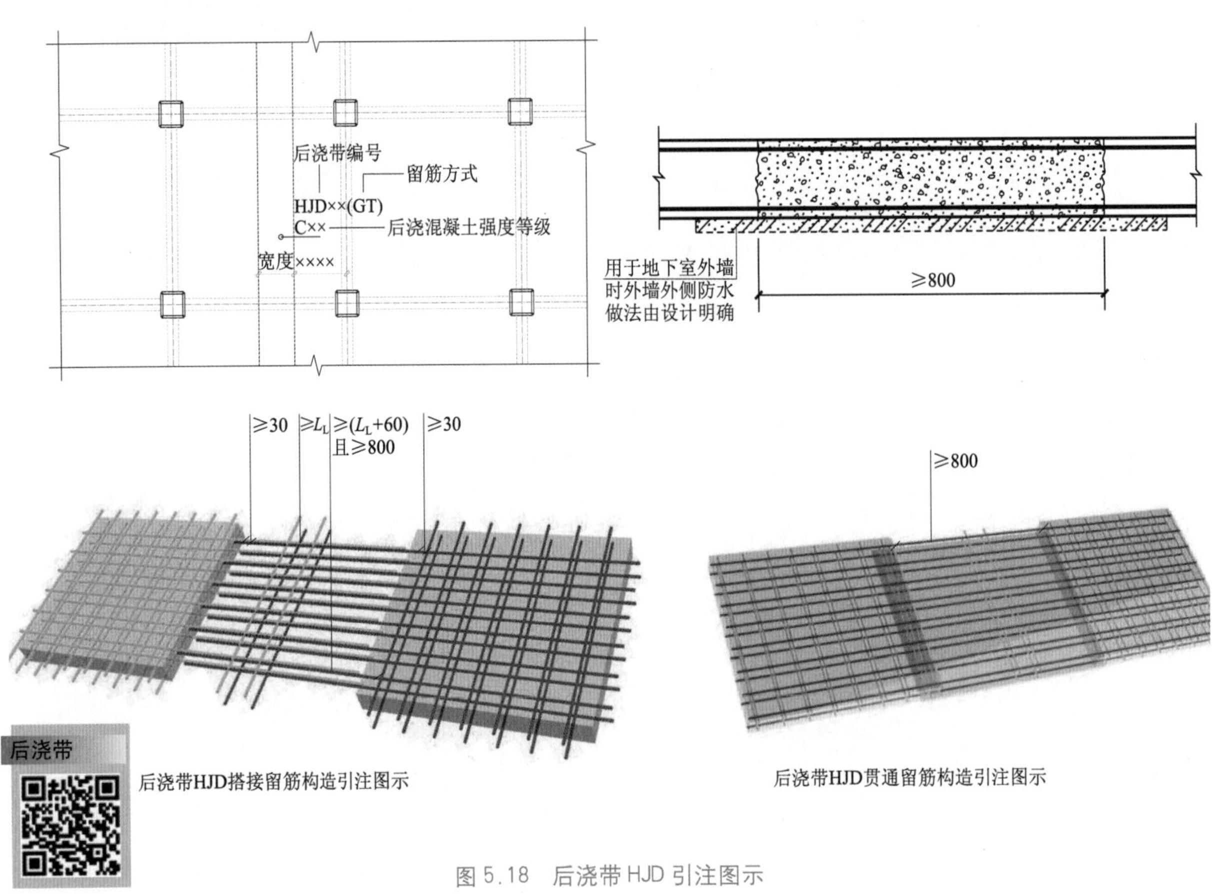

图 5.18　后浇带 HJD 引注图示

特别提示

后浇带 HJD 标准构造详图三维示意图见《建筑三维平法结构图集》(第二版）。

5.10.3　柱帽的引注示意图

柱帽 ZMx 的引注见图 5.19 ～图 5.22。柱帽的平面形状有矩形、圆形或多边形等，其平面形状由平面布置图表达。

柱帽的立面形状有单倾角柱帽 ZMa(图 5.19)、托板柱帽 ZMb(图 5.20)、变倾角柱帽 ZMc(图 5.21) 和倾角托板柱帽 ZMab(图 5.22) 等，其立面几何尺寸和配筋由具体的引注内容表达。图中 c_1、c_2 当 X、Y 方向不一致时，应标注 (c_1，X，c_1，Y)、(c_2，X，c_2，Y)。

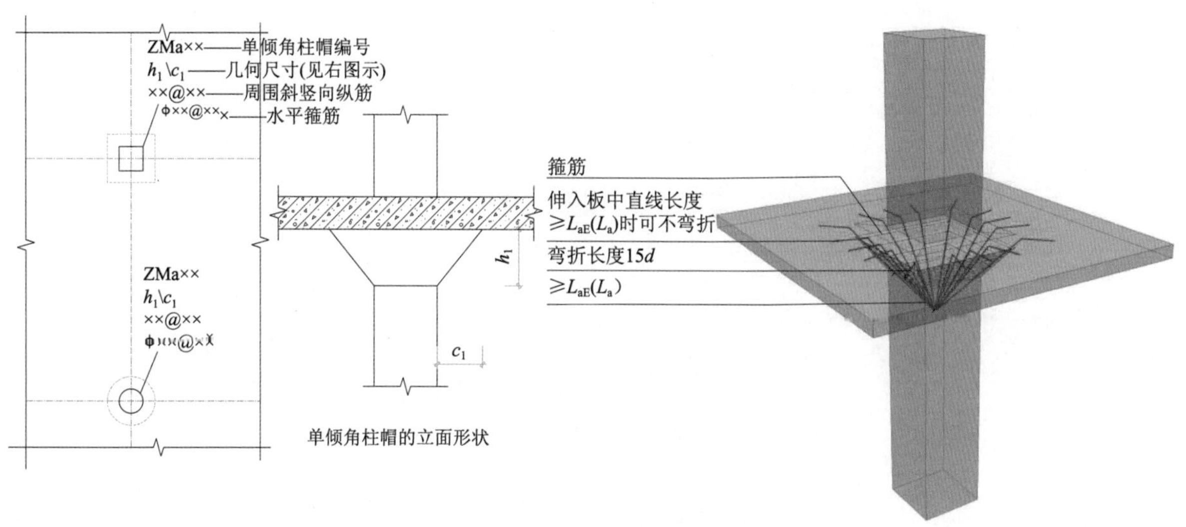

图 5.19　单倾角柱帽 ZMa 引注图示

特别提示

单倾角柱帽 ZMa 标准构造详图三维示意图见《建筑三维平法结构图集》(第二版)。

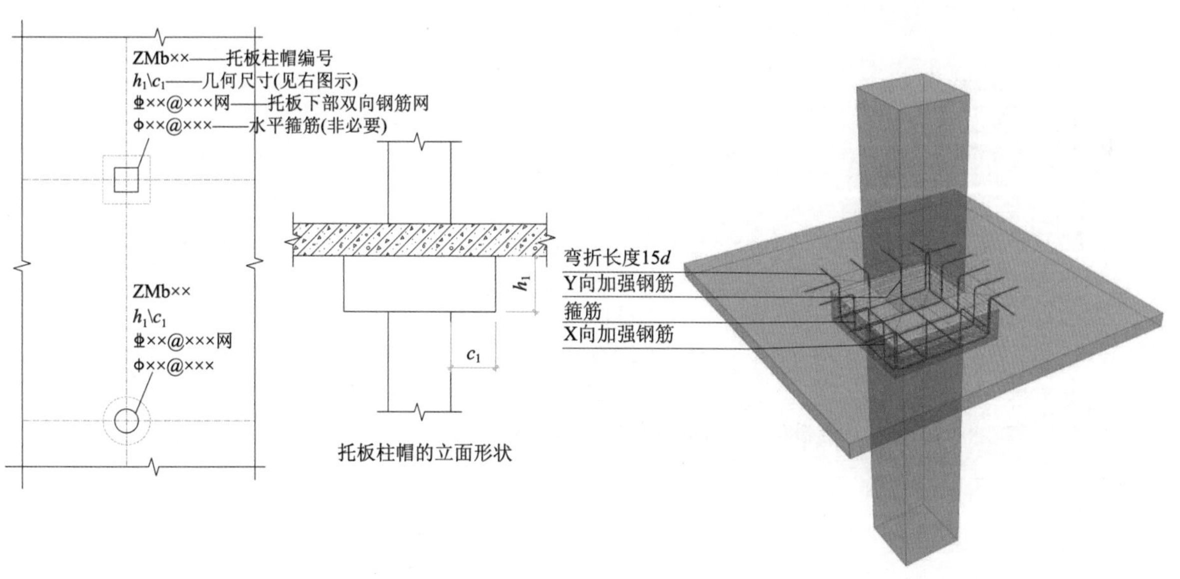

图 5.20　托板柱帽 ZMb 引注图示

特别提示

托板柱帽 ZMb 标准构造详图三维示意图见《建筑三维平法结构图集》(第二版)。

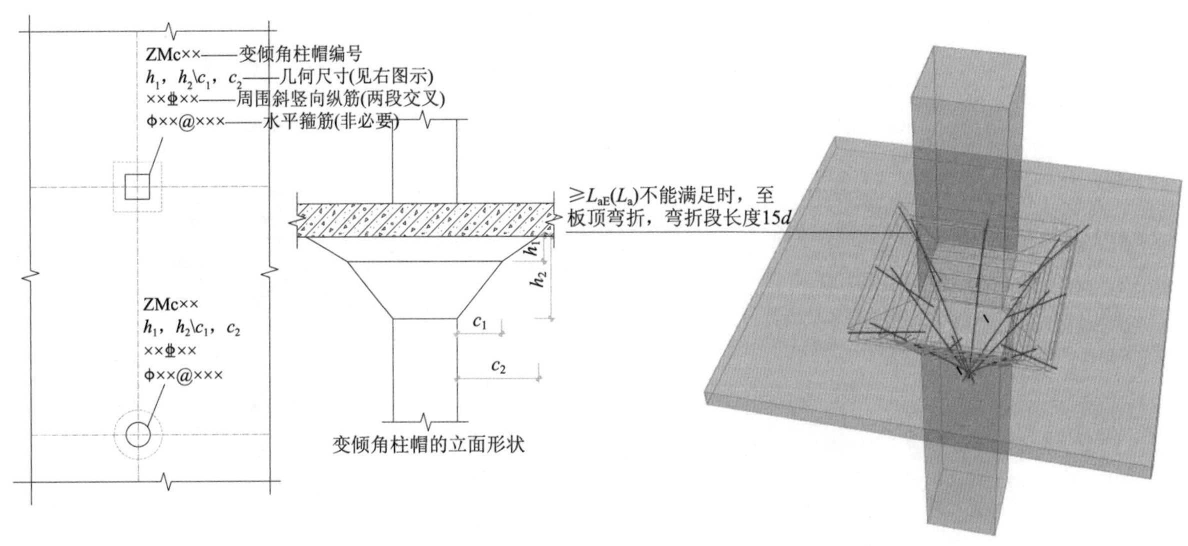

图 5.21 变倾角柱帽 ZMc 引注图示

特别提示

变倾角柱帽 ZMc 标准构造详图三维示意图见《建筑三维平法结构图集》(第二版)。

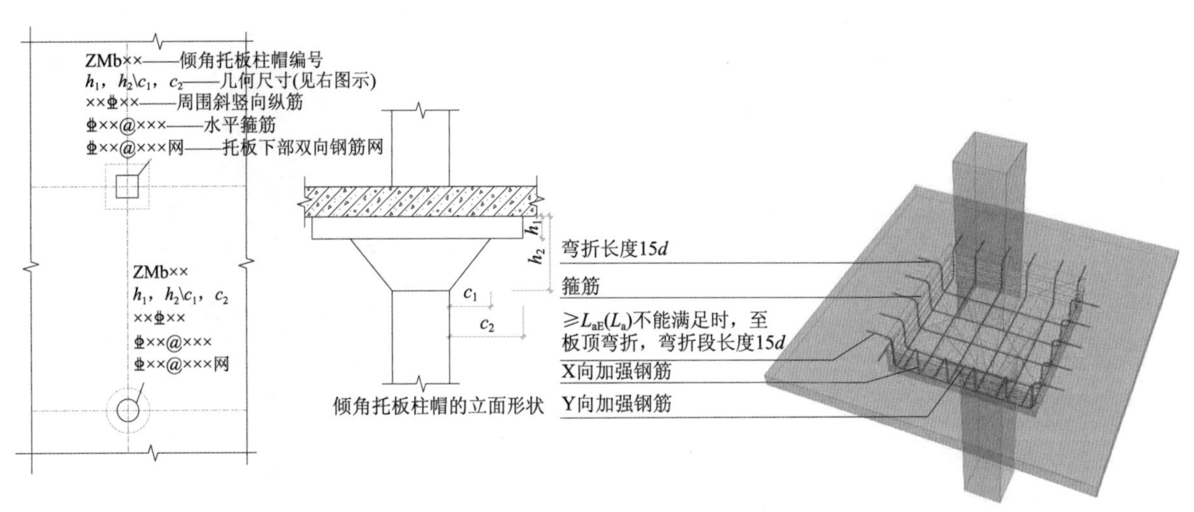

图 5.22 倾角托板柱帽 ZMab 引注图示

5.10.4 局部升降板的引注内容

局部升降板 SJB 的引注见图 5.23。局部升降板的平面形状及定位由平面布置图表达，其他内容由引注内容表达。局部升降板的板厚、壁厚和配筋，在标准构造详图中取与所在板块的板厚和配筋相同，当采用不同板厚、壁厚和配筋时，应补充绘制截面配筋图。

局部升降板升高与降低的高度，在标准构造详图中限定为小于或等于 300mm，当高度大于 300mm 时，应补充绘制截面配筋图。

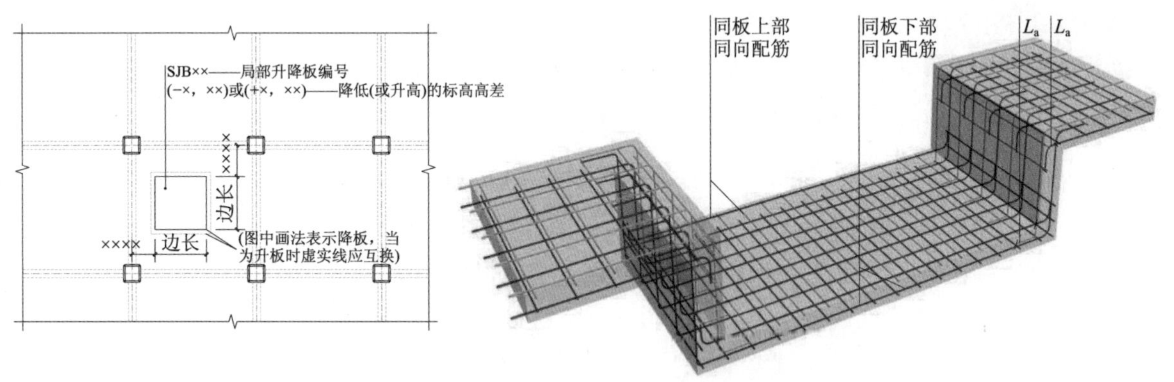

图 5.23　局部升降板 SJB 引注图示

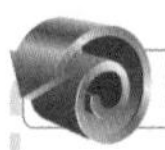
特别提示

局部升降板 SJB 标准构造详图三维示意图见《建筑三维平法结构图集》(第二版）。

5.10.5　加腋板的引注内容

板加腋 JY 的引注见图 5.24。板加腋的位置与范围由平面布置图表达，腋宽、腋高及配筋等由引注内容表达。

当为板底加腋时，腋线应为虚线，当为板面加腋时，腋线应为实线；当腋宽与腋高同板厚时，可不注。加腋配筋按标准构造，可不注；当加腋配筋与标准构造不同时，应补充绘制截面配筋图，施工时应当按照图纸进行。

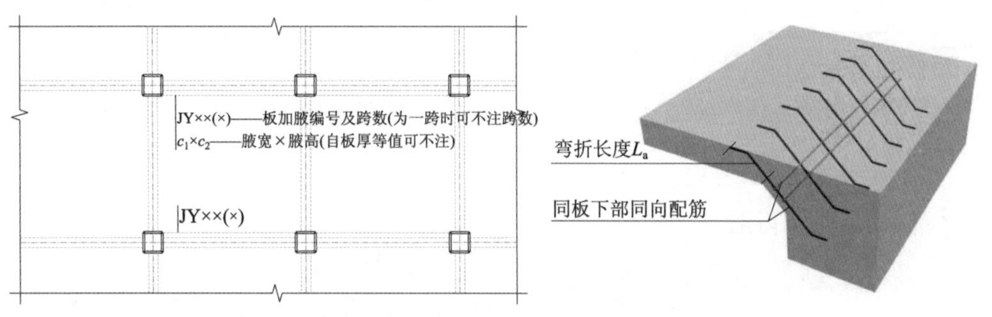

图 5.24　板加腋 JY 引注图示

特别提示

板加腋 JY 标准构造详图三维示意图见《建筑三维平法结构图集》(第二版）。

5.10.6　板开洞的引注内容

板开洞 BD 的引注见图 5.25。板开洞的平面形状及定位由平面布置图表达，洞的几何尺寸等由引注内容表达。

（1）当矩形洞边长或圆形洞口直径小于或等于 1000mm，且当洞边无集中荷载作用时，洞边补强钢筋可按标准构造的规定设置；当洞口周边加强钢筋不伸至支座时，应在图中画出所有加强钢筋，并标注不伸至支座的钢筋长度。

（2）当具体工程所需要的补强钢筋与标准构造不同时，应加以注明。

（3）当矩形洞口边长或圆形洞口直径大于 1000mm，或虽小于或等于 1000mm 但洞边有集中荷载作用时，应根据具体情况采取相应的处理措施。

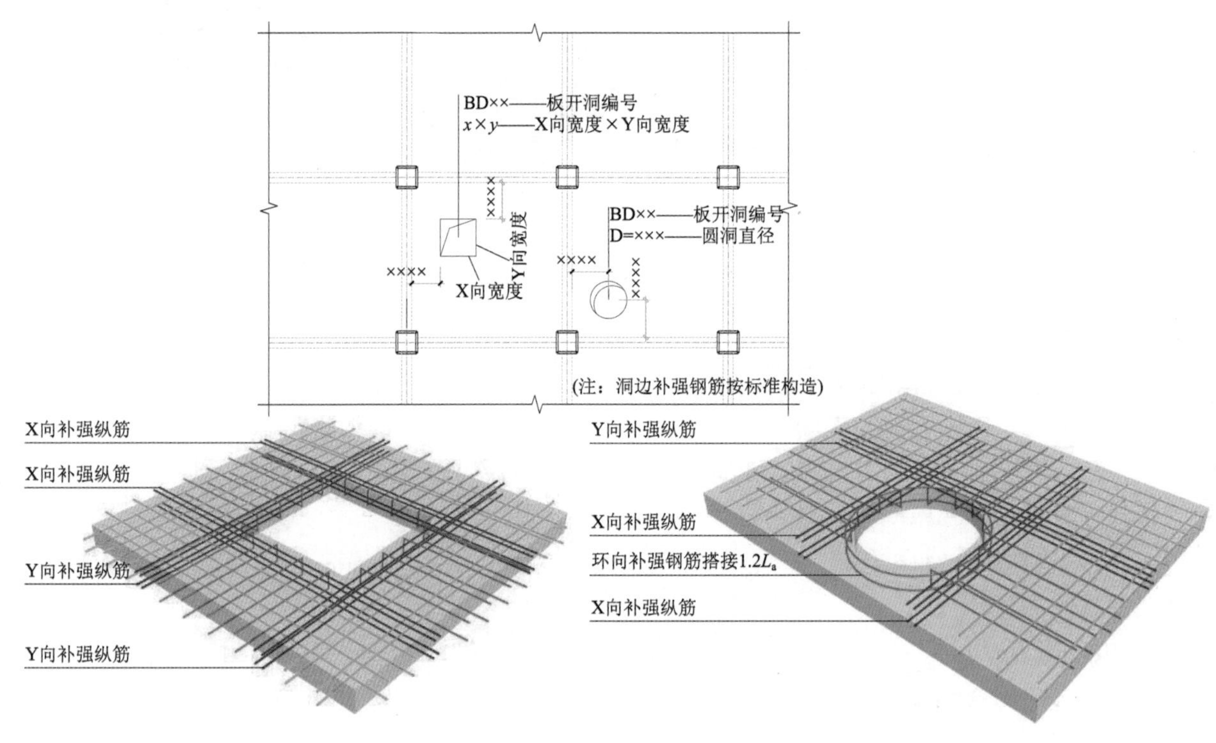

图 5.25　板开洞 BD 引注图示

板加腋 JY 构造详图三维示意图见《建筑三维平法结构图集》(第二版)。

5.10.7　板翻边的引注内容

板翻边 FB 的引注见图 5.26。板翻边可为上翻也可为下翻，翻边尺寸等在引注内容中表达，翻边高度在标准构造详图中为小于或等于 300mm。当翻边高度大于 300mm 时，看图纸施工。

5.10.8　角部加强筋的引注内容

角部加强筋 Crs 的引注见图 5.27。角部加强筋通常用于板块角区的上部，根据规范规定的受力要求选择配置。角部加强筋将在其分布范围内取代原配置的板支座上部非贯通纵筋，且当其分布范围内配有板上部贯通纵筋时则间隔布置。

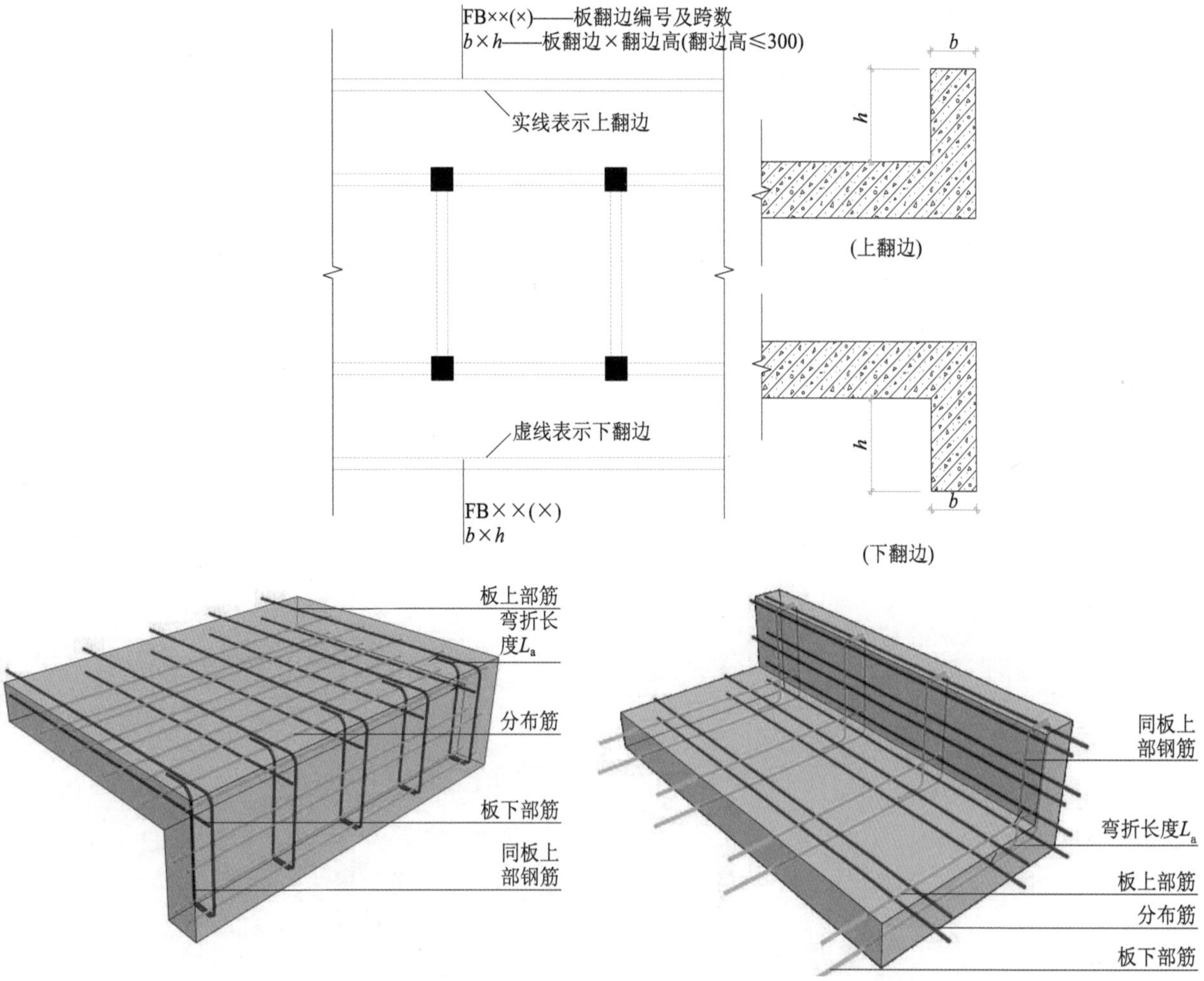

FB××(×)——板翻边编号及跨数
b×h——板翻边×翻边高(翻边高≤300)
实线表示上翻边
b
h
(上翻边)
虚线表示下翻边
FB××(×)
b×h
h
b
(下翻边)
板上部筋
弯折长度La
分布筋
板下部筋
同板上部钢筋
同板上部钢筋
弯折长度La
板上部筋
分布筋
板下部筋

图 5.26 板翻边 FB 引注图示

特别提示

板翻边 FB 引注图示构造详图三维示意图见《建筑三维平法结构图集》(第二版)。

Crs⊈××@×××——板角区上部加强筋
××××——跨内伸出长度
双向分布范围
角部加强筋

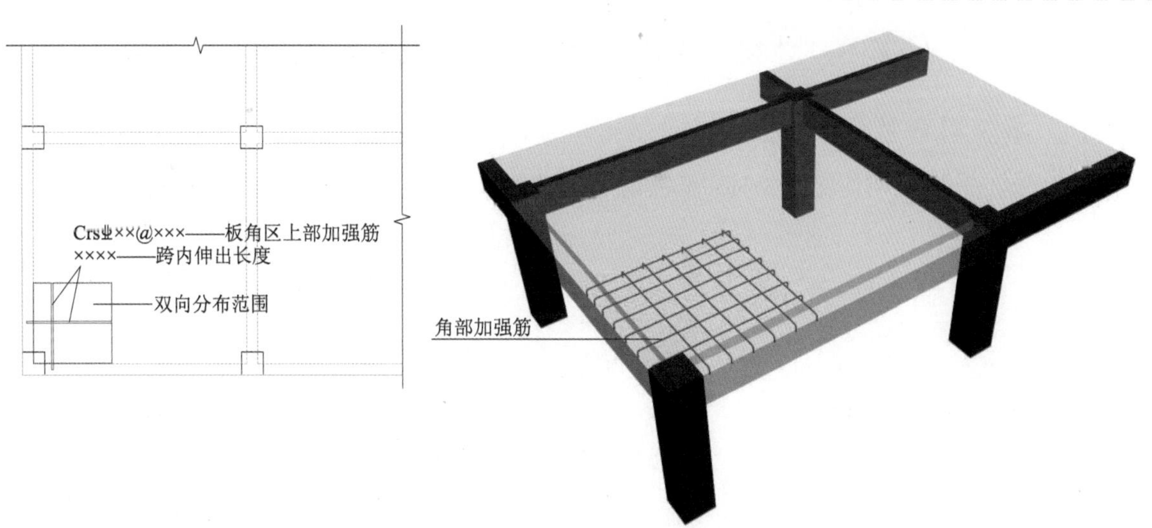

图 5.27 角部加强筋 Crs 引注图示

5.10.9 悬挑板阳角附加筋示意图

悬挑板阳角附加筋 Ces 的引注见图 5.28、图 5.29。

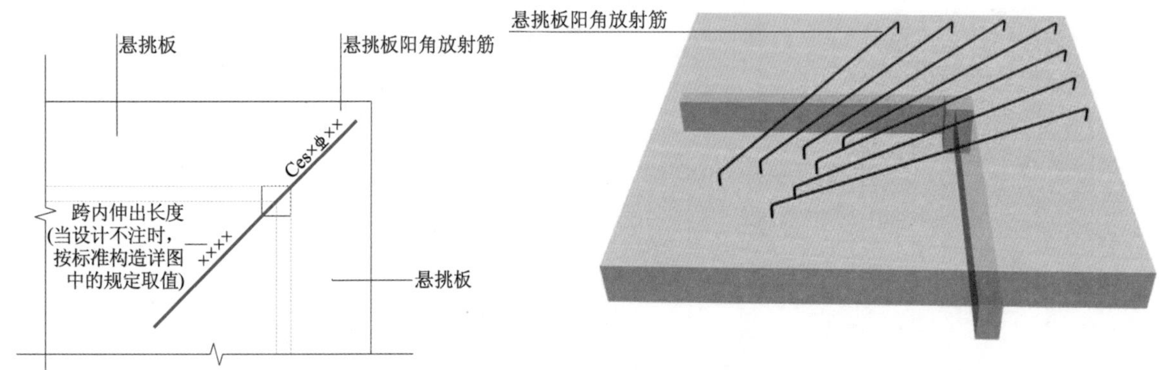

图 5.28　悬挑板阳角附加筋 Ces 引注图示（一）

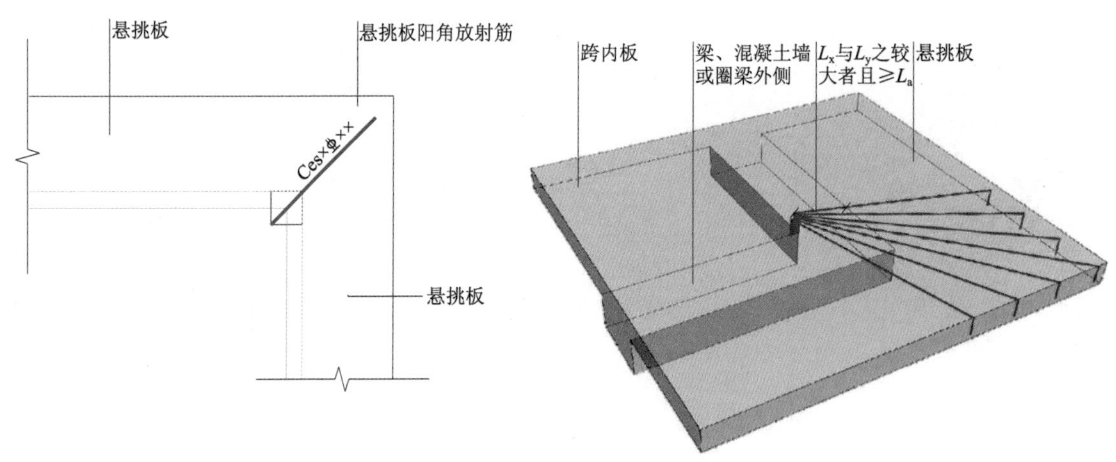

图 5.29　悬挑板阳角附加筋 Ces 引注图示（二）

5.10.10 抗冲切箍筋示意图

抗冲切箍筋 Rh 的引注见图 5.30。抗冲切箍筋通常在无柱帽无梁楼盖的柱顶部位设置。

5.10.11 抗冲切弯起筋示意图

抗冲切弯起筋 Rb 的引注见图 5.31。抗冲切弯起筋通常在无柱帽无梁楼盖的柱顶部位设置。

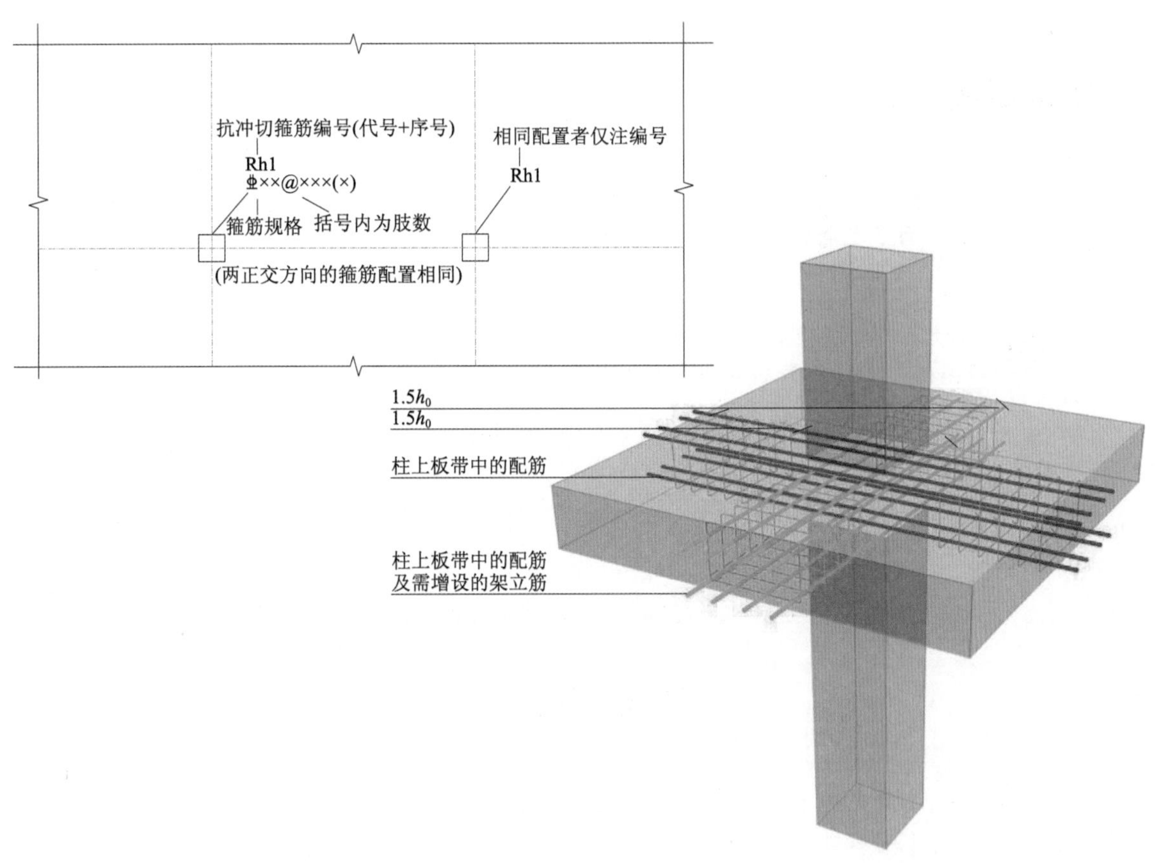

图 5.30 抗冲切箍筋 Rh 引注图示

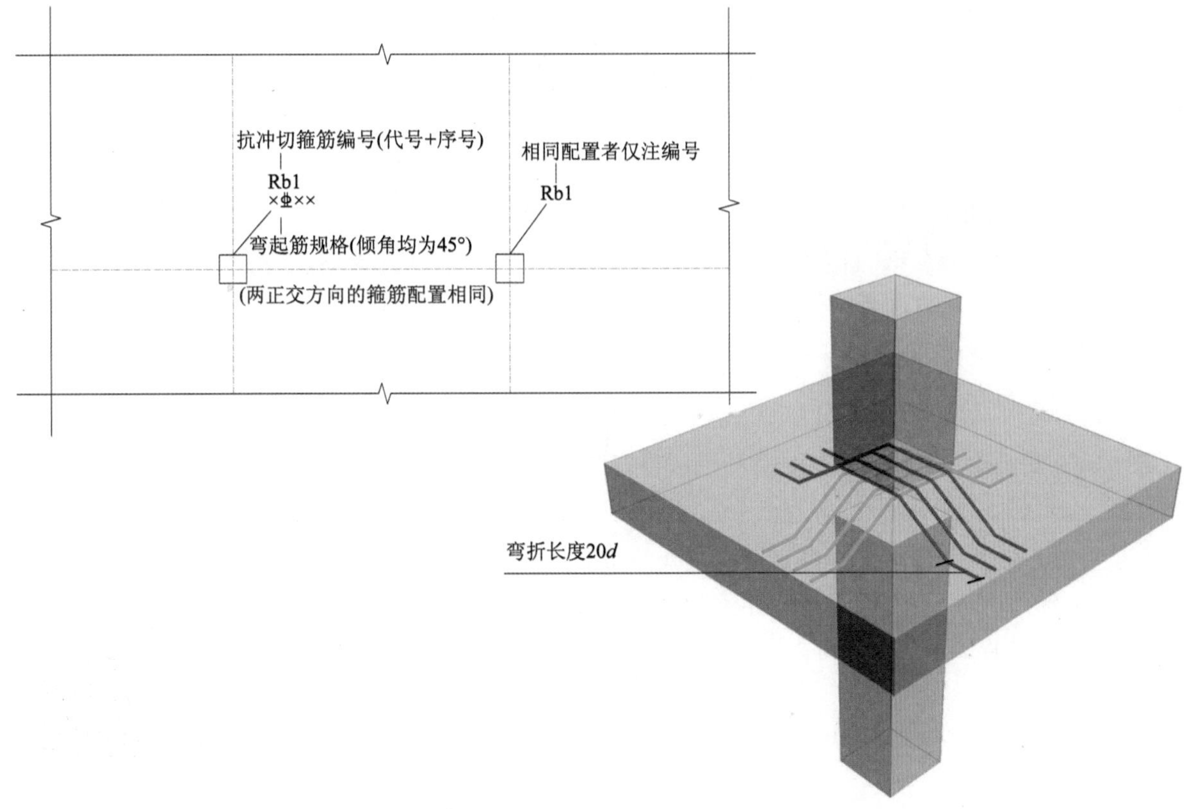

图 5.31 抗冲切弯起筋 Rb 引注图示

知识链接

无梁楼盖中最常见的几种楼盖形式。

(1) 双向密肋楼盖：其间距为 600 ~ 1200mm，肋高 1/（20 ~ 30）的短边跨度，四周就是纵横向的框架梁，楼面厚度通常用 60mm 厚，模壳也采用隔声砌块代替，双向密肋楼盖有显著的技术经济优点，运用广泛。

(2) 井字楼盖：在不用模壳的情况下，将肋间距增大到 1500 ~ 3000mm，肋高通常为 1/20 的短边跨度，面板还是 50mm 厚，其造价略低。

(3) 无黏结预应力平板：其设置了无黏结预应力钢筋，可以克服平板做得太厚而显得笨重，其四周同样应该是纵横向的框架梁。

(4) 密肋楼盖：即预制空心板（系列型号为 SP 板或者 SPD 板），这种板采用绞线配筋连续生产，跨长在订货时可以任意选定。

(5) 肋形楼盖：为最普通的一种主次梁结构形成的楼盖，设计、施工均较为简单，其柱距不宜做得很大，因此在教室中间会出现柱子影响使用。低标准条件下，可以考虑采用。

本章小结

本章学习了板平法，包括有梁楼盖、无梁楼盖和楼板相关构造的识图规则。主要掌握有梁楼盖平面注写方式中的板块集中标注和板支座原位标注的注写内容，无梁楼盖平面注写方式中的板带集中标注和板带支座原位标注的注写内容，还要掌握楼板相关构造类型的编号及引注方式。除了要掌握板相关的识图规则，本章还要熟悉板相关构件的构造详图，要掌握每一个构件的钢筋构造。

习　　题

选择题

1. 板块编号中 XB 表示（　）。

A．现浇板　B．悬挑板　C．延伸悬挑板　D．屋面现浇板

2. 板中的钢筋标注方法可以分为传统标注和平法标注，其中在传统标注表示贯通纵筋时，如图 5.32 所示，表示的是板的（　）。

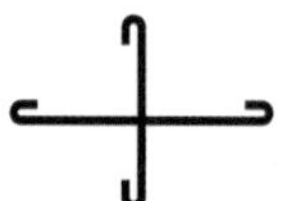

图 5.32　传统标注贯通纵筋

A. 上部通长筋　B. 下部通长筋　C. 端支座负筋　D. 架立筋

3. 当板的端支座为砌体墙体时，底筋伸进支座的长度为（　）。

A．板厚　B．支座宽 /2+5d

C．Max（支座宽 /2，5d）　D．Max（板厚，120，墙厚 /2）

第6章

楼梯平法识图规则

本章学习楼梯平法，认识钢筋混凝土楼梯在建筑中的作用及分类；包括AT ~ HT，ATa ~ ATc型等多种不同的构造形式的楼梯，掌握各种梯形的标准钢筋构造，结合三维示意图完成楼梯平法识图案例训练。

1. 了解钢筋混凝土楼梯的基本特性。
2. 掌握钢筋混凝土楼梯的基本构造要求。
3. 掌握各类型号楼梯的标准钢筋构造。
4. 完成各类型号楼梯平法识图案例训练。

能力目标	知识要点	权重
了解楼梯在建筑中的功能及特点	（1）楼梯的功能 （2）楼梯的分类 （3）各种板式楼梯的特征	15%
掌握楼梯平法识图规则	（1）列表注写方式识图规则 （2）平面注写方式识图规则 （3）剖面注写方式识图规则	60%
完成楼梯平法识图案例训练	（1）楼梯平法识图案例 （2）楼梯平法构造详图配筋规则	25%

6.1 认识钢筋混凝土楼梯

楼梯是实现建筑垂直交通运输的主要方式，用于楼层之间和楼层高差较大时的交通联系。高层建筑尽管采用电梯作为主要垂直交通工具，但是仍然要保留楼梯供紧急时逃生之用。

6.1.1 楼梯的构造特点

设有踏步供建筑物楼层之间上下通行的通道称为梯段。踏步又分为踏面（供行走时踏脚的水平部分）和踢面（形成踏步高差的垂直部分）。

6.1.2 楼梯的分类

楼梯按梯段可分为单跑楼梯、双跑楼梯和多跑楼梯。梯段的平面形状有直线的、折线的和曲线的。按材料划分有钢结构楼梯、混凝土楼梯、木结构楼梯、绳梯等。本章重点介绍钢筋混凝土楼梯在建筑物中作为楼层间交通用的构件，由连续梯级的梯段、平台和围护结构等组成。在设有电梯的高层建筑中也同样必须设置楼梯。

楼梯分普通楼梯和特种楼梯两大类。普通楼梯包括钢筋混凝土楼梯、钢楼梯和木楼梯等，其中钢筋混凝土楼梯在结构刚度、耐火、造价、施工、造型等方面具有较多的优点，应用最为普遍。特种楼梯主要有安全梯、消防梯和自动梯三种。

其中单跑楼梯最为简单，适合于层高较低的建筑；双跑楼梯最为常见，有双跑直上、双跑曲折、双跑对折（平行）等，适用于一般民用建筑和工业建筑；三跑楼梯有三折式、丁字式、分合式等，多用于公共建筑；剪刀楼梯是由一对方向相反的双跑平行梯组成，或由一对互相重叠而又不连通的单跑直上梯构成，剖面呈交叉的剪刀形，能同时通过较多的人流并节省空间；螺旋转梯是以扇形踏步支承在中立柱上，虽行走欠舒适，但节省空间，适用于人流较少，使用不频繁的场所；圆形、半圆形、弧形楼梯，由曲梁或曲板支承，踏步略呈扇形，花式多样，造型活泼，富于装饰性，适用于公共建筑。

6.1.3 钢筋混凝土楼梯的特性

钢筋混凝土楼梯在结构刚度、耐火、造价、施工以及造型等方面都有较多的优点，应用最为普遍。钢筋混凝土楼梯的施工方法分为整体现场浇筑式的，预制装配式的，部分现场浇筑和部分预制装配的三种。

整体现场浇筑的，刚性较好，适用于有特殊要求和防震要求高的建筑，但模板耗费大，施工期较长。预制装配的楼梯构件有大型、中型和小型的。大型的是把整个梯段和平台预制成一个构件；中型的是把梯段和平台各预制成一个构件，采用较广；小型的是将楼梯的斜梁、踏步、平台梁和板预制成各个小构件，用焊、锚、栓、销等方法连接成整体。小型的还有一种是把预制的 L 形踏步构件，按楼梯坡度砌在侧墙内，成为悬挑式楼梯。小型预制件装配的施工方法适应性强，运输安装简便，造价较低。部分现场浇筑和部分预制装配的，通常先制模浇筑楼梯梁，再安装预制踏步和平台板，然后再在三者预留钢筋连接处浇灌混凝土，连成整体。这种方法较整体现场浇筑节省模板和缩短工期，但仍保持预制构件加工精确的特点，而且可以调整尺寸和形式。

6.2 现浇混凝土板式楼梯的注写方式

现浇混凝土板式楼梯平法施工图有平面注写、剖面注写和列表注写三种表达方式。

6.3 楼梯类型

6.3.1 楼梯类型表

本书楼梯包含12种类型，详见表6-1。各梯板截面形状与支座位置示意图见《国家建筑标准设计图集》（16G101-2）的详图部分。

表6-1 楼梯类型

梯板代号	适用范围		是否参与结构整体抗震计算	示意图所在页码
	抗震构造措施	适用结构		
AT	无	剪力墙、砌体结构	不参与	11
BT				
CT	无	剪力墙、砌体结构	不参与	12
DT				
ET	无	剪力墙、砌体结构	不参与	13
FT				
GT	无	框架、剪力墙、砌体结构	不参与	14
ATa	有	框架结构、框剪结构中框架部分	不参与	15
ATb			不参与	
ATc			参与	
CTa	有	框架结构、框剪结构中框架部分	不参与	16
CTb			不参与	

6.3.2 楼梯编号注写形式

楼梯编号注写：楼梯编号由梯板代号和序号组成；如AT××、BT××、ATa××等。

6.3.3 AT～ET型板式楼梯具备的特征

（1）AT～ET型板式楼梯代号代表一段带上下支座的梯板，梯板的主体为踏步段，除踏步段之外，梯板可包括低端平板、高端平板及中位平板。

（2）AT～ET各型梯板的截面形状为：

AT型梯板全部由踏步段构成；

BT型梯板由低端平板和踏步段构成；

CT型梯板由踏步段和高端平板构成；

DT型梯板由低端平板、踏步板和高端平板构成；

ET型梯板由低端踏步段、中位平板和高端踏步段构成。

（3）AT～ET型梯板的两端分别以(低端和高端)梯梁为支座。

（4）AT～ET型梯板的型号、板厚、上下部纵向钢筋及分布钢筋等内容由设计者在平法施工图中注明。梯板上部纵向钢筋向跨内伸出的水平投影长度见相应的标准构造详图，设计者不注，但设计者应予以校核；当标准构造详图规定的水平投影长度不满足具体工程要求时，应由设计者另行注明。

6.3.4 FT～GT型板式楼梯具备的特征

（1）FT、GT每个代号代表两跑踏步段和连接它们的楼层平板及层间平板。

（2）FT、GT型梯板的构成分两类。

第一类：FT 型，由层间平板、踏步段和楼层平板构成。

第二类：GT 型，由层间平板和踏步段构成。

（3）FT、GT 型梯板的支承方式如下。

① FT 型：梯板一端的层间平板采用三边支承，另一端的楼层平板也采用三边支承。

② GT 型：梯板一端的层间平板采用三边支承，另一端的梯板段采用单边支承（在梯梁上）。

以上各型梯板的支承方式见表 6-2。

表 6-2　FT、GT 型梯板支承方式

梯板类型	层间平板端	踏步段端（楼层处）	楼层平板端
FT	三边支承	—	三边支承
GT	三边支承	单边支承（梯梁上）	—

（4）FT、GT 型梯板的型号、板厚、上下部纵向钢筋及分布钢筋等内容由设计者在平法施工图中注明。FT、GT 型平台上部横向钢筋及其外伸长度，在平面图中原位标注。梯板上部纵向钢筋向跨内伸出的水平投影长度见相应的标准构造详图，设计不注，但设计者应予以校核；当标准构造详图规定的水平投影长度不满足具体工程要求时，应由设计者另行注明。

6.3.5　ATa、ATb型板式楼梯具备的特征

（1）ATa、ATb 型为带滑动支座的板式楼梯，梯板全部由踏步段构成，其支承方式为梯板高端均支承在梯梁上，ATa 型梯板低端带滑动支座支承在梯梁上，ATb 型梯板低端带滑动支座支承在梯梁的挑板上。

（2）滑动支座做法采用何种做法应由设计指定。滑动支座垫板可选用聚四氟乙烯板（四氟板），也可选用其他能起到有效滑动的材料，其连接方式由设计者另行处理。

（3）ATa、ATb 型梯板采用双层双向配筋。梯梁支承在梯柱上时，其构造做法按 11G101-1 中框架梁“KL”；支承在梁上时，其构造做法按 11G101-1 中非框架梁“L”。

6.3.6　ATc型板式楼梯具备的特征

（1）ATc 型梯板全部由踏步段构成，其支承方式为梯板两端均支承在梯梁上。

（2）ATc 楼梯休息平台与主体结构可整体连接，也可脱开连接。

（3）ATc 型楼梯梯板厚度应按计算确定，且不宜小于 140mm；梯板采用双层配筋。

（4）ATc 型梯板两侧设置边缘构件（暗梁），边缘构件的宽度取 1.5 倍板厚；边缘构件纵筋数量，当抗震等级为一、二级时不少于 6 根，当抗震等级为三、四级时不少于 4 根；纵筋直径为 Φ12 且不小于梯板纵向受力钢筋的直径；箍筋为 Φ6@200。梯梁按双向受弯构件计算，当支承在梯柱上时，其构造做法按 11G101-1 中框架梁“KL”；当支承在梁上时，其构造做法按 11G101-1 中非框架梁“L”。平台板按双层双向配筋。

6.3.7　CTa、CTb型板式楼梯具备的特征

（1）CTa、CTb 型为带滑动支座的板式楼梯，楼梯由踏步段和高端平板构成，其支承方式为楼梯高端均支承在楼梁上。CTa 型梯板低端带滑动支座支承在楼梁上，CTb 型梯板低端带滑动支座支承在挑板上。

（2）滑动支座采用何种做法应由设计指定。滑动支座可选用聚四氟乙烯板，也可选用其他能保证有效滑动的材料，其连接方式由设计者另行处理。

（3）CTa、CTb 型梯板采用双层双向配筋。

6.4 楼梯平法施工图的平面标注识图方法

6.4.1 楼梯平面注写标注方式

楼梯平面注写方式，是在楼梯平面布置图上注写截面尺寸和配筋具体数值的方式来表达楼梯施工图，包括集中标注和外围标注。

6.4.2 楼梯集中标注的有关内容

楼梯集中标注的内容有五项，具体规定如下。

（1）梯板类型代号与序号，如 AT××。

（2）梯板厚度，注写为 *h*=×××。当为带平板的梯板且梯段板厚度和平板厚度不同时，可在梯段板厚度后面括号内以字母 P 打头注写平板厚度。

【案例解析 6-1】

h=130(P150)，130 表示梯段板厚度，150 表示梯板平板段的厚度。

（3）踏步段总高度和踏步级数，之间以“/”分隔。

（4）梯板支座上部纵筋，下部纵筋，之间以“；”分隔。

（5）梯板分布筋，以 F 打头注写分布钢筋具体值，该项也可在图中统一说明。

【案例解析 6-2】

平面图中梯板类型及配筋的完整标注示例如下 (AT 型):

AT1；*h*=120 梯板类型及编号，梯板板厚 1800/12 踏步段总高度 / 踏步级数。

ф10@200；ф120@150 上部纵筋；下部纵筋 Fф8@250；梯板分布筋（可统一说明）。

6.4.3 楼梯外围标注的有关内容

楼梯外围标注的内容，包括楼梯间的平面尺寸、楼层结构标高、层间结构标高、楼梯的上下方向、梯板的平面几何尺寸、平台板配筋、梯梁及梯柱配筋等。

6.5 楼梯平法施工图的剖面标注识图方法

6.5.1 剖面注写的方式

剖面注写方式需在楼梯平法施工图中绘制楼梯平面布置图和楼梯剖面，注写方式分平面注写、剖面注写两部分图。

6.5.2 楼梯平面注写的有关内容

楼梯平面布置图注写内容，包括楼梯间的平面尺寸、楼层结构标高、层间结构标高、楼梯的上下方向、梯板的平面几何尺寸、梯板类型及编号、平台板配筋、梯梁及梯柱配筋等。

6.5.3 楼梯剖面注写的有关内容

楼梯剖面图注写内容，包括梯板集中标注、梯梁梯柱编号、梯板水平及竖向尺寸、楼层结构标高、层间结构标高等。

6.5.4 梯板集中标注的内容

梯板集中标注的内容有四项，具体规定如下。

（1）梯板类型及编号，如 AT××。

（2）梯板厚度，注写为 h=×××。当梯板由踏步段和平板构成，且踏步段梯板厚度和平板厚度不同时，可在梯板厚度后面括号内以字母 P 打头注写平板厚度。

（3）梯板配筋，注明梯板上部纵筋和梯板下部纵筋，用分号"；"将上部与下部纵筋的配筋值分隔开来。

（4）梯板分布筋，以 F 打头注写分布钢筋具体值，该项也可在图中统一说明。

【案例解析 6-3】

剖面图中梯板配筋完整的标注如下：

AT1，h=120 梯板类型及编号，梯板板厚；⏀10@200；⏀12@150 上部纵筋；下部纵筋 Fϕ8@250；梯板分布筋（可统一说明）。

6.6 楼梯平法施工图的列表标注识图方法

6.6.1 列表注写的有关内容

列表注写方式，是用列表方式注写梯板截面尺寸和配筋具体数值的方式来表达楼梯施工图。

6.6.2 列表注写方式示意

列表注写方式的具体要求同剖面注写方式，仅将剖面注写方式中的第 6.5.4 条梯板配筋注写项改为列表注写项即可。

梯板列表格式见表 6–3。

表 6–3　梯板几何尺寸和配筋

梯板编号	踏步段总高度／踏步级数	板厚 /h	上部给向钢筋	下部纵向钢筋	分布筋

6.7 楼梯平法识图案例

钢筋混凝土楼梯平法结构施工图包括两部分：①平面图部分；②剖面图部分。识图首先是对图纸进行初步了解，首先看图名，了解图纸的大致内容，然后再看里面的具体内容。在本楼梯案例中，读完图名后，已经对楼梯的类型有了一个初步的了解。接着再看平面图部分，通过里面的信息可以知道整个楼梯的架构尺寸、踏步数及平台板的钢筋信息。最后结合剖面图，就能知道整个楼梯的高度、踏步高、楼梯板厚和楼梯有关钢筋。那么通过这两部分内容可以对整个楼梯构件进行识图，结合图纸内容就便于施工人员进行施工了。

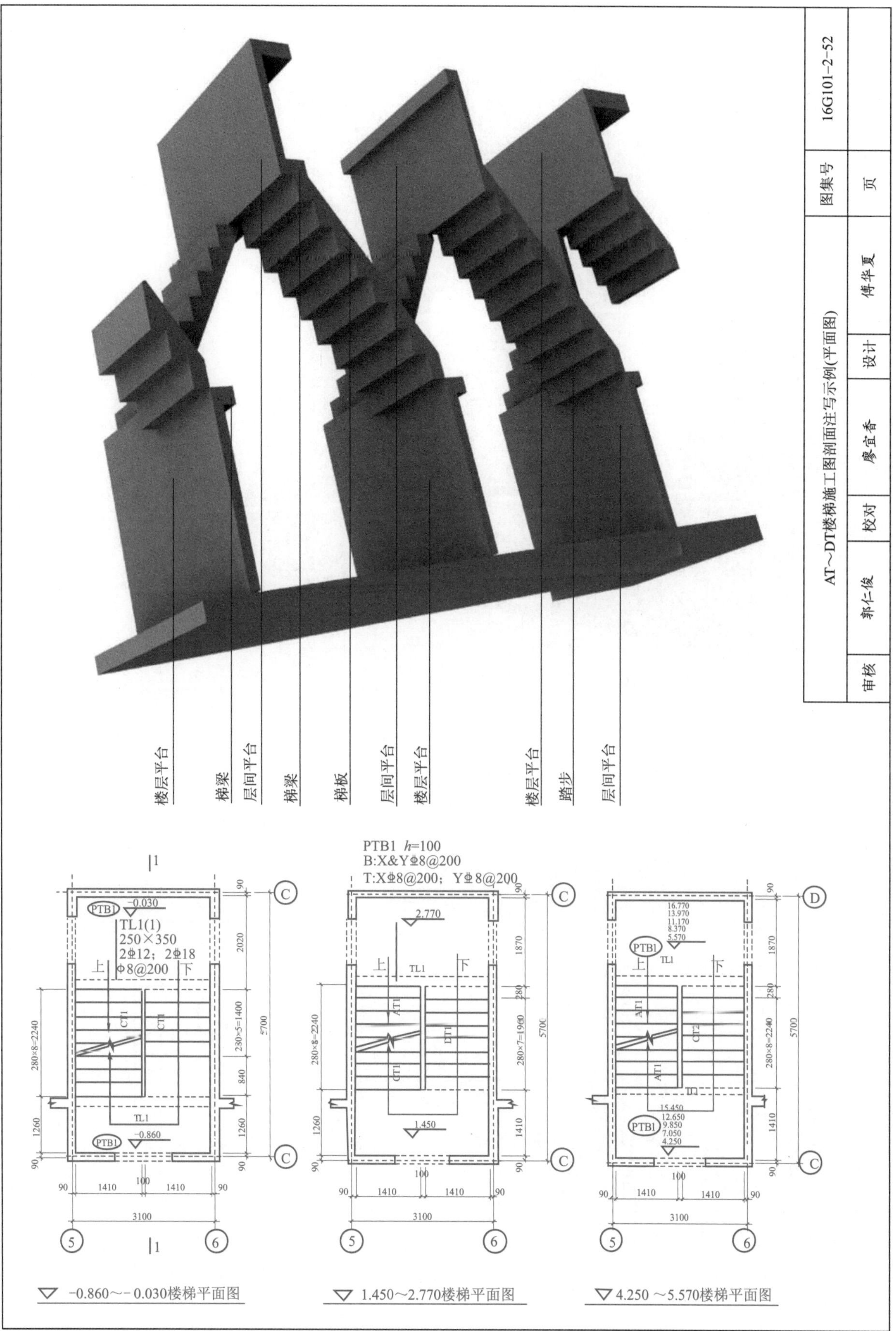

楼层平台
梯梁
层间平台
梯梁
梯板
层间平台
楼层平台
楼层平台
踏步
层间平台
AT～DT楼梯施工图剖面注写示例(平面图)
图集号 16G101-2-52
审核 郭仁俊 校对 廖宜香 设计 傅华夏 页
PTB1 h=100
B:X&YΦ8@200
T:XΦ8@200；YΦ8@200
TL1(1)
250×350
2Φ12；2Φ18
Φ8@200
▽ -0.860～-0.030楼梯平面图
▽ 1.450～2.770楼梯平面图
▽ 4.250～5.570楼梯平面图

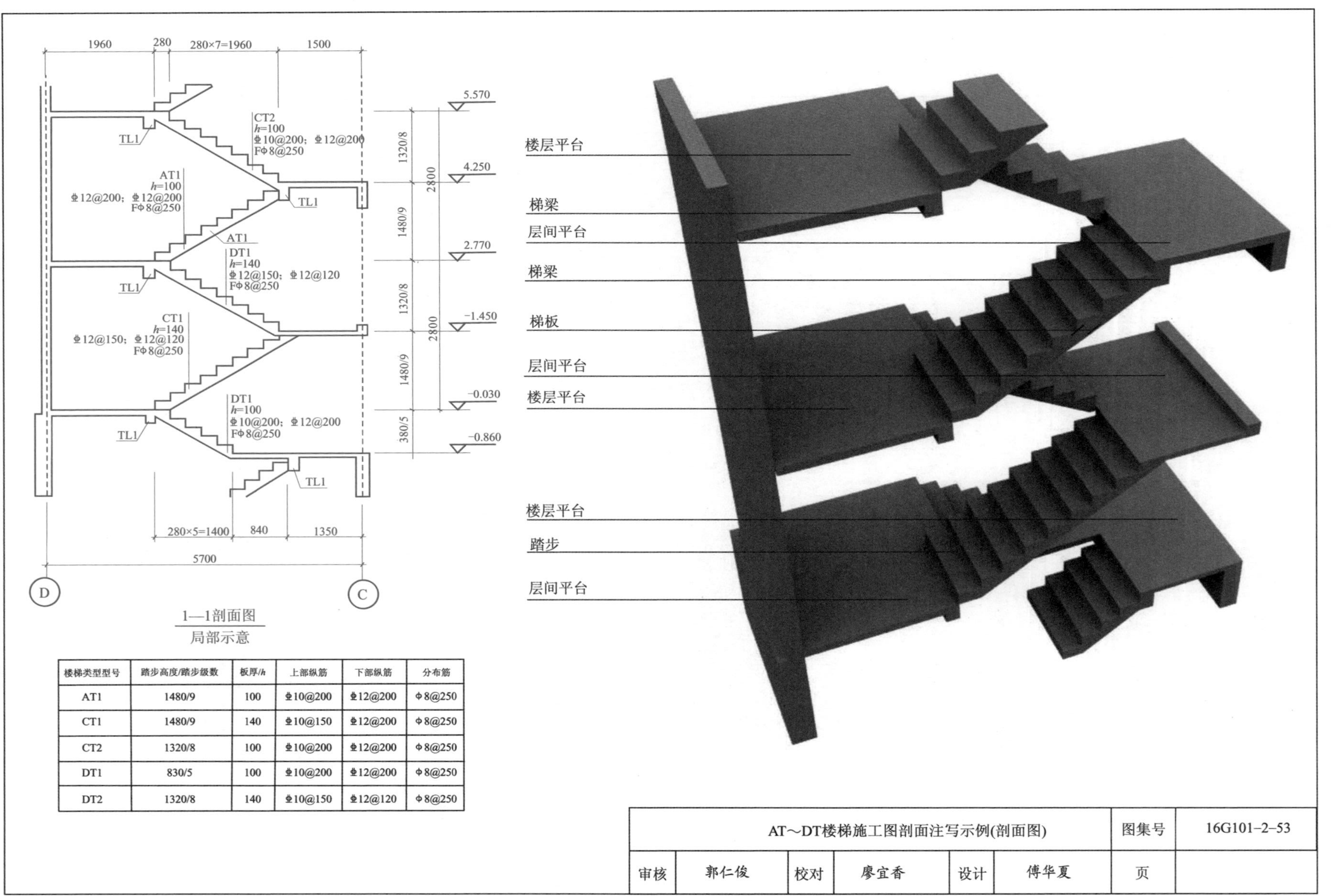

1—1剖面图

局部示意

楼梯类型型号	踏步高度/踏步级数	板厚/h	上部纵筋	下部纵筋	分布筋
AT1	1480/9	100	Φ10@200	Φ12@200	Φ8@250
CT1	1480/9	140	Φ10@150	Φ12@200	Φ8@250
CT2	1320/8	100	Φ10@200	Φ12@200	Φ8@250
DT1	830/5	100	Φ10@200	Φ12@200	Φ8@250
DT2	1320/8	140	Φ10@150	Φ12@120	Φ8@250

AT～DT楼梯施工图剖面注写示例(剖面图)						图集号	16G101-2-53
审核	郭仁俊	校对	廖宜香	设计	傅华夏	页	

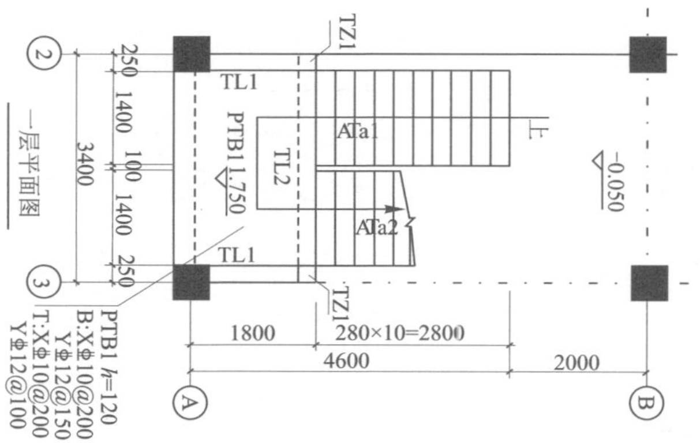

一层平面图

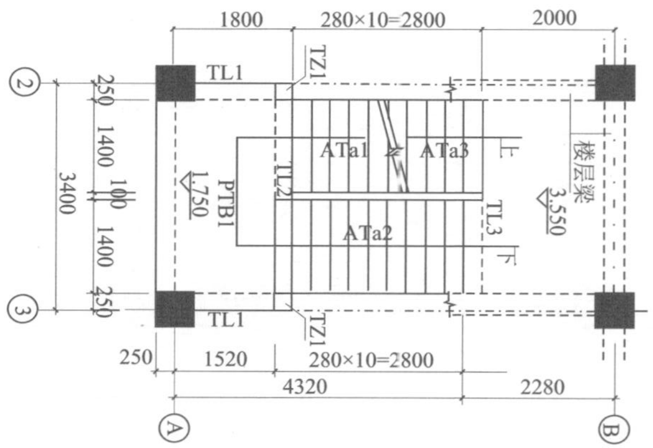

-0.050
上
ATa1
ATa2
TL2
PTB1 1.750
TL1
TZ1
250 1400 100 1400 250
3400
1800 280×10=2800
4600 2000
PTB1 h=120
B:XΦ10@200
YΦ12@150
T:XΦ10@200
YΦ12@100

二层平面图

楼层梁
3.550
上
下
TL3
ATa3
ATa1
ATa2
TL2
PTB1
1.750
TL1
TZ1
250 1400 100 1400 250
3400
1800 280×10=2800 2000
250 1520 280×10=2800
4320 2280

2Φ16
Φ8@100/200
2Φ16
TL1
250×300

2Φ16
Φ8@100/200
N2Φ16
3Φ16
TL2
250×350

2Φ16
Φ8@200
N2Φ16
3Φ16
TL3
250×350

TZ1、TZ2
250×250
4Φ20
Φ8@200
TZ1、TZ2

5厚聚四氟乙烯板
楼层平台
层间平台
梯梁
梯板厚100
踏步
梯柱
梯板厚100
矩形柱

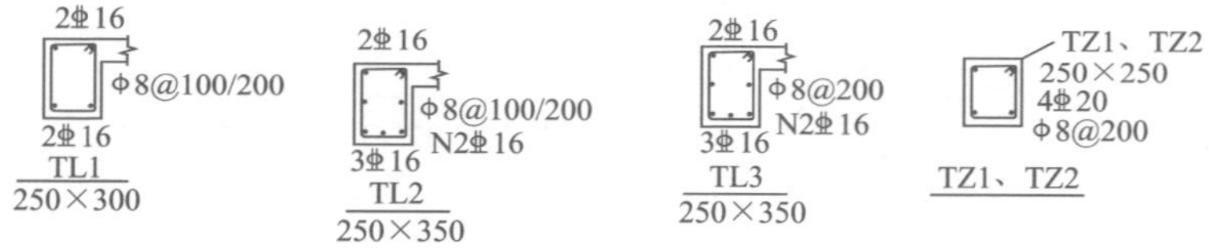

ATa型楼梯施工图剖面注写示例（平面图）						图集号	16G101-2-54
审核	郭仁俊	校对	廖宜香	设计	傅华夏	页	

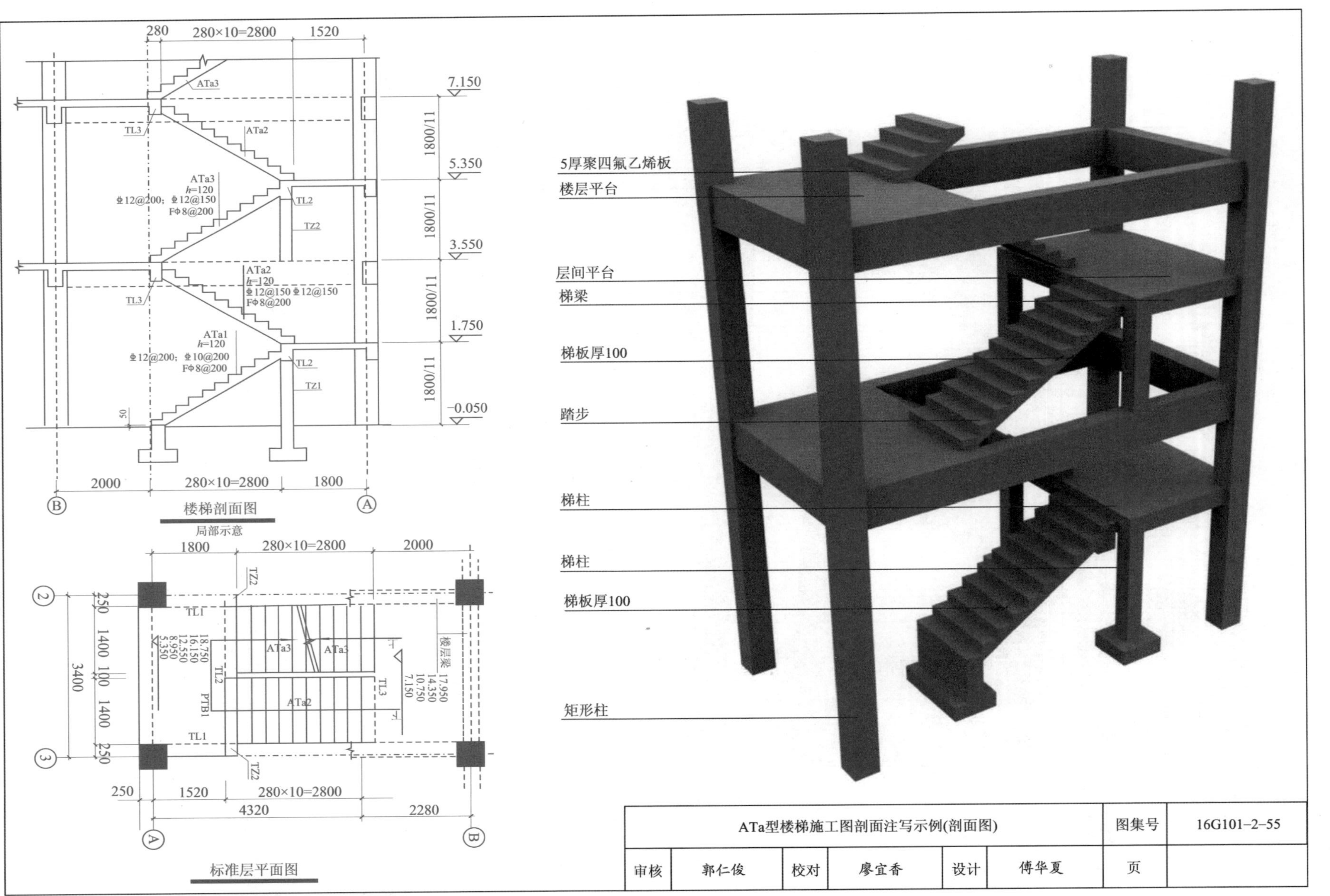
5厚聚四氟乙烯板
楼层平台
层间平台
梯梁
梯板厚100
踏步
梯柱
梯柱
梯板厚100
矩形柱
楼梯剖面图
局部示意
标准层平面图
ATa型楼梯施工图剖面注写示例(剖面图)
图集号 16G101-2-55
审核 郭仁俊 校对 廖宜香 设计 傅华夏 页

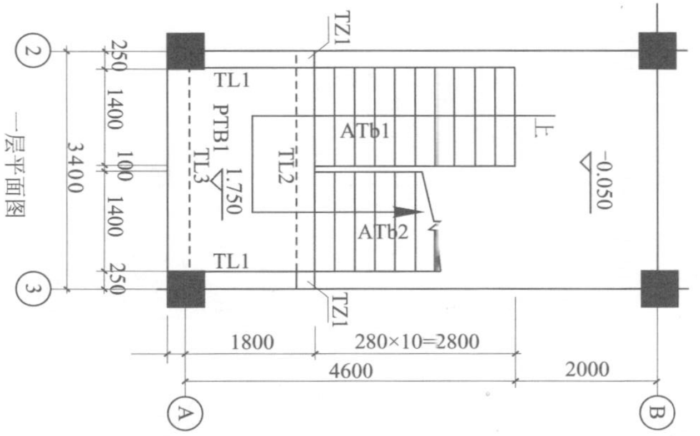

一层平面图

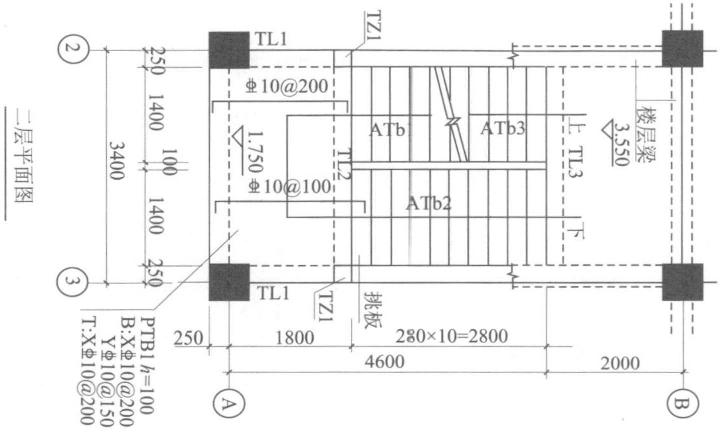

-0.050　上　ATb1　ATb2　TL1　TL2　TL3　TZ1　PTB1　1.750

250　1400　100　1400　250　3400

1800　280×10=2800　4600　2000

二层平面图

楼层梁　3.550　上　下　TL3　ATb　ATb3　ATb2　TL2　TZ1　挑板　TL1　1.750

Φ10@200　Φ10@100

PTB1 h=100
B:XΦ10@200
YΦ10@150
T:XΦ10@200

250　1400　100　1400　250　3400

250　1800　280×10=2800　4600　2000

TL1 250×300：2Φ16，Φ8@100/200，2Φ16

TL2、TL3 250×350：2Φ16，Φ8@100/200，N2Φ16，3Φ16

TZ1、TZ2：TZ1、TZ2 250×250 Φ8@200 4Φ20

楼层平台

踏步

梯柱

梯梁

5厚聚四氟乙烯板
需要时设计
层间平台

梯梁

踏步

矩形柱

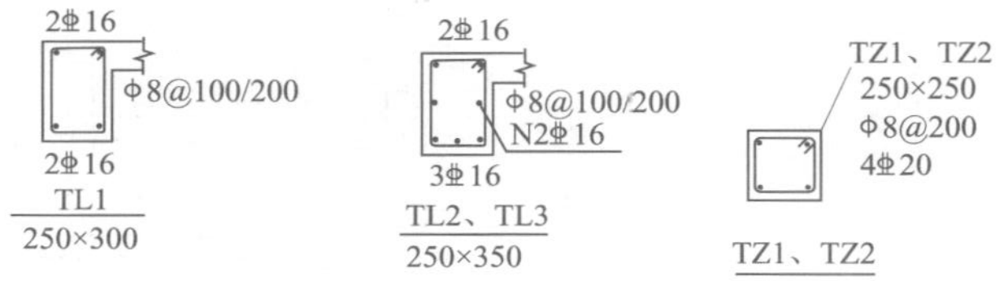

注：1.梯板抗震等级同框架。
2.滑动支座支承挑板厚度160mm，挑出长度280mm。

ATb型楼梯施工图剖面注写示例（平面图）						图集号	16G101-2-56
审核	郭仁俊	校对	廖宜香	设计	傅华夏	页	

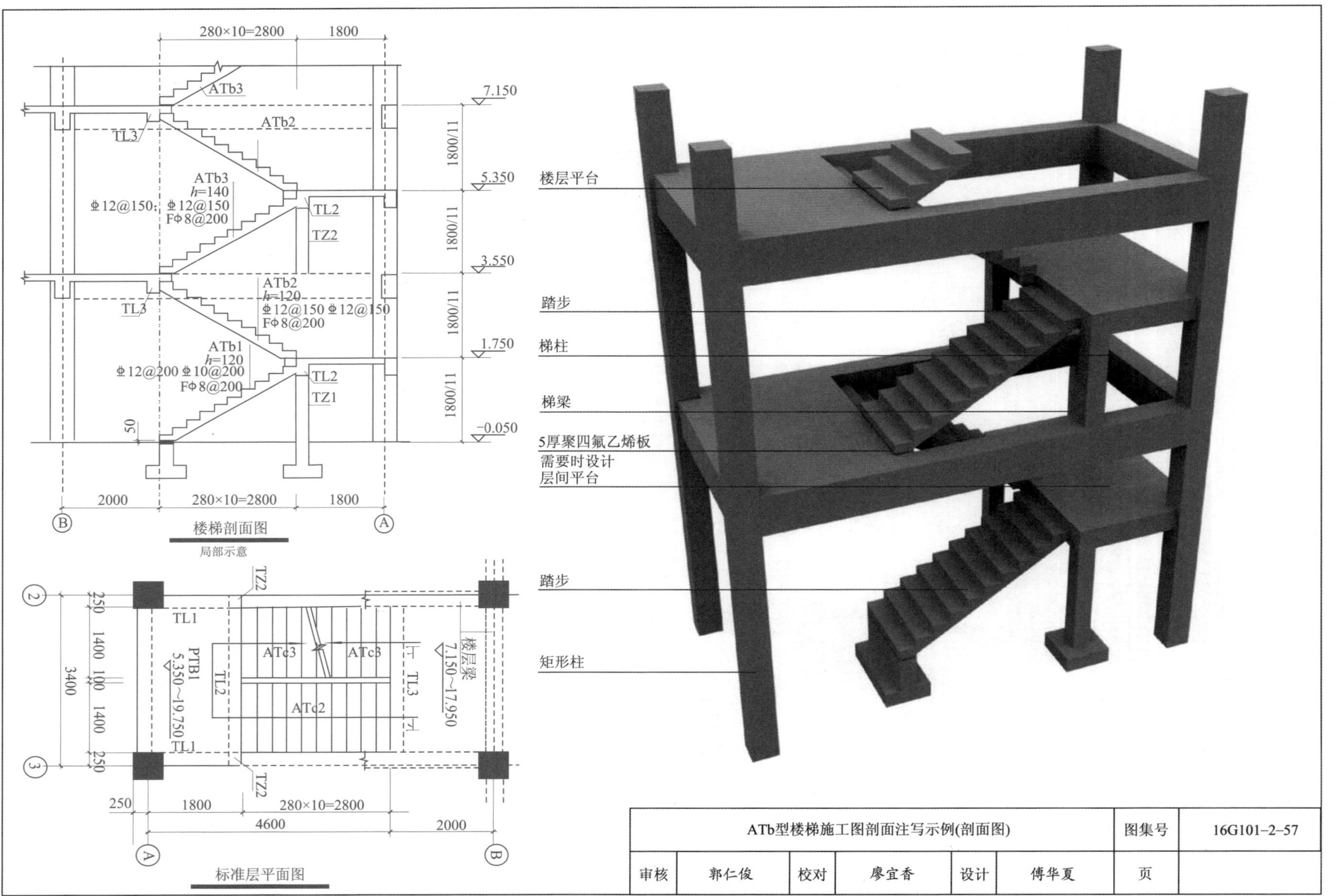

280×10=2800
1800
ATb3
ATb2
TL3
7.150
1800/11
5.350
ATb3
h=140
⌀12@150; ⌀12@150
F⌀8@200
TL2
TZ2
3.550
ATb2
h=120
⌀12@150 ⌀12@150
F⌀8@200
TL3
1.750
ATb1
h=120
⌀12@200 ⌀10@200
F⌀8@200
TL2
TZ1
50
-0.050
2000
楼梯剖面图
局部示意
TZ2
250
TL1
1400
100
3400
PTB1
5.350~19.750
TL2
ATc3
ATc3
ATc2
TL3
楼层梁
7.150~17.950
4600
标准层平面图
楼层平台
踏步
梯柱
梯梁
5厚聚四氟乙烯板
需要时设计
层间平台
踏步
矩形柱
ATb型楼梯施工图剖面注写示例(剖面图)
图集号
16G101-2-57
审核
郭仁俊
校对
廖宜香
设计
傅华夏
页

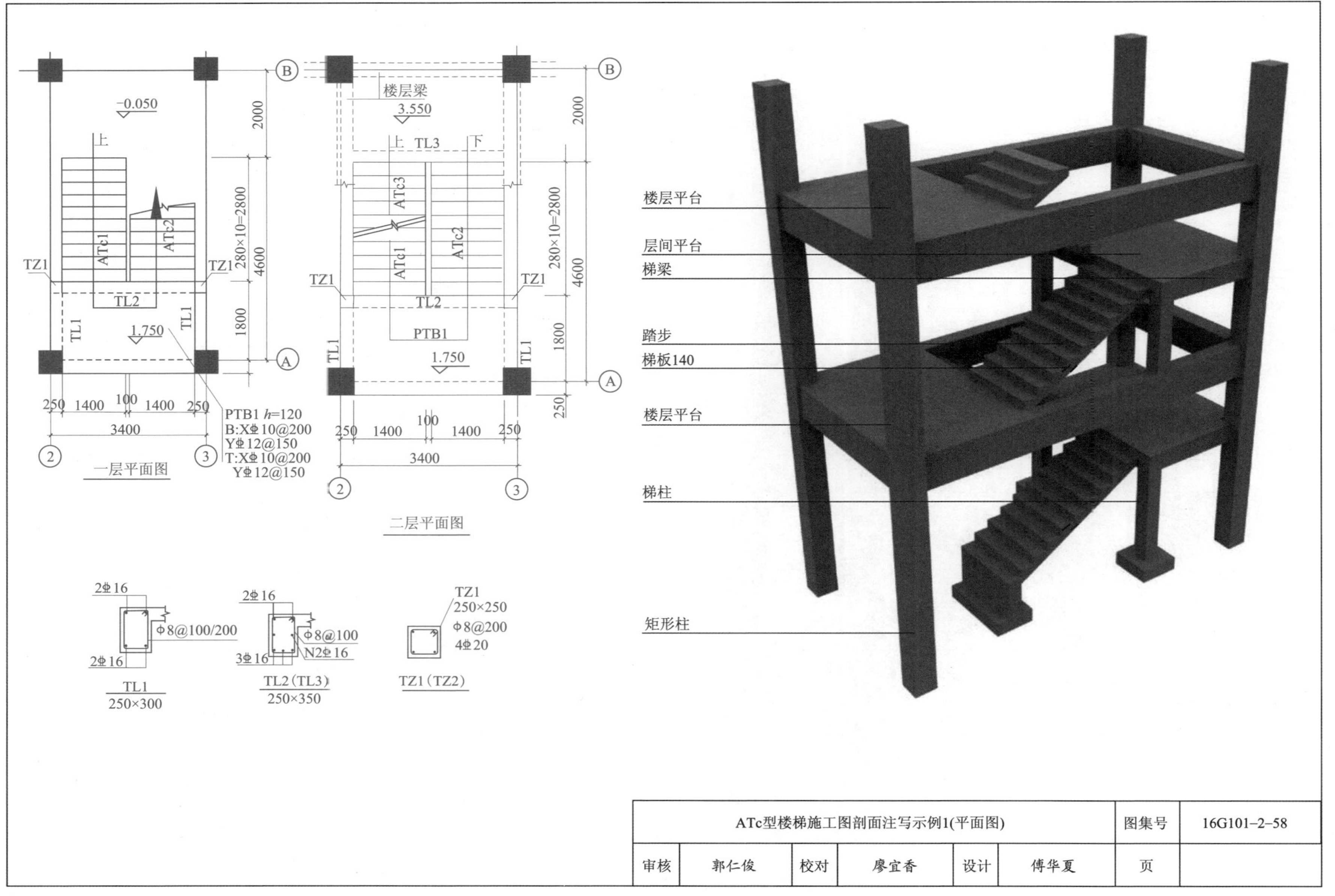
-0.050
上
ATc1
ATc2
TZ1
TL2
TL1
1.750
2000
280×10=2800
4600
1800
250 1400 100 1400 250
3400
PTB1 h=120
B:XΦ10@200
YΦ12@150
T:XΦ10@200
YΦ12@150
一层平面图
楼层梁
3.550
上 TL3 下
ATc3
PTB1
二层平面图
2Φ16
φ8@100/200
TL1
250×300
φ8@100
3Φ16
N2Φ16
TL2(TL3)
250×350
TZ1
250×250
φ8@200
4Φ20
TZ1(TZ2)
楼层平台
层间平台
梯梁
踏步
梯板140
楼层平台
梯柱
矩形柱
ATc型楼梯施工图剖面注写示例1(平面图)
图集号 16G101-2-58
审核 郭仁俊 校对 廖宜香 设计 傅华夏 页

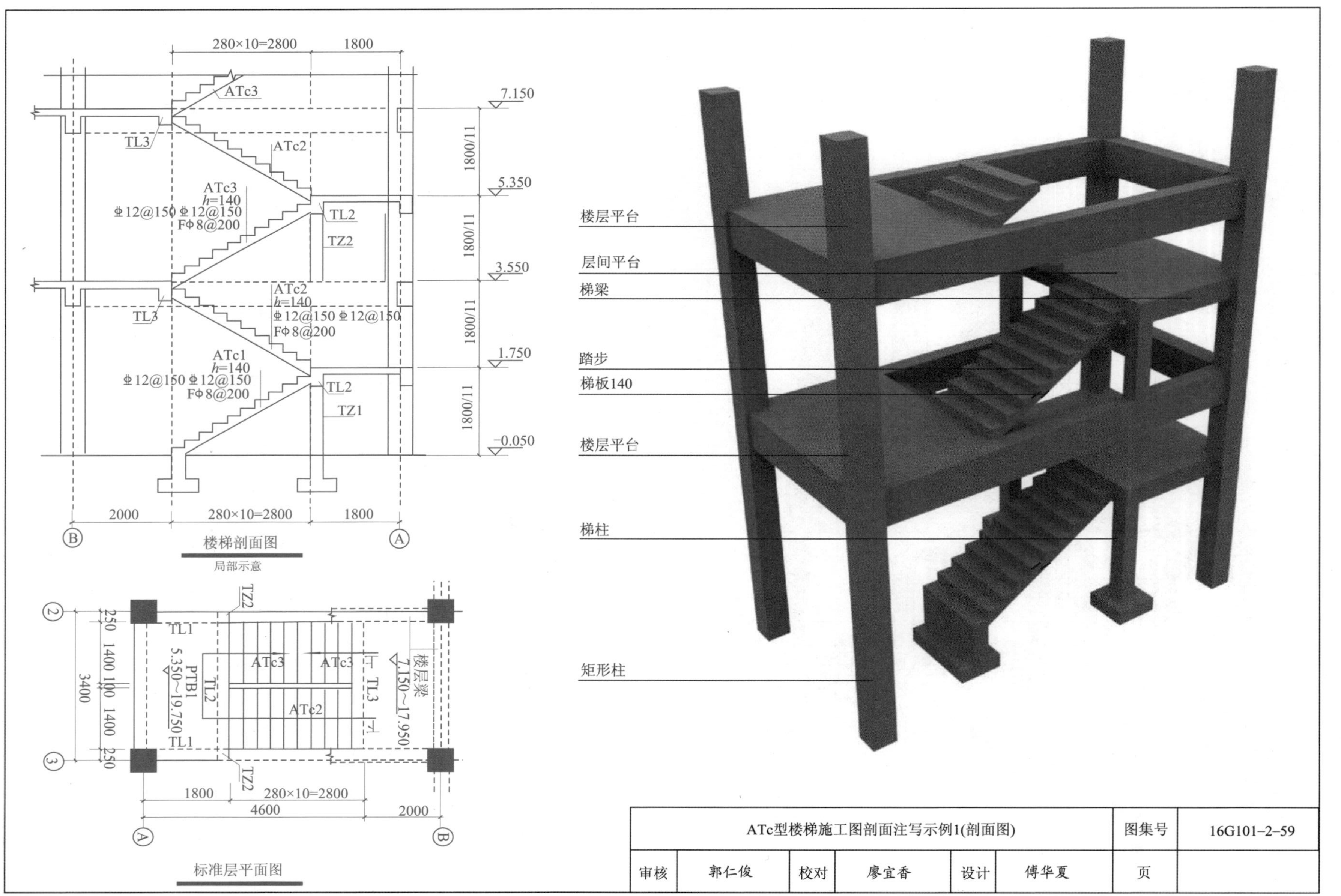

ATc型楼梯施工图剖面注写示例1(剖面图)
图集号
16G101-2-59
页
审核
郭仁俊
校对
廖宜香
设计
傅华夏
楼层平台
层间平台
梯梁
踏步
梯板140
楼层平台
梯柱
矩形柱
7.150
5.350
3.550
1.750
-0.050
1800/11
ATc3
ATc2
ATc1
h=140
TL1
TL2
TL3
TZ1
TZ2
楼梯剖面图
局部示意
楼层梁
7.150~17.950
PTB1
5.350~19.750
250 1400 100 1400 250
3400
280×10=2800
1800
2000
4600
标准层平面图

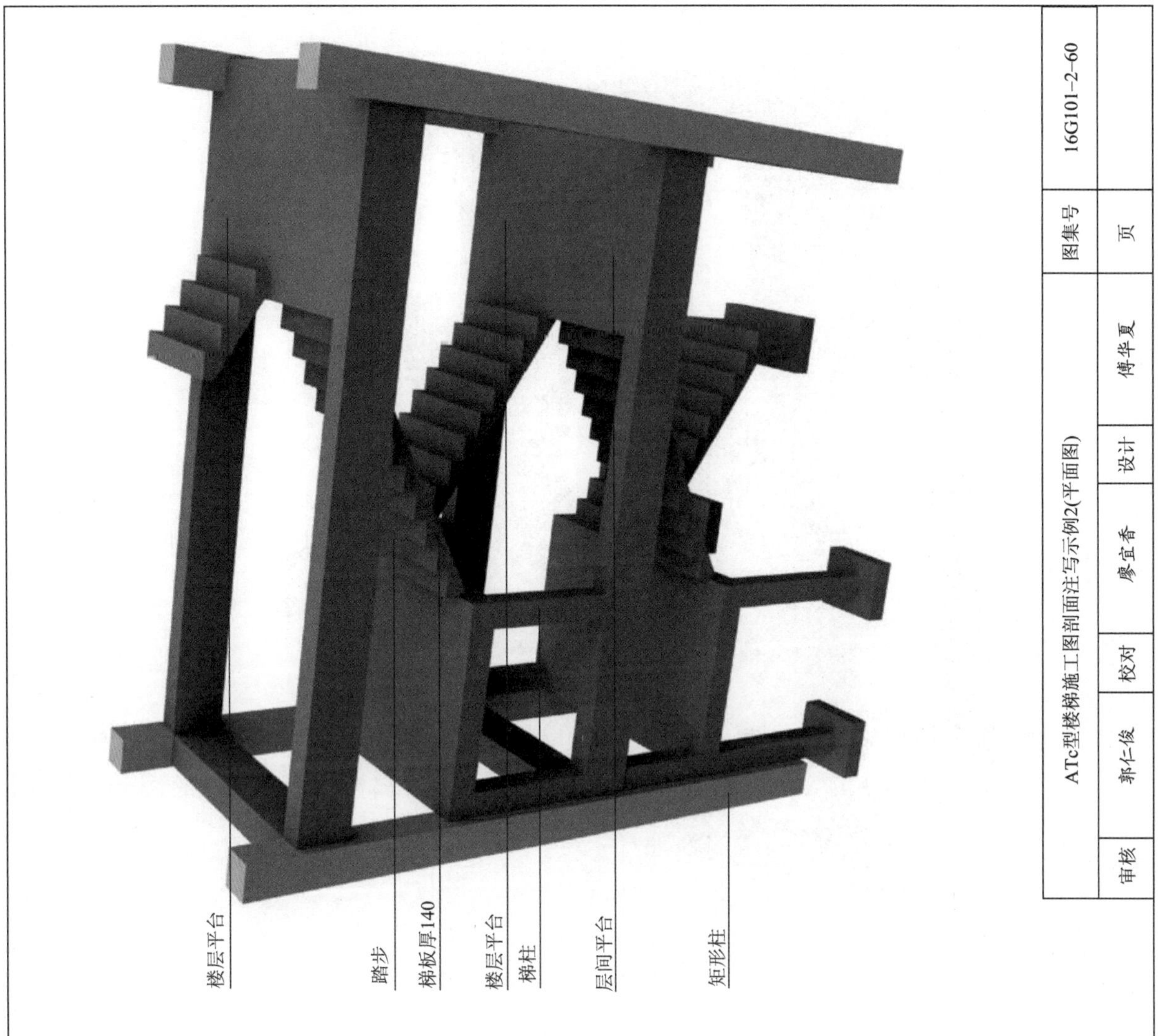

楼层平台

踏步

梯板厚140

楼层平台

梯柱

层间平台

矩形柱

一层平面图

−0.050 上 ATc1 ATc2 TL2 TL3 1.750 TL1 TZ1 PTB1 h=120 B:XΦ10@200 YΦ12@150 T:XΦ10@200 YΦ12@150

250 1400 400 1400 250 3400 250 1550 50 1800 280×10=2800 4600 2000

一层平面图

楼层梁 3.550 TL4 下 ATc3 ATc1 ATc2 TL2 PTB1 1.750 TL3 TL1 TZ1

250 1400 100 1400 250 3400 250 1550 50 1800 280×10=2800 4600 2000

TL1 250×300 2Φ16 Φ8@100 2Φ16

TL2（TL3、TL4） 250×350 2Φ16 Φ8@100 N2Φ16 3Φ16

TZ1（TZ2） TZ1 250×250 4Φ20 Φ8@200

注：梯板抗震等级同框架。

ATc型楼梯施工图剖面注写示例2(平面图)						图集号	16G101-2-60
审核	郭仁俊	校对	廖宜香	设计	傅华夏	页	

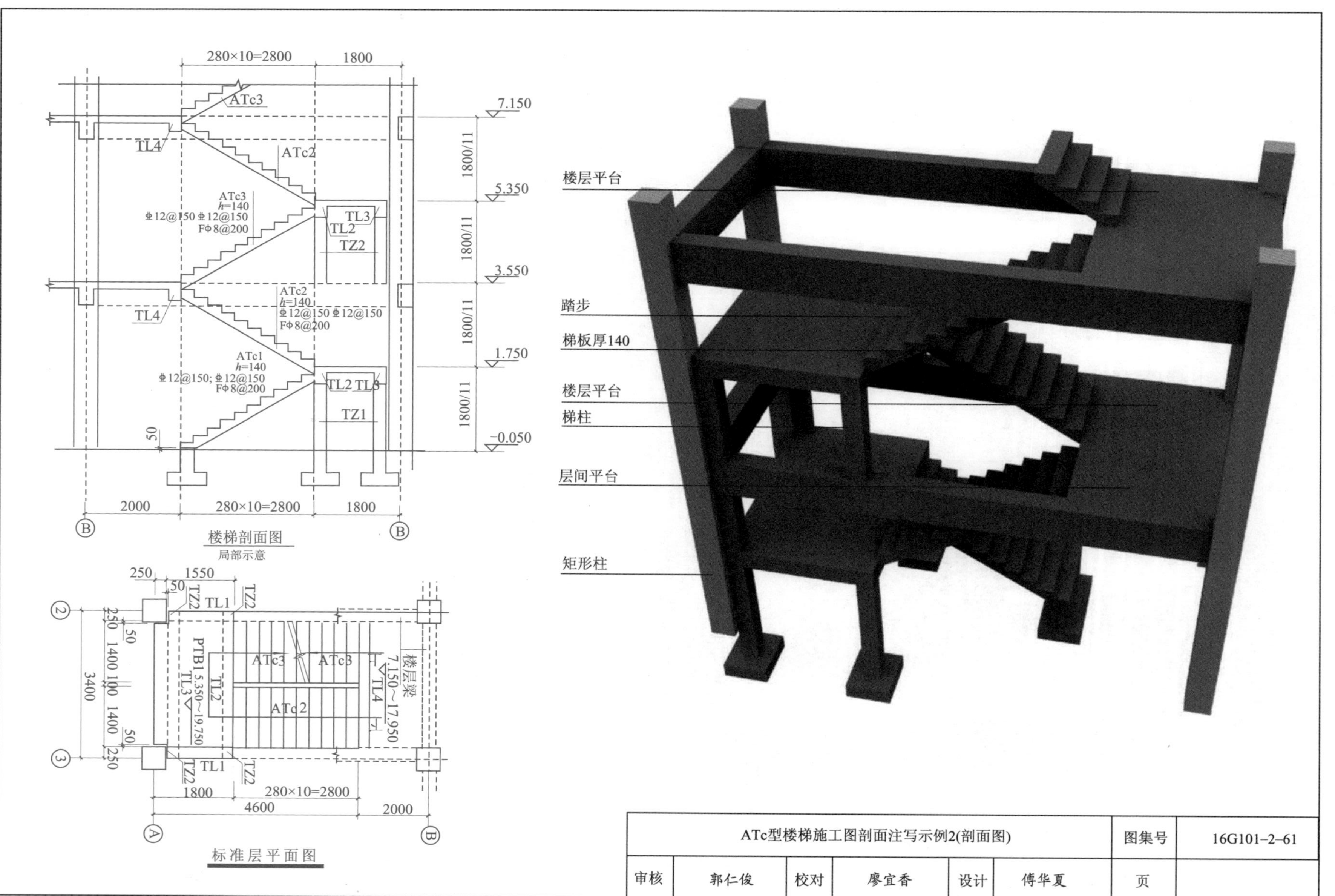

280×10=2800
1800
7.150
5.350
3.550
1.750
-0.050
1800/11
ATc1
ATc2
ATc3
h=140
⌀12@150 ⌀12@150
F⌀8@200
TL1
TL2
TL3
TL4
TZ1
TZ2
50
2000
楼梯剖面图
局部示意
250
1550
1400
100
3400
4600
PTB1 5.350～19.750
楼层梁
7.150～17.950
标准层平面图
楼层平台
踏步
梯板厚140
楼层平台
梯柱
层间平台
矩形柱
ATc型楼梯施工图剖面注写示例2(剖面图)
图集号
16G101-2-61
审核
郭仁俊
校对
廖宜香
设计
傅华夏
页

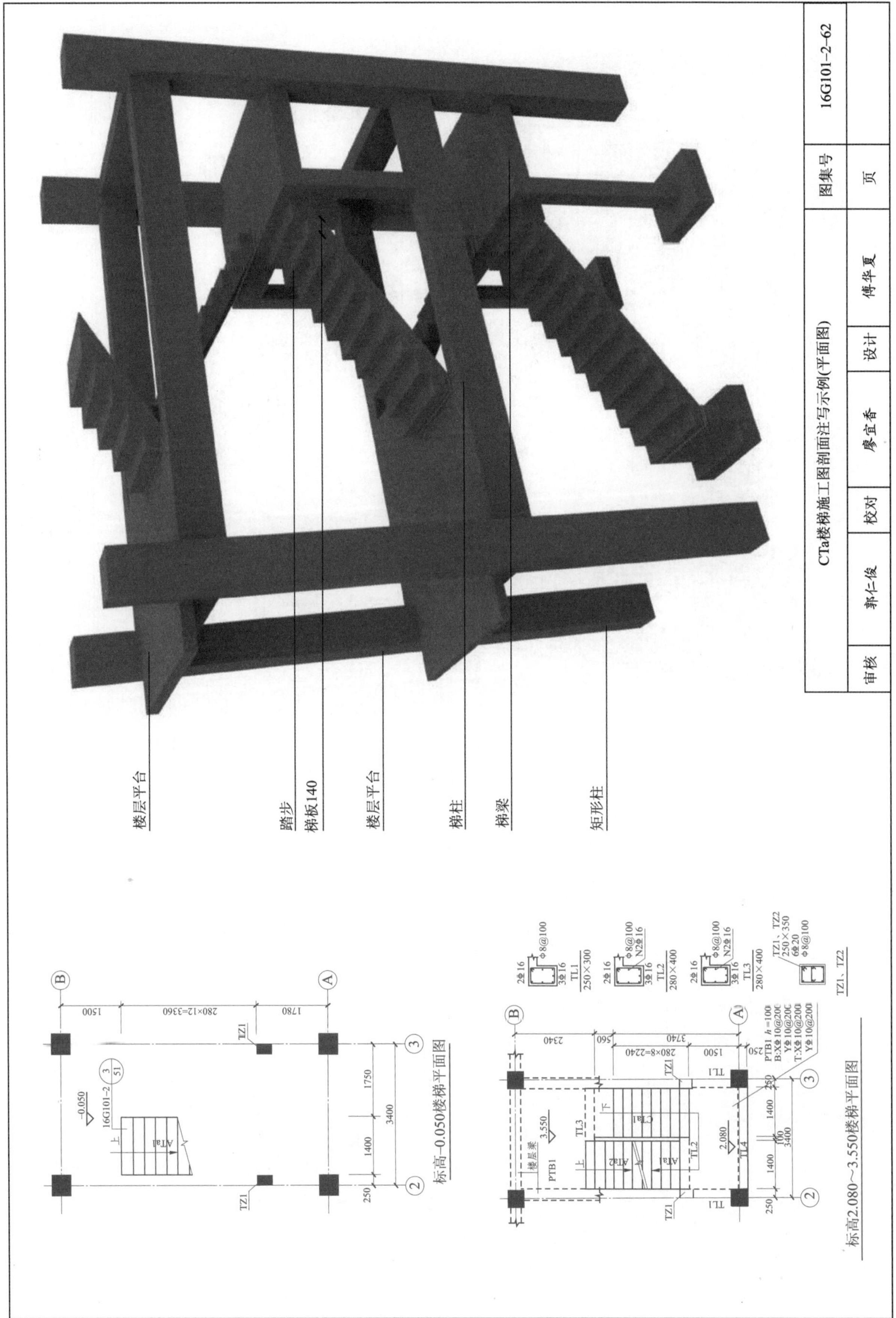
楼层平台
踏步
梯板140
楼层平台
梯柱
梯梁
矩形柱
标高-0.050楼梯平面图
标高2.080~3.550楼梯平面图
CTa楼梯施工图剖面注写示例(平面图)
图集号
16G101-2-62
页
审核
郭仁俊
校对
廖宜香
设计
傅华夏

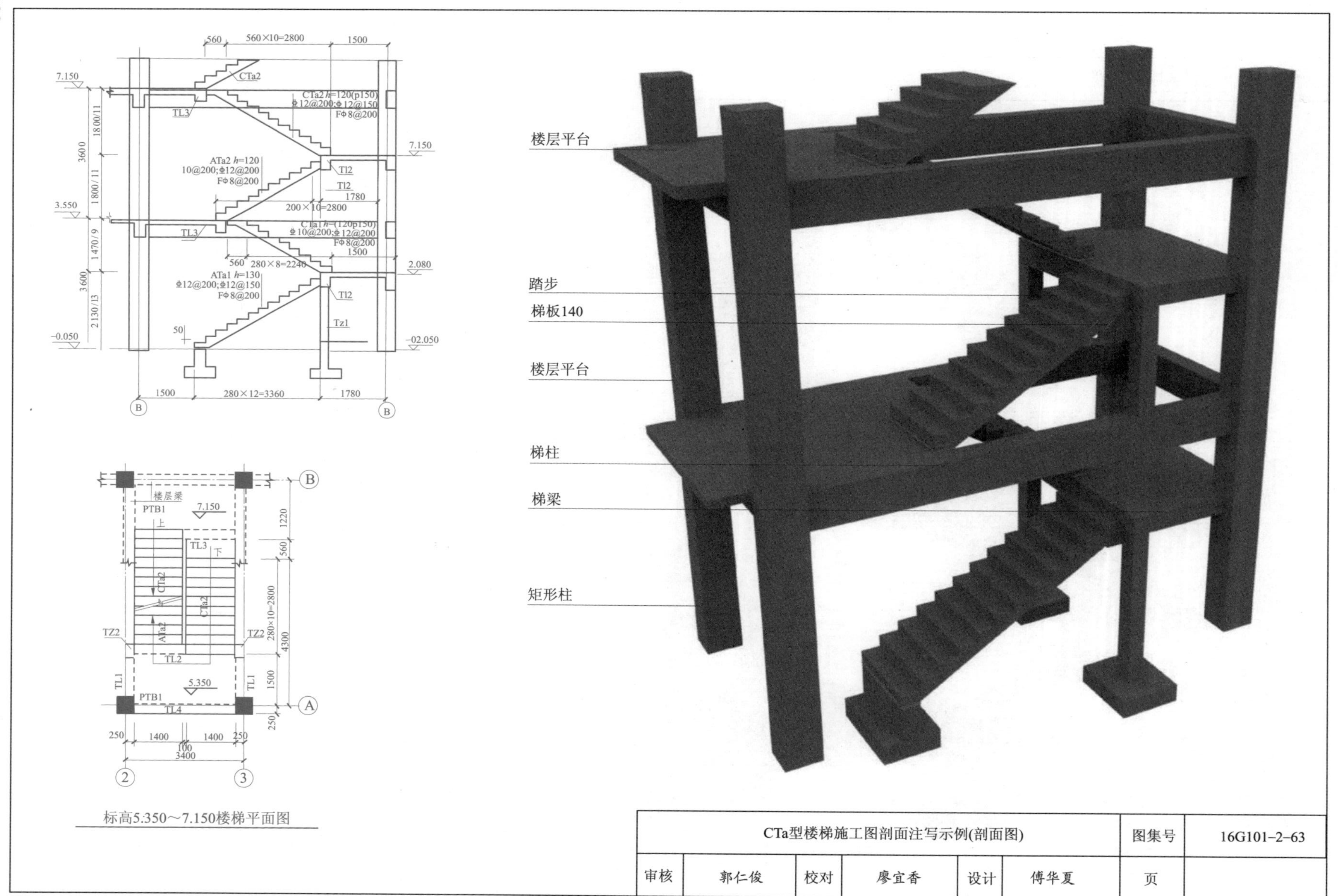
楼层平台
踏步
梯板140
楼层平台
梯柱
梯梁
矩形柱
标高5.350～7.150楼梯平面图
CTa型楼梯施工图剖面注写示例(剖面图)
图集号
16G101-2-63
审核
郭仁俊
校对
廖宜香
设计
傅华夏
页

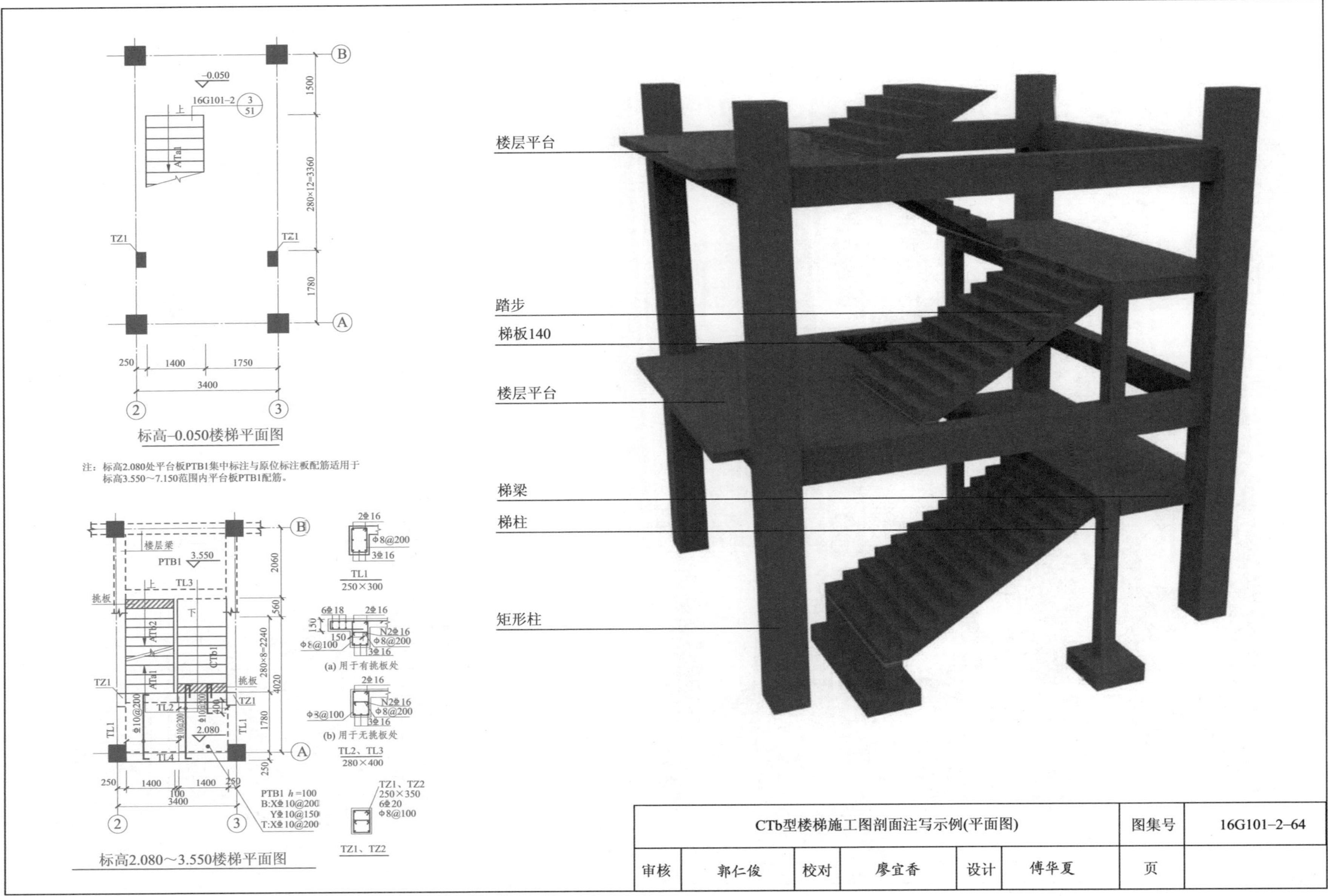
标高-0.050楼梯平面图
注：标高2.080处平台板PTB1集中标注与原位标注板配筋适用于标高3.550～7.150范围内平台板PTB1配筋。
标高2.080～3.550楼梯平面图
TL1 250×300
(a) 用于有挑板处
(b) 用于无挑板处
TL2、TL3 280×400
TZ1、TZ2 250×350
楼层平台
踏步
梯板140
楼层平台
梯梁
梯柱
矩形柱
CTb型楼梯施工图剖面注写示例(平面图)
图集号 16G101-2-64
审核 郭仁俊 校对 廖宜香 设计 傅华夏 页

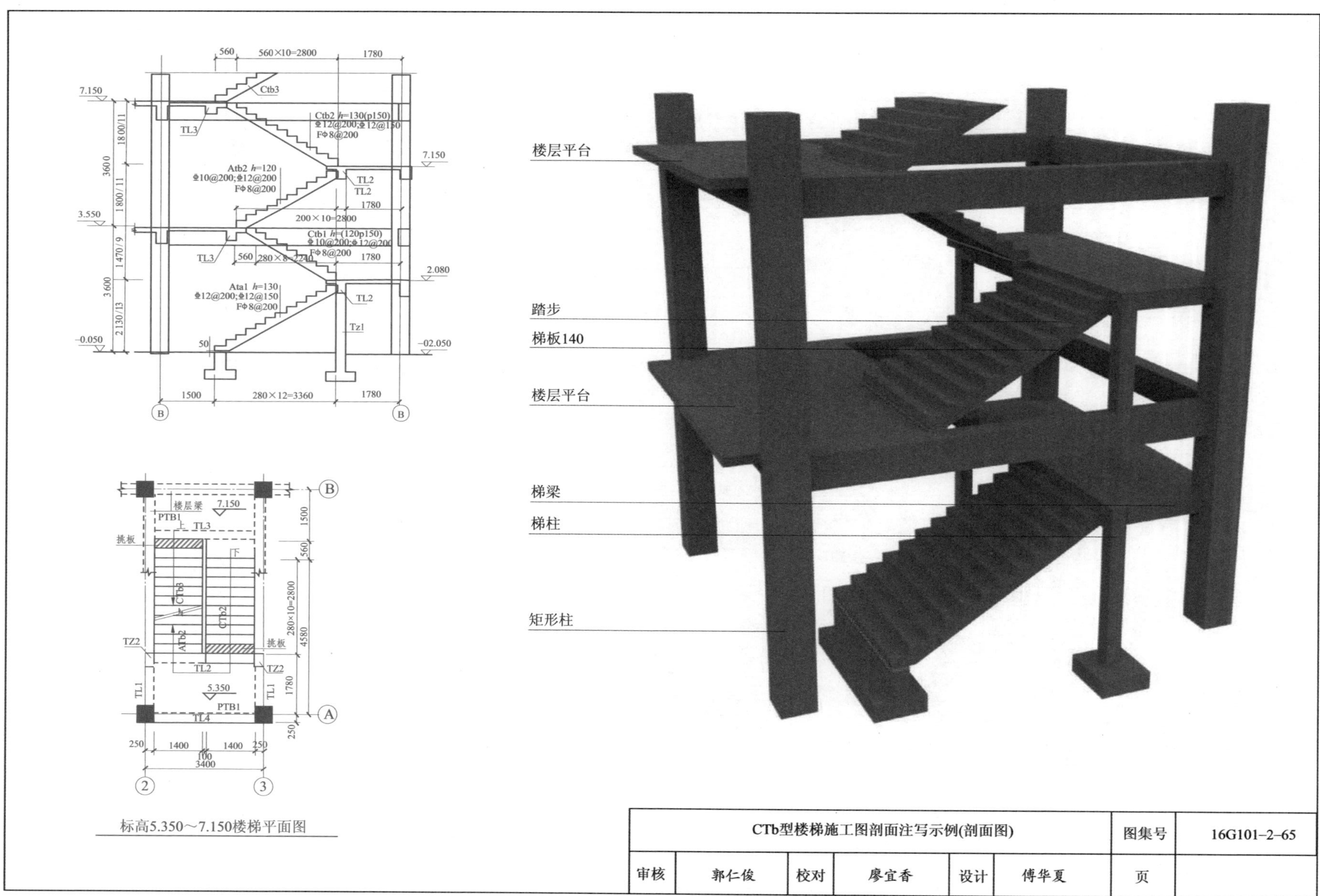
楼层平台
踏步
梯板140
楼层平台
梯梁
梯柱
矩形柱
标高5.350~7.150楼梯平面图
CTb型楼梯施工图剖面注写示例(剖面图)
图集号
16G101-2-65
审核
郭仁俊
校对
廖宜香
设计
傅华夏
页

本章小结

本章学习了楼梯平法，主要讲述楼梯的各种构造类型，包括 AT ～ HT，ATa ～ ATc 型楼梯，这些类型是建筑工程中常用的楼梯类型。在本章中也分析了楼梯各种类型的截面构成、楼梯分部构件，在设计使用的过程中可以根据设计者喜爱选用合适的楼梯类型。在认识各种楼梯类型之外，我们也学习了各种类型楼梯的钢筋构造，掌握各种类型楼梯的配筋情况。

选择题

1. 下面有关BT型楼梯描述正确的是(　　)。
   A.BT型楼梯为有低端平板的一跑楼梯
   B.BT型楼梯为有高端平板的一跑楼梯
   C.低端、高端均为单边支座
   D.板低端为三边支座、高端为单边支座
2. 楼梯所包含的构件内容一般有层间平板和(　　)。
   A. 踏步段　　B. 层间梯梁　　C. 楼层梯梁　　D. 楼层平板

第7章

基础平法

学习思路

本章从认识钢筋混凝土基础开始学习，基础的形式包括独立基础、条形基础、筏形基础，以及桩基承台。学习各种基础结构的平法识图规则、标准构造详图及三维示意图。前面我们学习了梁、板、柱墙构件识图规则及钢筋标准构造详图三维示意图，其实基础也是由这些基本构件组成，在学习过程中可以参考前面的经验。

学习目标

1. 了解钢筋混凝土基础的基本特性。
2. 认识各种钢筋混凝土基础的构件。
3. 学习钢筋混凝土基础的标准钢筋构造。
4. 完成各种形式基础的平法识图训练。

能力目标	知识要点	权重
了解钢筋混凝土基础在建筑构件中的性能	（1）基础的作用及效能 （2）基础构件的定义与分类	30%
掌握钢筋混凝土基础的平法识图规则	（1）集中标注 （2）原位标注	40%
掌握钢筋混凝土基础平法识图技巧	（1）钢筋混凝土基础平法识图案例 （2）钢筋混凝土基础平法构造详图及配筋规则	30%

7.1 独立基础平法识图规则

7.1.1 钢筋混凝土独立基础概述

独立基础

基础的定义是“将建筑上部荷载传递给地基”的构件叫基础。

当建筑物上部结构采用框架结构或单层排架结构承重时，基础常采用方形、圆柱形和多边形等形式的独立式基础，这类基础称为独立基础，又称单独基础，是整个或局部结构物下的无筋或配筋基础。独立基础可分为普通独立基础和杯口独立基础两种类型。基础底板的截面形式又可分为阶形和坡形两种。

7.1.2 独立基础的作用

柱下独立基础是承受柱子荷载、并直接将荷载传给地基持力层的、单个的构件。柱下独立承台则是承受柱子荷载并将荷载传给其下的桩基础（单桩或多桩）再传给地基持力层的转换构件（或过度构件）。柱下独立基础，也称为独立基础；独立承台，包括墙下、多柱下独立承台。

7.1.3 独立基础平法施工图的注写说明

独立基础平面布置，是将独立基础平面图与基础所支承的柱一起绘制的。在独立基础平面布置图上注有基础定位尺寸、基础编号、截面竖向尺寸、配筋等信息。

7.1.4 独立基础的分类与编号

独立基础的编号规定，见表 7-1。

表 7-1 独立基础编号

类型	基础底板截面形状	代号	序号
普通独立基础	阶形	DJ_J 普通独基础阶梯形	××
	坡形	DJ_P 普通独基础坡形	××
杯口独立基础	阶形	BJ_J 杯口独立基础阶梯形	××
	坡形	BJ_P 杯口独立基础坡形	××

7.1.5 独立基础结构施工图识图

普通独立基础和杯口独立基础的集中标注，是在基础平面图上集中引注：基础编号、截面竖向尺寸、配筋三项必注内容，以及基础底面标高等内容。

独立基础集中标注的具体内容，规定如下。

（1）注写独立基础编号（必注内容），见表 7-1。

（2）独立基础底板的截面形状通常有两种：

①阶形截面编号加下标“J”，如 DJ_J××、BJ_J××；

②坡形截面编号加下标“P”，如 DJ_P××、BJ_P××。

（3）注写独立基础截面竖向尺寸。

（4）独立基础配筋等。

下面按普通独立基础和杯口独立基础分别进行说明。

1. 普通独立基础种类及其结构施工图竖向尺寸标注

【案例解析 7-1】

当阶形截面普通独立基础 DJ_J×× 的竖向尺寸注写为 400/300/300 时，表示 h_1=400mm、h_2=300mm、h_3=300mm，基础底板总厚度为 1000mm。

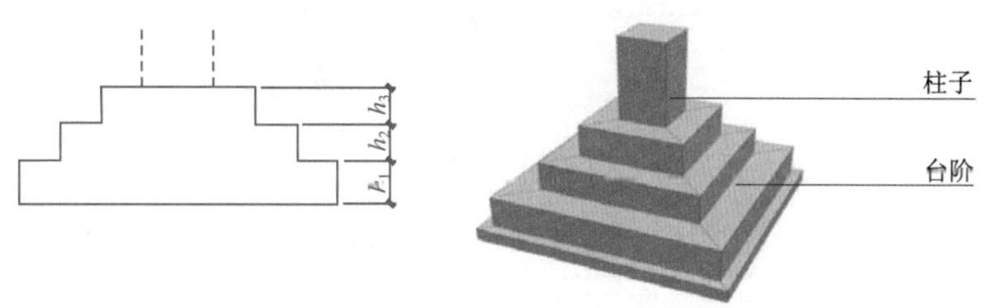

图 7.1 阶形截面普通独立基础竖向尺寸

注：案例及图 7.1 为三阶；当为更多阶时，各阶尺寸自下而上用“/”分隔顺写。

（1）当独立基础为单阶时，其竖向尺寸仅为一个，且为基础总厚度，见图 7.2。

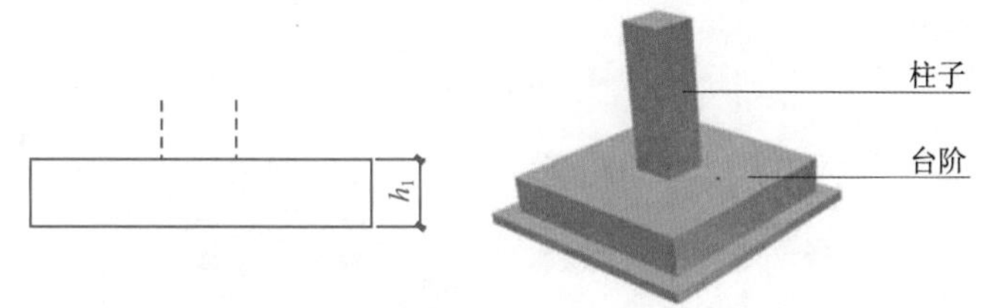

图 7.2 单阶普通独立基础竖向尺寸

（2）当基础为坡形截面时，注写为 h_1/h_2，见图 7.3。

【案例解析 7-2】

当坡形截面普通独立基础 JP_p×× 的竖向尺寸注写为 350/300 时，表示 h_1=350mm、h_2=300mm，基础底板总厚度为 650mm。

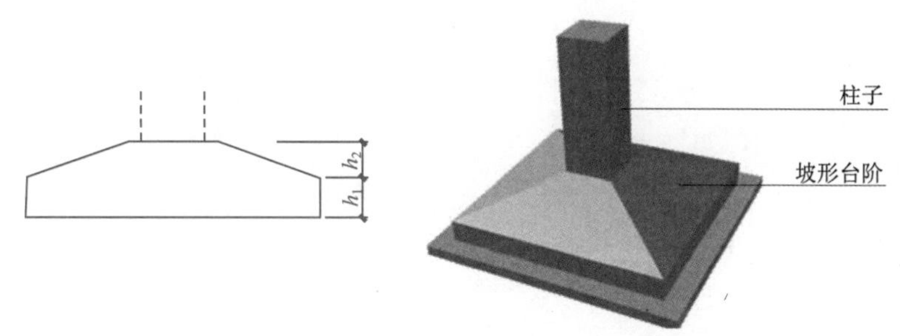

图 7.3 坡形普通独立基础竖向尺寸

2. 杯口独立基础种类及其结构施工图竖向尺寸标注

当基础为阶形截面时，其竖向尺寸分两组，一组表达杯口内，另一组表达杯口外，两组尺寸以“/”分隔，注写为：a_0/a_1，$h_1/h_2/\cdots$，其含义见图 7.4 和图 7.5，其中杯口深度 a_0 为柱插入杯口的尺寸加 50mm。

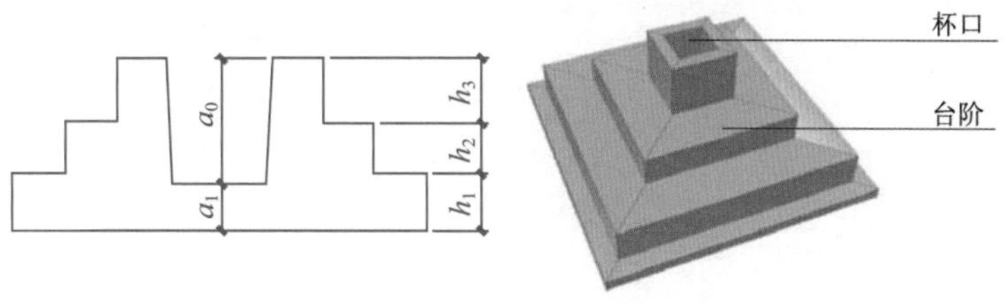

图 7.4 阶形截面杯口独立基础竖向尺寸

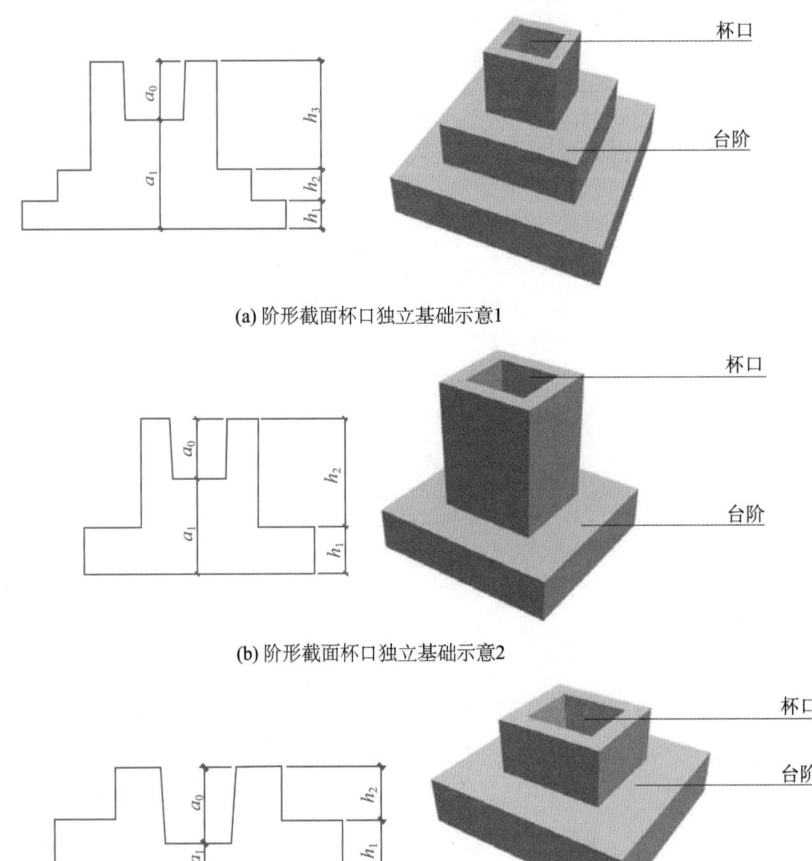

(a) 阶形截面杯口独立基础示意1

(b) 阶形截面杯口独立基础示意2

(c) 阶形截面杯口独立基础示意3

图 7.5　阶形截面杯口独立基础

注：当基础为坡形截面时，注写为 a_0/a_1，$h_1/h_2/h_3\cdots$，其含义见图 7.6 和图 7.7。

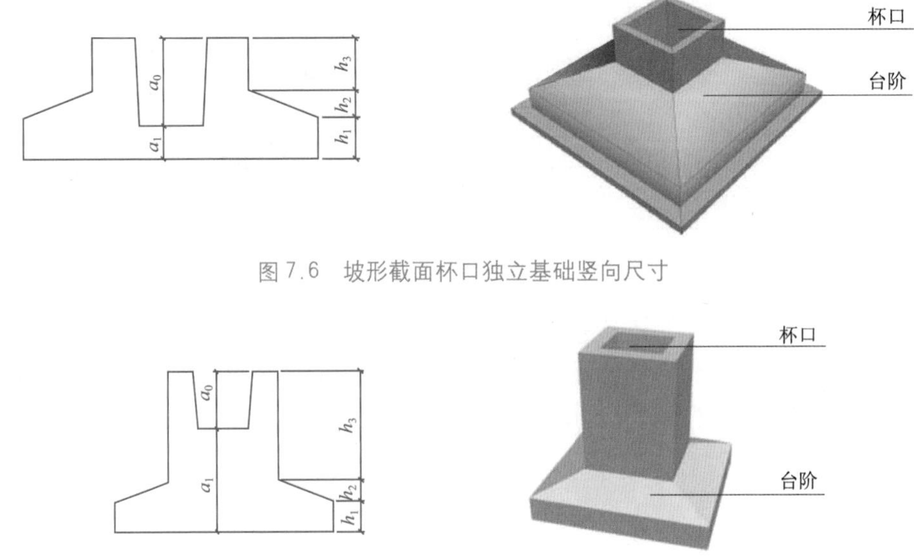

图 7.6　坡形截面杯口独立基础竖向尺寸

图 7.7　坡形截面高杯口独立基础竖向尺寸

3. 独立基础底板配筋

普通独立基础和杯口独立基础的底部双向配筋注写规定如下。

① 以 B 代表各种独立基础底板的底部配筋。

② X 向配筋以 X 打头、Y 向配筋以 Y 打头注写；当两向配筋相同时，则以 X&Y 打头注写。

【案例解析 7-3】

当独立基础底板配筋标注为 B: X⏀16@150，Y⏀16@200 表示基础底板底部配置 HRB400 级钢筋，X 向直径为 ⏀16，分布间距为 150mm；Y 向直径为 ⏀16，分布间距为 200mm，如图 7.8 所示。

图 7.8　独立基础底板底部双向钢筋示意

4. 杯口独立基础顶部焊接钢筋网

以 Sn 打头引注杯口顶部焊接钢筋网的各边钢筋。

【案例解析 7-4】

当杯口独立基础顶部钢筋网标注为 Sn2⏀14，表示杯口顶部每边配置 2 根 HRB400 级直径为 ⏀14 的焊接钢筋网，如图 7.9 所示。

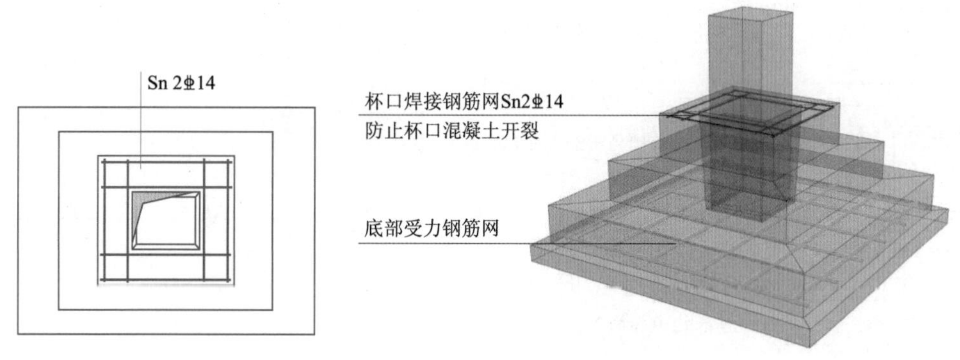

图 7.9　单杯口独立基础顶部焊接钢筋网

【案例解析 7-5】

当双杯口独立基础顶部钢筋网标注为 Sn2⏀16，表示杯口每边和双杯口中间杯壁的顶部均配置 2 根 HRB400 级直径为 16 的焊接钢筋网，如图 7.10 所示。

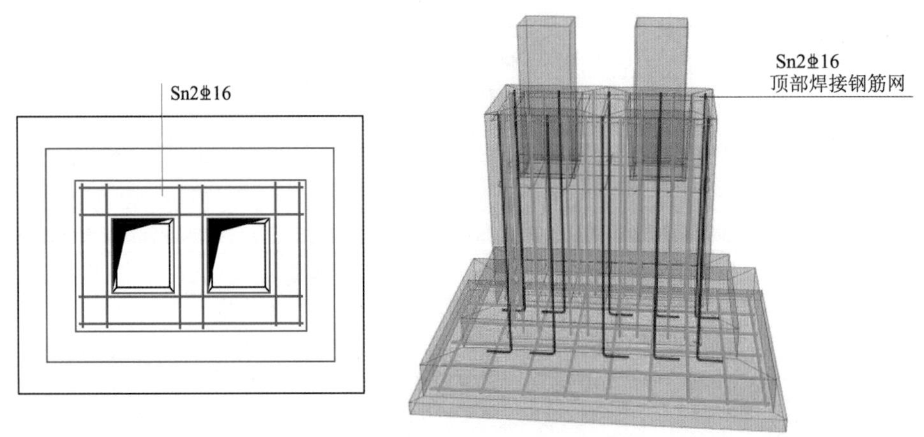

图 7.10　双杯口独立基础顶部焊接钢筋网示意图

5. 高杯口独立基础的杯壁外侧和短柱配筋

（1）以 O 代表杯壁外侧和短柱配筋。注写为：角筋 / 长边中部筋 / 短边中部筋，箍筋（两种间距）；当杯壁水平截面为正方形时，注写为角筋 /X 边中部筋 /Y 边中部筋，箍筋（两种间距，杯口范围内箍筋间距 / 短柱范围内箍筋间距）。

【案例解析 7-6】

当高杯口独立基础的杯壁外侧和短柱配筋标注为 O:4⌀20/⌀16@220/⌀16@200，ϕ10@150/300，表示高杯口独立基础的杯壁外侧和短柱配置 HRB400 级竖向钢筋和 HPB300 级箍筋。其竖向钢筋为 4⌀20 角筋、⌀16@220 长边中部筋和 ⌀16@200 短边中部筋。其箍筋直径为 ϕ10，杯口范围间距 150mm，短柱范围间距 300mm，如图 7.11 所示。

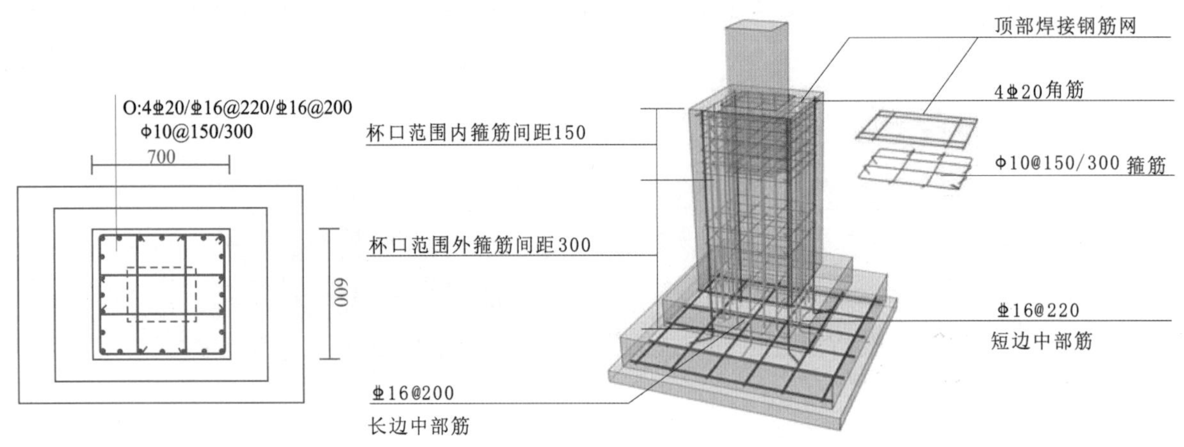

图 7.11　单高杯口独立基础杯壁配筋

（2）对于双高杯口独立基础的杯壁外侧配筋，注写形式与单高杯口相同，如图 7.12 所示。

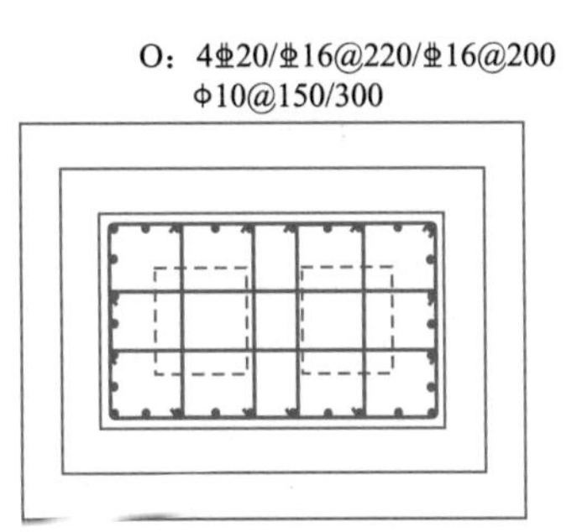

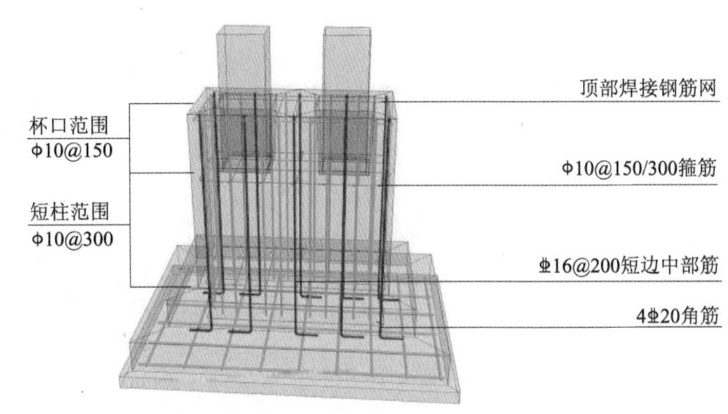

图 7.12　双高杯口独立基础杯壁配筋

6. 普通独立深基础短柱竖向尺寸及钢筋

当独立基础埋深较大，设置短柱时，短柱配筋应注写在独立基础中。具体注写规定如下。

①以 DZ 代表普通独立深基础短柱。

②注写为角筋 / 长边中部筋 / 短边中部筋，箍筋，短柱标高范围：当短柱水平截面为正方形时，注写为角筋 /X 边中部筋 /Y 边中部筋，箍筋，短柱标高范围。

【案例解析 7-7】

当短柱配筋标注为 DZ：4⌀20/5⌀18/5⌀18，ϕ10@100，–2.500 ～ –0.050m；表示独立基础的短柱设置在 –2.500 ～ –0.050m 高度范围内，配置 HRB400 级竖向钢筋和 HPB300 级箍筋。其竖向钢筋为 4⌀20 角筋、5⌀18 X 边中部筋和 5⌀18 Y 边中部筋；其箍筋直径为 ϕ10，间距为 100mm，如图 7.13 所示。

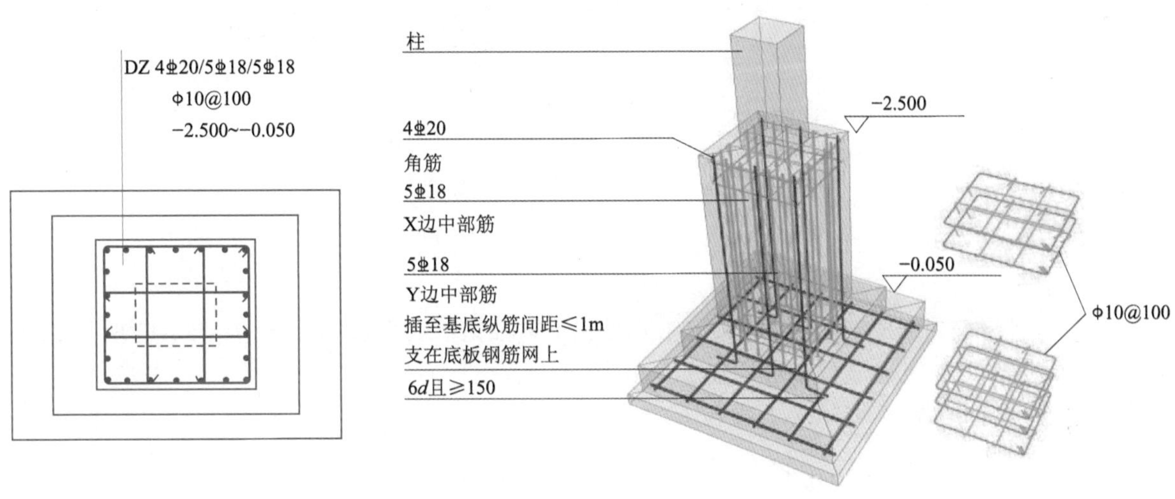

图 7.13　独立基础短柱配筋

7. 钢筋混凝土和素混凝土独立基础的原位标注

钢筋混凝土和素混凝土独立基础的原位标注，是在基础平面布置图上标注独立基础的平面尺寸。原位标注的具体内容规定如下。

（1）普通独立基础。普通独立基础原位标注：x、y、x_c、y_c(或圆柱直径 dc)x_i, y_i，i=1，2，3…。其中，x、y 为普通独立基础两向边长，x_c、y_c 为柱截面尺寸，x_i、y_i 为阶宽或坡形平面尺寸 (当设置短柱时，尚应标注短柱的截面尺寸)。对称阶形截面普通独立基础的原位标注，如图 7.14 所示；非对称阶形截面普通独立基础的原位标注，如图 7.15 所示；设置短柱独立基础的原位标注，如图 7.16 所示。

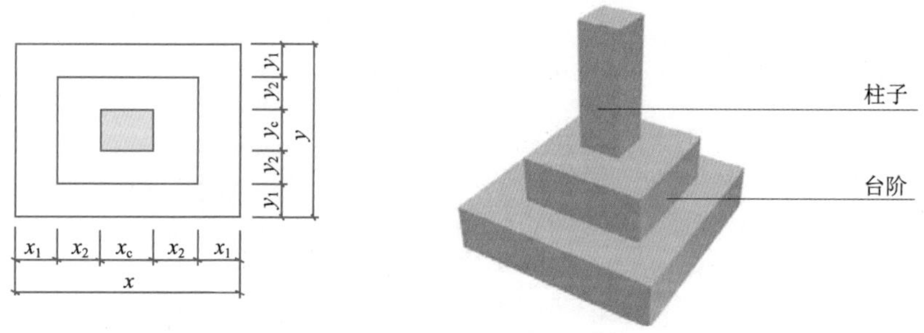

图 7.14　对称阶形截面普通独立基础原位标注

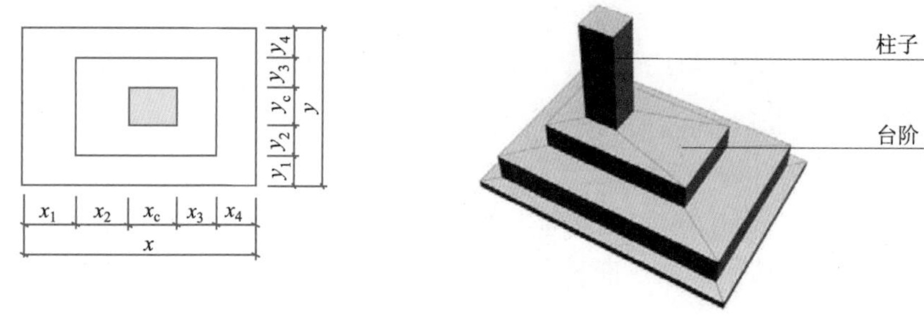

图 7.15　非对称阶形截面普通独立基础原位标注

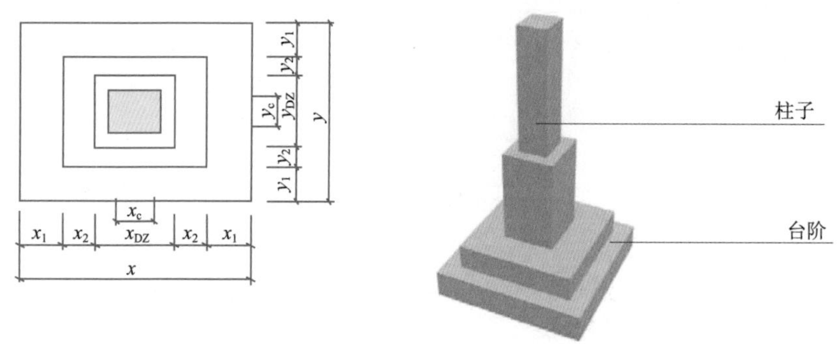

图 7.16　设置柱独立基础的原位标注

（2）对称坡形截面普通独立基础。对称坡形截面普通独立基础的原位标注，如图 7.17 所示；非对称坡形截面普通独立基础的原位标注，如图 7.18 所示。

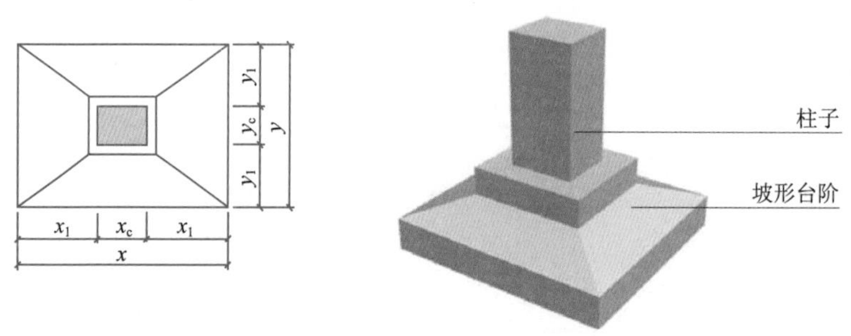

图 7.17　对称坡形截面普通独立基础原位标注

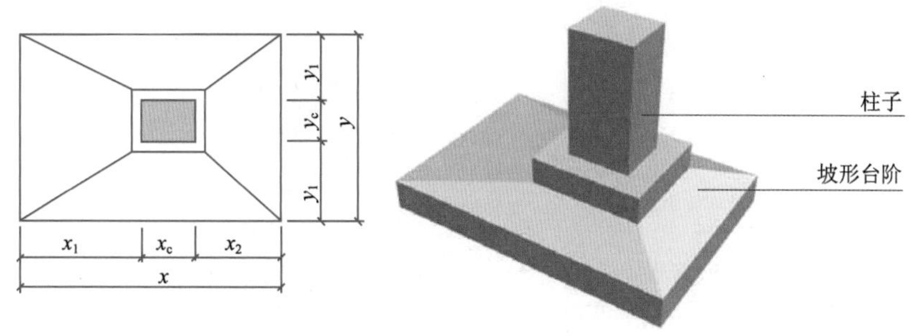

图 7.18 非对称坡形截面杯口独立基础原位标注

8. 杯口独立基础原位标注

原位标注：x、y、x_u、y_u，t_i, x_i, y_i, i=1，2，3…其中，x、y 少为普通独立基础两向边长，x_u、y_u 为杯口上口尺寸，x_i、y_i 为阶宽或坡形截面尺寸。

杯口上口尺寸 x_u、y_u 按柱截面边长两侧双向各加 75mm；杯口下口尺寸按标准构造详图 (为插入杯口的相应柱截面边长尺寸，每边各加 50mm)。

阶形截面杯口独立基础的原位标注，如图 7.19 和图 7.20 所示。高杯口独立基础原位标注与杯口独立基础完全相同。

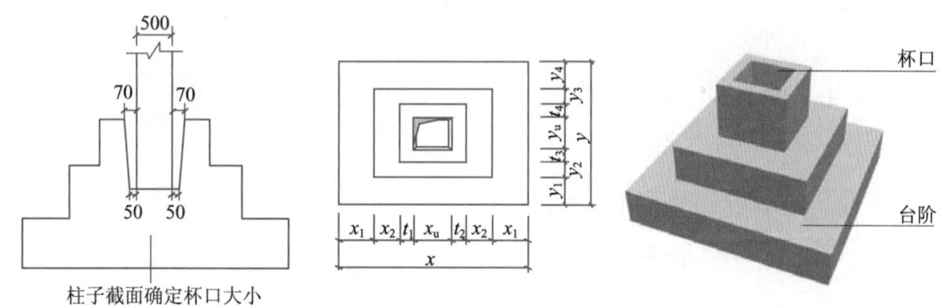

图 7.19 阶形截面杯口独立基础原位标注（一）

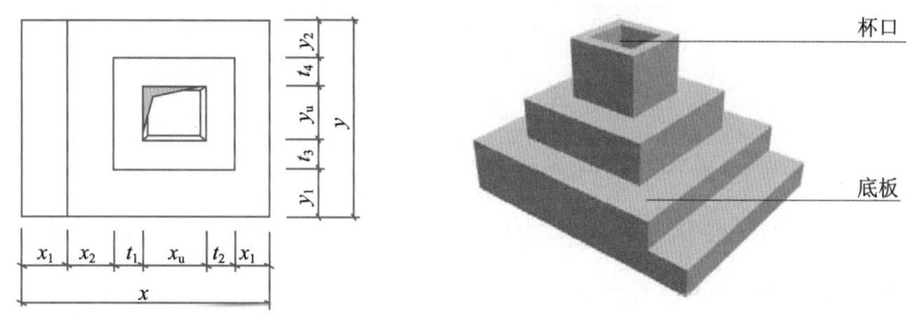

图 7.20 阶形截面杯口独立基础原位标注（二）

坡形截面杯口独立基础的原位标注，如图 7.21 和图 7.22 所示。高杯口独立基础的原位标注与杯口独立基础完全相同。

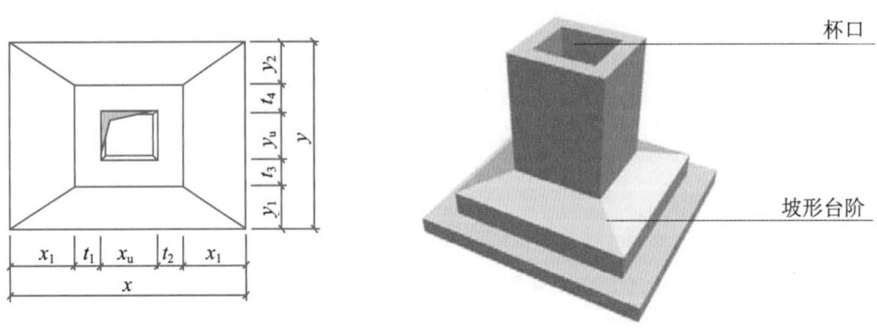

图 7.21　坡形截面杯口独立基础原位标注（一）

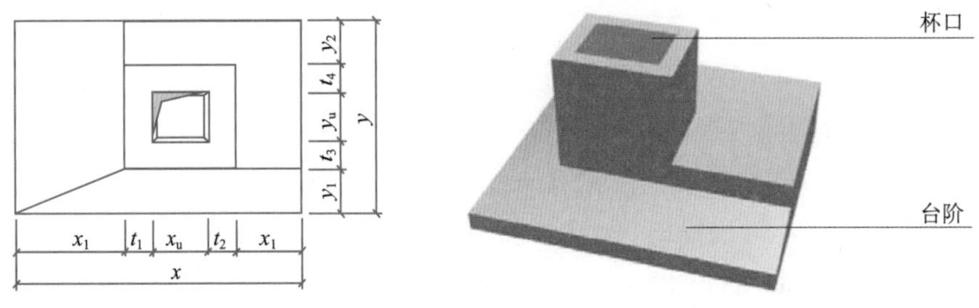

图 7.22　坡形截面杯口独立基础原位标注（二）

9. 普通独立基础平法结构施工图示例

普通独立基础采用平面注写方式的集中标注和原位标注综合设计表达示意，如图 7.23 所示。

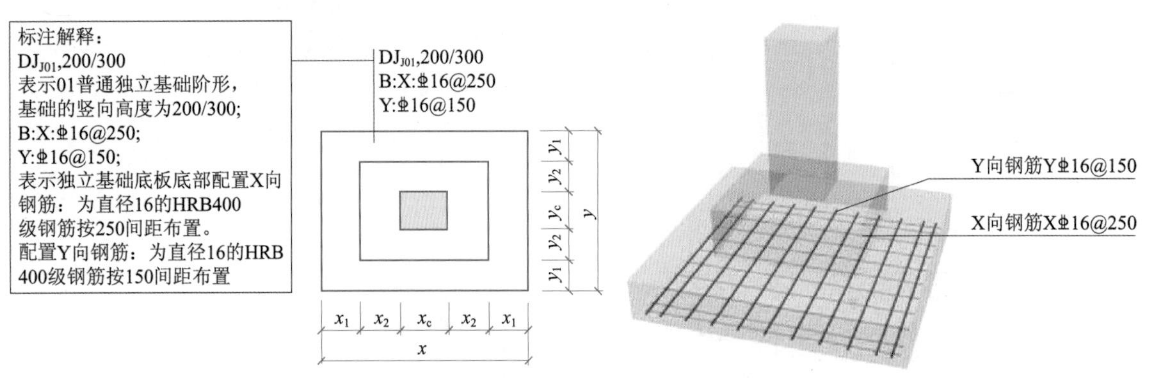

图 7.23　普通独立基础平面注写方式设计表达

设置短柱独立基础采用平面注写方式的集中标注和原位标注综合设计表达示意，如图 7.24 所示。

10. 杯口独立基础平法结构施工图示例

杯口独立基础采用平面注写方式的集中标注和原位标注综合设计表达示意，如图 7.25 所示。

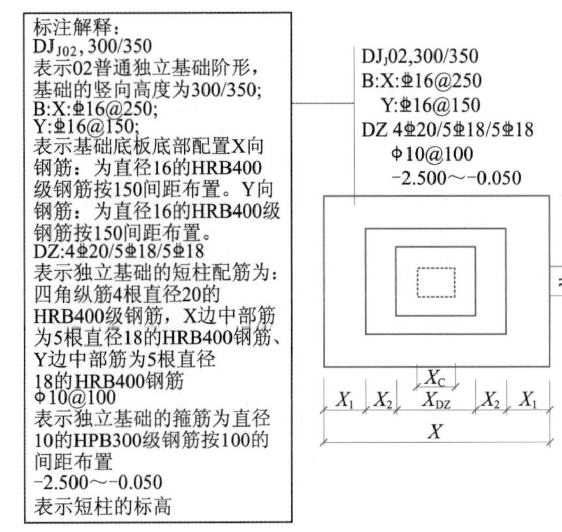

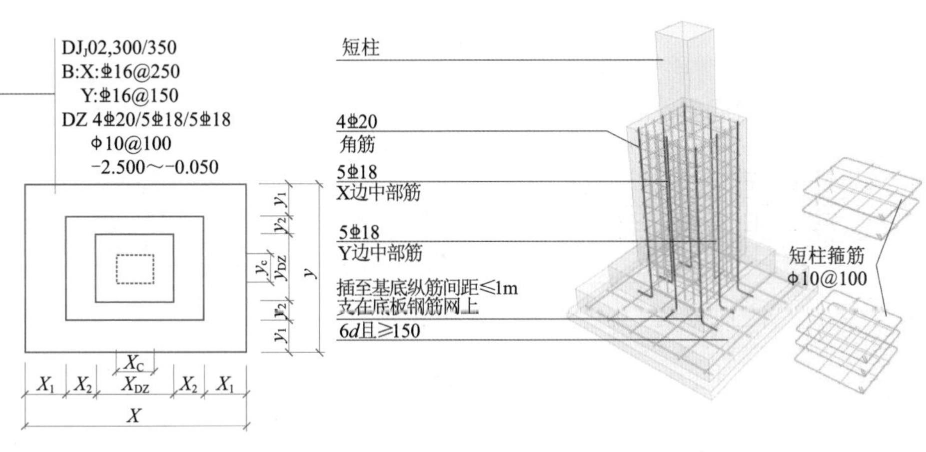

图 7.24　普通独立基础平面注写方式设计表达

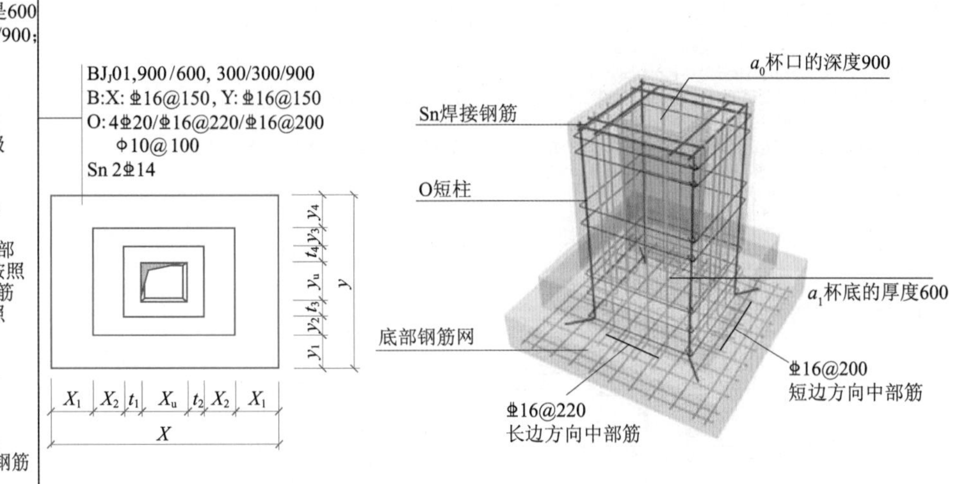

图 7.25　杯口独立基础平面注写方式设计表达

注：杯口独立基础的短柱用 O 表示，普通独立基础的短柱用 DZ 表示。图 7.25 属于杯口独立基础短柱。

11. 多柱独立基础平法结构施工图示例

独立基础通常为单柱独立基础，也可为多柱独立基础(双柱或四柱等)。多柱独立基础的编号、几何尺寸和配筋的标注方法与单柱独立基础相同。

多柱独立基础顶部配筋和基础梁的注写方法规定如下。

（1）注写双柱独立基础底板顶部配筋。

（2）双柱独立基础的顶部配筋，通常对称分布在双柱中心线两侧，注写为双柱间纵向受力钢筋/分布钢筋。

【案例解析 7-8】

T:15⌀18@100/Φ10@200：表示独立基础顶部配置纵向受力钢筋 HRB400 级，直径为 ⌀18 设置 15 根，间距为 100mm；分布筋 HPB300 级，直径为 Φ10，分布间距 200mm，如图 7.26 所示。

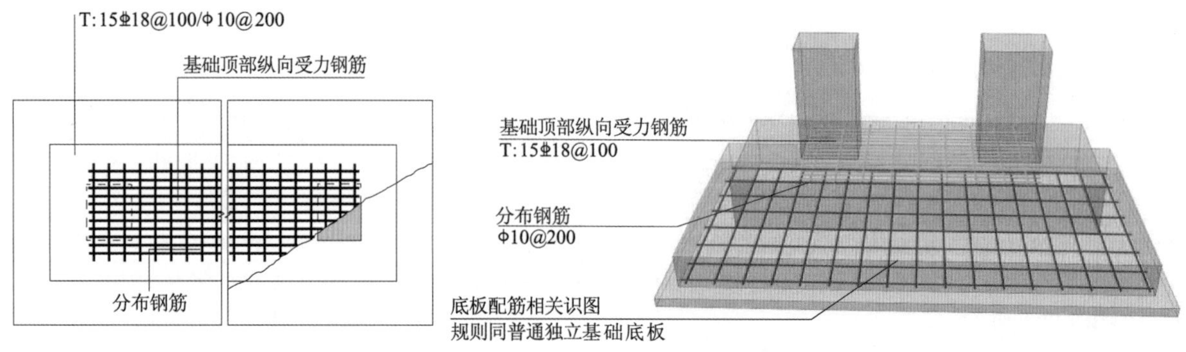

图 7.26　双柱独立基础顶部配筋

（3）双柱独立基础的基础梁。当双柱独立基础为基础底与基础梁相结合时，注写基础梁的编号、几何尺寸和配筋。如 JL××（1）表示该基础梁为 1 跨，两端无外伸；JL××(1A) 表示该基础梁为 1 跨，一端有外伸；JL××(lB) 表示该基础梁为 1 跨，两端均有外伸。

通常情况下，双柱独立基础宜采用端部有外伸的基础梁，基础底板则采用受力明确、构造简单的单向受力配筋与分布筋。基础梁宽度宜比柱截面宽出不小于 100mm(每边不小于 50mm)。

基础梁的注写规定与条形基础的基础梁注写规定相同。注写示意图，如图 7.27 所示。

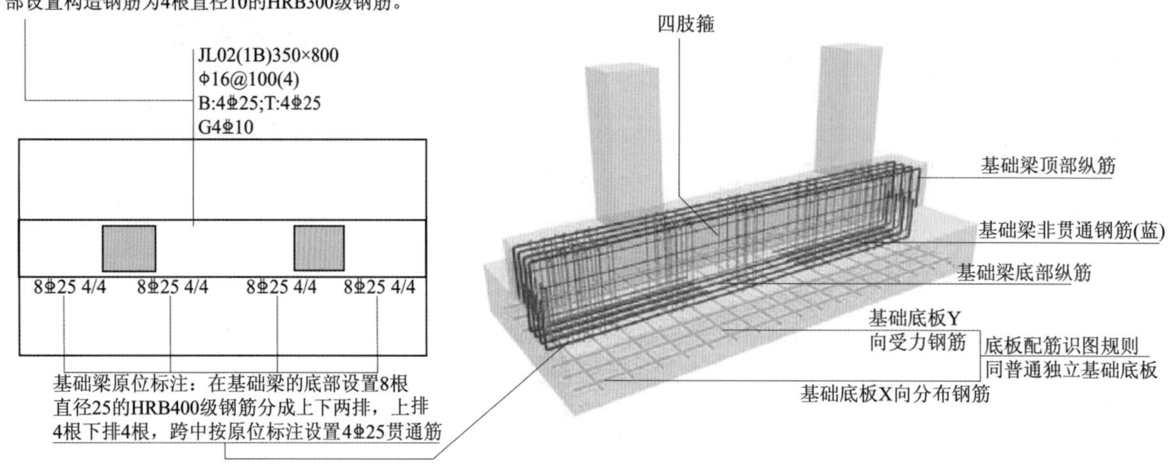

图 7.27　双柱独立基础的基础梁注写

注：基础梁相关标注构造详图见《建筑三维平法结构图集》（第二版）。

12. 双柱独立基础底板的基础梁结构施工图示例

配置两道基础梁的四柱独立基础底板顶部配筋。当四柱独立基础已设置两道平行的基础梁时，在双梁之间及梁的长度范围内配置基础顶部钢筋，注写为梁间受力钢筋 / 分布钢筋。

【案列解析 7-9】

T:⌀l6@120/Φ10@200：表示独立基础顶部两道基础梁之间配置受力钢筋 HRB400 级，直径为 16mm，间距为 120mm；分布筋 HPB300 级，直径为 10mm，分布间距为 200mm，如图 7.28 所示。

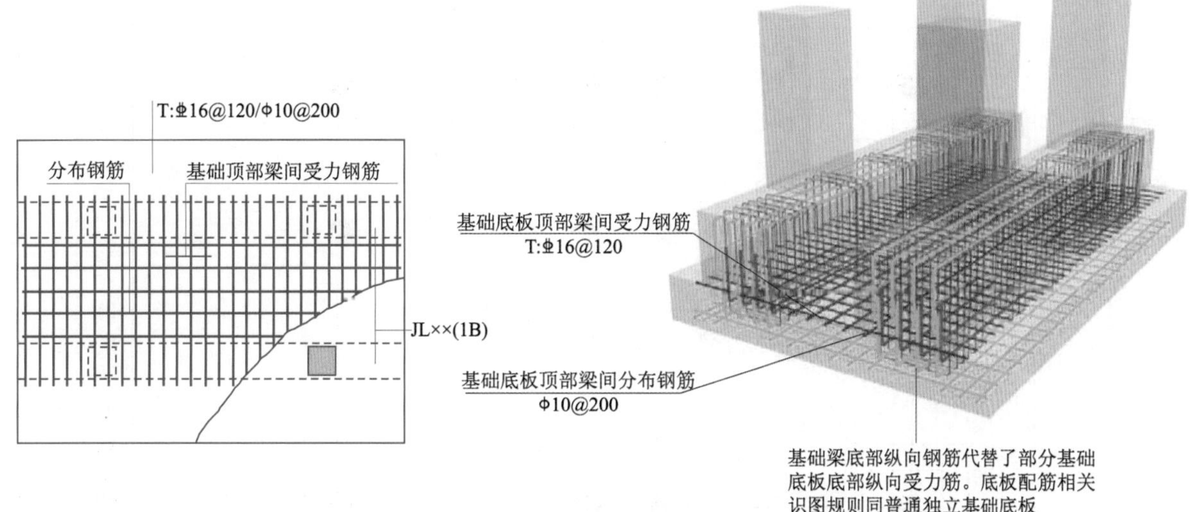

图 7.28 四柱独立基础底板顶部基础梁配筋注写

注：从三维示意图中可以看到四柱独立基础的全部配筋：有基础梁配筋，基础底板上部配筋、下部配筋。同时看得出梁间受力筋与基础梁钢筋的位置关系。

7.1.6 独立基础平法识图案例

独立基础平法识图案例要认真学习独立基础结构施工图平面注写示意与独立基础三维示意图。

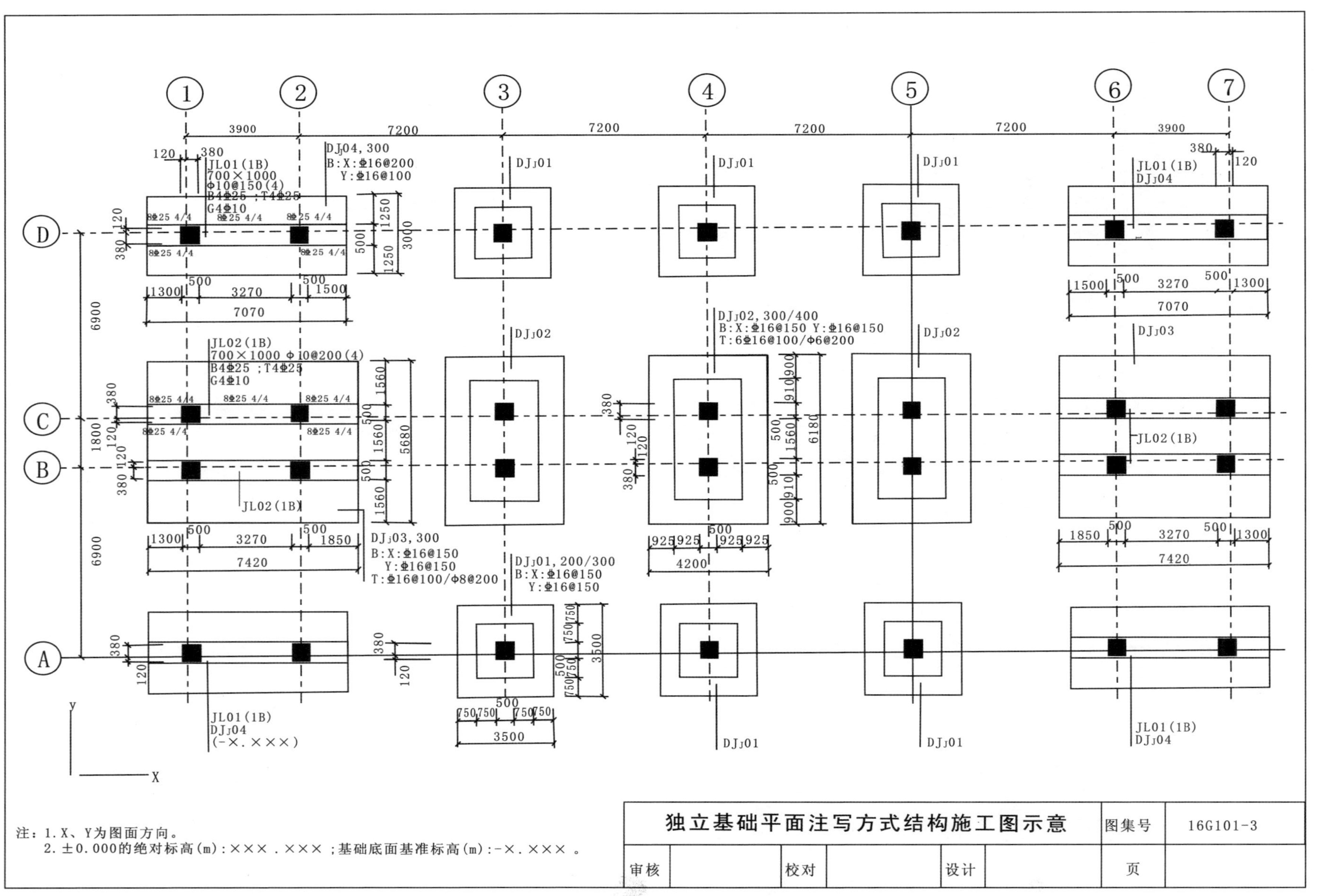

DJJ04,300
B:X:⌀16@200
Y:⌀16@100
JL01(1B)
700×1000
⌀10@150(4)
B4⌀25；T4⌀25
G4⌀10
DJJ01
DJJ02
DJJ03
JL01(1B)
DJJ04
JL02(1B)
700×1000 ⌀10@200(4)
B4⌀25；T4⌀25
G4⌀10
JL02(1B)
DJJ02,300/400
B:X:⌀16@150 Y:⌀16@150
T:6⌀16@100/⌀6@200
DJJ03,300
B:X:⌀16@150
Y:⌀16@150
T:⌀16@100/⌀8@200
DJJ01,200/300
B:X:⌀16@150
Y:⌀16@150
JL01(1B)
DJJ04
(-×.×××)
注：1. X、Y为图面方向。
2. ±0.000的绝对标高(m)：×××.×××；基础底面基准标高(m)：-×.×××。
独立基础平面注写方式结构施工图示意
图集号 16G101-3
审核
校对
设计
页

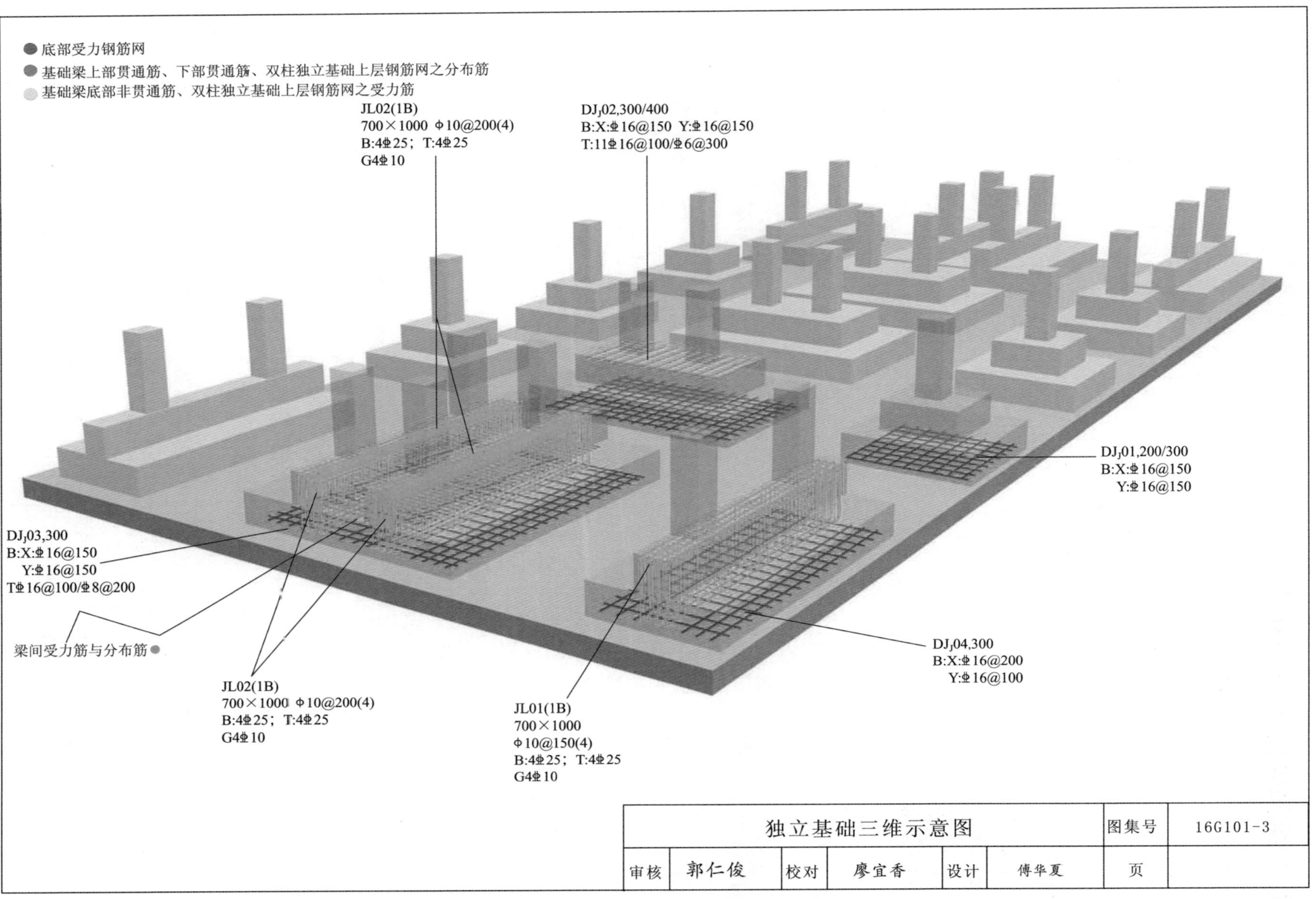

独立基础三维示意图						图集号	16G101-3
审核	郭仁俊	校对	廖宜香	设计	傅华夏	页	

7.2 条形基础平法识图规则

7.2.1 认识钢筋混凝土条形基础

条形基础也称为带形基础，一般基础长度比基础宽度大 10 倍及以上的称为条形基础，条形基础一般布置在轴线上，而且会与其他两条及以上的轴线上的条形基础相交。按上部结构可分为墙下条形基础和柱下条形基础。

7.2.2 条形基础平法施工图识图

1. 条形基础结构施工图注写内容

（1）条形基础平法施工图，有平面注写与截面注写两种表达方式。

（2）条形基础平面布置图，是将条形基础平面与基础所支承的上部结构的柱、墙一起绘制。当基础底面标高不同时，需注明与基础底面基准标高不同之处的范围和标高。

2. 条形基础构件及编号

条形基础编号分为基础梁和条形基础底板编号，按表 7−2 的规定。

表 7−2　条形基础梁及底板编号

类型		代号	序号	跨数及有无外伸
基础梁		JL	××	（××）端部无外伸
条形基础底板	坡形	TJB_P	××	（××A）一端有外伸
	阶形	TJB_J	××	（××B）两端有外伸

注：条形基础通常采用坡形截面或单阶形截面。

3. 条形基础梁的平面注写内容

条形基础梁的平面注写内容分集中标注和原位标注两部分内容。

（1）基础梁集中标注的内容。

基础梁的集中标注内容为：基础梁编号、截面尺寸、配筋三项必注内容，以及基础梁底面标高（与基础底面基准标高不同时）和必要的文字注解两项选注内容。其具体规定如下。

①注写基础梁编号，见表 7-2。

②注写基础梁截面尺寸。注写 $b \times h$ 表示梁截面宽度与高度。当为加腋梁时，用 $b \times h$　$Yc_1 \times c_2$ 表示，其中 c_1 为腋长，c_2 为腋高。

（2）基础梁配筋基础梁箍筋。

①当具体设计仅采用一种箍筋间距时，注写钢筋级别、直径、间距与肢数（箍筋肢数写在括号内，下同）。

②当具体设计采用两种箍筋时，用“/”分隔不同箍筋。

【案例解析 7-10】

6⌀16@100/⌀16@200（4），表示配置两种 HRB400 级箍筋，直径 ⌀16，从梁两端起向梁跨内按间距 100mm 设置 6 道箍筋，梁其余部位的间距为 200mm，均为 4 肢箍，如图 7.29 所示。

③基础梁底部、顶部及侧面纵向钢筋。

a. 以 B 打头，注写梁底部贯通纵筋。当跨中所注根数少于箍筋肢数时，需要在跨中增设梁底部架立筋以固定箍筋，采用“+”将贯通纵筋与架立筋相连，架立筋注写在加号后面的括号内。

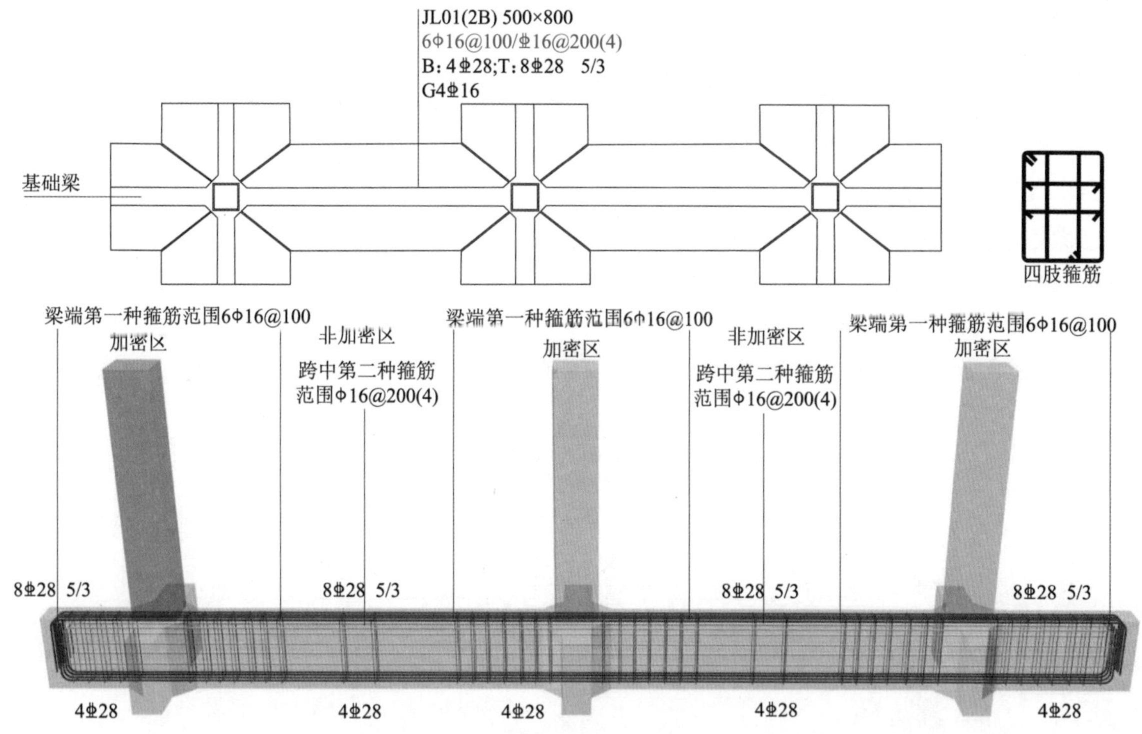

图 7.29 条形基础－基础梁集中标注原位标注三维示意 1

b. 以 T 打头，注写梁顶部贯通纵筋。注写时用分号“；”将底部与顶部贯通纵筋分隔开。

c. 当梁底部或顶部贯通纵筋多于一排时，用“/”将各排纵筋自上而下分开。

【案例解析 7-11】

B: 4Φ28；T:8Φ28 5/3，表示梁底部配置贯通纵筋为 4Φ28；梁顶部配置贯通纵筋上一排为 5Φ28，下一排为 3Φ28，共 8Φ28，如图 7.30 所示。

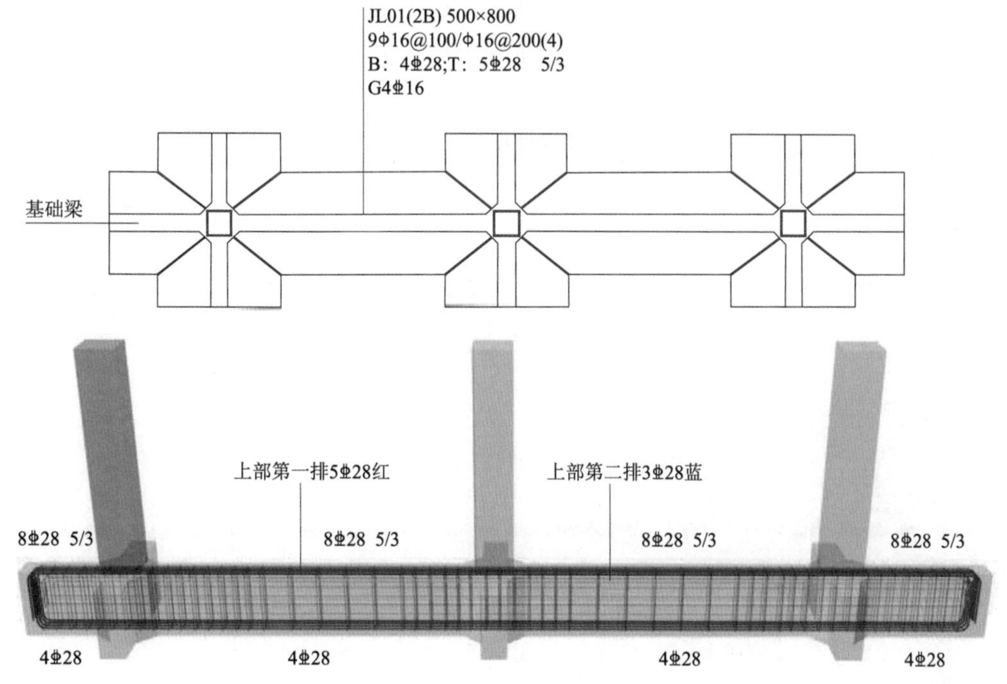

图 7.30 条形基础－基础梁集中标注原位标注三维示意 2

特别提示

基础梁的底部贯通纵筋，可在跨中1/3净跨长度范围内采用搭接连接、机械连接或焊接连接。

基础梁的顶部贯通纵筋，可在距柱根1/4净跨长度范围内采用搭接连接，或在柱根附近采用机械连接或焊接，且应严格控制接头百分率。

d. 以大写字母G打头注写梁两侧面对称设置的纵向构造钢筋的总配筋值（当梁腹板净高 h_w 不小于450mm时，根据需要配置）。

【案例解析7-12】

G4⌀16，表示梁每个侧面配置纵向构造钢筋2⌀16，共配置4⌀16，如图7.31所示。

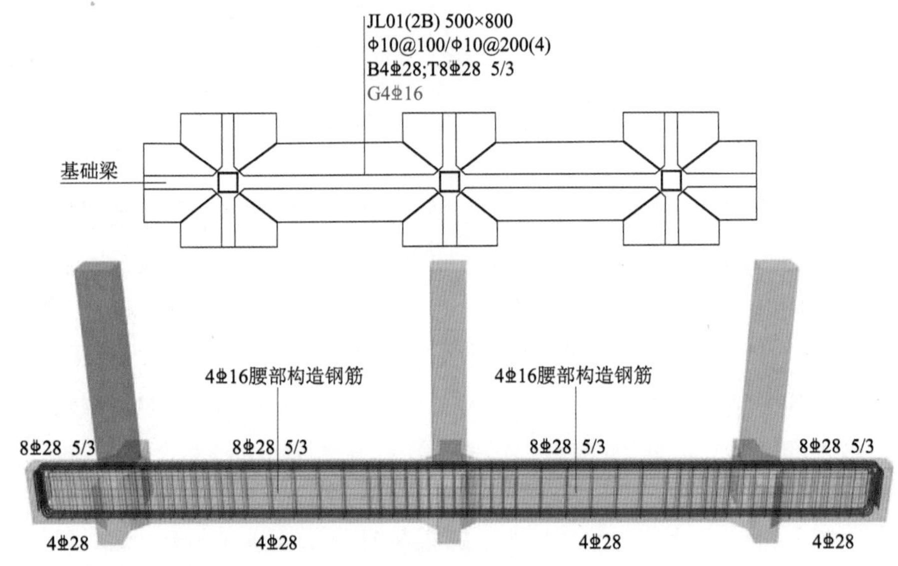

图7.31 条形基础－基础梁集中标注原位标注三维示意3

e. 以B打头，注有梁底部贯通纵筋。当跨中所注根数少于箍筋肢数时，需要在跨中增设梁底部架立筋以固定箍筋，采用"+"将贯通纵筋与架立筋相连，架立筋注写在加号后面的括号内，如图7.32所示。

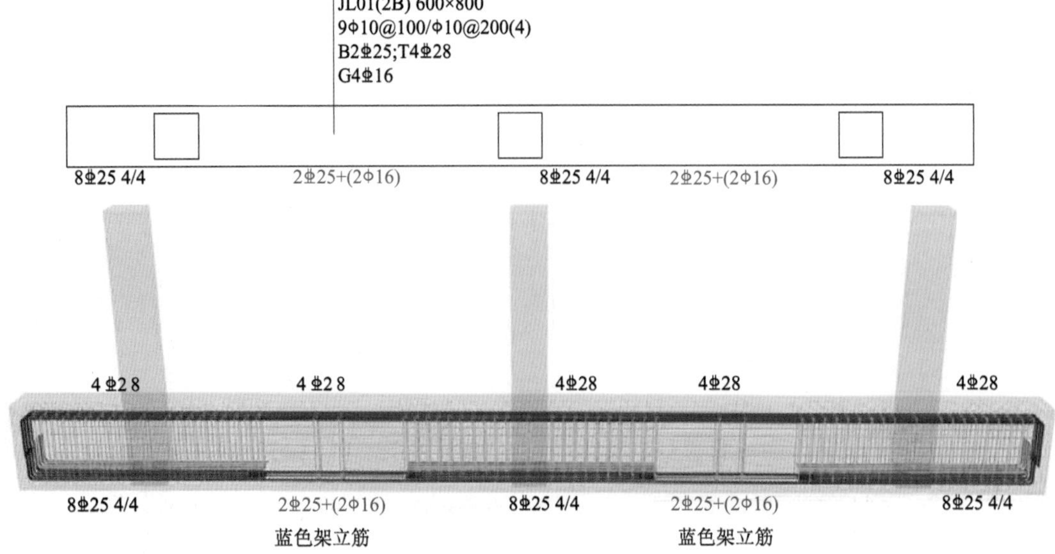

图7.32 条形基础－基础梁集中标注原位标注三维示意4

（3）注写基础梁底面标高。当条形基础的底面标高与基础底面基准标高不同时，将条形基础底面标高注写在“()”内。

7.2.3 基础梁的原位标注

（1）原位标注基础梁端或梁在柱下区域的底部全部纵筋(包括底部非贯通纵筋和已集中注写的底部贯通纵筋)。

①当梁端或梁在柱下区域的底部纵筋多于一排时，用“/”将各排纵筋自上而下分开，如图 7.33 所示。

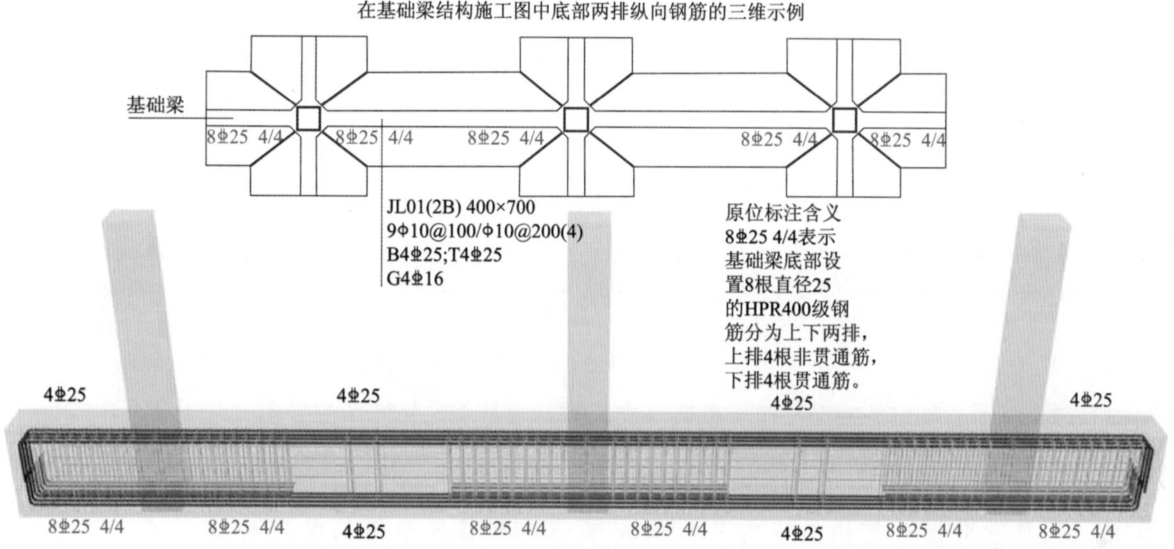

图 7.33　条形基础 – 基础梁集中标注原位三维示意 5

②当同排纵筋有两种直径时，用“+”将两种直径的纵筋相连，如图 7.34 所示。

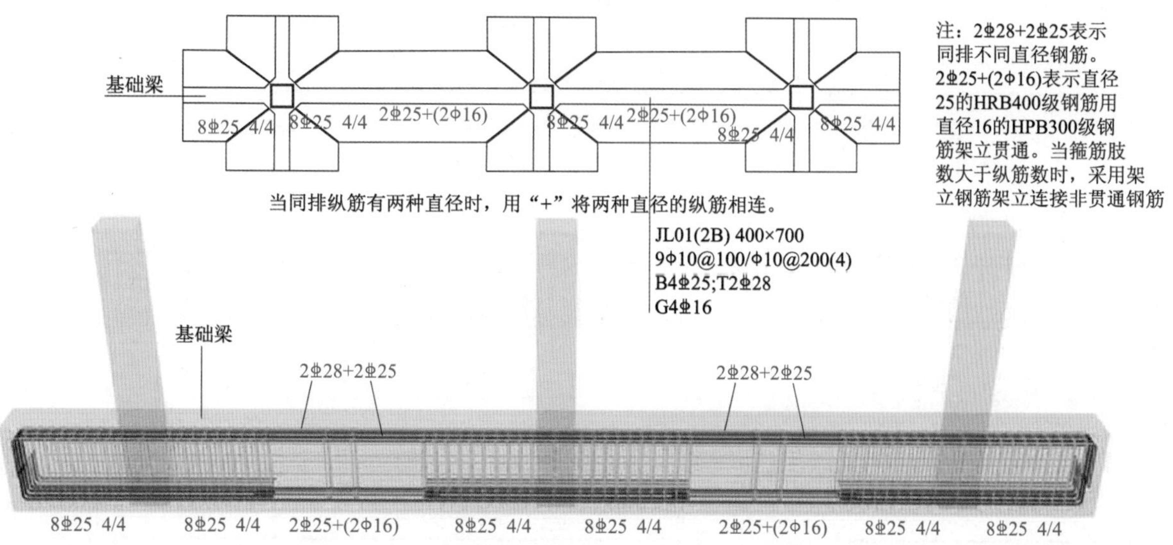

图 7.34　条形基础 – 基础梁集中标注原位三维示意 6

③当梁中间支座或梁在柱下区域两边的底部纵筋配置不同时，需在支座两边分别标注；当梁中间支座两边的底部纵筋相同时，可仅在支座的一边标注。

④当梁端（柱下）区域的底部全部纵筋与集中注写过的底部贯通纵筋相同时，可不再重复做原位标注。

（2）原位注写基础梁的附加箍筋或（反扣）吊筋。当两向基础梁十字交叉位置无柱时，应根据抗力需要设置附加箍筋，如图 7.35 所示。

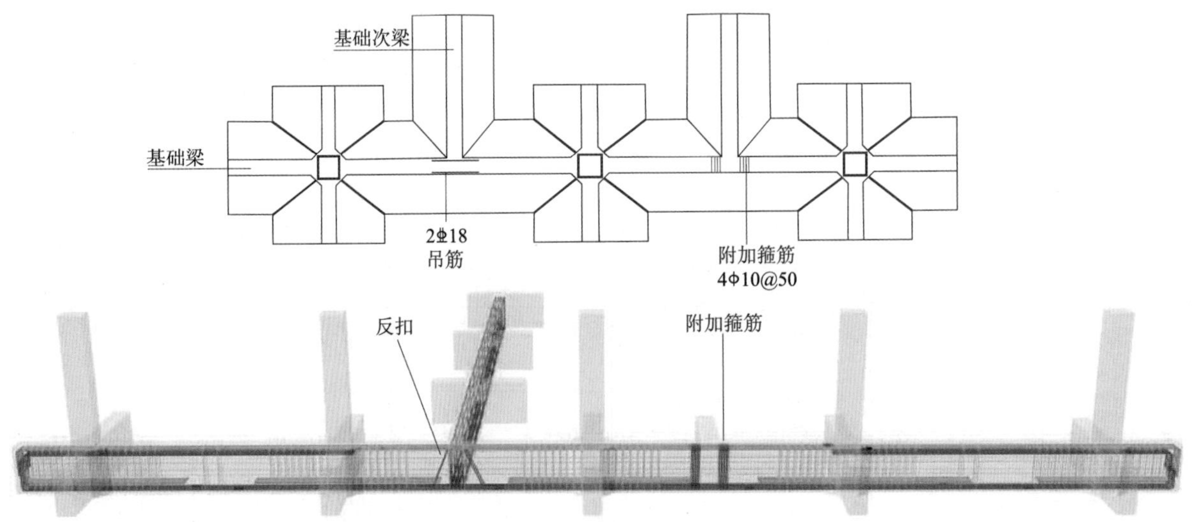

图 7.35　条形基础－基础梁吊筋附加箍筋三维示意

（3）原位注写基础梁外伸部位的变截面高度尺寸。当基础梁外伸部位采用变截面高度时，在该部位原位注写 $b \times h_1/h_2$，h_1 为根部截面高度，h_2 为尽端截面高度。

7.2.4　基础梁底部非贯通纵筋的长度规定基础梁非贯通纵筋的伸出长度

凡基础梁柱下区域底部非贯通纵筋的伸出长度 a_0 值，当配置不多于两排时，在标准构造详图中统一取值为自柱边向跨内伸出至 $L_n/3$ 位置；当非贯通纵筋配置多于两排时，从第三排起向跨内的伸出长度值应由设计者注明。L_n 的取值规定为：边跨边支座的底部非贯通纵筋，L_n 取本边跨的净跨长度值；对于中间支座的底部非贯通纵筋，L_n 取支座两边较大一跨的净跨长度值，如图 7.36 所示。

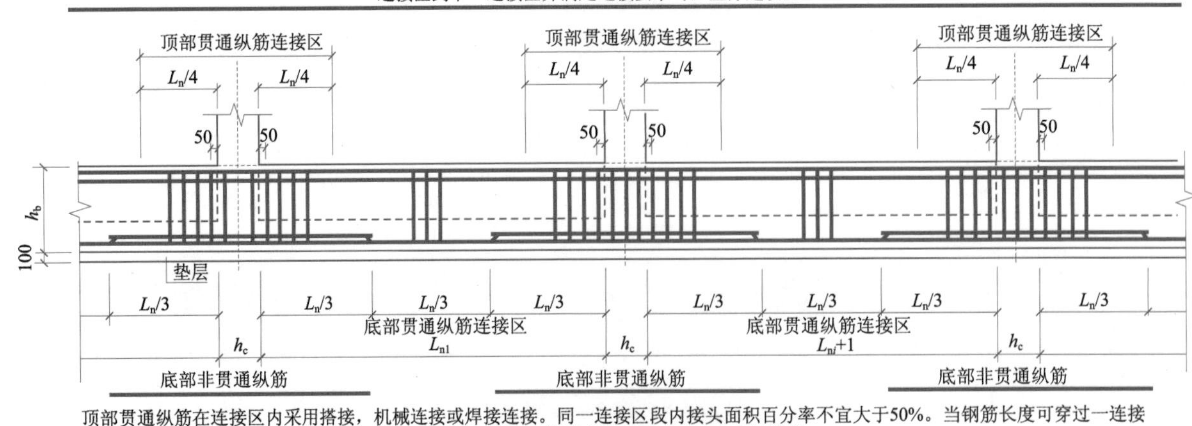

图 7.36　条形基础－基础梁集中标注三维钢筋构造

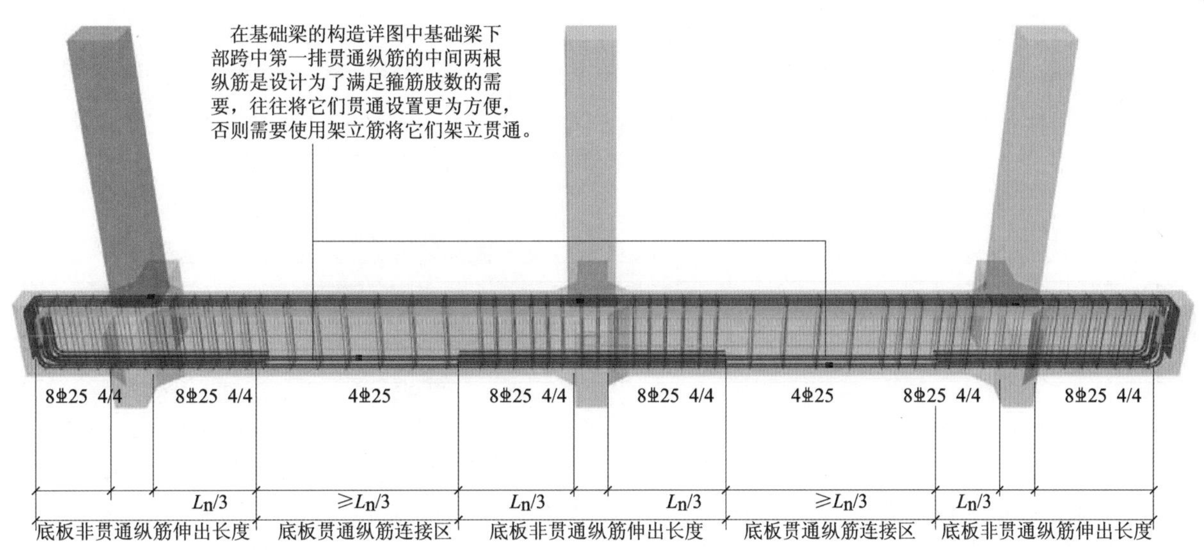

图 7.36 条形基础 - 基础梁集中标注三维钢筋构造（续）

7.2.5 条形基础底板的结构施工图识读

1. 条形基础底板的注写内容

条形基础底板 TJB_P、TJB_J 的平面注写方式，分集中标注和原位标注两部分内容。

2. 条形基础底板集中标注的内容

条形基础底板的集中标注内容为：条形基础底板编号、截面竖向尺寸、配筋三项必注内容，以及条形基础底板底面标高（与基础底面基准标高不同时）、必要的文字注解两项选注内容。

素混凝土条形基础底板的集中标注，除无底板配筋内容外与钢筋混凝土条形基础底板相同。其具体规定如下。

（1）注写条形基础底板编号。条形基础底板向两侧的截面形状通常有两种，见表 7-2。

①阶形截面，编号加下标“J”，如 TJB_J，××(××)

②坡形截面，编号加下标“P”，如 TJB_P，××(××)。

（2）条形基础底板截面竖向尺寸。

①当条形基础底板为坡形截面时，注写为 h_1/h_2，见图 7.37。

【案例解析 7-13】

当条形基础底板为坡形截面 TJB_P××，其截面竖向尺寸注写为 300/250 时，表示 h_1=300mm、h_2=250mm，基础底板根部总厚度为 550mm。

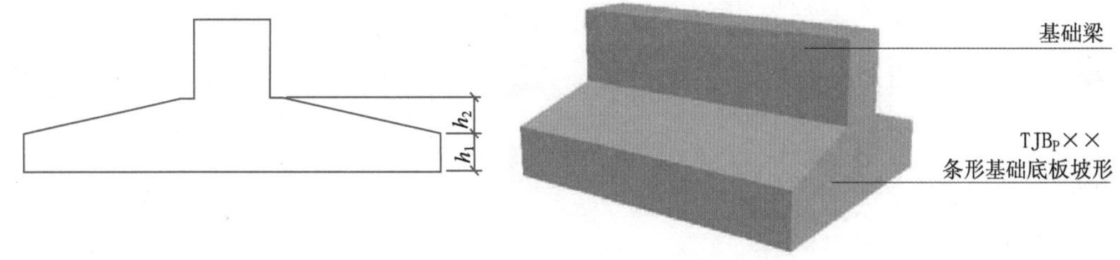

图 7.37 条形基础底板坡形截面竖向尺寸

②当条形基础底板为阶形截面时，见图 7.38。

【案例解析 7-14】

当条形基础底板为阶形截面 TJB$_J$××，其截面竖向尺寸注写为 300 时，表示 h_1=300mm，且为基础底板总厚度。

案例解析 7-13 及图 7.38 为单阶，当为多阶时各阶尺寸自下而上以“/”分隔顺写。

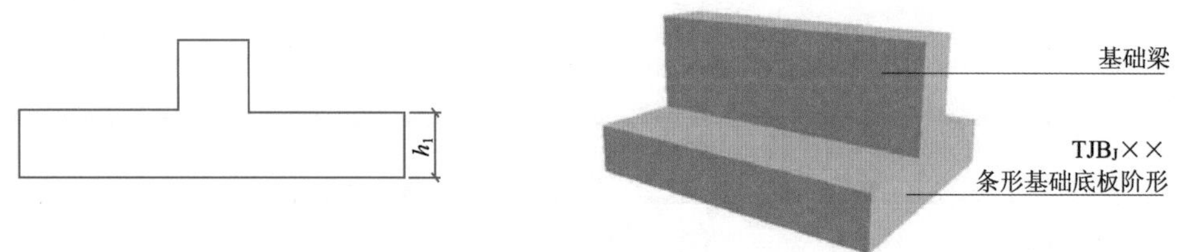

图 7.38　条形基础底板阶形截面竖向尺寸

（3）条形基础底板底部及顶部配筋。

以 B 打头，是条形基础底板底部的横向受力钢筋；以 T 打头，是写条形基础底板顶部的横向受力钢筋；注写时，用“/”分隔条形基础底板的横向受力钢筋与构造配筋，如图 7.39 和图 7.40 所示。

【案例解析 7-15】

当条形基础底板配筋标注为：B:⏀14@150/ϕ8@250；表示条形基础底板底部配置 HRB400 级横向受力钢筋，直径为⏀14，分布间距为 150mm；配置 HPB300 级构造钢筋，直径为 ϕ8，分布间距为 250mm。条形基础底板底部配筋如图 7.39 所示。

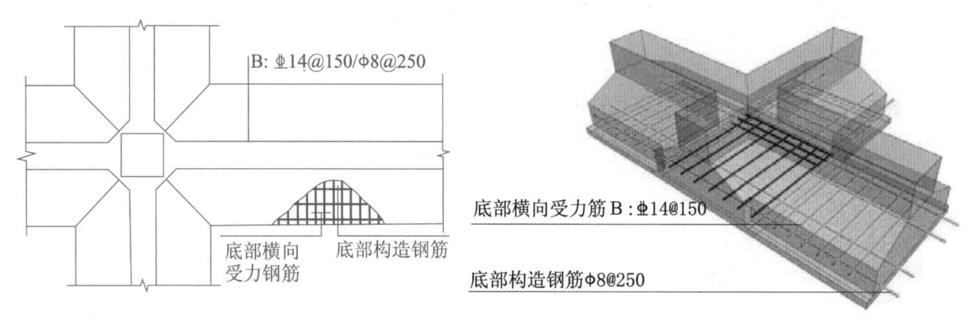

图 7.39　条形基础底板底部配筋

【案例解析 7-16】

当为双梁（或双墙）条形基础底板时，除在底板底部配置钢筋外，一般尚需在两根梁或两道墙之间的底板顶部配置钢筋，其中横向受力钢筋的锚固从梁的内边缘（或墙边缘）起算，如图 7.40 所示。

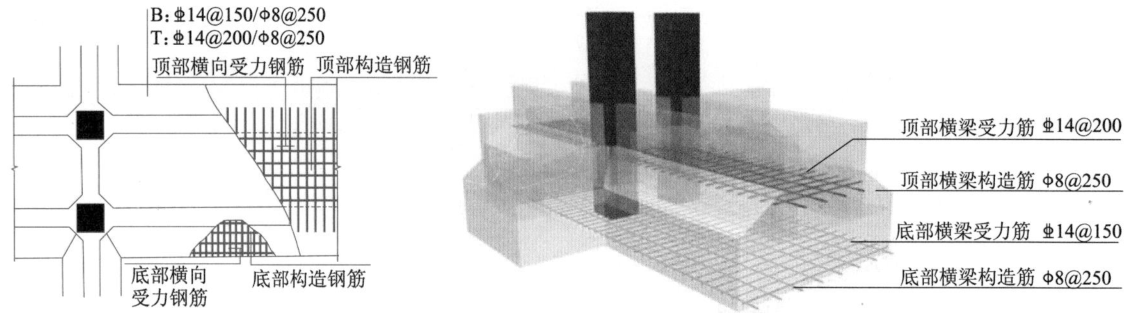

图 7.40　双梁条形基础底板底部配筋

（4）注写条形基础底板底面标高（选注内容）。当条形基础底板的底面标高与条形基础底面基准标高不同时，应将条形基础底板底面标高注写在“(　　)”内。

3. 条形基础底板的原位标注规定

原位注写条形基础底板的平面尺寸。原位标注 b、b_i，i=1，2，…，其中，b 为基础底板总宽度，h 为基础底板台阶的宽度，如图 7.41 所示。

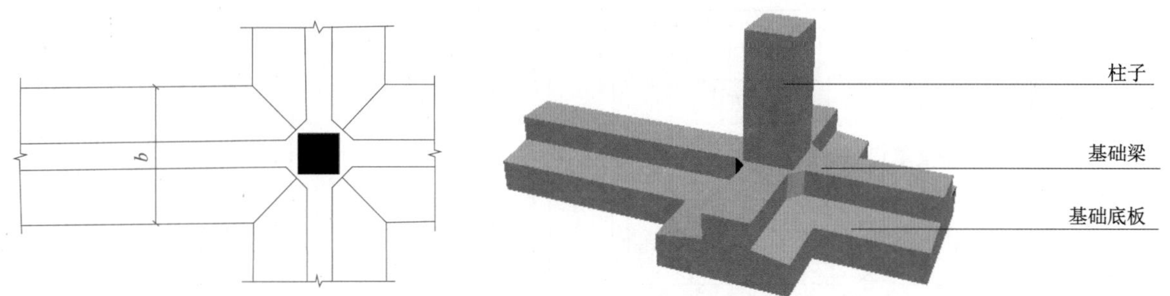

图7.37　条形基础底板平面尺寸原位标注

7.2.6 条形基础平法识图案例三维详解

在识读条形基础平面注写方式案例时候应先理解条形基础标准钢筋构造详图三维示意图。条形基础平法识图规则以及条形基础的相关受力特点与使用范围搞清设计意图。识读条形基础平法施工图宜按照图名、轴线尺寸、条形基础尺寸，条形基础集中标注的顺序结合详图三维示意图识读。

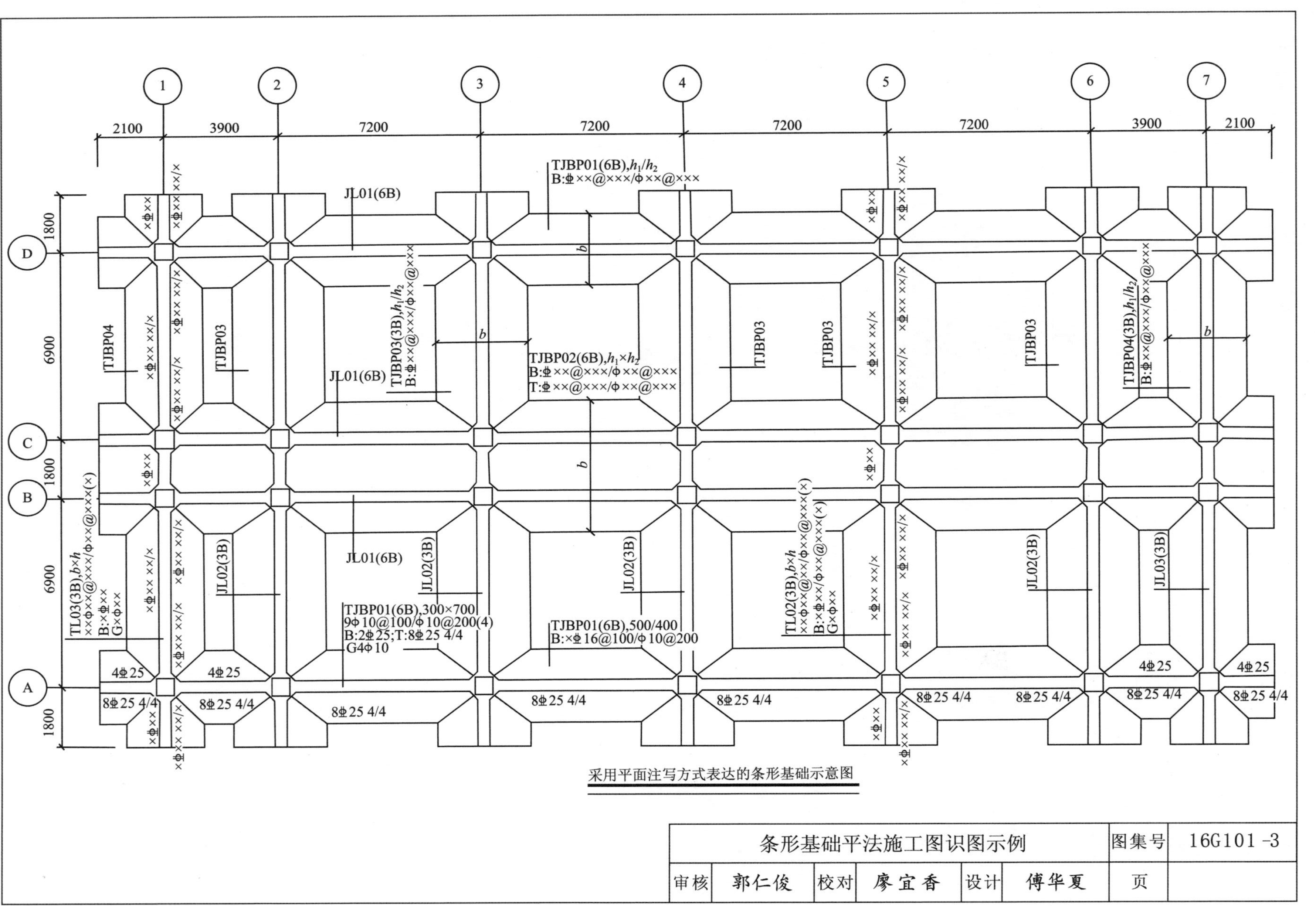

2100
3900
7200
7200
7200
7200
3900
2100
1800
6900
1800
6900
1800
TJBP01(6B),h_1/h_2
B:⌀××@×××/φ××@×××
JL01(6B)
TJBP04
TJBP03
TJBP03(3B),h_1/h_2
B:⌀××@×××/φ××@×××
TJBP02(6B),$h_1×h_2$
B:⌀××@×××/φ××@×××
T:⌀××@×××/φ××@×××
TJBP03
TJBP03
TJBP03
TJBP04(3B),h_1/h_2
B:⌀××@×××/φ××@×××
TL03(3B),b×h
××φ××@×××/φ××@×××(×)
B:×⌀××
G×φ××
JL02(3B)
TJBP01(6B),300×700
9φ10@100/φ10@200(4)
B:2⌀25;T:8⌀25 4/4
G4φ10
TJBP01(6B),500/400
B:×⌀16@100/φ10@200
TL02(3B),b×h
××φ××@××/φ××@×××(×)
B:×⌀××/φ××@×××(×)
G×φ××
JL03(3B)
4⌀25
8⌀25 4/4
采用平面注写方式表达的条形基础示意图
条形基础平法施工图识图示例
图集号
16G101-3
审核
郭仁俊
校对
廖宜香
设计
傅华夏
页

条形基础梁集中标注含义示例

JL01(6B) 600×1000
9ϕ10@100/ϕ10@200(4)
B:4Φ25;T:8Φ25 4/4
G:8Φ10
表示 01 基础梁，6 跨，两边有外伸，梁的截面尺寸为 600×1000，9ϕ10@100/ϕ10@200(4)，表示每一跨基础梁两端加密区设置 9 个直径为 10 的 HPB300 级箍筋，间距为 100;
非加密区的间距为
ϕ10@200(4)
表示基础梁跨中布置直径为 10 的 HPB300 钢筋，按照 200 间距布置。均为 4 肢箍。B:4Φ25 表示基础梁底部配置 4 根直径为 25 的 HRB400 级的纵向钢筋。T8Φ25 4/4 表示基础梁上部设置 8 根直径为 25 的 HRB400 纵向受力钢筋，并分为上下两排，上排 4 根下排 4 根。G:8Φ16 表示梁中部配置的构造筋为 8 根直径为 16 的 HRB400 级钢筋，每边 4 根。

JL02(3B) $b \times h$
××ϕ××@×××/ϕ××@×××(×)
B:×Φ××;G:×Φ××
表示 02 基础梁，3 跨，两边有外伸，梁的截面尺寸为 $b \times h$，××ϕ××@×××/ϕ××@×××(×)，表示箍筋加密区间距为 ××ϕ××@×××；非加密区的间距为 ϕ××@×××(×)，均为 × 肢箍。
B:×Φ×× 表示梁底部配置钢筋为 ×Φ×× G:×Φ×× 表示梁中部配置构造筋为 ×Φ××。

JL03(3B) $b \times h$
××ϕ××@×××/ϕ××@×××(×)
B:×Φ××;G:×Φ××
表示 03 基础梁，3 跨，两边有外伸，梁的截面尺寸为 $b \times h$，××ϕ××@×××/ϕ××@×××(×)
表示箍筋加密区的间距为 ××ϕ××@×××；非加密区的间距为 ϕ××@×××(×)，均为 × 肢箍。B:×Φ×× 表示梁底部配置钢筋为 ×Φ××;G:×Φ××，表示梁中部配置构造筋为 ×Φ××。

TJBp01(6B),500/400
B:Φ16@100/ϕ10@200
表示 01 条形基础底板坡形，6 跨，两边有外伸，截面高度尺寸为 500/400，
B:Φ16@100/ϕ10@200
表示条基板底配置 16 的 HRB400 级受力钢筋，按照 100 的间距布置
分布钢筋为 HPB300 级钢筋按照 200 间距布置。

TJBp02(6B)，h_1/h_2
B:Φ××@×××/ϕ×@×××
T:Φ××@×××/ϕ×@×××
表示 02 条形基础底板坡形，6 跨，两边有外伸，底板截面竖向高度为 h_1/h_2;B:Φ××@×××/ϕ×@×××
表示条形基础底板底部配置的横向受力钢筋以及布置间距为 Φ××@××；配置的构造钢筋及布置间距为 ϕ×@×××;T:Φ××@×××/ϕ×@×××，表示条形基础上部配置的横向受力钢筋及布置间距为 Φ××@××；配置的构造钢筋钢筋以及布置间距为 ϕ×@×××。

TJBp03(3B)，h_1/h_2
B:Φ××@×××/ϕ×@×××
表示 03 条形基础底板坡形，3 跨，两边有外伸，底板截面竖向高度为 h_1/h_2;B:Φ××@×××/ϕ×@×××
表示条形基础底板底部配置的横向受力钢筋及布置间距为 Φ××@××；配置的构造钢筋钢筋及布置间距为 ϕ×@×××。

TJBp04(3B)，h_1/h_2
B:Φ××@×××/ϕ×@×××
表示 04 条形基础底板坡形，3 跨，两边有外伸，底板截面竖向高度为 h_1/h_2;B:Φ××@×××/ϕ×@×××
表示条形基础底板底部配置的横向受力钢筋及布置间距为 Φ××@××；配置的构造钢筋钢筋及布置间距为 ϕ×@×××。

注：±0.000 的绝对标高(m)；基础底面标高(m)：－×.×××。

条形基础平法施工图集中标注的注解						图集号	16G101-3
审核	郭仁俊	校对	廖宜香	设计	傅华夏	页	

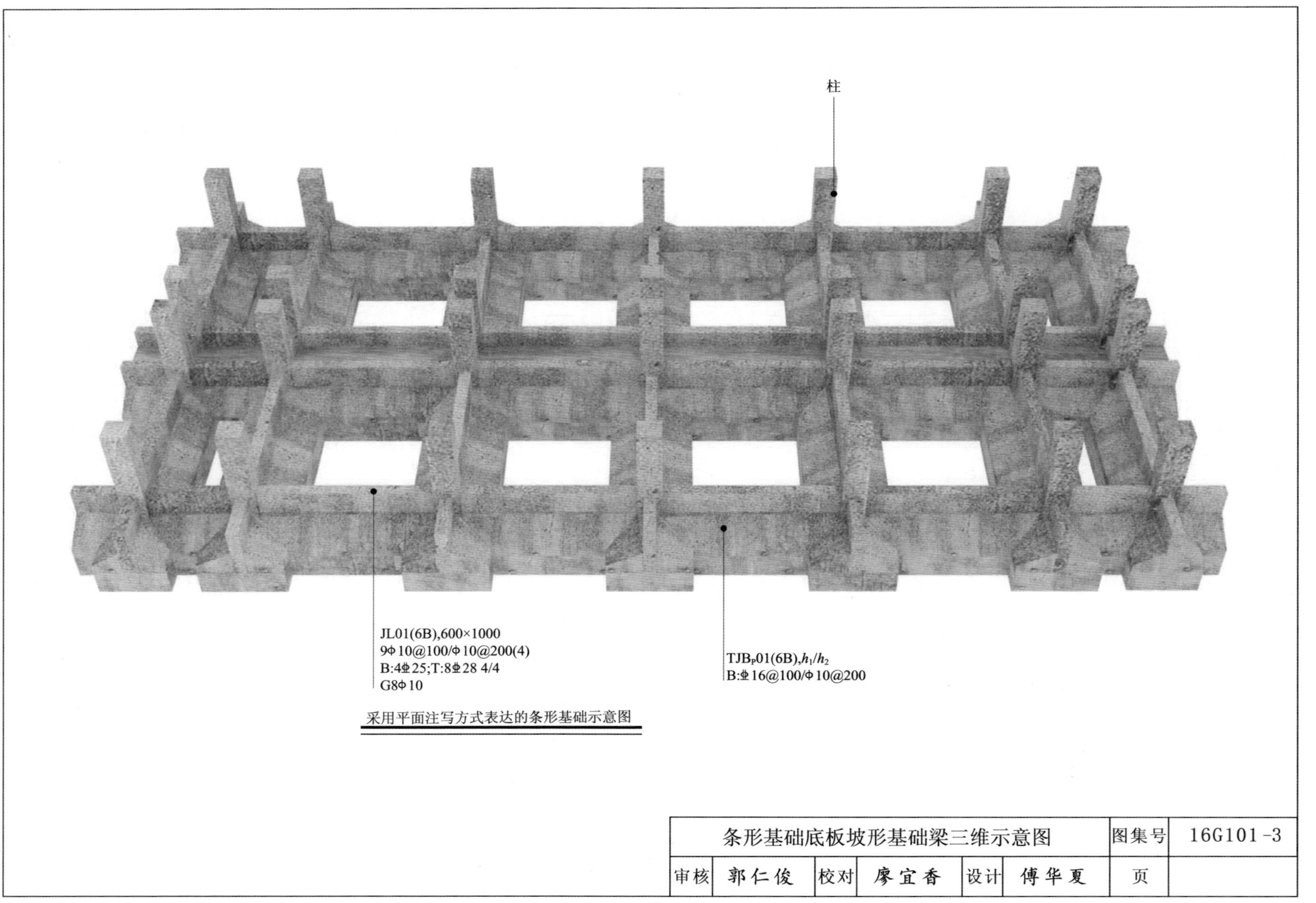

采用平面注写方式表达的条形基础示意图

条形基础底板坡形基础梁三维示意图						图集号	16G101-3
审核	郭仁俊	校对	廖宜香	设计	傅华夏	页	

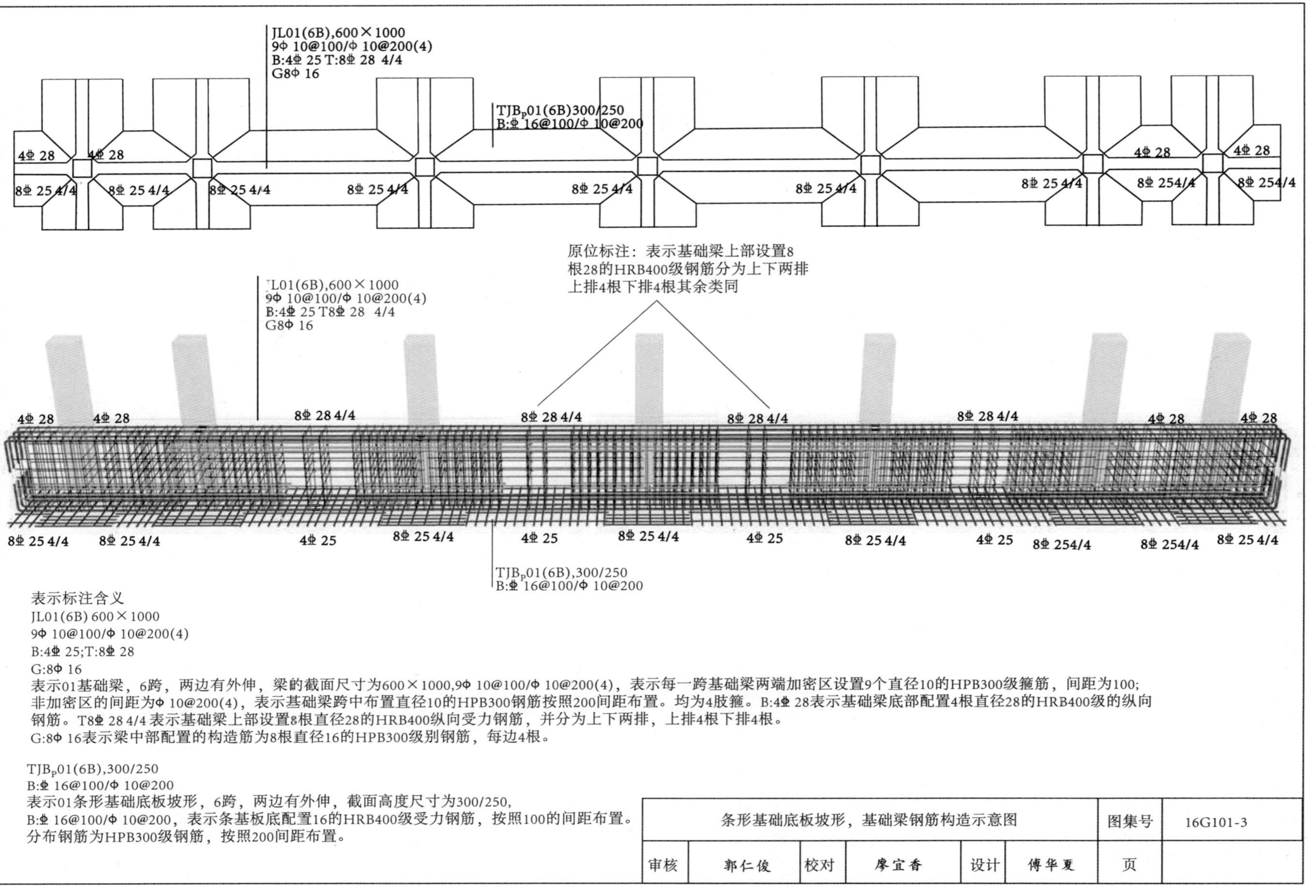

表示标注含义

JL01(6B) 600×1000

9Φ 10@100/Φ 10@200(4)

B:4⌀ 25;T:8⌀ 28

G:8Φ 16

表示01基础梁，6跨，两边有外伸，梁的截面尺寸为600×1000,9Φ 10@100/Φ 10@200(4)，表示每一跨基础梁两端加密区设置9个直径10的HPB300级箍筋，间距为100;非加密区的间距为Φ 10@200(4)，表示基础梁跨中布置直径10的HPB300钢筋按照200间距布置。均为4肢箍。B:4⌀ 28表示基础梁底部配置4根直径28的HRB400级的纵向钢筋。T8⌀ 28 4/4 表示基础梁上部设置8根直径28的HRB400纵向受力钢筋，并分为上下两排，上排4根下排4根。

G:8Φ 16表示梁中部配置的构造筋为8根直径16的HPB300级别钢筋，每边4根。

TJB$_p$01(6B),300/250

B:⌀ 16@100/Φ 10@200

表示01条形基础底板坡形，6跨，两边有外伸，截面高度尺寸为300/250,

B:⌀ 16@100/Φ 10@200，表示条基板底配置16的HRB400级受力钢筋，按照100的间距布置。分布钢筋为HPB300级钢筋，按照200间距布置。

条形基础底板坡形，基础梁钢筋构造示意图						图集号	16G101-3
审核	郭仁俊	校对	廖宜香	设计	傅华夏	页	

7.3 梁板式筏形基础结构施工图识图

筏型基础

7.3.1 认识钢筋混凝土筏形基础

筏形基础又称片筏基础、筏板基础。当建筑物上部荷载较大而地基承载能力又比较弱时，用简单的独立基础或条形基础已不能适应地基变形的需要，这时常将墙或柱下基础连成一片，使整个建筑物的荷载承受在一块整板上，这种满堂式的板式基础称筏形基础。筏形基础由于其底面积大，故可减小基底压力，同时也可提高地基土的承载力，并能更有效地增强基础的整体性，调整不均匀沉降。

7.3.2 梁板式筏形基础平法施工图的识图

梁板式筏形基础平法施工图，是在基础平面布置图上采用平面注写方式进行表达。

7.3.3 梁板式筏形基础的构件类型及编号

梁板式筏形基础由基础主梁，基础次梁，基础平板等构成，编号按表 7-3 规定。

表 7-3 梁板式筏形基础构件编号

构建类型	代号	序号	跨数及有无外伸
基础主梁（柱下）	JL	××	（××）或（××A）或（××B）
基础次梁	JCL	××	（××）或（××A）或（××B）
梁板筏形基础平板	LPB	××	

注：1.(××A) 为一端有外伸，(××B) 为两端有外伸，外伸不计入跨数。
2. 梁板式筏形基础平板跨数及是否有外伸分别在 X、Y 两向的贯通纵筋之后表达。图面从左至右为 X 向，从下至上为 Y 向。
3. 梁板式筏形基础主　梁与条形基础梁编号与标准构造详图一致。

7.3.4 梁板式筏形基础构件编号的定义

基础主梁 (JL)。基础梁就是在地基持力层上的地梁。基础梁一般用于框架结构、框架剪力墙结构，框架柱落于基础梁上或基础梁交叉点上，其主要作用是作为上部建筑的基础，将上部荷载传递到地基上。基础梁是指直接以垫层顶为底模板的梁。如图 7.42 所示为基础主梁、基础次梁、梁板式筏形基础平板。

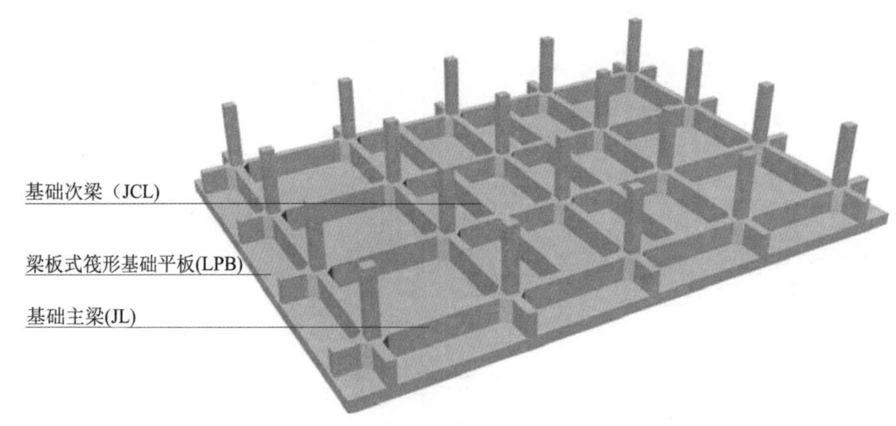

图 7.42 基础主梁、基础次梁、梁板式筏形基础平板

基础次梁 (JCL)。基础次梁没有固定支座，就是没有固定的柱或承台之类的构件作支承受力点，

其次是两端加立于结构主梁上。在次基础梁上，物体的承重是先通过次梁受力，将力传到主梁再传到基础中的柱子。它的作用是使建筑物体的承载力均匀荷载，减少不均匀沉降。

梁板式筏形基础平板 (LPB) 如图 7.42 所示。

7.3.5 梁板式筏形基础的基础主梁与基础次梁结构施工图

1. 基础梁的平面注写内容

基础主梁（JL）与基础次梁（JCL）的平面注写，分集中标注与原位标注两部分内容。

2. 基础梁的集中标注

基础主梁（JL）与基础次梁（JCL）的集中标注内容为 : 基础梁编号、截面尺寸、配筋三项必注内容，以及基础梁底面标高高差（相对于筏形基础平板底面标高）一项选注内容。其具体规定如下。

（1）注写基础梁的编号，见表 7-3。

（2）注写基础梁的截面尺寸。以 $b \times h$ 表示梁截面宽度与高度；当为加腋梁时，用 $b \times h$ Y$c_1 \times c_2$ 表示，其中 c_1 为腋长，c_2 为腋高。

（3）基础梁的配筋，基础梁箍筋。

①注写基础梁箍筋。

a. 当采用一种箍筋间距时，注写钢筋级别、直径、间距与肢数（写在括号内）。

b. 当采用两种箍筋时，用“/”分隔不同箍筋。

【案例解析 7-17】

6ф10@100/ф10@200 (4)，表示箍筋为 HPB300 级钢筋，直径为 10mm，从每一跨梁端向跨内，间距为 100mm，设置 6 道，其余间距为 200mm，均为四肢箍，如图 7.43 所示。

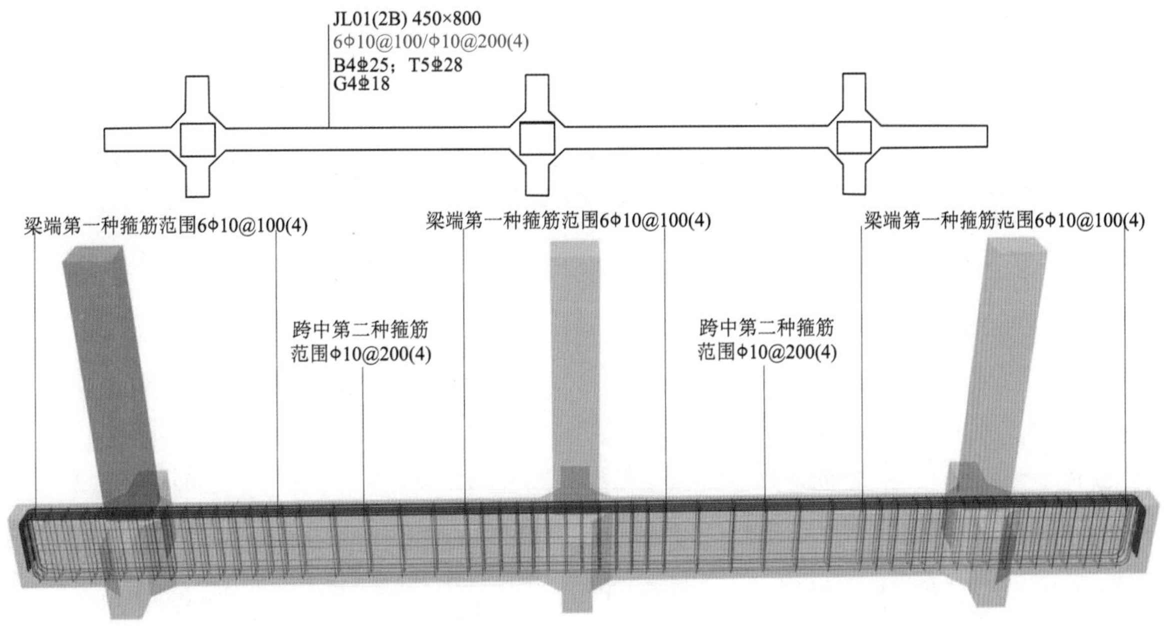

图 7.43　梁板式筏形基础－基础梁集中标注原位标注三维钢筋示意 1

②注写基础梁的底部、顶部及侧面纵向钢筋。

a. 以 B 打头，是梁底部贯通纵筋。

b. 以 T 打头，是梁顶部贯通纵筋值。注写时用分号“；”将底部与顶部纵筋隔开。

【案例解析 7-18】

B: 4⏀25；T: 5⏀28，表示梁的底部配置 B: 4⏀25 的贯通纵筋，梁的顶部配置 T: 5⏀28 的贯通纵筋，如图 7.44 所示。

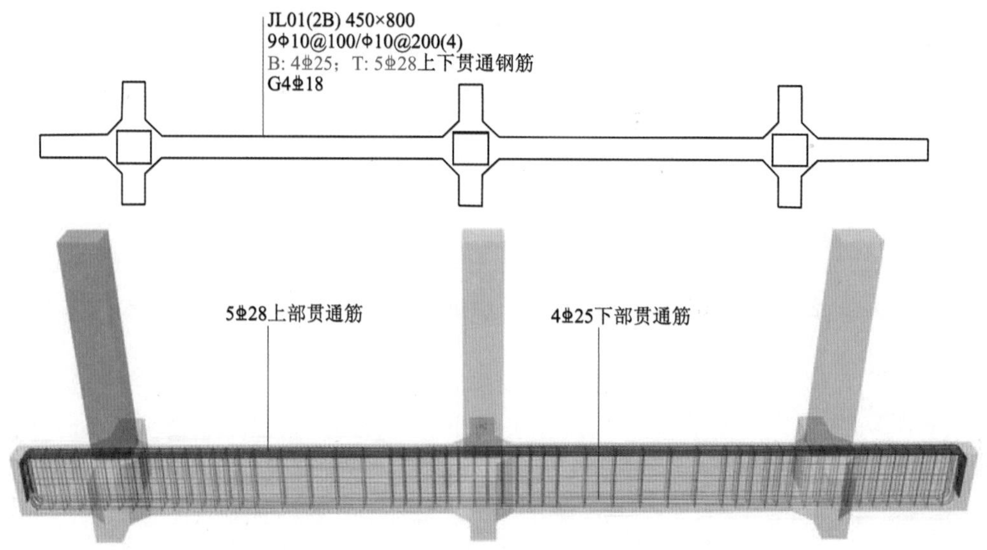

图 7.44　梁板式筏形基础－基础梁集中标注原位标注三维钢筋示意 2

③当梁底部或顶部贯通纵筋顶多于一排时，用斜线“/”，将各排纵筋自上而下分开。

【案例解析 7-19】

梁底部支座负筋注写为 B: 8⏀28　4/4，则表示上一排纵筋为 4⏀28，下一排纵筋为 4⏀28，如图 7.45 所示。

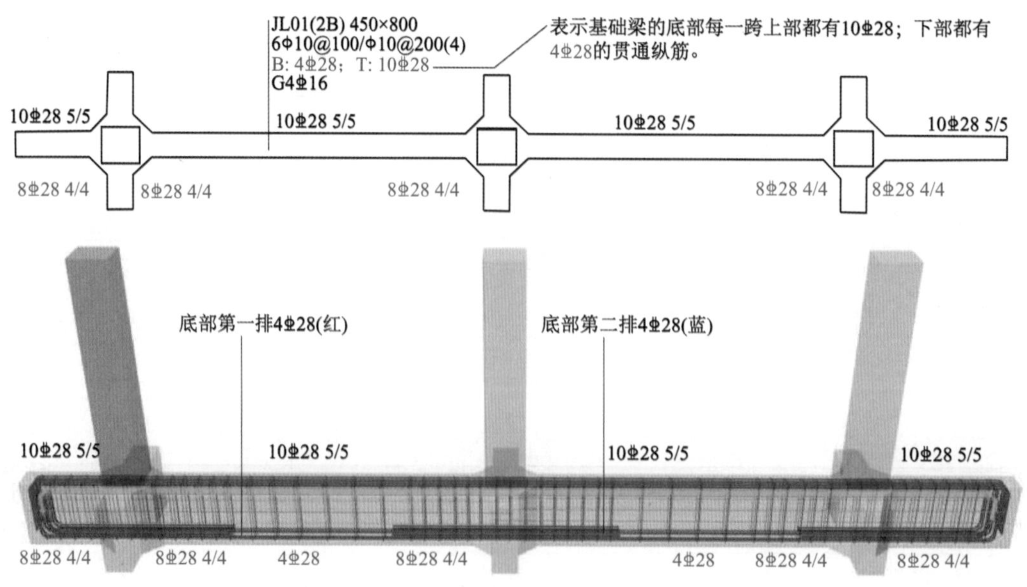

图 7.45　梁板式筏形基础－基础梁集中标注原位标注三维钢筋示意 3

④以大写字母 G 打头注写基础梁两侧面对称设置的纵向构造钢筋的总配筋值（当梁腹板高度 h_w 不小于 450mm 时，根据需要配置）。

【案例解析 7-20】

G4⌽16 表示梁的两个侧面共配置 4⌽16 的纵向构造钢筋，每侧各配置 2⌽16，如图 7.46 所示。

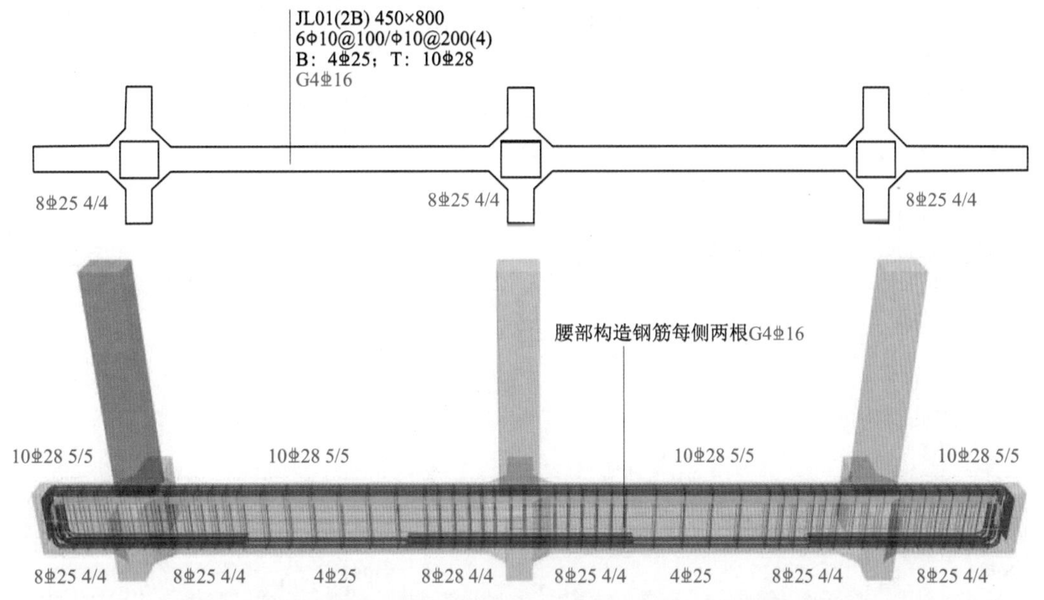

图 7.46　梁板式筏形基础 - 基础梁集中标注原位标注三维钢筋示意 4

注：集中标注表示基础梁每一跨共有的钢筋信息，例如本案例中基础梁每一跨截面尺寸都是 450×800，每一跨箍筋都是 6Φ10@100/Φ10@200(4)，每一跨上部都有 10⌽28；下部都有 4⌽25 的纵向钢筋，每一跨特有的钢筋信息用原位标注表达，原位标注内容，包含了集中标注内容。

⑤当需要配置抗扭纵向钢筋时，梁两个侧面设置的抗扭纵向钢筋以 N 打头。抗扭钢筋与构造钢筋受力不同，锚固长度不同。

【案例解析 7-21】

N4⌽22，表示梁的两个侧面共配置 4⌽22 的纵向抗扭钢筋，沿截面周边均匀对称设置，如图 7.47 所示。

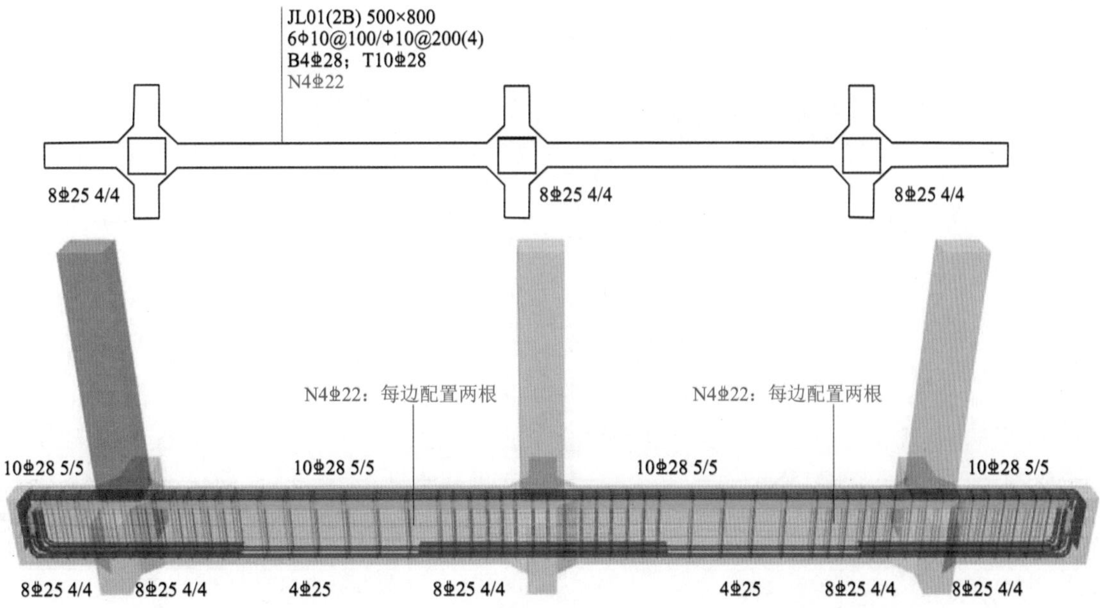

图 7.47　梁板式筏形基础 - 基础梁集中标注原位标注三维钢筋示意 5

7.3.6 基础主梁与基础次梁的原位标注规定

注写梁端（支座）区域的底部全部纵筋。

（1）当梁端（支座）区域的底部纵筋多于一排时，用斜线“/”将各排纵筋自上而下分开。

【案例解析 7-22】

梁端(支座)区域底部纵筋注写为 8⌀25 4/4,则表示上一排纵筋为 4⌀25,下一排纵筋为 4⌀25,如图 7.48 所示。

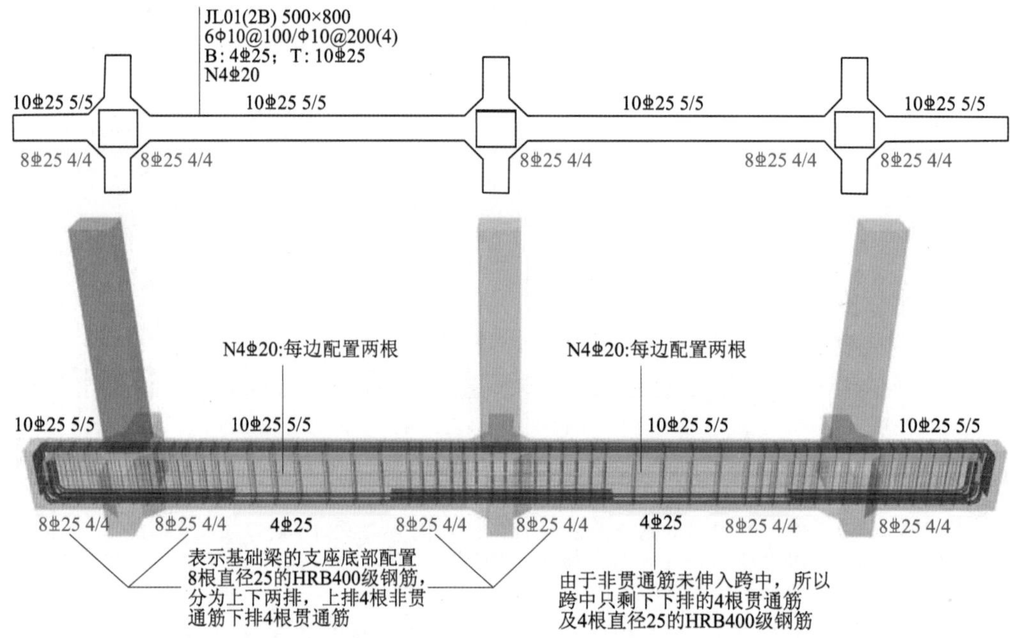

图 7.48 梁板式筏形基础－基础梁集中标注原位标注三维钢筋示意 6

注：基础梁原位标注是指基础梁各跨中特有的钢筋信息，原位标注的内容包含了集中标注的内容。

（2）当同排纵筋有两种直径时，用加号“+”将两种直径的纵筋相连。

【案例解析 7-23】

梁端(支座)区域底部纵筋注写为 2⌀28+3⌀25,表示同排纵筋由两种不同直径钢筋组合,如图 7.49 所示。

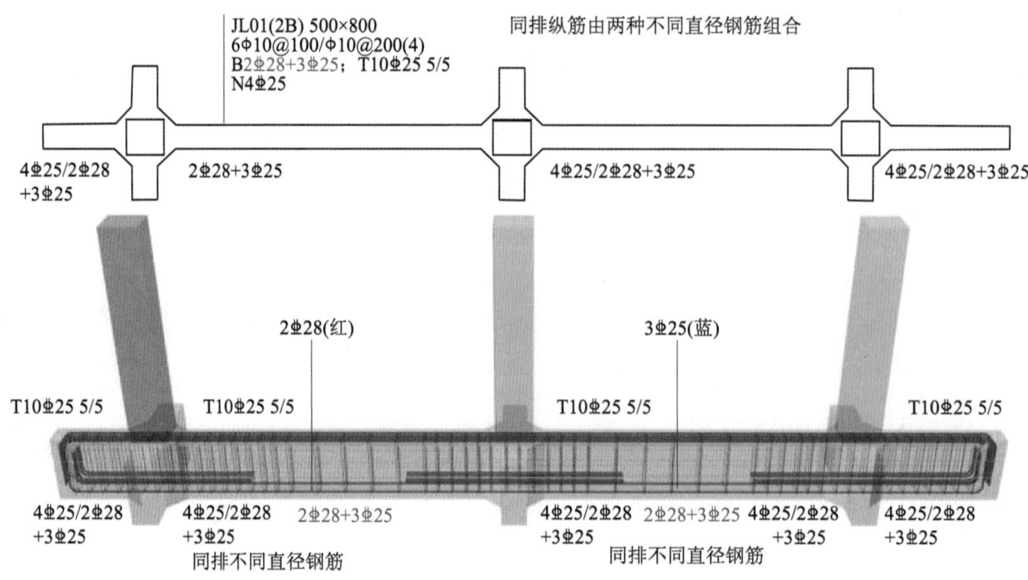

图 7.49 梁板式筏形基础－基础梁集中标注原位标注三维钢筋示意 7

（3）加腋梁加腋部位钢筋，需在设置加腋的支座处以打头注写在括号内。

【案例解析 7-24】

加腋梁端（支座）处注写为 Y2⌀25，表示加腋部位斜纵筋为 2⌀25，如图 7.50 所示。

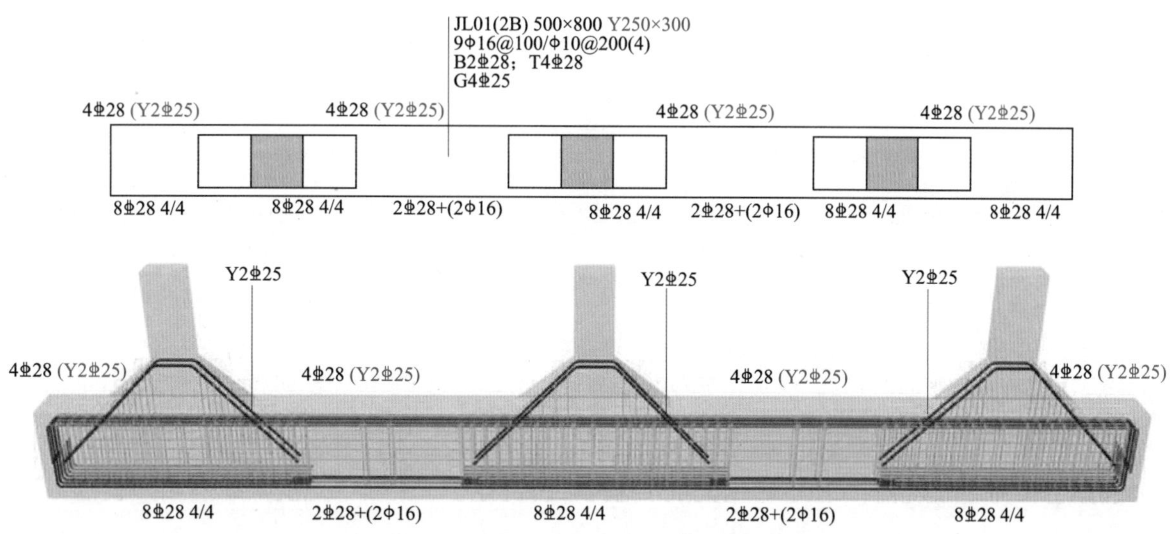

图 7.50 梁板式筏形基础 - 基础梁加腋构造三维钢筋示意

7.3.7 基础梁底部非贯通纵筋的长度及基础贯通筋连接头相关规定

为方便施工，凡基础梁柱下区域底部非贯通纵筋的伸出长度 a_0 值，当配置不多于两排时，在标准构造详图中统一取值为自支座边向跨内伸出至 $L_n/3$ 位置；当非贯通纵筋配置多于两排时，从第三排起向跨内的伸出长度值应由设计者注明。L_n 的取值规定为：边跨边支座的底部非贯通纵筋，L_n 取本边跨的净跨长度值；对于中间支座的底部非贯通纵筋，L_n 取支座两边较大一跨的净跨长度值，如图 7.51 所示。

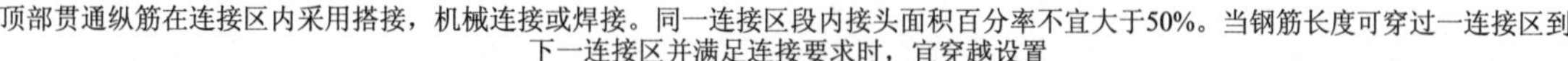

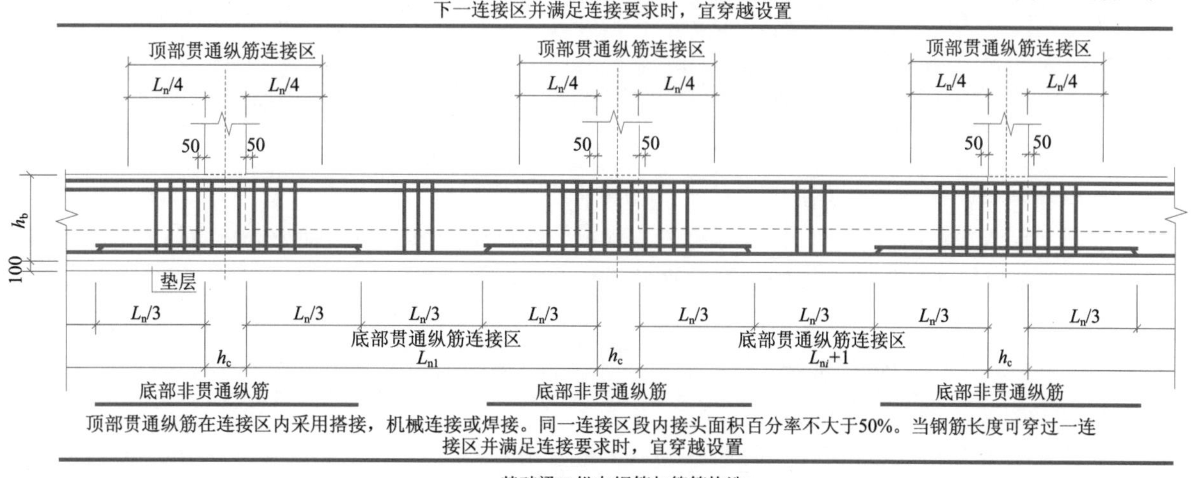

图 7.51 梁板式筏形基础 - 基础梁集中标注原位标注钢筋构造

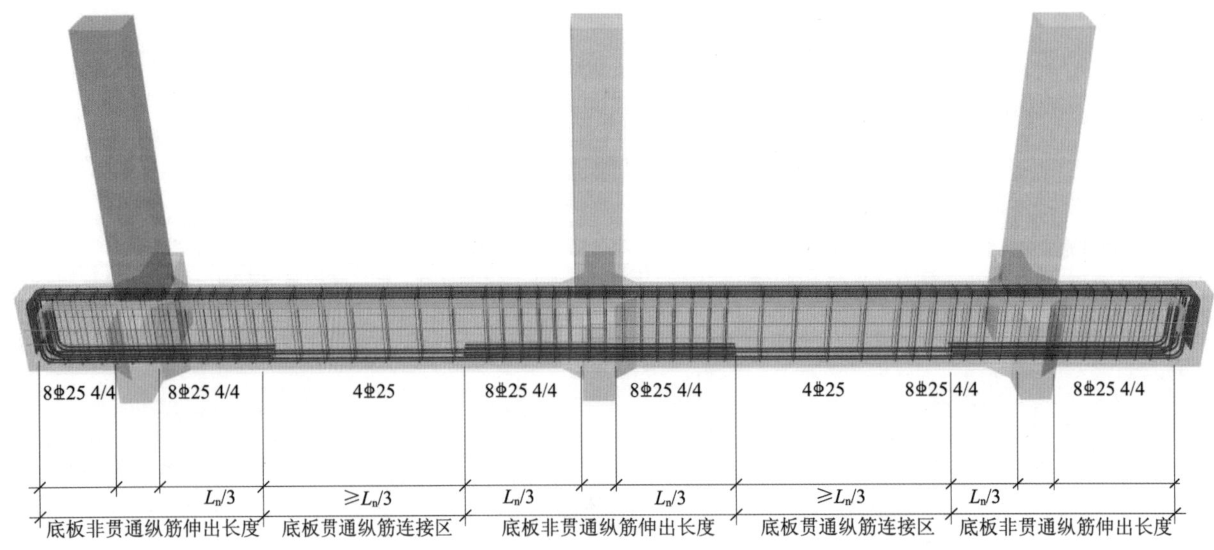

图 7.51　梁板式筏形基础－基础梁集中标注原位标注钢筋构造（续）

7.3.8 梁板式筏形基础平板的结构注写内容

1. 梁板式筏形基础平面注写内容

梁板式筏形基础平板（LPB）的平面注写，分板底部与顶部贯通纵筋的集中标注与板底部附加非贯通纵筋的原位标注两部分内容。当仅设置贯通纵筋而未设置附加非贯通纵筋时，则仅做集中标注。

2. 集中标注的内容

（1）基础平板的编号。

（2）基础平板的截面尺寸。注写 A=××× 表示板厚。

（3）基础平板的底部与顶部贯通纵筋及其总长度。X 向底部（B 打头）贯通纵筋与顶部（T 打头）贯通纵筋及纵向长度范围；Y 向底部（B 打头）贯通纵筋与顶部（T 打头）贯通纵筋及纵向长度范围（图面从左至右为 X 向，从下至上为 Y 向）。

（4）贯通纵筋的总长度注写在括号中，注写方式为“跨数及有无外伸”，其表达形式为：(××)(无外伸)，(××A)(一端有外伸) 或 (××B)(两端有外伸)。

（5）基础梁底面标高高差 (系指相对于筏形基础平板底面标高的高差值)，该项为选注值。有高差时需将高差写入括号内（如“高板位”与“中板位”基础梁的底面与基础平板底面标高的高差值)，高差时不注（如“低板位”筏形基础的基础梁)。

【案例解析 7-25】

X:B ⌀22@150；T ⌀20@150(4B)

Y:B ⌀20@200；T ⌀18@200(3B)

表示基础平板 X 向底部配置 ⌀22 间距 150mm 的贯通纵筋，顶部配置 ⌀20 间距 150mm 的贯通纵筋，纵向总长度为 4 跨两端有外伸；Y 向底部配置 ⌀20 间距 200mm 的贯通纵筋，顶部配置 ⌀18 间距 200mm 的贯通纵筋，纵向总长度为 3 跨两端有外伸，如图 7.52 所示。

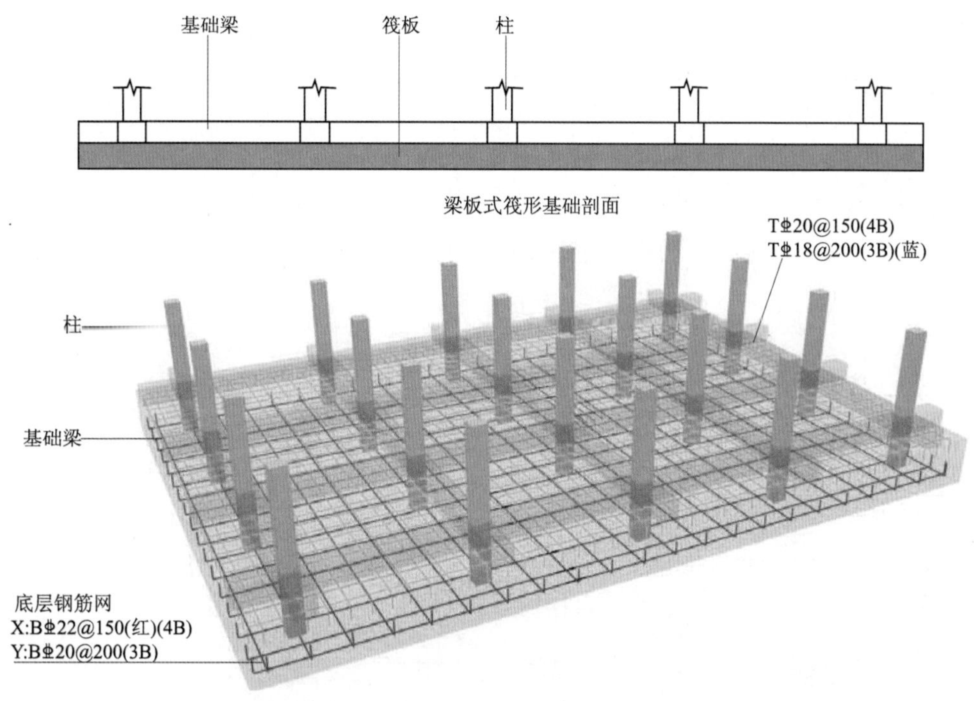

图 7.52 梁板式筏形基础底板三维钢筋构造示意 1

注：梁板式筏形基础是在基础筏板即 LPB 中复合基础梁，这样可以进一步提高筏板基础的整体刚度强度减小筏板局部变形，减小应力集中地基不均沉降。就好比木板钉上木龙骨一样可以提高木板的整体稳定性减小局部变形。

当贯通筋采用两种规格钢筋“隔一布一”的方式时，表达为 Φxx/yy@×××，表示直径 xx 的钢筋和直径 yy 的钢筋之间的间距为 ×××，直径为 xx 的钢筋、直径为 yy 的钢筋间距分别为 ××× 的 2 倍。

【案例解析 7-26】

Φ10/12@100 表示贯通纵筋为 Φ10、Φ12 隔一布一，彼此之间间距为 100mm，如图 7.53 所示。

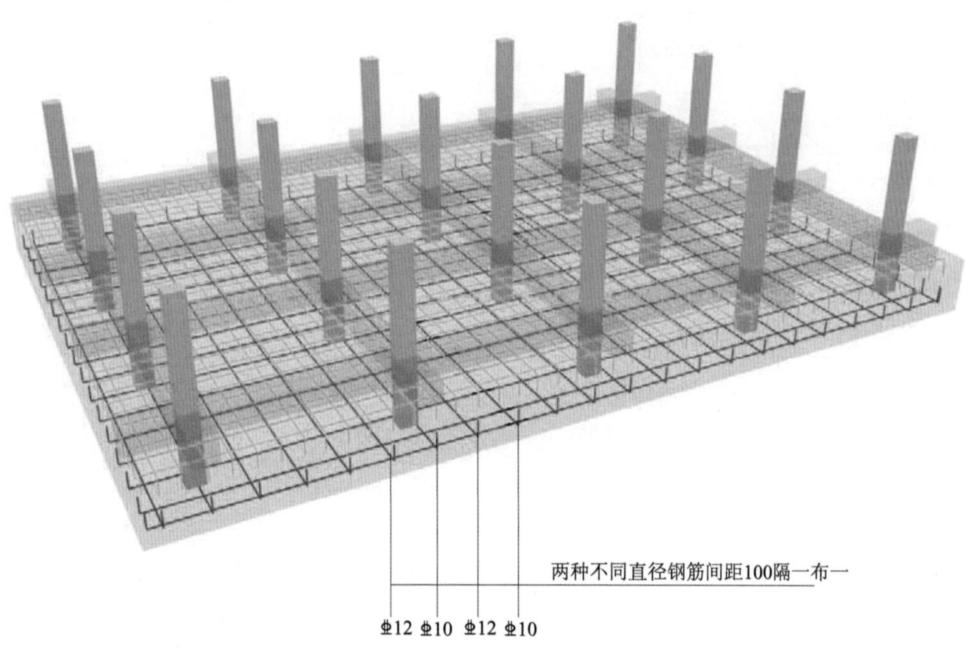

图 7.53 梁板式筏形基础底板三维钢筋构造示意 2

7.3.9　梁板式筏形基础原位标注

（1）板底部附加非贯通纵筋向两边跨内的伸出长度值注写在线段的下方位置。当该筋向两侧对称伸出时，可仅在一侧标注，另一侧不标注；底部附加非贯通筋相同者，可仅注写一处，其他只注写编号。

【案例解析 7-27】

在基础平板第一跨原位注写底部附加非贯通纵筋① ⌀18@300(4B)，表示在第一跨至第四跨板且包括基础梁外伸部位横向配置 ⌀18@300 底部附加非贯通纵筋，伸出长度值略，如图 7.54 所示。

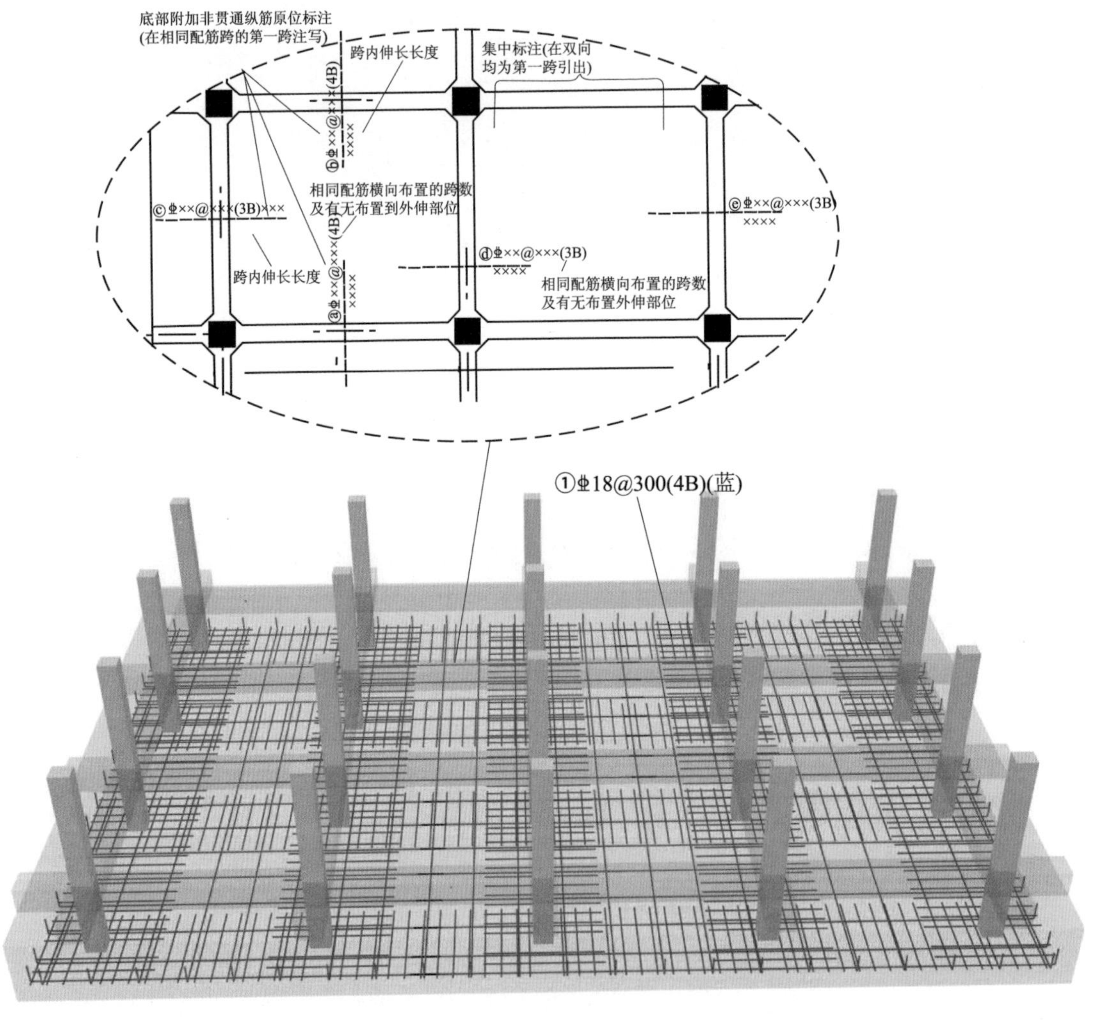

图 7.54　梁板式筏形基础底部非贯通筋三维构造示意

（2）原位注写的底部附加非贯通纵筋与集中标注的底部贯通钢筋，宜采用“隔一布一”的方式布置，即基础平板（X 向或 Y 向）底部附加非贯通纵筋与贯通纵筋间隔布置，其标注间距与底部贯通纵筋相同（两者实际组合后的间距为各自标注间距的 1/2)。

【案例解析 7-28】

原位注写的基础平板底部附加非贯通纵筋为⑤ ⌀22@300(4B)，该 4 跨范围集中标注的底部贯通纵筋为 B⌀22@300，在该 4 跨支座处实际横向设置的底部纵筋合计为 ⌀22@150。其他与⑤号筋相同的底部附加非贯通纵筋可仅注编号⑤，如图 7.55 所示。

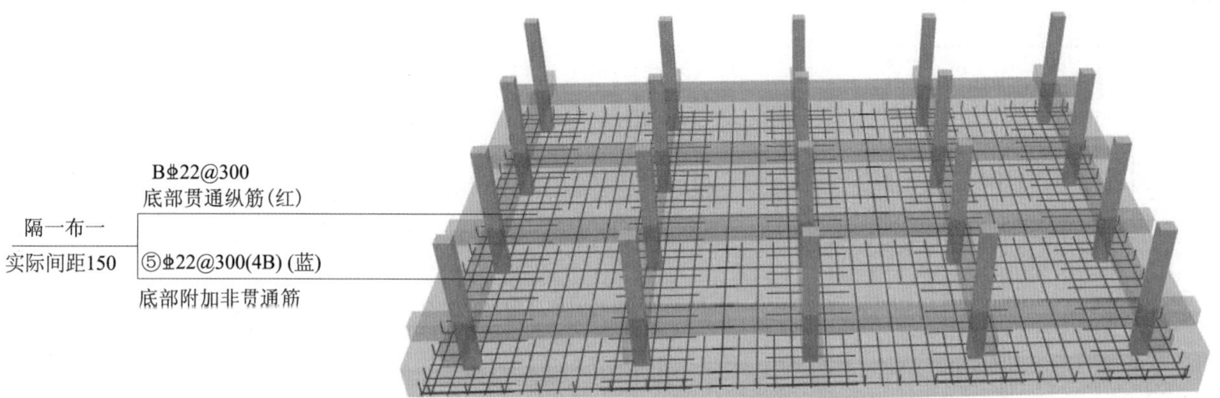

图 7.55 梁板式筏形基础底板底部非贯通筋与底部贯通筋空间关系三维构造示意 1

【案例解析 7-29】

原位注写的基础平板底部附加非贯通纵筋为⑤ ⌀25@300(3B)，该 3 跨范围集中标注的底部贯通纵筋为 B⌀22@300，表示该 3 跨支座处实际横向设置的底部纵筋为 ⌀25 和 ⌀22 间隔布置，彼此间距为 150mm，如图 7.56 所示。

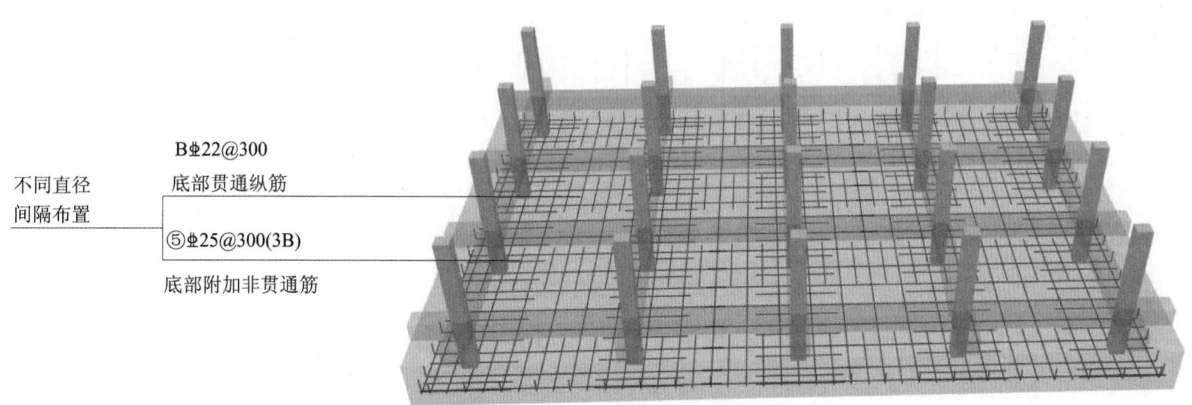

图 7.56 梁板式筏形基础底板底部非贯通筋与底部贯通筋空间关系三维构造示意 2

7.3.10 梁板式筏形基础案例三维详解

在钢筋混凝土梁板式筏形基础结构施工图案例中，该案例是采用平面注写的方式，表现出了梁板式筏形基础主次梁构造和梁板式筏形基础平板的配筋构造；其内容主要包括图纸部分、标注说明表。图纸部分主要通过集中标注和原位标注表示筏形基础构件的钢筋配筋情况；标注说明表对图纸部分的集中标注和原位标注做出解释说明。

基础主梁(JL)与基础次梁(JCL)标注说明

集中标注说明:集中标注应在第一跨引出		
注写形式	表达内容	附加说明
JL××(×B)或 JCL××(×B)	基础主梁JL或基础次梁JCL编号,具体包括:代号，序号，(跨数及外伸状况)	(×A)：一端有外伸；(×B):两端均有外伸;无外伸则仅注跨数(×)
$b\times h$	截面尺寸，梁宽×梁高	当加腋时，用$b\times hYC_1\times C_2$表示,其中C_1为腋长,C_2为腋高
××Φ××@×××/ Φ××@×××(x)	第一种箍筋道数、强度等级、直径间距/ 第二种箍筋(肢数)	A−HPB300,A−HRB335, C−HRB400, C−RRB400，下同
B×Φ××;T×Φ××	底部(B)贯通纵筋根数、强度等级、直径; 顶部(T)贯通纵筋根数、强度等级、直径	底部纵筋应有不少于1/3贯通全跨， 顶部纵筋全部连通
G×Φ××	梁侧面纵向构造钢筋根数、强度等级、直径	为梁两个侧面构造纵筋的总根数
(×,×××)	梁底面相对于筏板基础平板标高的高差	高者前加"+"号,低者前"−"号,无高差不注
原位标注(含贯通筋)的说明:		
注写形式	表达内容	附加说明
×Φ×× ×/×	基础主梁柱下与基础次梁支座区域底部纵筋根数、强度等级，直径，以及用"/"分隔的各排筋根数	为该区域底部包括贯通筋与得贯通筋在内的全部纵筋
×Φ××@×××	附加箍筋总根数(两侧均分)，规格，直径及间距	在主次梁相交处的主梁上引出
其他原位标注	某部位与集中标注不同的内容	原位标注取值优先

注：相同的基础主梁或次梁只标注一根，其他仅注编号，有关标注的其他规定详见制图原则。
在基础梁相交处位于同一层面的纵筋相交叉时，设计应注明何梁纵筋在下，何梁纵筋在上。

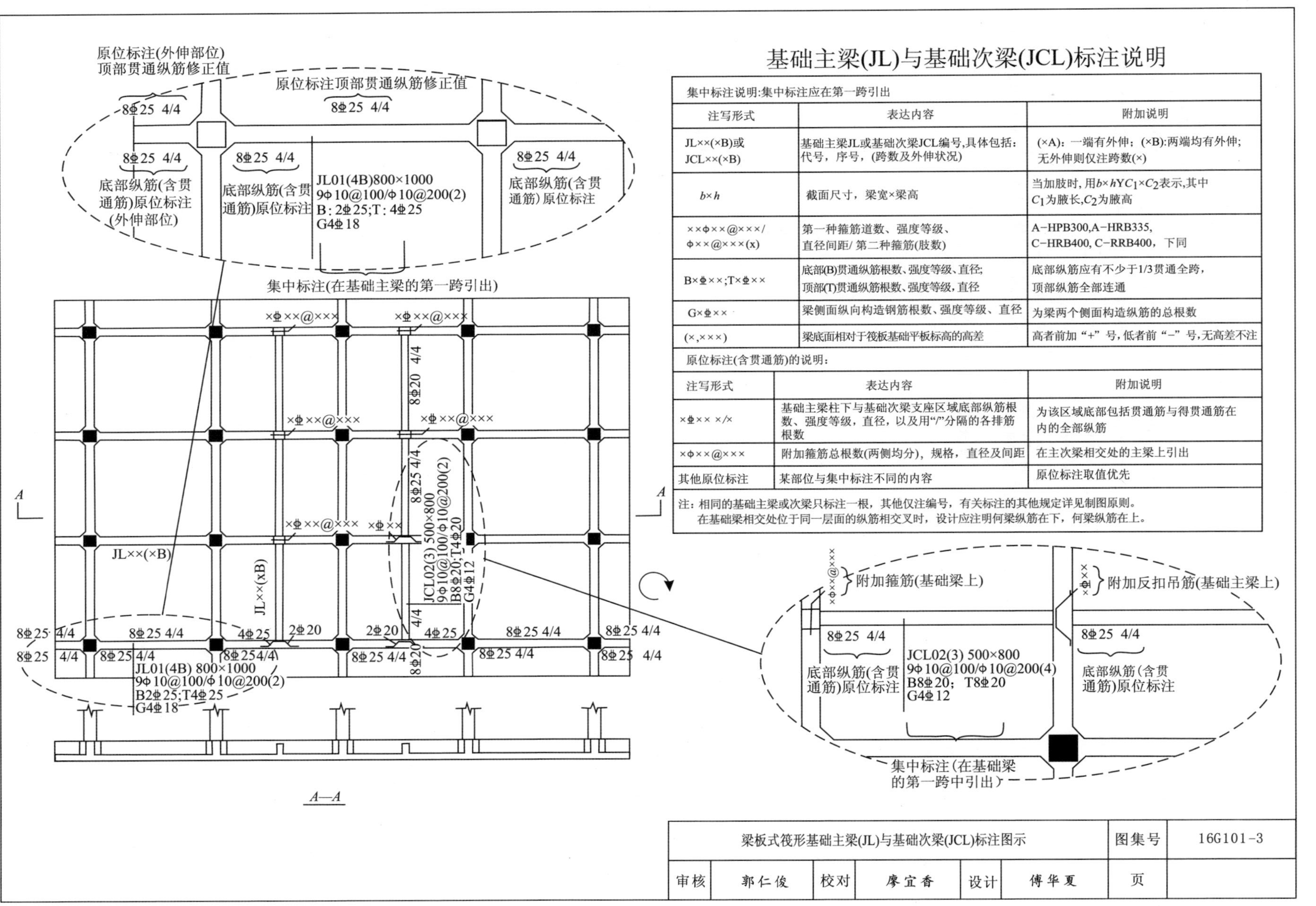

梁板式筏形基础主梁(JL)与基础次梁(JCL)标注图示						图集号	16G101-3
审核	郭仁俊	校对	廖宜香	设计	傅华夏	页	

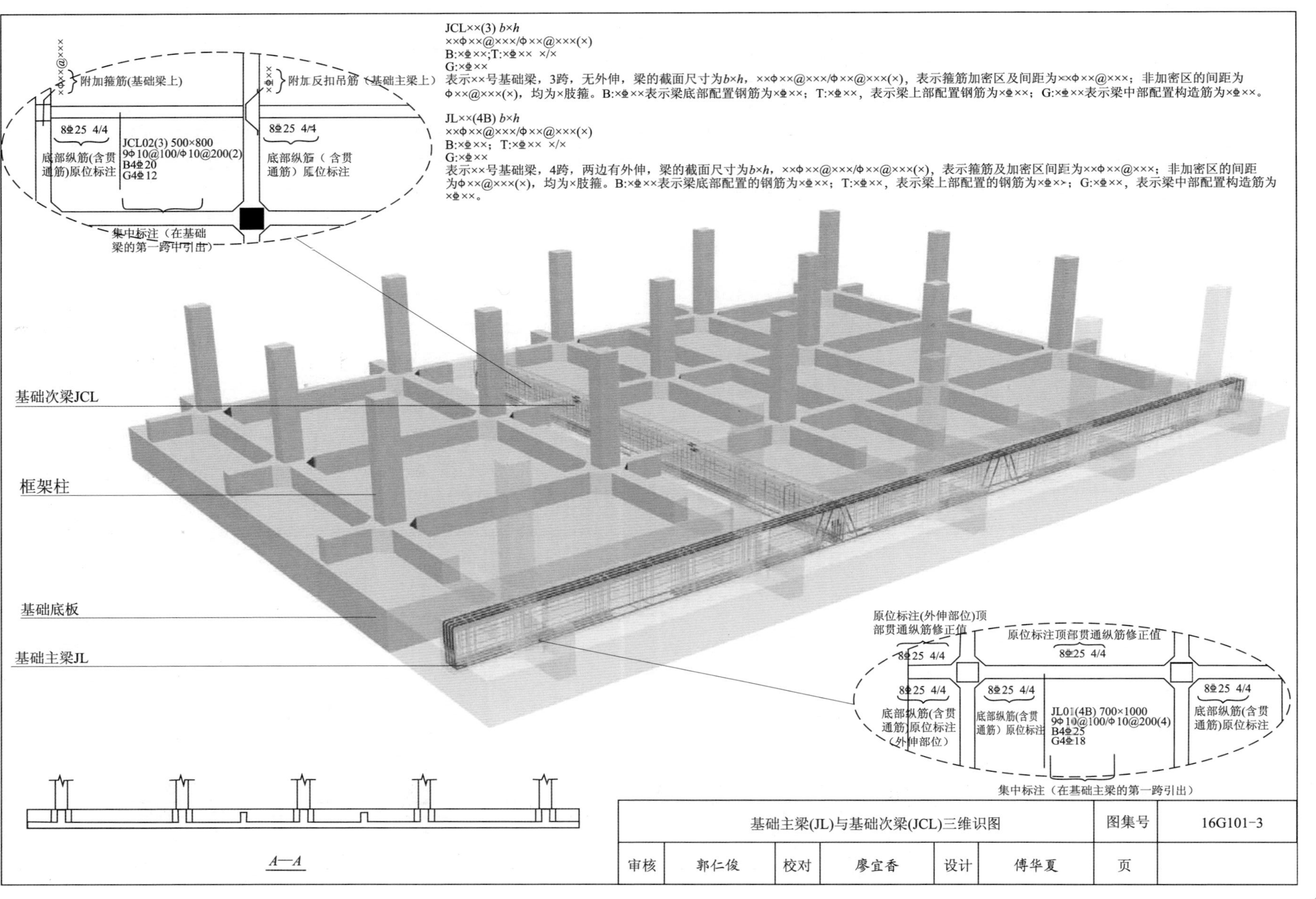

基础主梁(JL)与基础次梁(JCL)三维识图						图集号	16G101-3
审核	郭仁俊	校对	廖宜香	设计	傅华夏	页	

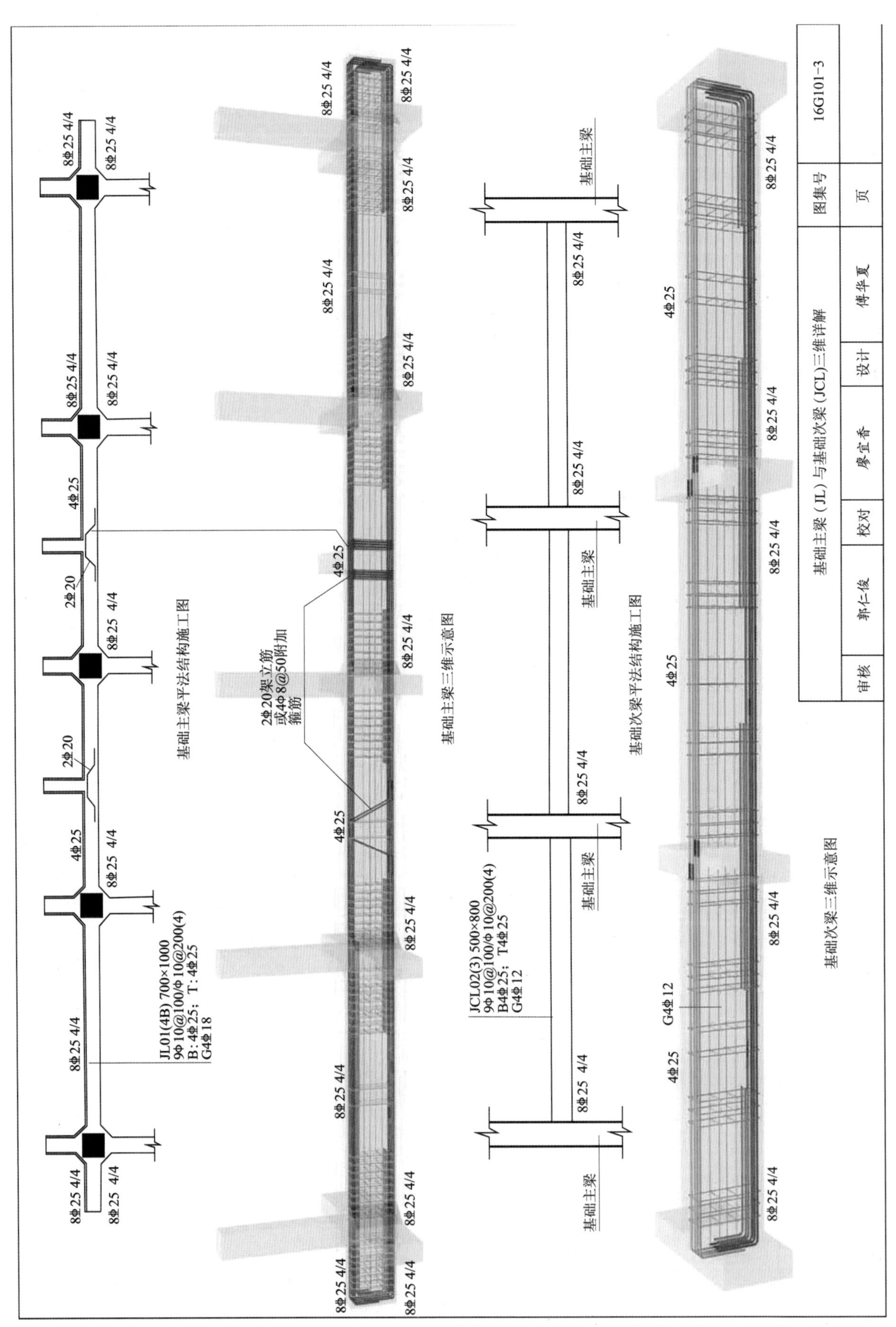
8Φ25 4/4
4Φ25
2Φ20
JL01(4B) 700×1000
9Φ10@100/Φ10@200(4)
B: 4Φ25; T: 4Φ25
G4Φ18
基础主梁平法结构施工图
2Φ20架立筋
或4Φ8@50附加
箍筋
基础主梁三维示意图
基础主梁
JCL02(3) 500×800
9Φ10@100/Φ10@200(4)
B4Φ25; T4Φ25
G4Φ12
基础次梁平法结构施工图
基础次梁三维示意图
基础主梁（JL）与基础次梁（JCL）三维详解
图集号
16G101-3
审核
郭仁俊
校对
廖宜香
设计
傅华夏
页

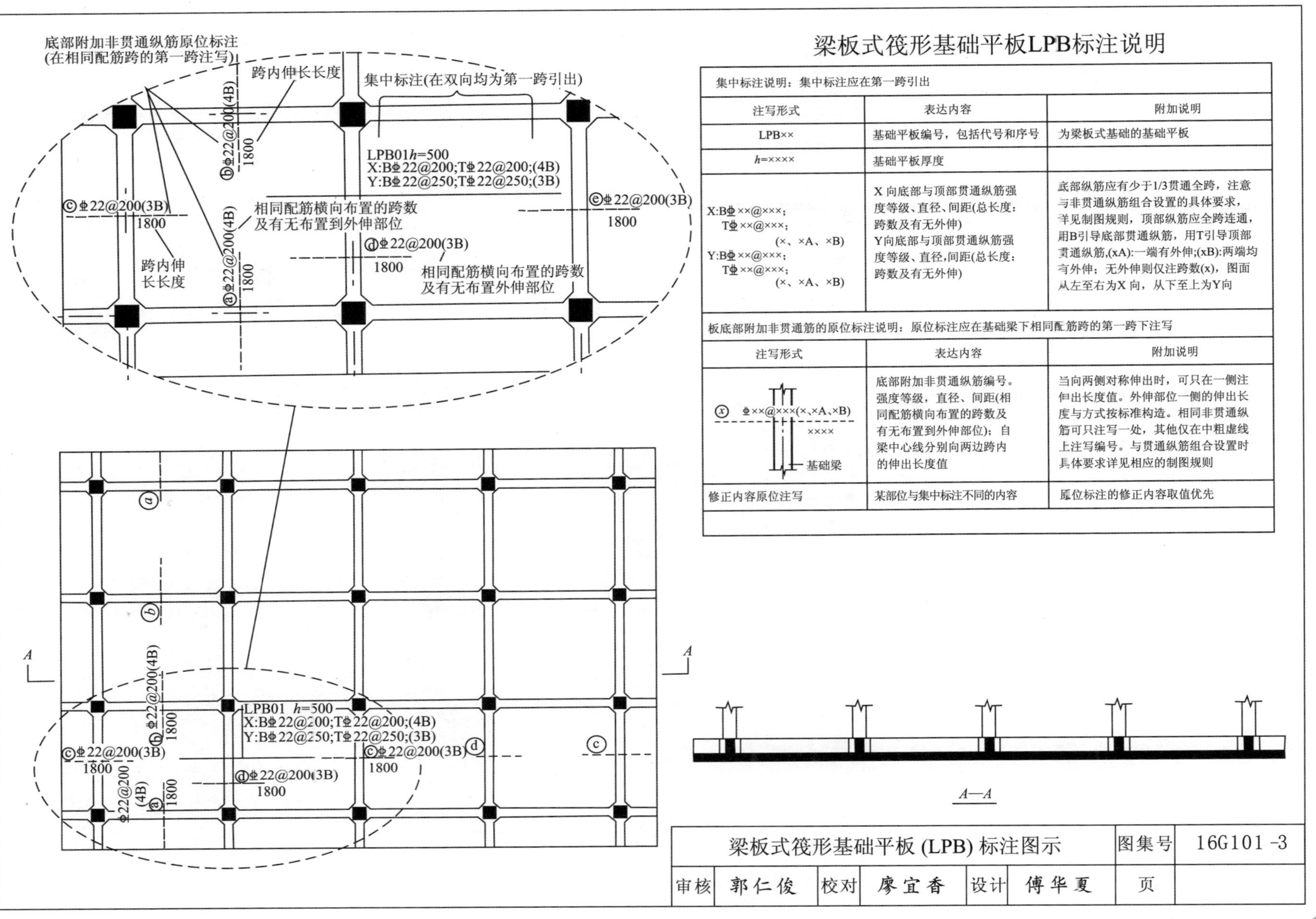

梁板式筏形基础平板LPB标注说明

集中标注说明：集中标注应在第一跨引出		
注写形式	表达内容	附加说明
LPB××	基础平板编号，包括代号和序号	为梁板式基础的基础平板
h=××××	基础平板厚度	
X:B⌀××@×××; T⌀××@×××; (×、×A、×B) Y:B⌀××@×××; T⌀××@×××; (×、×A、×B)	X 向底部与顶部贯通纵筋强度等级、直径、间距(总长度：跨数及有无外伸) Y向底部与顶部贯通纵筋强度等级、直径,间距(总长度：跨数及有无外伸)	底部纵筋应有少于1/3贯通全跨，注意与非贯通纵筋组合设置的具体要求，详见制图规则，顶部纵筋应全跨连通，用B引导底部贯通纵筋，用T引导顶部贯通纵筋,(xA):一端有外伸;(xB):两端均有外伸；无外伸则仅注跨数(x)，图面从左至右为X 向，从下至上为Y向

板底部附加非贯通筋的原位标注说明：原位标注应在基础梁下相同配筋跨的第一跨下注写		
注写形式	表达内容	附加说明
ⓧ ⌀××@×××(×、×A、×B) ×××× 基础梁	底部附加非贯通纵筋编号。强度等级，直径、间距(相同配筋横向布置的跨数及有无布置到外伸部位)；自梁中心线分别向两边跨内的伸出长度值	当向两侧对称伸出时，可只在一侧注伸出长度值。外伸部位一侧的伸出长度与方式按标准构造。相同非贯通纵筋可只注写一处，其他仅在中粗虚线上注写编号。与贯通纵筋组合设置时具体要求详见相应的制图规则
修正内容原位注写	某部位与集中标注不同的内容	原位标注的修正内容取值优先

梁板式筏形基础平板 (LPB) 标注图示						图集号	16G101 -3
审核	郭仁俊	校对	廖宜香	设计	傅华夏	页	

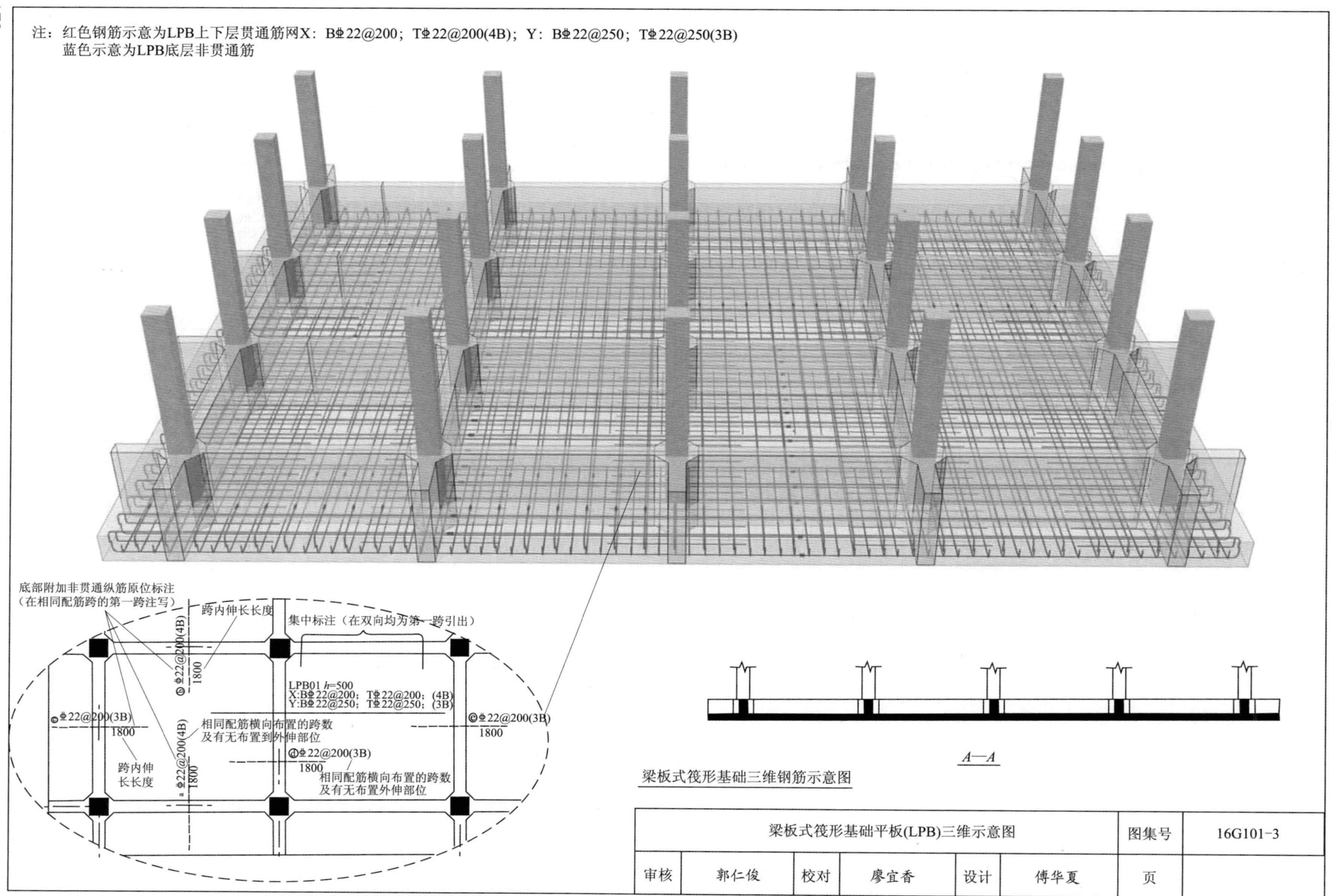

梁板式筏形基础三维钢筋示意图

梁板式筏形基础平板(LPB)三维示意图						图集号	16G101-3
审核	郭仁俊	校对	廖宜香	设计	傅华夏	页	

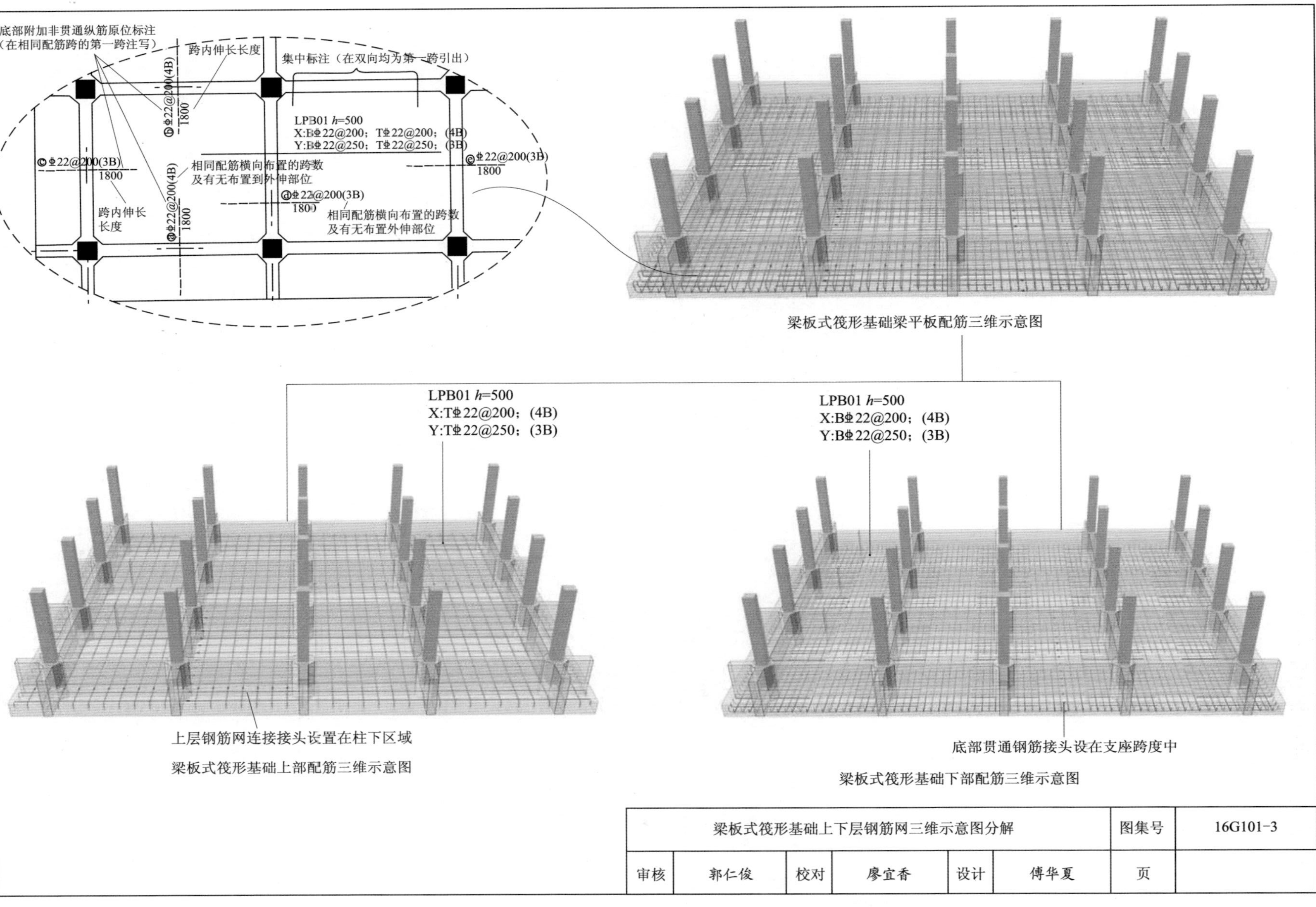

梁板式筏形基础梁平板配筋三维示意图

梁板式筏形基础上部配筋三维示意图

梁板式筏形基础下部配筋三维示意图

梁板式筏形基础上下层钢筋网三维示意图分解						图集号	16G101-3
审核	郭仁俊	校对	廖宜香	设计	傅华夏	页	

7.4 平板式筏形基础平法识图规则

7.4.1 认识平板式筏形基础及其定义

平板式筏形基础是在天然地表上将场地平整并用压路机将地表土碾压密实后，在较好的持力层上，浇筑钢筋混凝土平板。这一平板便是建筑物的基础。这种基础大大减少了土方工作量且较适宜于弱地基（但必须是均匀条件）的情况，特别适宜于 5 ～ 6 层整体刚度较好的居住建筑。

7.4.2 平板式筏形基础平法施工图的表示方法

平板式筏形基础平法施工图，是在基础平面布置图上采用平面注写方式表达。

7.4.3 平板式筏形基础平法施工图的识图

1. 平板式筏形基础构件的类型与编号

平板式筏形基础可划分为柱下板带和跨中板带；也可不分板带，按基础平板进行表达。平板式筏形基础构件编号按表 7-4 的规定。

表 7-4　平板式筏形基础构件编号

构件类型	代号	序号	跨数及有无外伸
柱下板带	ZXB	××	(××) 或 (××A) 或 (××B)
跨中板带	KZB	××	
平板式筏形基础平板	BPB	××	(××) 或 (××A) 或 (××B)

注：1. (××A) 为一端有外伸，(××B) 为两端有外伸，外伸不计入跨数。
　　2. 平板式筏形基础平板，其跨数及是否有外伸分别在 X、Y 两向的贯通纵筋之后表达。图面从左至右为 X 向，从下至上为 Y 向。

平板式筏形基础构件编号的定义。

（1）柱下板带（ZXB）。柱下板带是柱子底部，也就是地下室筏板在轴线位置左右有一定宽度配筋范围的板带（图 7.57）。

（2）跨中板带（KZB）。跨中板带是除去柱下板带剩下跨中配筋区域（图 7.57）。

（3）平板式筏形基础平板（BPB）（图 7.57）。

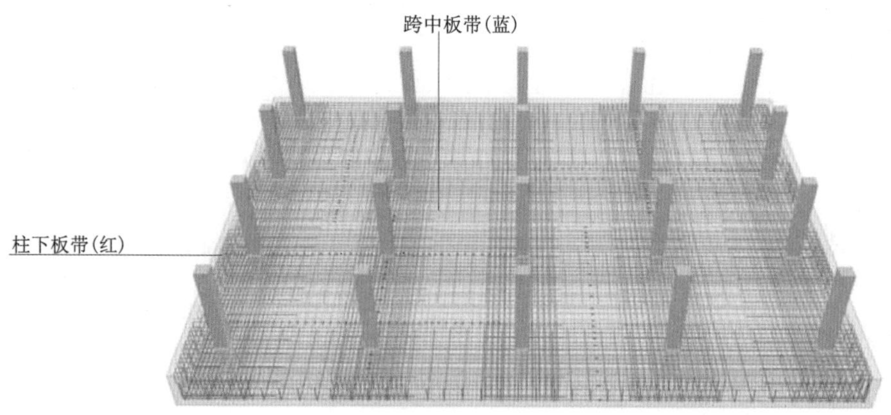

图 7.57　柱下板带、跨中板带、平板式筏形基础平板

注：在同一块平板式筏形基础 BPB 上因为在跨中板带和柱下板带区域的受力大小不同，所以需要配置不同间距或者直径的钢筋。于是结构设计中采用跨中板带和柱下板带来区分 BPB 上这些不同的受力区域的配筋。在图中

我们可以看到红色柱下板带钢筋直径较大、间距较密。跨中板带钢筋直径较小、间距较宽，那是因为柱下板带比跨中板带受力复杂，受力更大需要区别配筋的原因。当然具体情况具体设计，经常有跨中板带和柱下板带的钢筋直径间距参数相同的情况。

2. 柱下板带和跨中板带的注写内容

柱下板带 ZXB(视其为无箍筋的宽扁梁）与跨中板带 KZB 的平面注写，分板带底部与顶部贯通纵筋的集中标注与板带底部附加非贯通纵筋的原位标注两部分内容。

3. 柱下板带和跨中板带的集中标注

柱下板带与跨中板带的集中标注，应在第一跨（X 向为左端跨，Y 向为下端跨）引出，具体规定如下。

（1）注写编号，见表 7-4。

（2）注写截面尺寸，注写 *b*=×××× 表示板带宽度。

（3）注写底部与顶部贯通纵筋。注写底部贯通纵筋（B 打头）与顶部贯通纵筋（T 打头）的规格与间距，用分号“；”将其分隔开。柱下板带的柱下区域，通常在其底部贯通纵筋的间隔内插空设有（原位注写的）底部附加非贯通纵筋。

【案例解析 7-30】

B⌀22@300；T⌀25@150 表示板带底部 X 和 Y 向配置 ⌀22 间距 300mm 的贯通纵筋，板带顶部 X 和 Y 向配置 ⌀25 间距 150mm 的贯通纵筋，如图 7.58 所示。

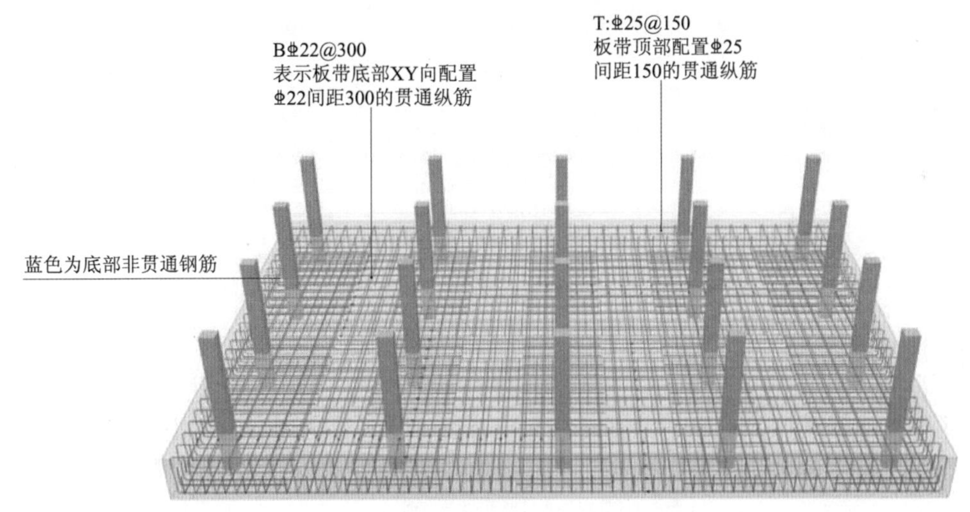

图 7.58　平板式筏形基础上下层贯通钢筋网

注：在工程实际中平板式筏形基础可能不止两层钢筋网甚至有三层以上钢筋网，这种情况属于非国标设计，是需要结构工程师单独绘制详图并说明的。

4. 柱下板带与跨中板带原位标注内容

柱下板带与跨中板带原位标注的内容，主要为底部附加非贯通纵筋。其具体规定如下。

（1）注写内容，以一段与板带同向的中粗虚线代表附加非贯通纵筋；柱下板带贯穿其柱下区域绘制跨中板带：横贯柱中线绘制。在虚线上注写底部附加非贯通纵筋的编号 (如①、②等)、钢筋级别、直径、间距，以及自柱中线分别向两侧跨内的伸出长度值。当向两侧对称伸出时，长度值可仅在一侧标注，另一侧不注。外伸部位的伸出长度与方式按标准构造，设计不注。对同一板带中底部附加非贯通筋相同者，可仅在一根钢筋上注写，其他可仅在中粗虚线上注写编号。

（2）原位注写的底部附加非贯通纵筋与集中标注的底部贯通纵筋，宜采用“隔一布一”的方式布置，即柱下板带或跨中板带底部附加非贯通纵筋与贯通纵筋交错插空布置，其标注间距与底部贯通纵筋相同（两者实际组合后的间距为各自标注间距的 1/2）。

【案例解析 7-31】

柱下区域注写底部附加非贯通纵筋③ ⏀22@300，集中标注的底部贯通纵筋也为 B⏀22@300，表示在柱下区域实际设置的底部纵筋为 ⏀22@150。其他部位与③号筋相同的附加非贯通纵筋仅注编号③，如图 7.59 所示。

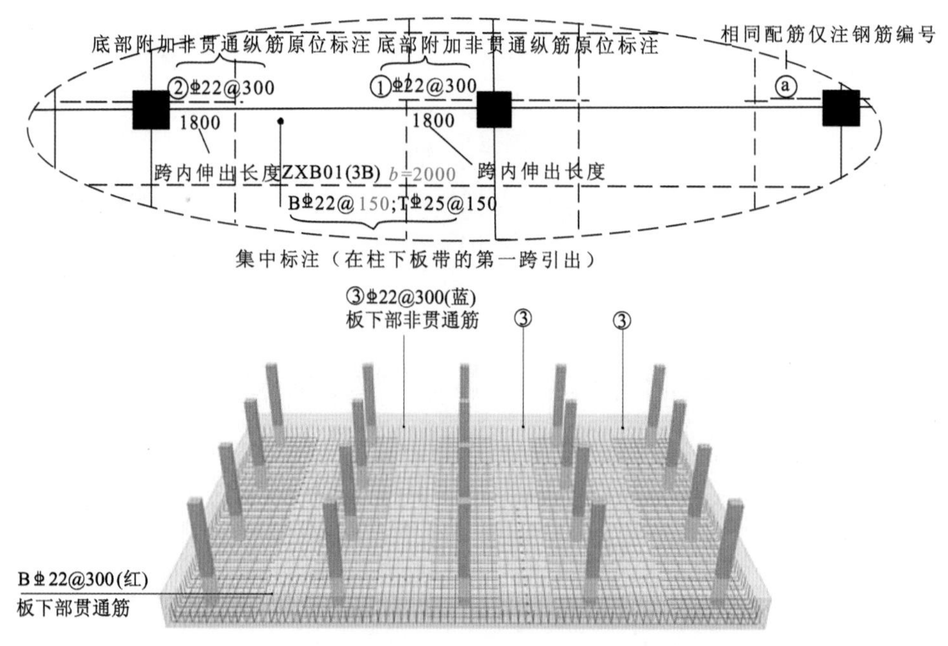

图 7.59 平板式筏形基础下部非贯通钢筋三维示意图

注：下部非贯通筋的布置范围是由非贯通筋长度 / 排列间距 / 跨度决定的。跟跨中板带 / 柱下板带的宽度没有直接联系，通常非贯通筋与底层钢筋网隔一布一。

【案例解析 7-32】

柱下区域注写底部附加非贯通纵筋② ⏀25@300，集中标注的底部贯通纵筋为 B⏀22@300，表示在柱下区域实际设置的底部纵筋为 ⏀25 和 ⏀22 间隔布置，彼此之间间距为 150mm，如图 7.60 所示。

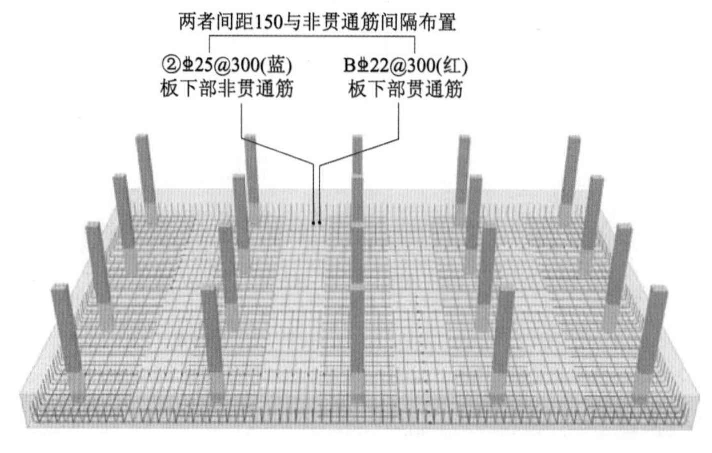

图 7.60 平板式筏形基础底板底部非贯通筋与底部贯通筋空间关系三维构造示意

5. 平板式筏形基础平板（BPB）的集中标注内容

（1）平板式筏形基础平板（BPB）的平面注写，分板底部与顶部贯通纵筋的集中标注与板底部附加非贯通纵筋的原位标注两部分内容。当仅设置底部与顶部贯通纵筋而未设置底部附加非贯通纵筋时，则仅做集中标注。

（2）基础平板（BPB）的平面注写与柱下板带（ZXB）、跨中板带（KZB）的平面注写为不同的表达方式，但可以表达同样的内容。当整片板式筏形基础配筋比较规律时，宜采用 BPB 表达方式。

6. 平板式筏形基础平板集中标注

当某向底部贯通纵筋或顶部贯通纵筋的配置，在跨内有两种不同间距时，两种不同的钢筋用“/”分隔。“/”前表示跨内两端内两端的第一种间距，并在前面加注纵筋根数［以表示其分布的范围；“/”后表示跨中部的第二种间距（不需加注根数）］。

【案例解析 7-33】

Y:B12⌀20@150/200；T10⌀20@150/200 表示基础平板 Y 向底部配置 ⌀20 的贯通纵筋，跨两端间距为 150mm 配 12 根，跨中间距为 200mm；Y 向顶部配置 ⌀20 的贯通纵筋，跨两端间距为 150mm 配 10 根，跨中间距为 200mm(纵向总长度略)，如图 7.61 所示。

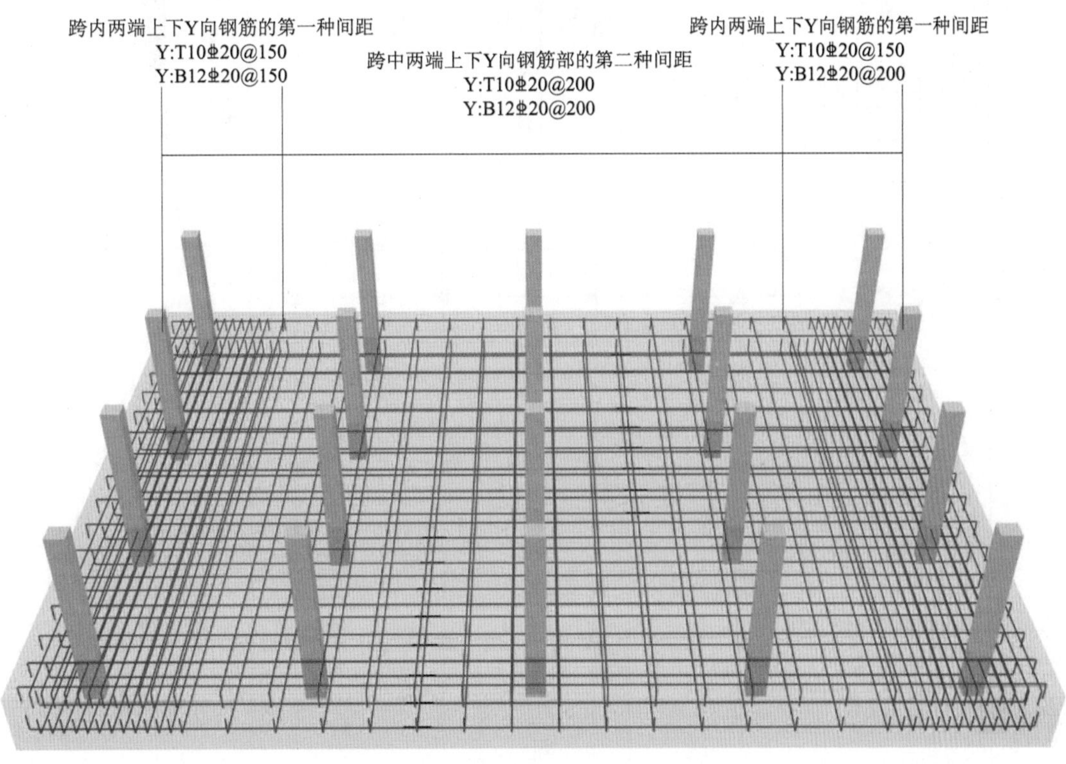

图 7.61　上下不同间距钢筋网三维示意图

7.4.4 平板式筏形基础案例三维详解

在钢筋混凝土平板式筏形基础结构施工图案例中，该案例表现出了柱下板带和跨中板带的平板式筏形基础配筋构造。

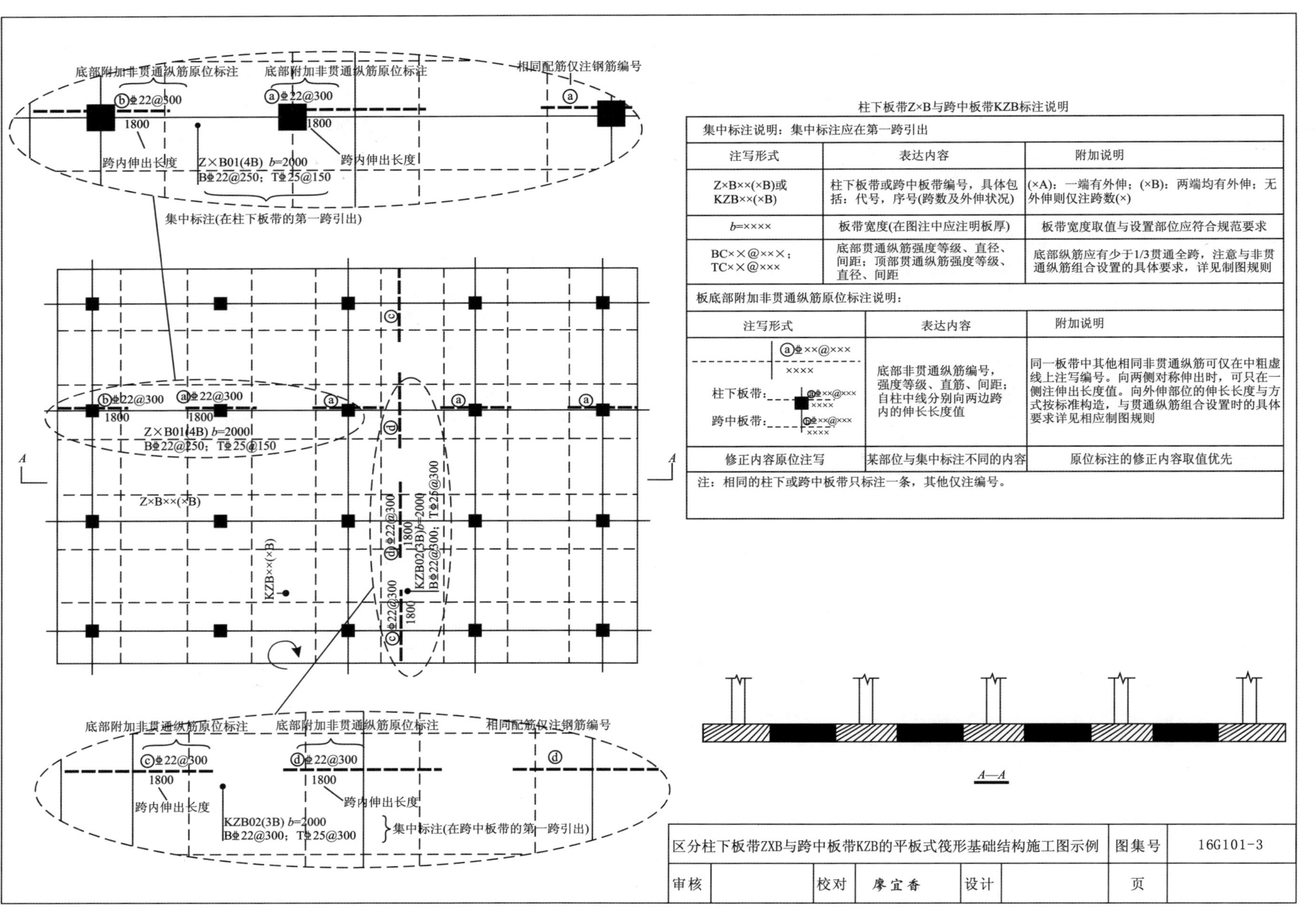

柱下板带Z×B与跨中板带KZB标注说明

集中标注说明：集中标注应在第一跨引出		
注写形式	表达内容	附加说明
Z×B××(×B)或KZB××(×B)	柱下板带或跨中板带编号，具体包括：代号，序号(跨数及外伸状况)	(×A)：一端有外伸；(×B)：两端均有外伸；无外伸则仅注跨数(×)
b=××××	板带宽度(在图注中应注明板厚)	板带宽度取值与设置部位应符合规范要求
BC××@×××；TC××@×××	底部贯通纵筋强度等级、直径、间距；顶部贯通纵筋强度等级、直径、间距	底部纵筋应有少于1/3贯通全跨，注意与非贯通纵筋组合设置的具体要求，详见制图规则

板底部附加非贯通纵筋原位标注说明：		
注写形式	表达内容	附加说明
ⓐ⌀××@××× ×××× 柱下板带：ⓐ⌀××@××× ×××× 跨中板带：ⓐ⌀××@××× ××××	底部非贯通纵筋编号，强度等级、直筋、间距；自柱中线分别向两边跨内的伸长长度值	同一板带中其他相同非贯通纵筋可仅在中粗虚线上注写编号。向两侧对称伸出时，可只在一侧注伸出长度值。向外伸部位的伸长长度与方式按标准构造，与贯通纵筋组合设置时的具体要求详见相应制图规则
修正内容原位注写	某部位与集中标注不同的内容	原位标注的修正内容取值优先

注：相同的柱下或跨中板带只标注一条，其他仅注编号。

区分柱下板带ZXB与跨中板带KZB的平板式筏形基础结构施工图示例					图集号	16G101-3
审核		校对	廖宜香	设计		页

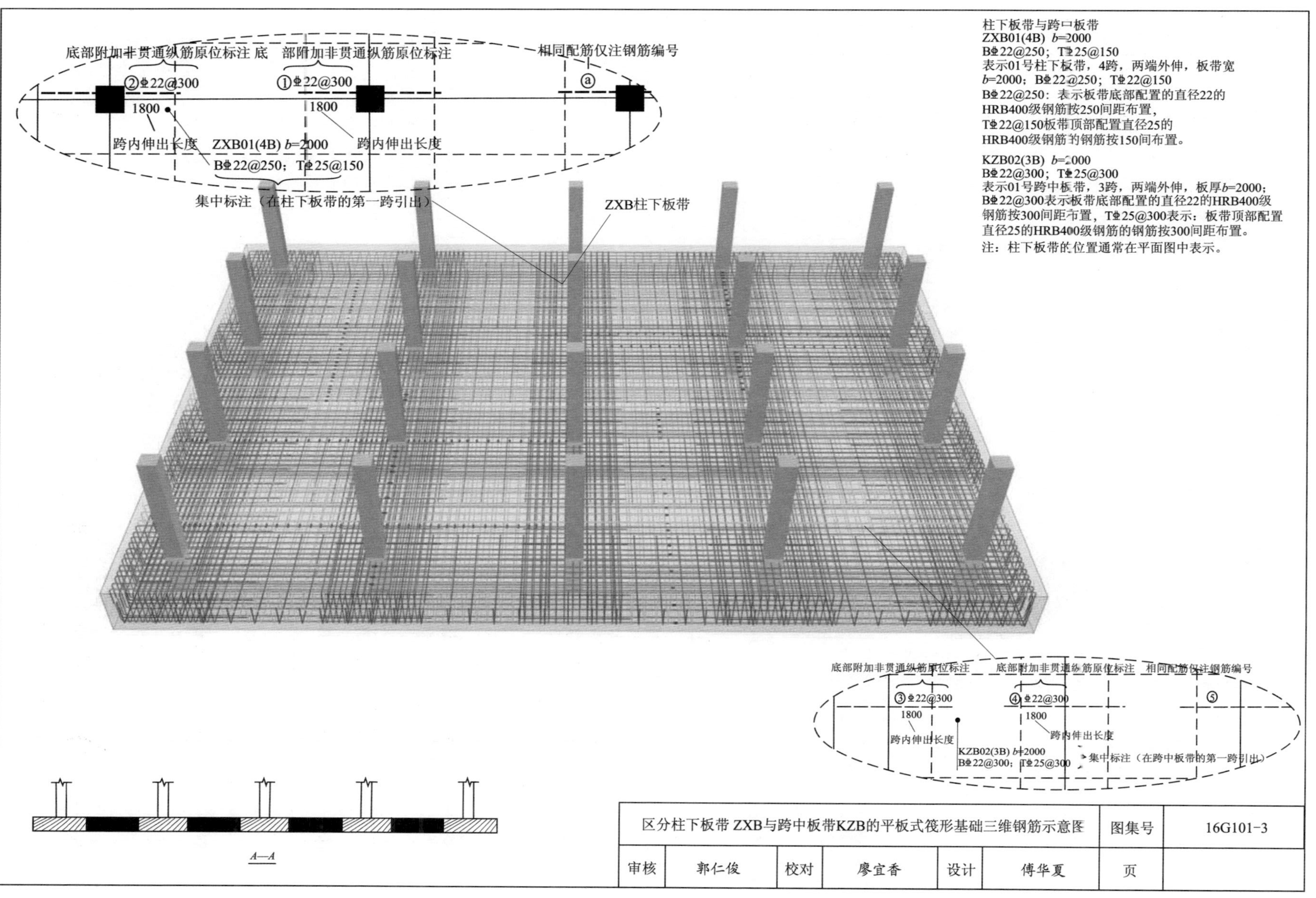

区分柱下板带ZXB与跨中板带KZB的平板式筏形基础三维钢筋示意图						图集号	16G101-3
审核	郭仁俊	校对	廖宜香	设计	傅华夏	页	

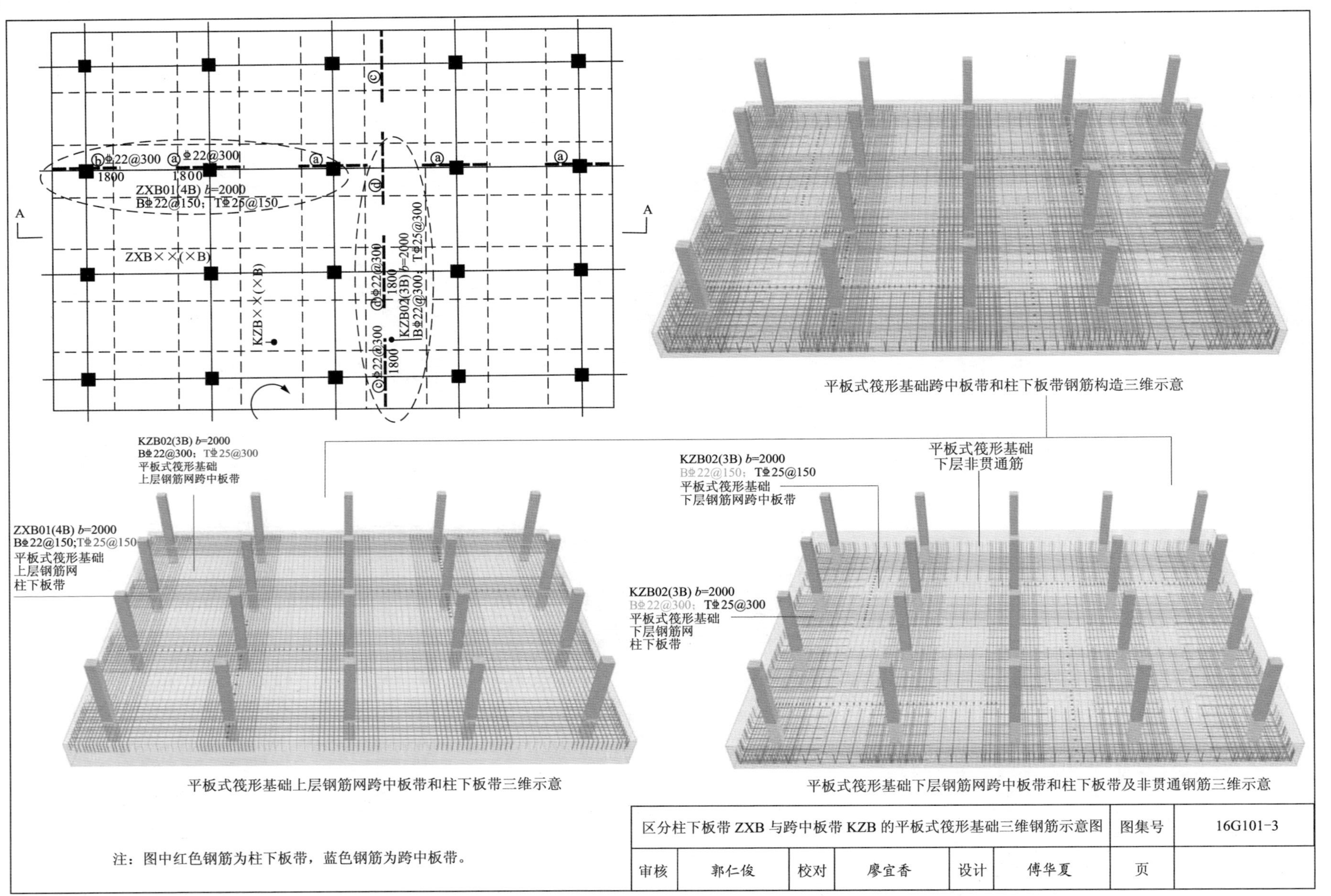

ⓑ⌀22@300
ⓐ⌀22@300
1800
1800
ZXB01(4B) b=2000
B⌀22@150；T⌀25@150
ZXB××(×B)
KZB××(×B)
KZB02(3B) b=2000
B⌀22@300；T⌀25@300
ⓓ⌀22@300
ⓒ⌀22@300
A
平板式筏形基础跨中板带和柱下板带钢筋构造三维示意
KZB02(3B) b=2000
B⌀22@300；T⌀25@300
平板式筏形基础
上层钢筋网跨中板带
ZXB01(4B) b=2000
B⌀22@150;T⌀25@150
平板式筏形基础
上层钢筋网
柱下板带
KZB02(3B) b=2000
B⌀22@150；T⌀25@150
平板式筏形基础
下层钢筋网跨中板带
平板式筏形基础
下层非贯通筋
KZB02(3B) b=2000
B⌀22@300；T⌀25@300
平板式筏形基础
下层钢筋网
柱下板带
平板式筏形基础上层钢筋网跨中板带和柱下板带三维示意
平板式筏形基础下层钢筋网跨中板带和柱下板带及非贯通钢筋三维示意
区分柱下板带 ZXB 与跨中板带 KZB 的平板式筏形基础三维钢筋示意图
图集号
16G101-3
审核
郭仁俊
校对
廖宜香
设计
傅华夏
页
注：图中红色钢筋为柱下板带，蓝色钢筋为跨中板带。

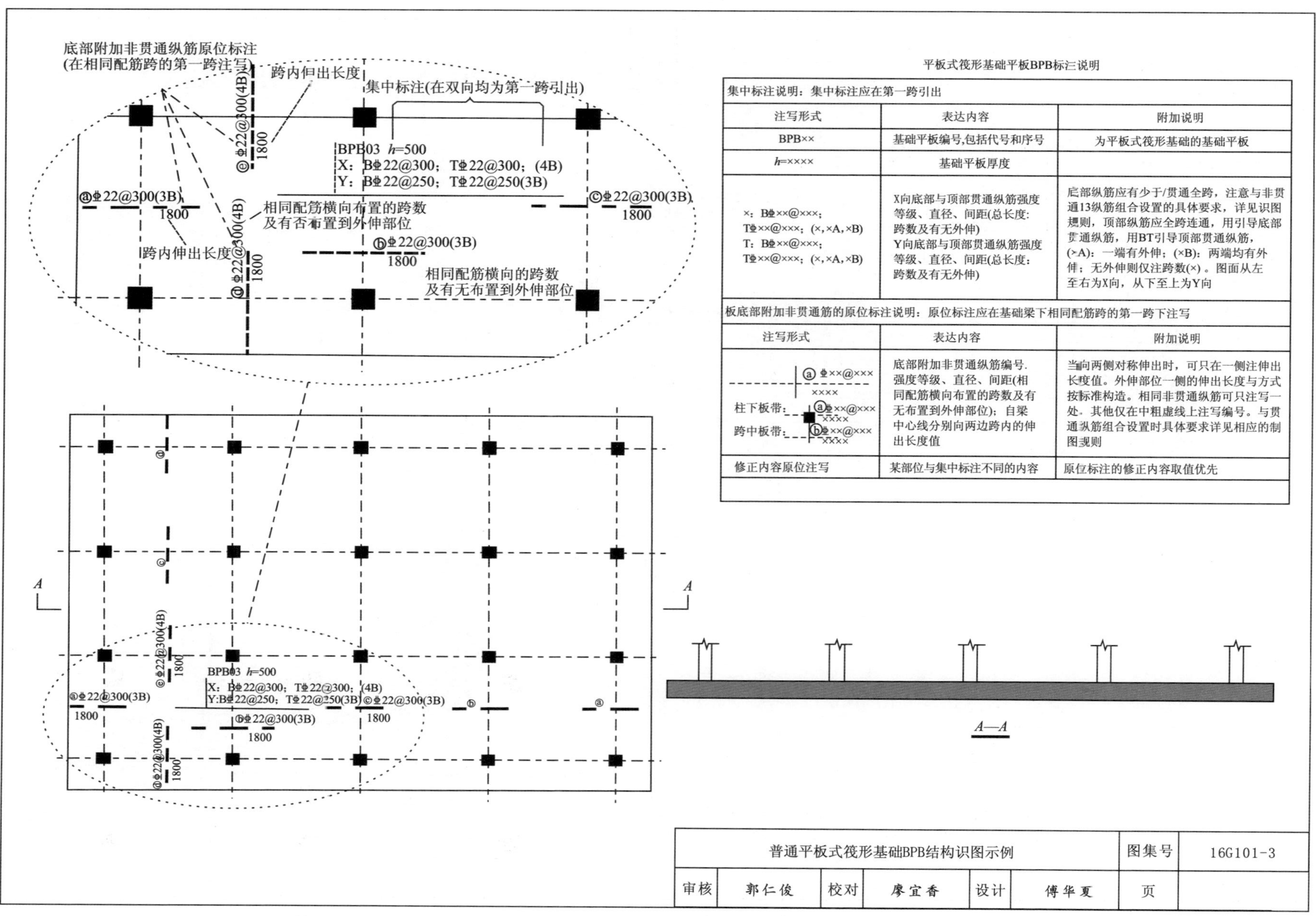

平板式筏形基础平板BPB标注说明

集中标注说明：集中标注应在第一跨引出		
注写形式	表达内容	附加说明
BPB××	基础平板编号,包括代号和序号	为平板式筏形基础的基础平板
h=××××	基础平板厚度	
×：BΦ××@×××； TΦ××@×××；(×,×A,×B) T：BΦ××@×××； TΦ××@×××；(×,×A,×B)	X向底部与顶部贯通纵筋强度等级、直径、间距(总长度:跨数及有无外伸) Y向底部与顶部贯通纵筋强度等级、直径、间距(总长度:跨数及有无外伸)	底部纵筋应有少于/贯通全跨，注意与非贯通13纵筋组合设置的具体要求，详见识图规则，顶部纵筋应全跨连通，用引导底部贯通纵筋，用BT引导顶部贯通纵筋，(×A)：一端有外伸；(×B)：两端均有外伸；无外伸则仅注跨数(×)。图面从左至右为X向，从下至上为Y向
板底部附加非贯通筋的原位标注说明：原位标注应在基础梁下相同配筋跨的第一跨下注写		
注写形式	表达内容	附加说明
ⓐΦ××@××× ×××× 柱下板带：ⓐΦ××@××× ×××× 跨中板带：ⓑΦ××@××× ××××	底部附加非贯通纵筋编号.强度等级、直径、间距(相同配筋横向布置的跨数及有无布置到外伸部位)；自梁中心线分别向两边跨内的伸出长度值	当向两侧对称伸出时，可只在一侧注伸出长度值。外伸部位一侧的伸出长度与方式按标准构造。相同非贯通纵筋可只注写一处。其他仅在中粗虚线上注写编号。与贯通纵筋组合设置时具体要求详见相应的制图规则
修正内容原位注写	某部位与集中标注不同的内容	原位标注的修正内容取值优先

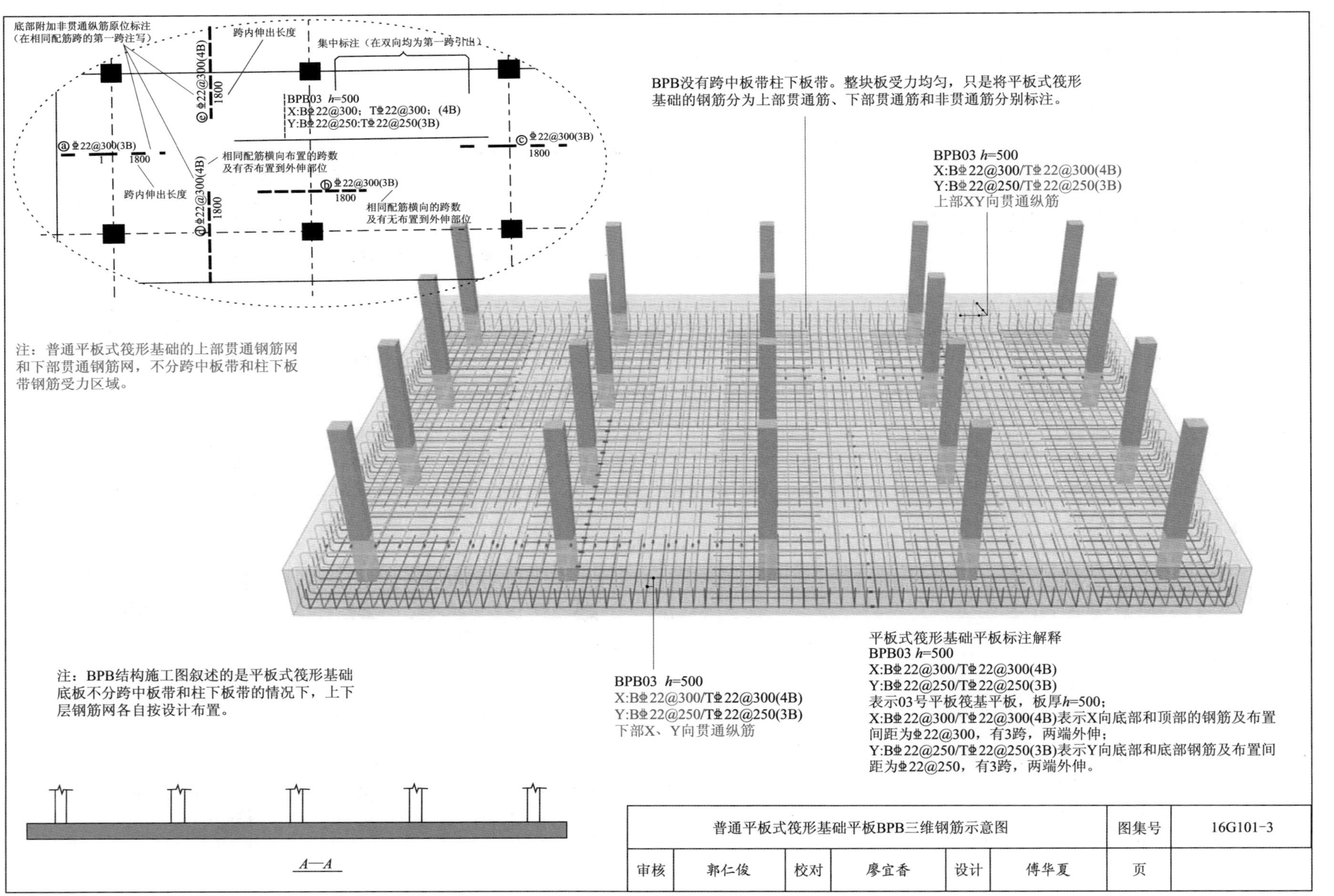

底部附加非贯通纵筋原位标注
（在相同配筋跨的第一跨注写）
跨内伸出长度
集中标注（在双向均为第一跨引出）
BPB03 h=500
X:B⌀22@300；T⌀22@300；(4B)
Y:B⌀22@250:T⌀22@250(3B)
ⓔ⌀22@300(4B)
1800
ⓐ⌀22@300(3B)
1800
ⓒ⌀22@300(3B)
1800
相同配筋横向布置的跨数
及有否布置到外伸部位
ⓓ⌀22@300(4B)
1800
ⓑ⌀22@300(3B)
1800
相同配筋横向的跨数
及有无布置到外伸部位
跨内伸出长度
注：普通平板式筏形基础的上部贯通钢筋网和下部贯通钢筋网，不分跨中板带和柱下板带钢筋受力区域。
BPB没有跨中板带柱下板带。整块板受力均匀，只是将平板式筏形基础的钢筋分为上部贯通筋、下部贯通筋和非贯通筋分别标注。
BPB03 h=500
X:B⌀22@300/T⌀22@300(4B)
Y:B⌀22@250/T⌀22@250(3B)
上部XY向贯通纵筋
注：BPB结构施工图叙述的是平板式筏形基础底板不分跨中板带和柱下板带的情况下，上下层钢筋网各自按设计布置。
BPB03 h=500
X:B⌀22@300/T⌀22@300(4B)
Y:B⌀22@250/T⌀22@250(3B)
下部X、Y向贯通纵筋
平板式筏形基础平板标注解释
BPB03 h=500
X:B⌀22@300/T⌀22@300(4B)
Y:B⌀22@250/T⌀22@250(3B)
表示03号平板筏基平板，板厚h=500；
X:B⌀22@300/T⌀22@300(4B)表示X向底部和顶部的钢筋及布置间距为⌀22@300，有3跨，两端外伸；
Y:B⌀22@250/T⌀22@250(3B)表示Y向底部和底部钢筋及布置间距为⌀22@250，有3跨，两端外伸。
A—A
普通平板式筏形基础平板BPB三维钢筋示意图
图集号
16G101-3
审核
郭仁俊
校对
廖宜香
设计
傅华夏
页

7.5 桩基础平法识图规则

7.5.1 桩列表注写方式结构施工图识图规则

列表注写方式是在灌注桩平面布置图上分别标注定位尺寸；在桩表中注写桩编号桩尺寸、纵筋、螺旋箍筋桩顶标高、单桩竖向承载力特征值。

（1）桩表注写内容规定见表 7-5。

表 7–5　桩编号

类型	代号	序号
灌注桩	GZH	××
扩底灌注桩	GZHx	××

①注写桩尺寸，包括桩径 D× 桩长 L。

②扩底灌注桩时还应在括号内注写扩底尺寸 $D_0/H_b/H_c$ 或 $D/h_b/h_{c1}/h_{c2}$，其中 D_0 表示扩底端直径，h_b 表示扩底端扩底矢高，h_c 表示扩底端高度（图 7.62）。

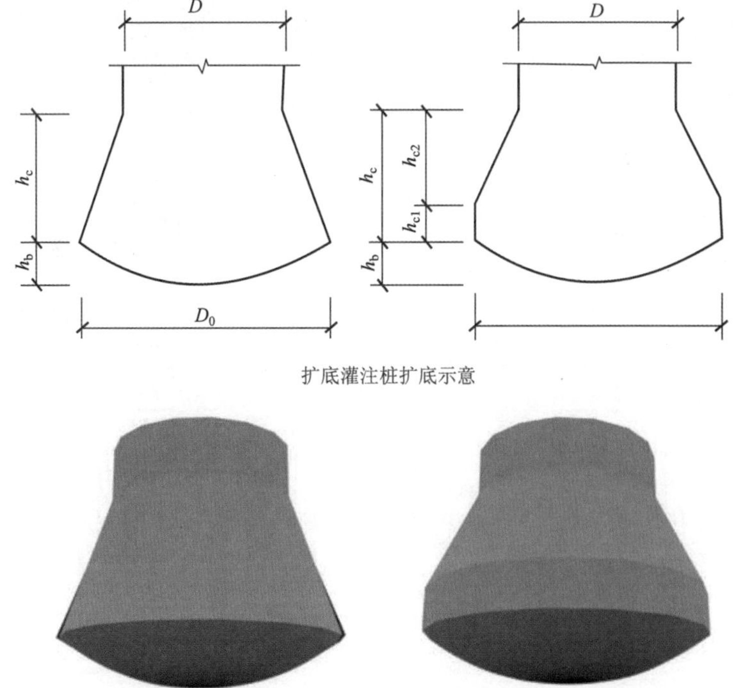

图 7.62　扩底灌注桩扩底三维示意

③注写纵筋包括桩周均布的纵筋根数、钢筋强度级别、总桩顶起算的纵筋配置长度。

④通长等截面配筋：全部纵筋 ××ф××。

⑤部分长度配筋：注写桩纵筋如 ××ф××/L_1, 其中 L_1 表示从桩顶算起的入桩长度。

⑥通长变截面配筋：注写桩纵筋包括通长纵筋 ××ф××；非通长纵筋 ××ф××/L_1，其中 L_1 表示从桩顶起算的入桩长度。通长纵筋与非通长纵筋沿桩周间隔均匀布置。

【案例解析 7-34】

8ф20，8ф18/6000，表示桩通长纵筋为 8ф20；桩非通长纵筋为 8ф18，从桩顶算起的入桩长度为

6000，实际桩上段纵筋为 8⌀20+8⌀18；通长纵筋与非通长纵筋间隔均匀布置于桩周（图 7.63）。

（2）以大写字母 L 打头，注写螺旋箍筋，包括钢筋强度级别、直径与间距。

①用斜线“/”区分桩顶箍筋加密区与桩身箍筋非加密区长度范围的间距，16G101 图集中规定加密区为桩顶以下 5*D*（*D* 为桩身直径），若与实际工程情况不同，由设计者在图中注明。

②当桩身位于液化土层范围内时，箍筋加密区长度应由设计者根据具体工程情况注明，或者箍筋全长加密。

【案例解析 7-35】

L⌀8@100/200，表示箍筋强度级别为 HRB400 级钢筋，直径为 8mm，加密区间距为 100mm，非加密区间距为 200mm，L 表示螺旋箍筋，如图 7.64 所示。

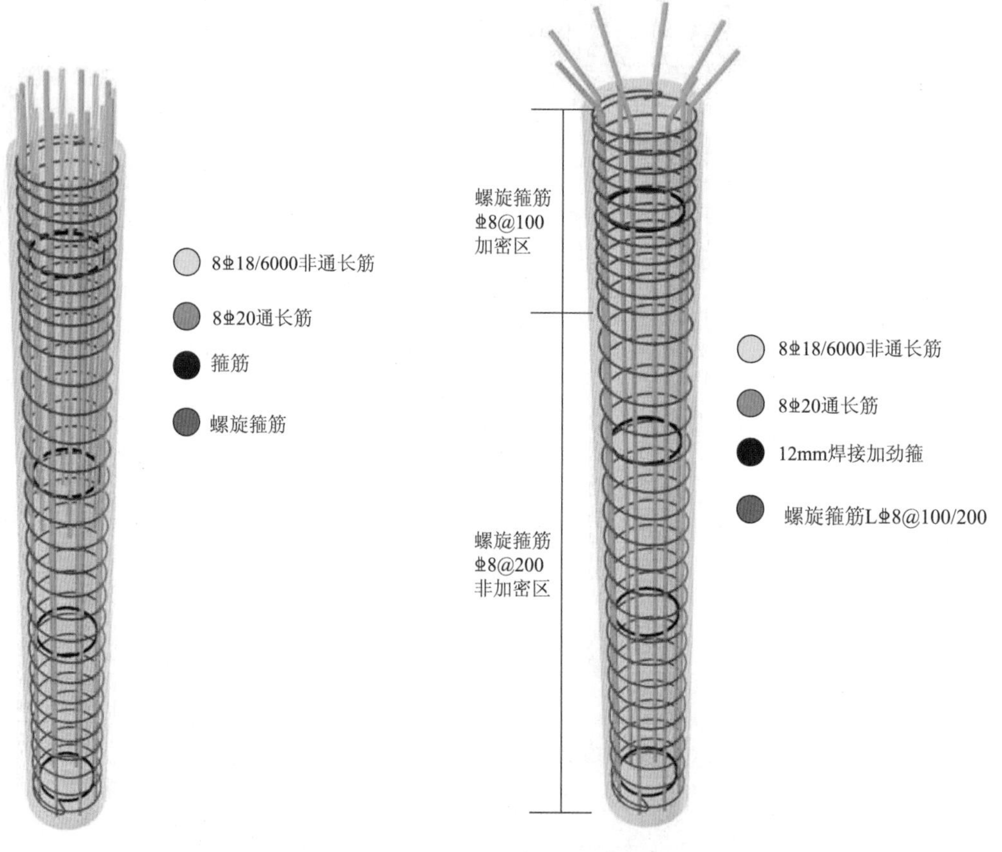

图 7.63　灌注桩变截面配筋通长与非通长筋三维示意图　图 7.64　灌注桩螺旋箍筋加密与非加密区

（3）注写桩顶标高。

（4）注写单桩竖向承载力特征值。设计为注明时，16G101-3 图集规定：当钢筋笼长度超过 4m 时应每隔 2m 设一道直径 12mm 焊接加劲箍，焊接加劲箍也可由设计另行注明。桩顶进入承台高度 *h*，桩径＜ 800m 时，*h*=50；桩径≥ 800m 时，*h*=100。

7.5.2　灌注桩列表注写格式

灌注桩列表注写格式见表 7-6。

表 7–6 灌注桩表

桩号	桩径 D× 桩长 L(mm×m)	通长等截面配筋全部纵筋	箍筋	桩顶标高	单桩竖向承载力特征值 (kN)
GZH1	800×16.700	10⌀18	L⌀8@100/200	−3.400	2400

注：表中可根据实际情况增加栏目。例如：当采用扩底灌注桩时，增加扩底尺寸。

7.5.3 灌注桩平面注写方式示例

平面注写方式的规则同列表注写方式，将表格中内容除单桩竖向承载力特征值以外集中标注在灌注桩上，如图 7.65 所示。

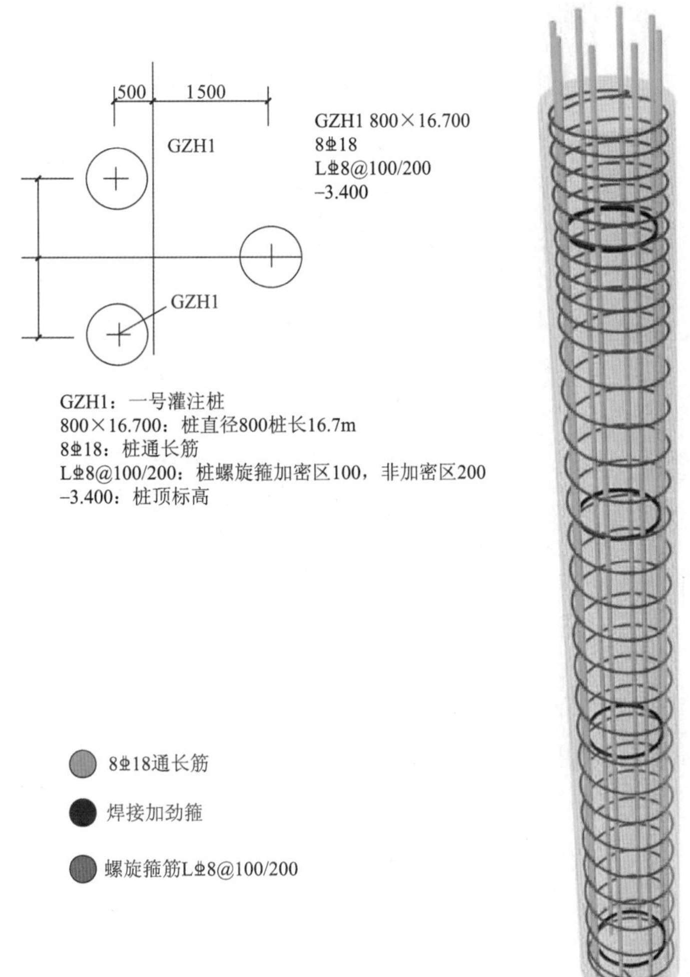

图 7.65 灌注桩平面注写方式三维示意图

7.6 桩基承台平法识图规则

7.6.1 认识钢筋混凝土桩基承台

桩基承台是在桩基上的基础平台。平台一般采用钢筋混凝土结构，起承上传下的作用，把墩身荷载传到基桩上。各种承台的设计中都应对承台做桩顶局部压应力验算、承台抗弯及抗剪切强度验算。

7.6.2 桩基承台平法施工图的表示方法

桩基承台平法施工图，有平面注写与截面注写两种表达方式。

7.6.3 桩基承台的编号

（1）桩基承台分为独立承台和承台梁，分别按表 7-7 和表 7-8 的规定编号。

表 7-7 独立承台编号

类型	独立承台截面形状	代号	序号	说明
独立承台	阶型	CT_J	××	单阶截面即为平板式独立承台
	坡型	CR_P	××	

注：杯口独立承台代号可为 BCT_J 和 BCT_P，设计注写方式可参照杯口独立基础，施工详图应由设计者提供。

表 7-8 承台梁的编号

类型	代号	序号	跨数及有无外伸
承台梁	CTL	××	（××）端部无外伸 （××A）一端有外伸 （××B）两端有外伸

（2）桩基承台的有关构件定义。

承台梁便是在桩口起的地梁，一般比承重梁配比高，结构要求高。它的作用是为了承受上部主体结构巨大的荷载，加强基础的整体性，承台一般应用于高层建筑的基础结构中。

7.6.4 独立承台结构施工图识图

1. 独立承台的平面注写方式

独立承台的平面注写方式，分为集中标注和原位标注两部分内容。

2. 独立承台标注的内容

独立承台的集中标注，是在承台平面上集中引注：独立承台编号、截面竖向尺寸、配筋三项必注内容，以及承台板底面标高（与承台底面基准标高不同时）和必要的文字注解两项选注内容。具体规定如下。

（1）独立承台编号 (必注内容)，见表 7-7。

独立承台的截面形式通常有两种。

①阶形截面，编号加下标“J”，如 TJ_J××。

②坡形截面，编号加下标“P”，如 TP_P××。

（2）独立承台截面竖向尺寸。即注写 $h_1/h_2/\cdots$，具体标注如下。

①当独立承台为阶形截面时，如图 7.66 和图 7.67 所示。图 7.66 为两阶，图 7.67 为单阶。图 7.66 当为多阶时各阶尺寸自下而上用“/”分隔顺写。当阶形截面独立承台为单阶时，截面竖向尺寸仅为一个，且为独立承台总厚度，如图 7.67 所示。

②当独立承台为坡形截面时，截面竖向尺寸注写为 h_1/h_2，如图 7.68 所示。

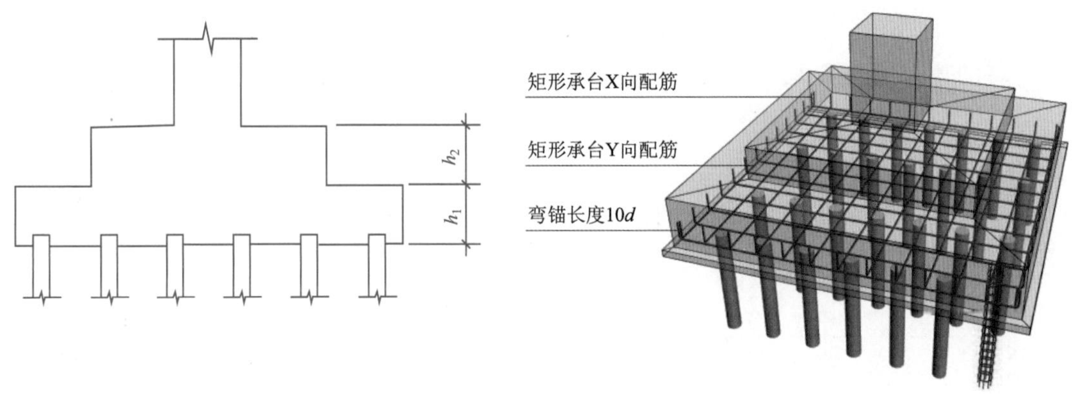

图 7.66 阶形截面独立承台竖向尺寸

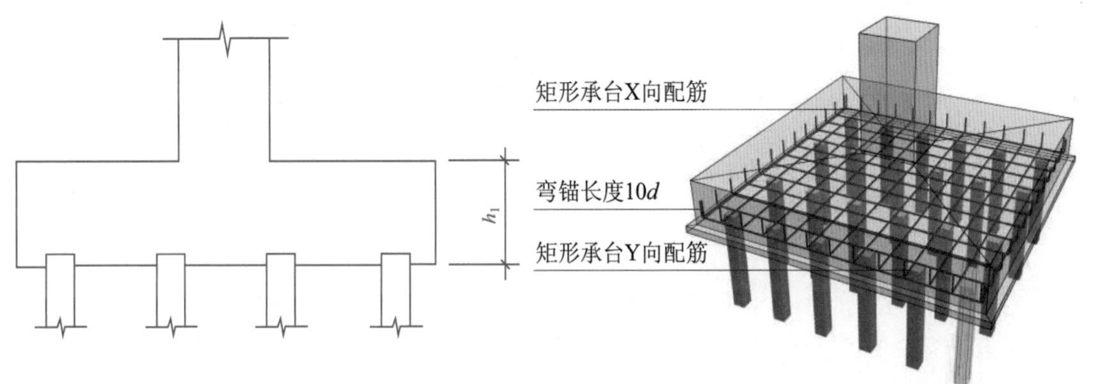

图 7.67 单阶截面独立承台竖向尺寸

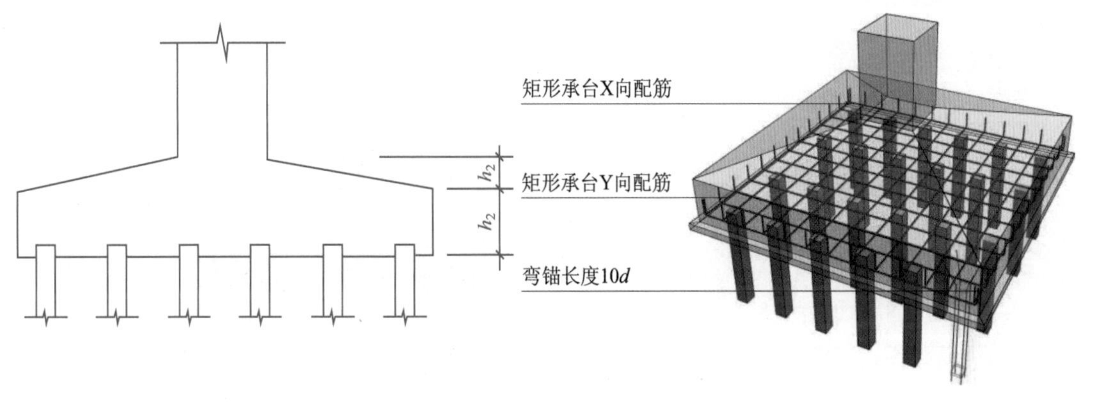

图 7.68 坡形截面独立承台竖向尺寸

(3) 独立承台配筋。底部与顶部双向配筋应分别注写，顶部配筋仅用于双柱或四柱等独立承台。当独立承台顶部无配筋时则不注顶部。注写规定如下。

当为等边三桩承台时，以“△”打头，注写三角布置的各边受力钢筋（注明根数并在配筋值后注写“×3”），在“/”后注写分布钢筋。

【案例解析 7-36】

△ ×⏀××@××××3/ϕ××@×××。

(4) 当为等腰三桩承台时，以“△”打头注写等腰三角形底边的受力钢筋两对称斜边的受力钢筋（注明根数并在两对称配筋值后注写“×2”，在“/”后注写分布钢筋，如图 7.70 所示）。

3. 独立承台基础原位标注的注写内容

独立承台的原位标注，是在桩基承台平面布置图上标注独立承台的平面尺寸，相同编号的独立承台，可仅选择一个进行标注，其他仅标注编号。注写规定如下。

（1）矩形独立承台：原位标注 x、y，x_c，y_c(或圆柱直径 d_c)，x_i、y_i、a_i、b_i，i=1，2，3，…。其中，x、y 为独立承台两向边长，x_c、b_c 为柱截面尺寸，x_i、y_i 为阶宽或坡形平面尺寸，a_i、b_i 为桩的中心距及边距（a_i、b_i 根据具体情况可不注），如图 7.69 所示。

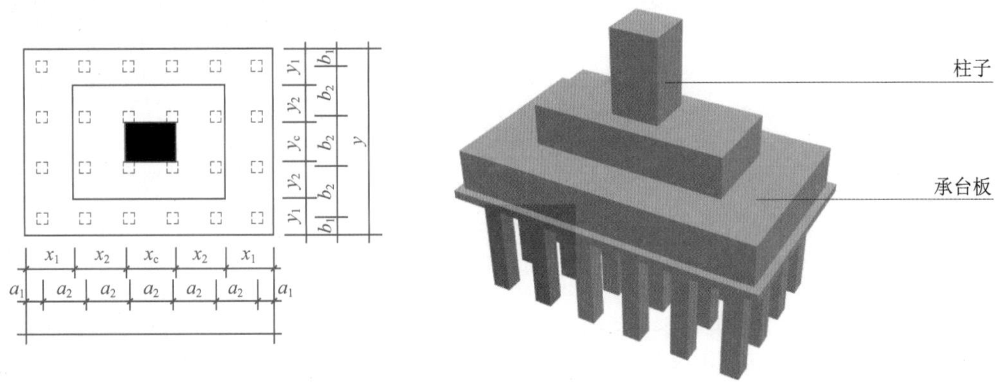

图 7.69 矩形独立承台平面原位标注

（2）三桩承台。结合 X、Y 双向定位，原位标注 x 或 y；x_c、y_c(或圆柱直径 d_c)，x_i、y_i，i=1，2，3…，a。其中，x 或 y 为三桩独立承台平面垂直于底边的高度，x_c、y_c 为柱截面尺寸，x_i、y_i 为承台分尺寸和定位尺寸，a 为桩中心距切角边缘的距离。

等边三桩独立承台平面原位标注，如图 7.70 所示。

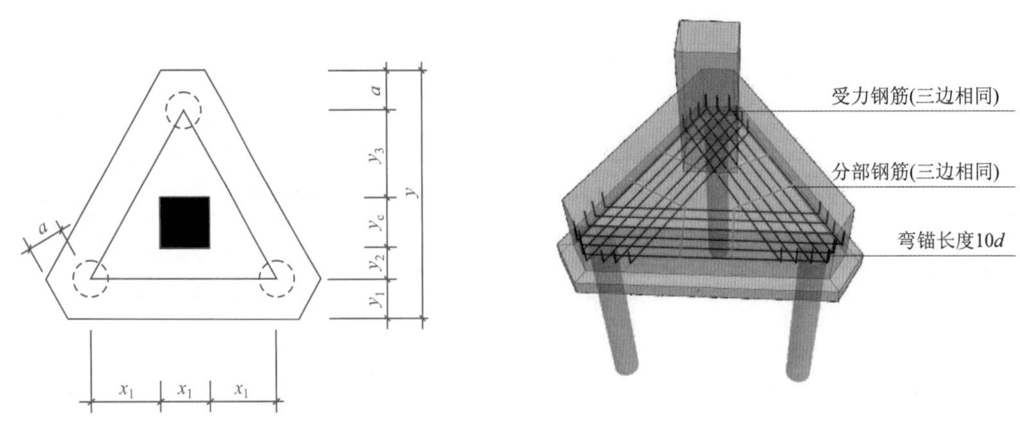

图 7.70 等边三桩独立承台平面原位标注

等腰三桩独立承台平面原位标注，如图 7.71 所示。

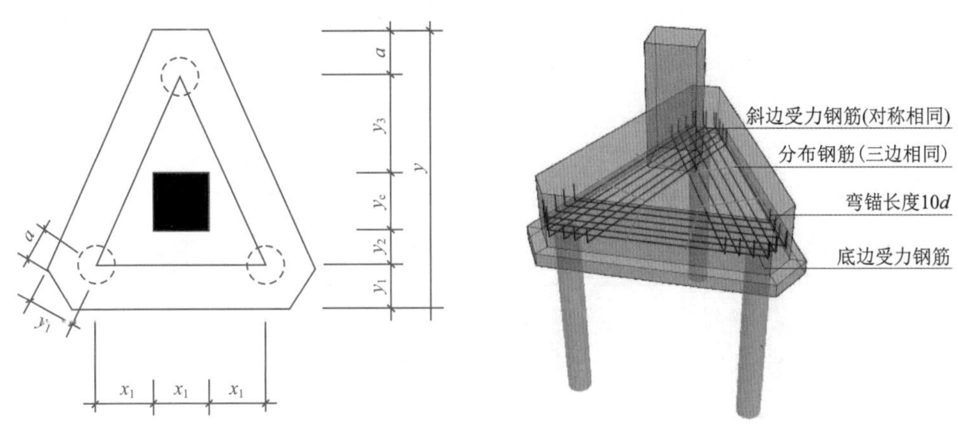

图 7.71 等腰三桩独立承台平面原位标注

（3）多边形独立承台。结合 X、Y 双向定位，原位标注 x 或 y，x_c、y_c(或圆柱直径 d_c)，x_i、y_i，a_i，i=1，2，3…。

7.6.5 承台梁的平面注写含义

1. 承台梁平面注写的方式

承台梁 CTL 的平面注写方式，分集中标注和原位标注两部分内容。

2. 承台梁平面注写的内容

承台梁的集中标注内容为承台梁编号、截面尺寸、配筋三项必注内容，以及承台梁底面标高（与承台底面基准标高不同时）、必要的文字注解两项选注内容。具体规定如下。

（1）注写承台梁编号（必注内容），见表 7-8。

（2）注写承台梁截面尺寸（必注内容）。即注写 $b×h$ 表示梁截面宽度与高度。

（3）注写承台梁配筋（必注内容）。

①注写承台梁箍筋。

a. 当具体设计仅采用一种箍筋间距时，注写钢筋级别、直径、间距与肢数（箍筋肢数写在括号内，下同）。

b. 当具体设计采用两种箍筋间距时，用“/”分隔不同箍筋的间距。此时，设计应指定其中一种箍筋间距的布置范围。

②注写承台梁底部、顶部及侧面纵向钢筋。

a. 以 B 打头，注写承台梁底部贯通纵筋。

b. 以 T 打头，注写承台梁顶部贯通纵筋。

【案例解析 7-37】

B:4⌀25;4⌀25，表示承台梁底部配置贯通纵筋 4⌀25，梁顶部配置贯通纵筋 4⌀25，如图 7.72 所示。

③当梁底部或顶部贯通纵筋多于一排时，用“/”将各排纵筋自上而下分开。

④以大写字母 G 打头注写承台梁侧面对称设置的纵向构造钢筋的总配筋值（当梁腹板净高 h_w ≥ 450mm 时，根据需要配置）。

【案例解析 7-38】

G:4⌀14，表示梁每个侧面配置纵向构造钢筋 2⌀14，共配置 4⌀14，如图 7.72 所示。

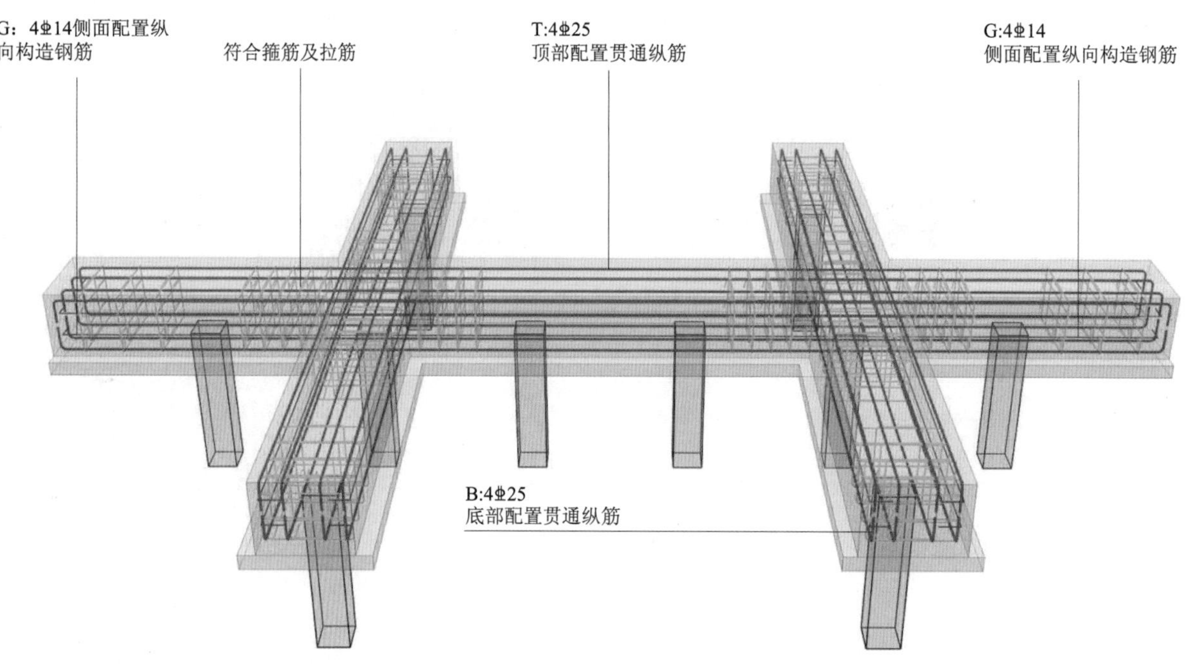

图 7.72　承台梁三维钢筋构造示意

⑤注写承台梁底面标高（选注内容）。当承台梁底面标高与桩基承台底面基准标高不同时，将承台梁底面标高注写。

7.7 基础相关构造平法识图

7.7.1 基础相关构造制图规则

基础相关构造的平面施工图设计，是在基础平面布置图上采用直接引注方式表达。

基础相关构造类型与编号，按表 7-9 的规定。

表 7-9　基础相关构造类型与编号

构建类型	代号	序号	说明
基础联系梁	JLL	××	用于独立基础、条形基础、桩基承台
后浇带	HJD	××	用于梁板、平板筏形基础、条形基础
上柱墩	SZD	××	用于平板筏形基础
下柱墩	XZD	××	用于梁板、平板筏形基础
基坑（沟）	JK	××	用于梁板、平板筏形基础

注：1. 基础联系梁序号：(××) 为端部无外伸或无悬挑，(××A) 为一端有外伸或有悬挑，(××B) 为两端有外伸或有悬挑。
2. 上柱墩在混凝土柱根部位，下柱墩在混凝土柱或钢柱柱根投影部位，均根据筏形基础受力与构造需要而设。

7.7.2 相关构造平法施工图识图规则

1. 后浇带结构识图

后浇带 HJD 直接引注。后浇带的平面形状及定位由平面布置图表达，后浇带留筋方式等由引注内容表达，包括以下内容。

（1）后浇带编号及留筋方式代号。本图集留筋方式有两种，分别为：贯通留筋，100% 搭接留筋。

（2）后浇混凝土的强度等级 C××，如 C30、C35。后浇带引注如图 7.73 所示。

贯通留筋的后浇带宽度通常取大于或等于 800mm；100% 搭接留筋的后浇带宽度通常取 800mm 与 (L_L+60mm) 的较大值。

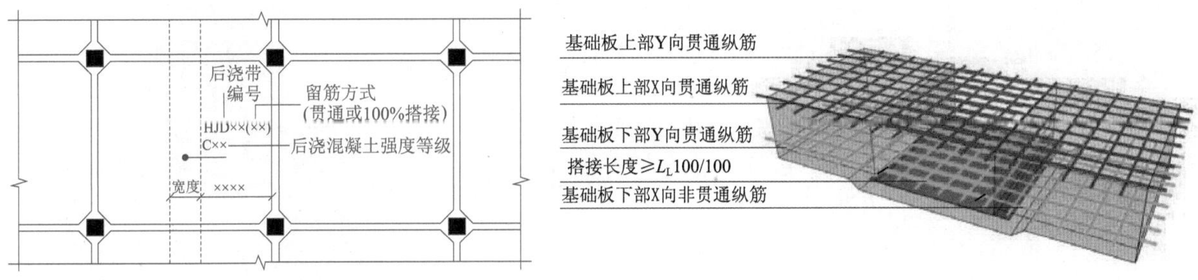

图 7.73　后浇带引注

2. 上柱墩结构识图

上柱墩 SZD，是根据平板式筏形基础受剪或受冲切承载力的需要，在板顶面以上混凝土柱的根部设置的混凝土墩。上柱墩直接引注的内容规定如下。

注写编号 SZD××，见表 7-9。

棱台形上柱墩 ($c_1 \neq c_2$) 引注如图 7.74 所示。

棱柱形上柱墩 (c_1=c_2) 引注如图 7.75 所示。

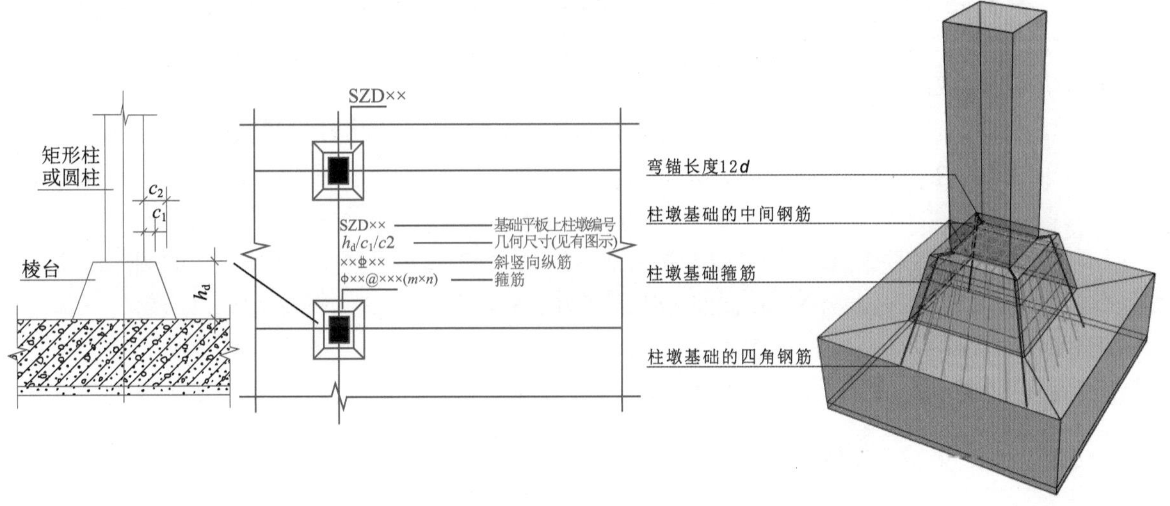

图 7.74　棱台形上柱墩引注

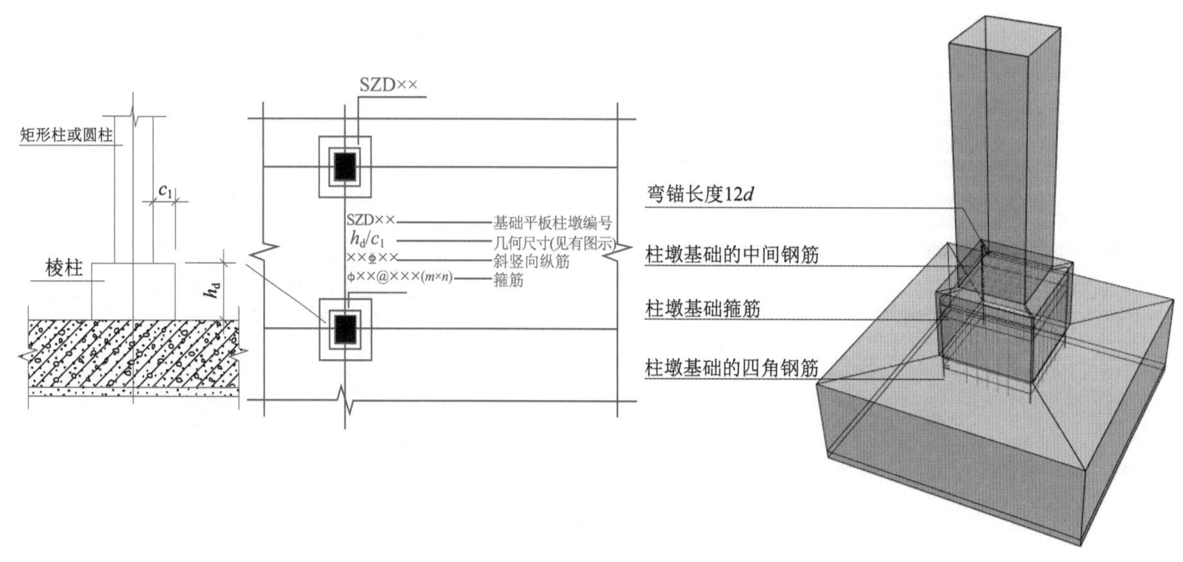

图 7.75　棱柱形上柱墩引注

【案例解析 7-39】

SZD3，600\50\350，14⌀16\⌀10@100(4×4)，表示 3 号棱台状上柱墩；凸出基础平板顶面高度为 600mm，底部出柱边缘宽度为 350mm，顶部出柱边缘宽度为 50mm；共配置 14 根 ⌀16 斜向纵筋；箍筋直径 ⌀10 间距 100mm，X 向与 Y 向各为 4 肢。

3. 下柱墩识图直接引注的内容

下柱墩（XZD），是根据平板式筏形基础受剪或受冲切承载力的需要，在柱的所在位置、基础平板底面以下设置的混凝土墩。下柱墩直接引注的内容规定如下。

（1）注写编号 XZD××，见表 7-9。

（2）注写几何尺寸。按“柱墩向下凸出基础平板深度 h_d\ 柱墩顶部出柱投影宽度 c_1\ 柱墩底部出柱投影宽度 c_2”的顺序注写，其表达形式为 $h_d\backslash c_1\backslash c_2$。当为倒棱柱形柱墩 $c_1=c_2$ 时，c_2 不注，表达形式为 $h_d\backslash c_1$。

（3）注写配筋。倒棱柱下柱墩，按“X 方向底部纵筋 \Y 方向底部纵筋 \ 水平箍筋”的顺序注写（图面从左至右为 X 向，从下至上为 Y 向），其表达形式为：X⌀××@×××\Y⌀××@×××。

倒棱台形下柱墩 ($c_1 \neq c_2$) 引注如图 7.76 所示。

倒棱柱形下柱墩 ($c_1=c_2$) 引注如图 7.77 所示。

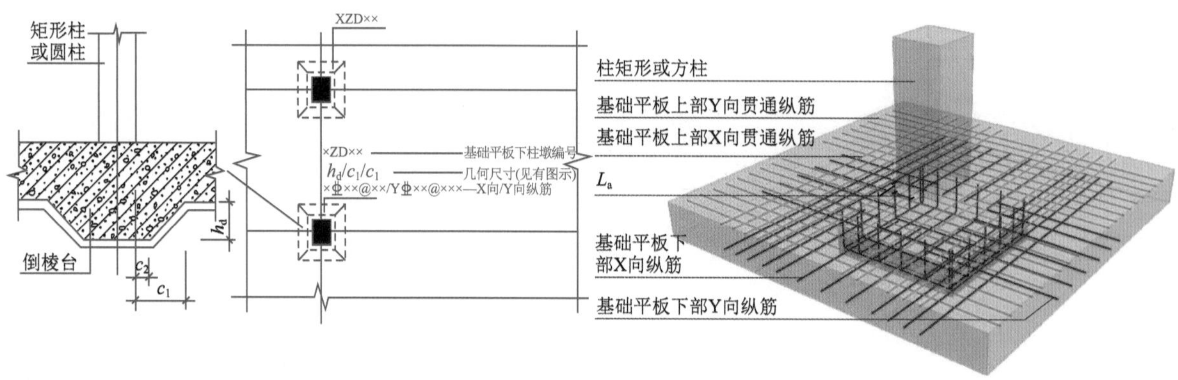

图 7.76　倒棱台形下柱墩引注

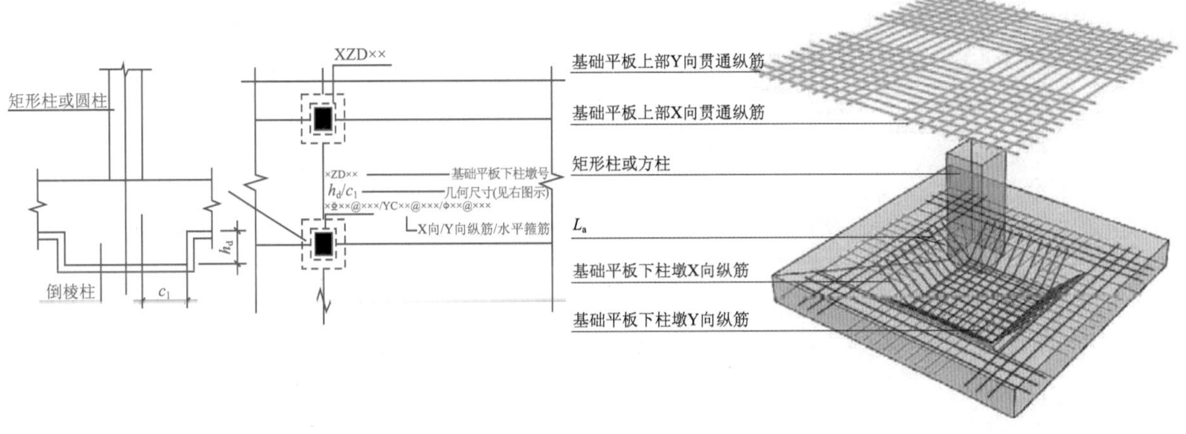

图 7.77　倒棱柱形下柱墩引注

4. 基坑 (JK) 直接引注的内容规定

（1）注写编号 JK××，见表 7-9。

（2）注写几何尺寸。按“基坑深度 h_k/ 基坑平面尺寸；x×y”的顺序注写，其表达形式为：h_k/x×y。x 为 X 向基坑宽度，y 为 Y 向基坑宽度 (图面从左至右为 X 向，从下至上为 Y 向)。在平面布置图上应标注基坑的平面定位尺寸，如图 7.78 所示。

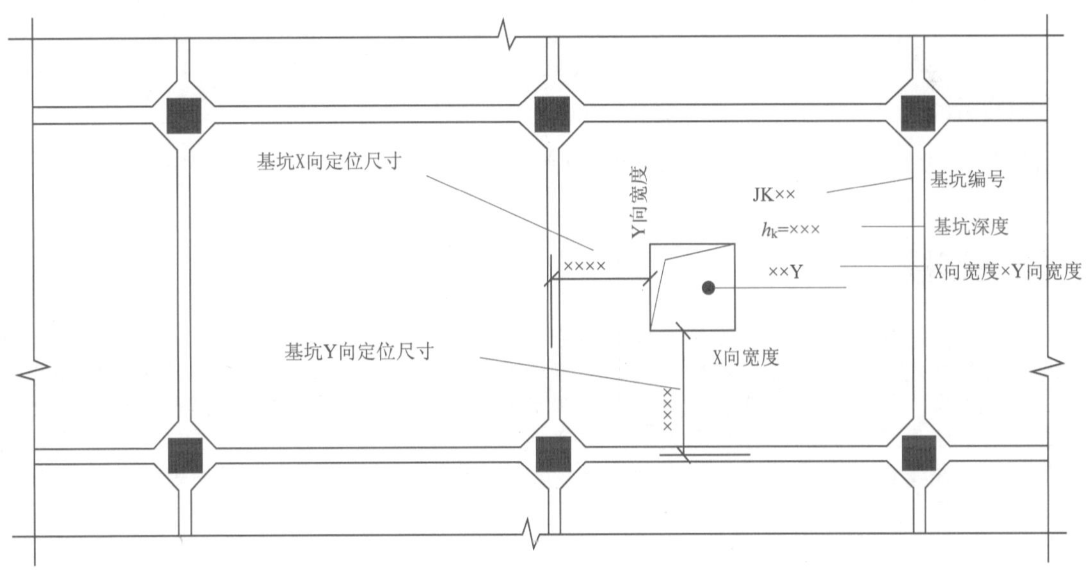

图 7.78　基坑 JK 引注图示

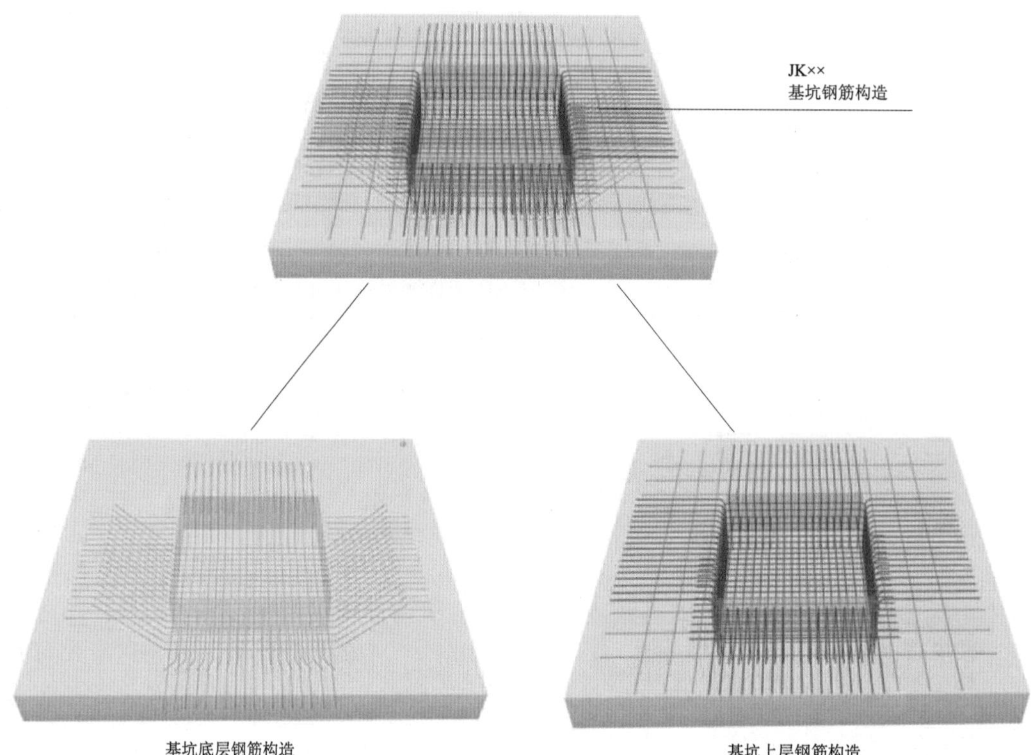

图 7.78　基坑 JK 引注图示（续）

特别提示

基坑相关柱注构造详图见《建筑三维平法结构图集》(第二版）。

知识链接

后浇带是在建筑施工中为防止现浇钢筋混凝土结构由于温度收缩不均可能产生的有害裂缝，按照设计或施工规范要求，在基础底板、墙、梁相应位置留设临时施工缝，将结构暂时划分为若干部分，经过构件内部收缩，在若干时间后再浇筑该施工缝混凝土，将结构连成整体。后浇带的浇筑时间宜选择气温较低时，可用浇筑水泥或水泥中掺微量铝粉的混凝土，其强度等级应比构件强度高一级，以防止新老混凝土之间出现裂缝，造成薄弱部位。设置后浇带的部位还应该考虑模板等措施不同的消耗因素。

本章小结

在本章学习了基础平法，在基础平法中介绍了基础的几大形式，包括独立基础、条形基础、筏形基础（筏形基础又包括梁板式筏形基础和平板式筏形基础）、桩基承台，以及熟悉了基础相关构造。在本章学习中，学习基础平法主要的是熟悉各类基础的识图规则，掌握相关的注写方式。在识图的过程中，还要掌握各类型基础的钢筋构造规律，加深对基础平法的理解。

习 题

一、单选题

1. 当独立基础底板 X、Y 方向宽度满足（ ）X、Y 方向钢筋长度 = 底板宽度 ×0.9。

  A. ≥ 2500mm B. ≥ 2600mm C. ≥ 2700mm D、≥ 2800mm

2. 在基础内的第一根箍筋到基础顶面的距离是（ ）。

  A. 50mm B. 100mm C. 3d（d 为箍筋直径） D. 5d（d 为箍筋直径）

3. 高板位筏形基础指（ ）。

  A. 筏板顶高出梁顶 B. 梁顶高出筏板顶
  C. 梁顶平筏板顶 D. 筏板在梁的中间

4. 基础主梁在高度变截处，上下钢筋深入支座长要达到要求（ ）。

  A. 深入支座长要满足 L_a B. 深入支座长要满足 1000mm
  C. 深入支座长要满足 15d D. 深入支座长要满足 2 倍的梁高

二、多选题

1. 在承台上集中引注的必注内容有（ ）。

  A. 承台编号 B. 截面竖向尺寸 C. 配筋 D. 承台地面标高

2. 梁板式筏形基础的构件编号包括（ ）。

  A. 基础主梁（柱下） B. 基础次梁
  C. 梁板筏基平板 D. 跨中板带

在线答题

第8章

钢筋下料与算量

学习思路

本章学习钢筋下料与算量，将重点介绍梁、板、柱、基础等各种构件的钢筋下料计算方法。在学习钢筋算量之前，首先要熟悉钢筋算量相关的计算规则，再通过实例对各种构件的钢筋下料进行计算，计算出每根钢筋的长度。

学习目标

1. 框架梁钢筋量计算。
2. 板钢筋量计算。
3. 柱钢筋量计算。
4. 基础钢筋量计算。

能力目标	知识要点	权重
掌握各个角度量度差	平法框架梁量度差系数	5%
了解各种构件钢筋计算的规则	算量规则、锚固值、搭接长度	95%

8.1 钢筋下料的计算概念

结构施工图中注明的钢筋尺寸是钢筋的外轮廓尺寸，称为钢筋的外包尺寸。在钢筋加工时，也按照外包尺寸进行验收。但钢筋弯曲后有个特点，就是在弯曲处内轮廓收缩，外轮廓延伸、中轴线不变，弯曲段的外包尺寸大于中轴线尺寸，二者之间存在一个差值，这个差值叫量度差。各种弯曲角度的量度差可从表 8-1 中获得，在框架结构的构件中，纵向受力钢筋加工的弯曲半径按照表 8-2 选取。

表 8-1 各种弯曲角度的量度差

弯曲角度（°）	平法框架主筋		
	R=4d	R=6d	R=8d
30	0.323d	0.348d	0.376d
45	0.608d	0.694d	0.78d
60	1.061d	1.276d	1.491d
90	2.931d	3.79d	4.648d
135	3.539d	4.484d	5.482d

表 8-2 平法框架纵向钢筋加式弯曲半径（R）

钢筋用途	钢筋加工弯曲半径 R
主筋直径 $d \leqslant$ 25mm	4 倍钢筋直径 d
主筋直径 $d >$ 25mm	6 倍钢筋直径 d
顶层边节点主筋直径 $d \leqslant$ 25mm	6 倍钢筋直径 d
顶层边节点主筋直径 $d >$ 25mm	8 倍钢筋直径 d

钢筋下料是按中轴线尺寸来下的，钢筋下料计算就是将图纸上的外轮廓尺寸转化为中轴线尺寸，从上面分析可以看出，钢筋的下料尺寸等于各段外轮廓尺寸之和减去量度差，如果末端有弯钩，还要再加上两端弯钩增加长度。

混凝土结构的环境类别

环境类别	条　件
一	室内干燥环境； 无侵蚀性静水浸没环境
二a	室内潮湿环境 非严寒和非寒冷地区的露天环境； 非严寒和非寒冷地区与无侵蚀性的水或土壤直接接触的环境； 严寒和寒冷地区的冰冻线以下与无侵蚀性的水或者土壤直接接触的环境
二b	干湿交替环境； 水位频繁变动环境； 严寒和寒冷地区的露天环境； 严寒和寒冷地区冰冻线以上与无侵蚀性的水或土壤直接接触的环境
三a	严寒和寒冷地区冬季水立变动区环境； 受除冰盐影响环境； 海风环境
三b	盐渍土环境； 受除冰盐作用环境； 海岸环境
四	海水环境
五	受人为或自然的侵蚀性物质影响的环境

注：1. 室内潮湿环境是指构件表面经常处于结露或湿润状态的环境。
2. 严寒和寒冷地区的划分应符合现行国家标准《民用建筑热工设计规范》(GB 50176—2016)的有关规定。
3. 海岸环境和海风环境宜根据当地情况，考虑主导风向及结构所处迎风、背风部位等因素的影响，由调查研究和工程经验确定。
4. 受除冰盐影响环境是指受到除冰盐盐雾影响的环境；受除冰盐作用环境是指被除冰盐溶液溅射的环境以及使用除冰盐地区的洗车房、停车楼等建筑。
5. 暴露的环境是指混凝土结构表面所处的环境。

混凝土保护层的最小厚度

环境类别	板　墙	梁、柱
一	15	20
二 a	20	25
二 b	25	35
三 a	30	40
三 b	40	50

注：1. 表中混凝土保护层厚度指最外层钢筋外边缘至混凝土表面的距离，适用于设计使用年限为50年的混凝土结构。
2. 构件中受力钢筋的保护层厚度不应小于钢筋的公称直径。
3. 一类环境中，设计使用年限为100年的结构最外层钢筋的保护层厚度不应小于表中数值的1.4倍；二、三类环境中，设计使用年限为100年的结构应采取专门的有效措施。
4. 混凝土强度等级不大于C25时，表中保护层厚度数值应增加5。
5. 基础底面钢筋的保护层厚度，有混凝土垫层时应从垫层顶面算起，且不应小于40。

混凝土结构的环境类别 混凝土保护层的最小厚度						图集号	16G101-1-56
审核		校对		设计		页	

受拉钢筋基本锚固长度L_{ab}

钢筋种类	C20	C25	C30	C35	C40	C45	C50	C55	≥C60
HPB300	39d	34d	30d	28d	25d	24d	23d	22d	21d
HPB335、HRBF335	38d	33d	29d	27d	25d	23d	23d	23d	21d
HRB400、HRBF400 RRB400		40d	35d	32d	29d	23d	27d	26d	25d
HRB500、HRBF500		48d	43d	39d	36d	34d	32d	31d	30d

抗震设计时受拉钢筋基本锚固长度L_{abE}

		C20	C25	C30	C35	C40	C45	C50	C55	≥C60
HPB300	一、二级	45d	39d	35d	32d	29d	28d	26d	25d	24d
	三级	41d	36d	32d	29d	26d	25d	24d	23d	22d
HRB335 HRBF335	一、二级	44d	38d	32d	31d	29d	26d	25d	24d	24d
	三级	40d	35d	31d	28d	26d	24d	23d	22d	22d
HRB400 HRBF400	一、二级		46d	40d	37d	33d	32d	31d	30d	29d
	三级		42d	37d	34d	30d	29d	28d	27d	26d
HRB500 HRBF500	一、二级		55d	49d	45d	41d	39d	37d	36d	35d
	三级		50d	45d	41d	38d	36d	34d	33d	32d

注：1. 四级抗震时，$L_{abE}=L_{ab}$。

2. 当锚固钢筋的保护层厚度不大于5d时，锚固钢筋长度范围内应设置横向构造钢筋，其直径不应小于d/4（d为锚固钢筋的最大直径）；对梁、柱等构件间距不应大于5d对板、墙等构件间距不应大于10d且均不应大于10d且为锚固钢筋的最小直径。

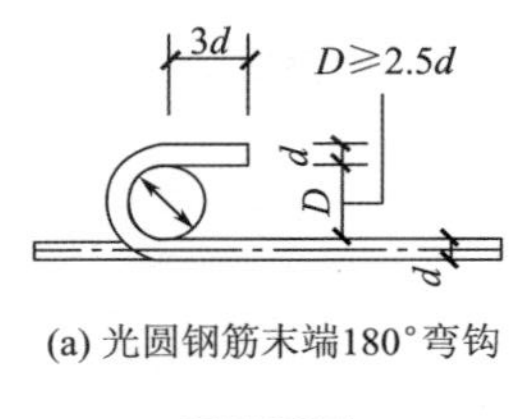

(a) 光圆钢筋末端180°弯钩

(b) 末端90°弯折

钢筋弯折的弯弧内直径D

注：钢筋弯折的弯弧内直径D应符合下列规定：

1. 光圆钢筋，不应小于钢筋直径的2.5倍。
2. 335MPa级、400MPa级带肋钢筋，不应小于钢筋直径的4倍。
3. 500MPa级带肋钢筋，当直径d≤25时，不应小于钢筋直径的6倍；当直径d>25时，不应小于钢筋直径的7倍。
4. 位于框架结构顶层端节点处的梁上部纵向钢筋和柱外侧纵向钢筋，在节点角部弯折处，当钢筋直径d≤25时，不应小于钢筋直径的12倍；当直径4>25时，不应小于钢筋直径的16倍。
5. 箍筋弯折处尚不应小于纵向受力钢筋直径；箍筋弯折处纵向受力钢筋为搭接或并筋时，应按钢筋实际排布情况确定箍筋弯弧内直径。

受拉钢筋基本锚固长度L_{ab}、抗震设计时受拉钢筋基本锚固长度L_{abE}、钢筋弯折时弯弧D						图集号	16G101-1-57
审核		校对		设计		页	

受拉钢筋锚固长度L_a

钢筋种类	混凝土强度等级																
	C20	C25		C30		C35		C40		C45		C50		C55		≥C60	
	$d\leqslant25$	$d\leqslant25$	$d>25$	$d\leqslant25$	$d>25$	$d\leqslant25$	$d>25$	$d\leqslant25$	$d>25$	$d\leqslant25$	$d>25$	$d\leqslant25$	$d>25$	$d\leqslant25$	$d>25$	$d\leqslant25$	$d>25$
HPB300	39*d*	34*d*		30*d*		28*d*		25*d*		24*d*		23*d*		22*d*		21*d*	
HRB335、HRBF335	38*d*	33*d*		29*d*		27*d*		25*d*		23*d*		22*d*		21*d*		21*d*	
HRB400、HRBF400 RRB400		40*d*	44*d*	35*d*	39*d*	32*d*	35*d*	29*d*	32*d*	28*d*	31*d*	27*d*	30*d*	26*d*	29*d*	25*d*	28*d*
HRB500、HRBF500		48*d*	53*d*	43*d*	47*d*	39*d*	43*d*	36*d*	40*d*	34*d*	37*d*	32*d*	35*d*	31*d*	34*d*	30*d*	33*d*

受拉钢筋锚固长度L_{aE}

钢筋种类及抗震等级		混凝土强度等级																
		C20	C25		C30		C35		C40		C45		C50		C55		≥C60	
		$d\leqslant25$	$d\leqslant25$	$d>25$	$d\leqslant25$	$d>25$	$d\leqslant25$	$d>25$	$d\leqslant25$	$d>25$	$d\leqslant25$	$d>25$	$d\leqslant25$	$d>25$	$d\leqslant25$	$d>25$	$d\leqslant25$	$d>25$
HPB300	一、二级	45*d*	39*d*		35*d*		32*d*		29*d*		28*d*		26*d*		25*d*		24*d*	
	三级	41*d*	36*d*		32*d*		29*d*		26*d*		45*d*		24*d*		23*d*		22*d*	
HRB335 HPBF335	一、二级	44*d*	38*d*		33*d*		31*d*		29*d*		26*d*		25*d*		24*d*		24*d*	
	三级	40*d*	35*d*		30*d*		28*d*		26*d*		24*d*		23*d*		22*d*		22*d*	
HRB400 HRBF400	一、二级		46*d*	51*d*	40*d*	47*d*	37*d*	40*d*	33*d*	37*d*	32*d*	47*d*	31*d*	35d	30*d*	33*d*	29*d*	32*d*
	三级		42*d*	46*d*	37*d*	47*d*	34*d*	47*d*	30*d*	34*d*	29*d*	47*d*	28*d*	32d	27*d*	30*d*	26*d*	29*d*
HRBF500 HRBF500	一、二级		55*d*	61*d*	49*d*	47*d*	45*d*	49*d*	41*d*	46*d*	39*d*	47*d*	37*d*	40d	36*d*	39*d*	35*d*	38*d*
	三级		50*d*	56*d*	45*d*	47*d*	41*d*	45*d*	38*d*	42*d*	36*d*	47*d*	34*d*	37d	33*d*	36*d*	32*d*	35*d*

注：1. 当为环氧树脂涂层带肋钢筋时，表中数据尚应乘以1.25。

2. 当纵向受拉钢筋在施工过程中易受扰动时，表中数据尚应乘以1.1。

3. 当锚固长度范围内纵向受力钢筋周边保护层厚度为3*d*、5*d*(*d*锚固钢筋的直径)时，表中数据可分别乘以0.8、0.7；中间时按内插值。

4. 当纵向受拉普通钢筋锚固长度修正系数(注1～注3)多于一项时，可按连乘计算。

5. 受拉钢筋的锚固长度L_a，L_{aE}计算值不应小于200。

6. 四级抗震时，L_a，$L_{aE}=L_a$。

7. 当锚固钢筋的保护层厚度不大于5*d*时，锚固钢筋长度范围内应设置横向构造钢筋，其直径不应小于*d*/4(*d*为锚固钢筋的最大直径)；对梁、柱等构件间距不应大于5*d*对板、墙等构件间距不应大于10*d*且均不应大于100 (*d*为锚固钢筋的最小直径)。

受拉钢筋基本锚固长度L_a、受拉钢筋基本锚固长度L_{aE}						图集号	16G101-1-58
审核		校对		设计		页	

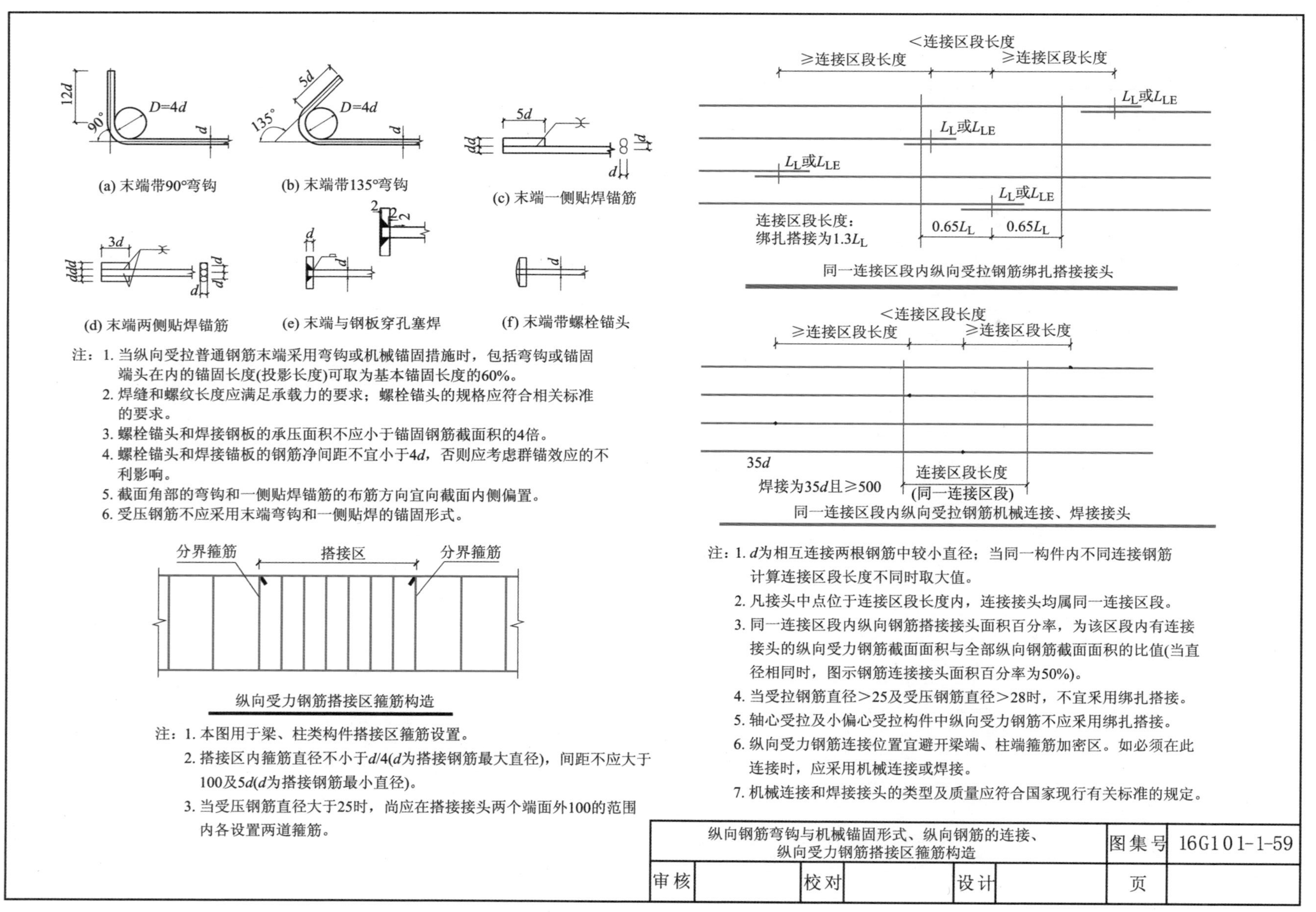

(a) 末端带90°弯钩

(b) 末端带135°弯钩

(c) 末端一侧贴焊锚筋

(d) 末端两侧贴焊锚筋

(e) 末端与钢板穿孔塞焊

(f) 末端带螺栓锚头

注：1. 当纵向受拉普通钢筋末端采用弯钩或机械锚固措施时，包括弯钩或锚固端头在内的锚固长度(投影长度)可取为基本锚固长度的60%。
2. 焊缝和螺纹长度应满足承载力的要求；螺栓锚头的规格应符合相关标准的要求。
3. 螺栓锚头和焊接钢板的承压面积不应小于锚固钢筋截面积的4倍。
4. 螺栓锚头和焊接锚板的钢筋净间距不宜小于4d，否则应考虑群锚效应的不利影响。
5. 截面角部的弯钩和一侧贴焊锚筋的布筋方向宜向截面内侧偏置。
6. 受压钢筋不应采用末端弯钩和一侧贴焊的锚固形式。

纵向受力钢筋搭接区箍筋构造

注：1. 本图用于梁、柱类构件搭接区箍筋设置。
2. 搭接区内箍筋直径不小于d/4(d为搭接钢筋最大直径)，间距不应大于100及5d(d为搭接钢筋最小直径)。
3. 当受压钢筋直径大于25时，尚应在搭接接头两个端面外100的范围内各设置两道箍筋。

同一连接区段内纵向受拉钢筋绑扎搭接接头

同一连接区段内纵向受拉钢筋机械连接、焊接接头

注：1. d为相互连接两根钢筋中较小直径；当同一构件内不同连接钢筋计算连接区段长度不同时取大值。
2. 凡接头中点位于连接区段长度内，连接接头均属同一连接区段。
3. 同一连接区段内纵向钢筋搭接接头面积百分率，为该区段内有连接接头的纵向受力钢筋截面面积与全部纵向钢筋截面面积的比值(当直径相同时，图示钢筋连接接头面积百分率为50%)。
4. 当受拉钢筋直径>25及受压钢筋直径>28时，不宜采用绑扎搭接。
5. 轴心受拉及小偏心受拉构件中纵向受力钢筋不应采用绑扎搭接。
6. 纵向受力钢筋连接位置宜避开梁端、柱端箍筋加密区。如必须在此连接时，应采用机械连接或焊接。
7. 机械连接和焊接接头的类型及质量应符合国家现行有关标准的规定。

纵向钢筋弯钩与机械锚固形式、纵向钢筋的连接、纵向受力钢筋搭接区箍筋构造						图集号	16G101-1-59
审核		校对		设计		页	

纵向受拉钢筋搭接长度L_L

钢筋种类及同一区段内搭接钢筋面积百分率		混凝土强度等级																
		C20	C25		C30		C35		C40		C45		C50		C55		≥C60	
		d≤25	d≤25	d>25	d≤25	d>25	d≤25	d>25	d≤25	d>25	d≤25	d>25	d≤25	d>25	d≤25	d>25	d≤25	d>25
HPB300	≤25%	47d	41d		36d		34d		30d		29d		28d		26d		25d	
	50%	55d	48d		42d		39d		35d		34d		32d		31d		29d	
	100 %	52d	54d		48d		45d		40d		38d		37d		35d		34d	
HPB335 HPBF335	≤25%	46d	40d		35d		32d		30d		28d		26d		25d		25d	
	50%	53d	46d		41d		38d		35d		32d		31d		29d		29d	
	100 %	61d	53d		46d		43d		40d		37d		35d		34d		34d	
HRB400 HRBF400 RRB400	≤25%		48d	53d	42d	47d	38d	42d	35d	47d	34d	37d	32d	47d	31d	35d	30d	34d
	50%		56d	62d	49d	47d	45d	49d	41d	47d	39d	43d	38d	47d	36d	41d	35d	39d
	100 %		64d	70d	56d	47d	51d	56d	46d	47d	45d	50d	43d	47d	42d	46d	40d	45d
HRBF500 HRBF500	≤25%		58d	64d	52d	47d	47d	52d	43d	47d	41d	44d	38d	47d	37d	41d	36d	40d
	50%		67d	74d	60d	47d	55d	60d	50d	47d	48d	52d	45d	47d	43d	48d	42d	46d
	100 %		77d	85d	69d	47d	62d	69d	58d	47d	54d	59d	51d	47d	47d	47d	47d	53d

注：1. 表中数值为纵向受拉钢筋绑扎搭接接头的搭接长度。
2. 两根不同直径钢筋搭接时，表中d取较细钢筋直径。
3. 当为环氧树脂涂层带肋钢筋时，表中数据尚应乘以1.25。
4. 当纵向受拉钢筋在施工过程中易受扰动时，表中数据尚应乘以1.1。
5. 当搭接长度范围内纵向受力钢筋周边保护层厚度为$3d$、$5d$(d为搭接钢筋的直径)时，表中数据尚可分别乘以0.8、0.7；中间时按内插值。
6. 当上述修正系数(注3～注5)多于一项时，可按连乘计算。
7. 任何情况下，搭接长度不应小于300。

纵向受拉钢筋搭接长度L_L						图集号	16G101-1-60
审核		校对		设计		页	

纵向受拉钢筋抗震搭接长度L_{LE}

钢筋种类及同一区段内搭接钢筋面积百分率			混凝土强度等级																
			C20	C25		C30		C35		C40		C45		C50		C55		C60	
			$d\leq25$	$d\leq25$	$d>25$	$d\leq25$	$d>25$	$d\leq25$	$d>25$	$d\leq25$	$d>25$	$d\leq25$	$d>25$	$d\leq25$	$d>25$	$d\leq25$	$d>25$	$d\leq25$	$d>25$
一、二级抗震等级	HPB300	≤25%	54d	47d		42d		38d		35d		34d		31d		30d		29d	
		50%	63d	55d		49d		45d		41d		39d		36d		35d		34d	
	HPB335 HPBF335	≤25%	53d	46d		40d		37d		35d		31d		30d		29d		29d	
		50%	62d	53d		46d		43d		41d		36d		35d		34d		34d	
	HRB400 HRBF400	≤25%		55d	61d	48d	47d	44d	48d	40d	44d	37d	43d	37d	42d	36d	40d	35d	38d
		50%		64d	71d	56d	63d	52d	56d	46d	52d	45d	50d	43d	49d	42d	46d	41d	45d
	HRBF500 HRBF500	≤25%		66d	73d	59d	65d	54d	59d	49d	55d	47d	52d	44d	48d	43d	47d	42d	46d
		50%		77d	85d	69d	76d	63d	69d	57d	64d	55d	60d	52d	56d	50d	55d	49d	53d
三级抗震等级	HPB300	≤25%	49d	43d		38d		35d		31d		30d		29d		28d		26d	
		50%	57d	50d		45d		41d		36d		35d		34d		32d		31d	
	HRB335 HRBF335	≤25%	48d	42d		36d		34d		31d		29d		28d		26d		26d	
		50%	56d	49d		42d		39d		36d		34d		32d		31d		31d	
	HRB400 HRBF400	≤25%		50d	47d	44d	49d	41d	44d	36d	41d	35d	40d	34d	47d	32d	36d	31d	35d
		50%		59d	47d	52d	57d	48d	52d	42d	48d	41d	46d	39d	45d	48d	42d	36d	41d
	HRBF500 HRBF500	≤25%		60d	47d	54d	59d	49d	54d	46d	50d	43d	47d	41d	44d	40d	43d	38d	42d
		50%		70d	47d	63d	69d	57d	63d	53d	59d	50d	55d	48d	52d	46d	50d	45d	49d

注：1. 表中数值为纵向受拉钢筋绑扎搭接接头的搭接长度。
2. 两根不同直径钢筋搭接时，表中d取较细钢筋直径。
3. 当为环氧树脂涂层带肋钢筋时，表中数据尚应乘以1.25。
4. 当纵向受拉钢筋在施工过程中易受扰动时，表中数据尚应乘以1.1。
5. 当搭接长度范围内纵向受力钢筋周边保护层厚度为3d、5d(d为搭接钢筋的直径)时，表中数据尚可分别乘以0.8、0.7；中间时按内插值。
6. 当上述修正系数(注3～注5)多于一项时，可按连乘计算。
7. 任何情况下，搭接长度不应小于300。
8. 四级抗震等级时$L_{LE}=L_L$。

纵向受拉钢筋搭接长度L_{LE}						图集号	16G101-1-61
审核		校对		设计		页	

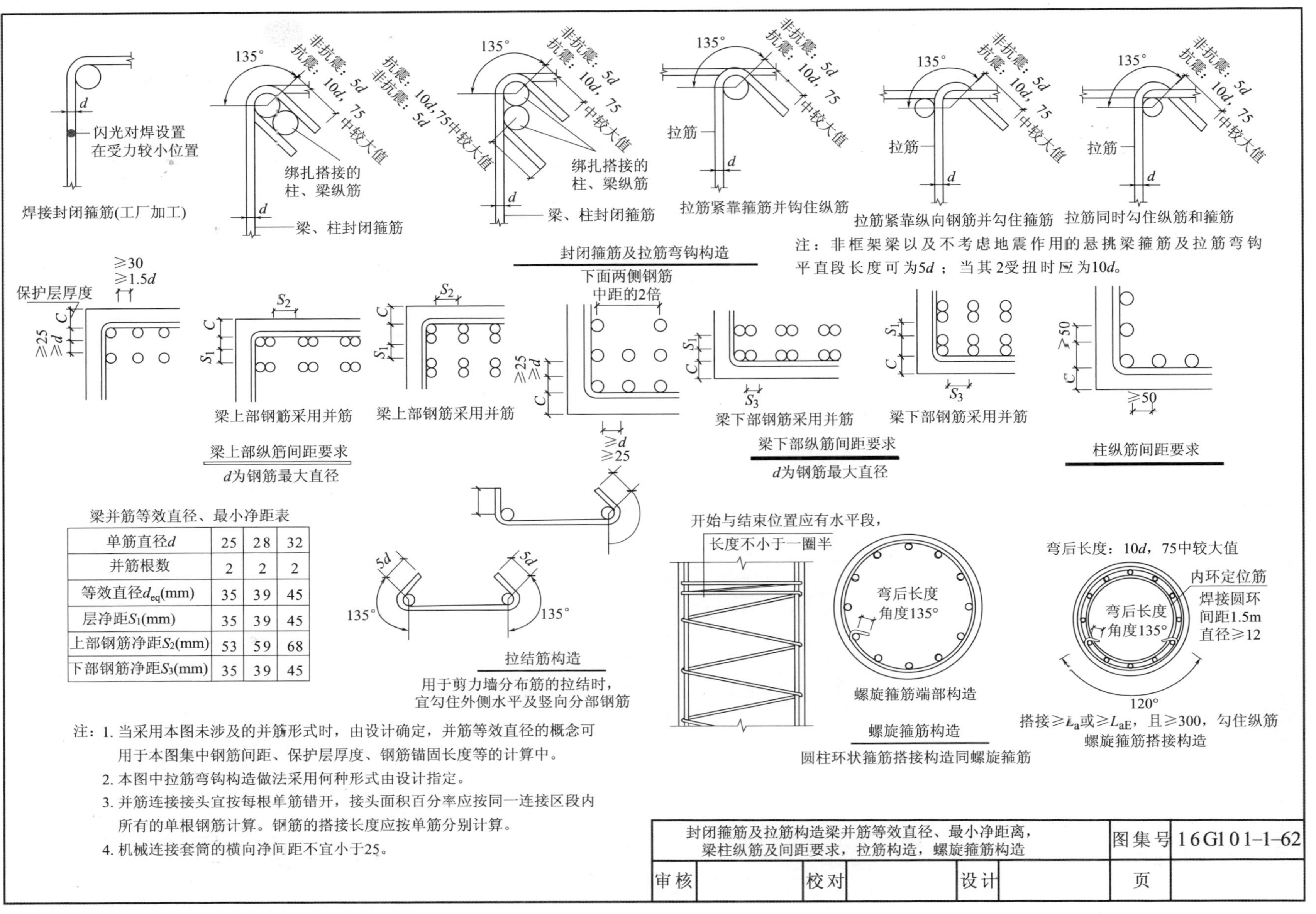

梁并筋等效直径、最小净距表

单筋直径d	25	28	32
并筋根数	2	2	2
等效直径d_{eq}(mm)	35	39	45
层净距S_1(mm)	35	39	45
上部钢筋净距S_2(mm)	53	59	68
下部钢筋净距S_3(mm)	35	39	45

注：1. 当采用本图未涉及的并筋形式时，由设计确定，并筋等效直径的概念可用于本图集中钢筋间距、保护层厚度、钢筋锚固长度等的计算中。

2. 本图中拉筋弯钩构造做法采用何种形式由设计指定。

3. 并筋连接接头宜按每根单筋错开，接头面积百分率应按同一连接区段内所有的单根钢筋计算。钢筋的搭接长度应按单筋分别计算。

4. 机械连接套筒的横向净间距不宜小于25。

封闭箍筋及拉筋构造梁并筋等效直径、最小净距离，梁柱纵筋及间距要求，拉筋构造，螺旋箍筋构造						图集号	16G101-1-62
审核		校对		设计		页	

8.2 楼层框架梁钢筋计算

钢筋下料是按中轴线尺寸来下的，钢筋下料计算就是将图纸上的外轮廓尺寸转化为中轴线尺寸，从上面分析可以看出，钢筋的下料尺寸等于各段外轮廓尺寸之和减去量度差，如果末端有弯钩的话还要再加上两端弯钩增加长度。

1. 平法施工图

计算图 8.1 的 KL2 的钢筋工程量。

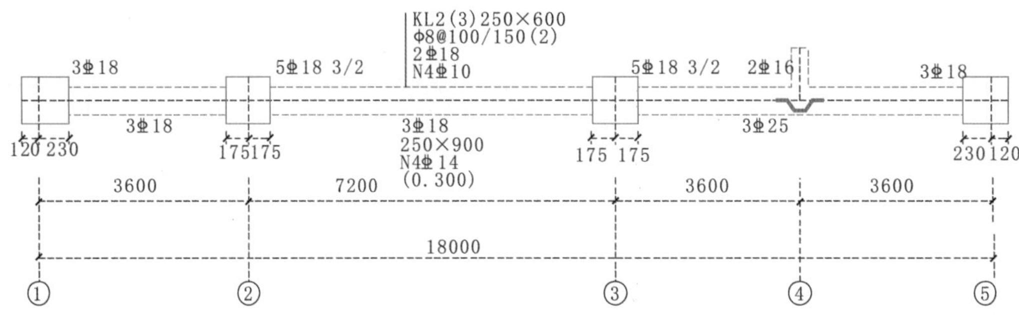

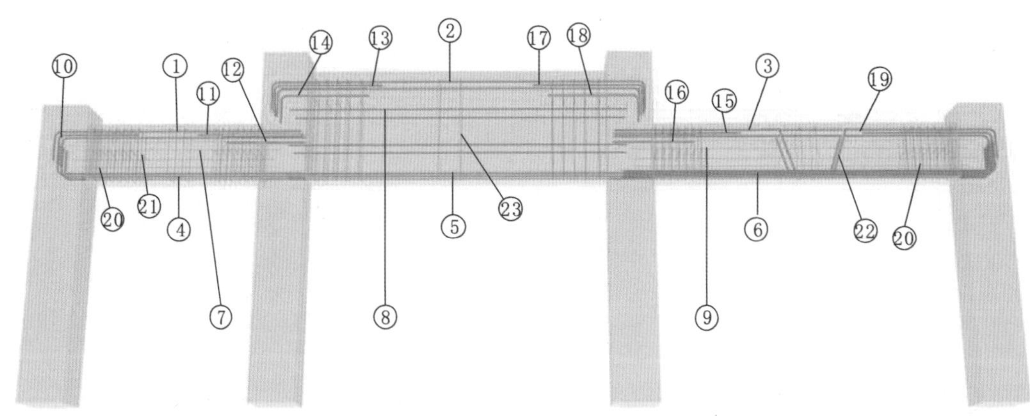

图 8.1　连续梁梁纵向钢筋图及三维示意图

①上部通长筋第一跨低位
②上部通长筋第二跨高位
③上部通长筋第三跨低位
④第一跨下部钢筋3Φ18
⑤第二跨下部钢筋3Φ18
⑥第三跨下部钢筋3Φ18
⑦第一跨抗扭钢筋4Φ10
⑧第二跨抗扭钢筋4Φ14
⑨第三跨抗扭钢筋4Φ10
⑩ 1号轴线第一排支座负筋1Φ18
⑪ 2号轴线低位第一排支座负筋1Φ18
⑫ 2号轴线低位第二排支座负筋2Φ18
⑬ 2号轴线高位第一排支座负筋1Φ18
⑭ 2号轴线高位第二排支座负筋2Φ18
⑮ 3号轴线低位 第一排支座负筋1Φ18
⑯ 3号轴线低位第二排支座负筋2Φ18
⑰ 3号轴线高位第一排支座负筋1Φ18
⑱ 3号轴线高位第二排支座负筋2Φ18
⑲ 5号轴线支座负筋1Φ18
⑳ 双肢箍(第一跨和第三跨箍筋长度)
㉓ 肢箍(第二跨箍筋长度)
㉑ 拉筋
㉒ 吊筋

2. 钢筋计算过程

(1) 计算参数见表 8-1。

表 8-1 计算参数表

参数名称	参数值	数据来源
柱保护层厚度 C	30mm	结构设计说明
梁保护层	25mm	
抗震锚固长度 L_{aE}	L_{aE}=41d	《16G101-1》
箍筋起步距离	50mm	《16G101-1》

(2) 计算过程见表 8-2。

表 8-2 计算过程表

钢筋	计算过程	说明
上部通长筋 2Φ18	(1) 判断端支座锚固方式： 左、右峭支座 350 < L_{aE}=41 × d=41 × 18=738(mm) 因此在端支座内弯锚 (2) 判断中间支座 2 号、3 号轴线处锚固方式： $\Delta h/(h_c-50)$ =300/(350−50)=1>1/6 钢筋在此处断开直锚固	
	1. 第一跨 (低位) ①	
	净跨长 +h_c−C(保护层厚度)+15d+max(L_{aE}，0.5h_c+5d) =3600−230−175+350−0+15×18+41×18=4523(mm)	(1) 端支座弯锚长度：h_c−C+15d (2) 中间支座断开锚固， 低位钢筋直锚：max(L_{aE}，0.5h_c+5d)
	2. 第二跨 (低位) ②	
	净跨长 +h_c × 2−C × 2+15d × 2 =7200−175 × 2+350 × 2−30 × 2+15 × 18 × 2=8030(mm)	高位钢筋弯锚： h_c−C+15d
	3. 第二跨 (低位) ③	
	净跨长 +max(L_{aE}，0.5h_c+5d)+h_c−C+15d =7200−175−230+41 × 18+350−30+15 × 18=8123(mm)	(1) 端支座弯锚长度： h_c−C+15d (2) 中间支座断开锚固： max(L_{aE}，0.5h_c+5d)
	上部通长筋 Φ18 总长 (4523mm +8030mm +8123mm) × 2=41352mm=41.352m	
下部钢筋	1. 第一跨下部钢筋 3Φ18 ④	
	(1) 判断左端支座锚固方式： 左端支座 350<L_{aE}=41 × d=41 × 18=738(mm) 因此在端支座内弯锚 (2) 判断中间支座 2 号轴线处锚固方式： 梁底一平，直锚	
	净跨长 +h_c−C(保护层厚度)+15d+max(L_{aE}，0.5h_c+5d) =3600−230−175+350−30+15 × 18+41 × 18=4523(mm)	弯锚长度：h_c−C+15d 直锚长度： max(L_{aE}，0.5h_c+5d)
	2. 第二跨下部钢筋 3Φ18 ⑤	
	直锚入支座两端	
	净跨度 +max(L_{aE}，0.5h_c+5d) × 2 7200−175 × 2+41 × 18 × 2=8326(mm)	直锚长度 max(L_{aE}，0.5h_c+5d)

续表

钢　筋	计算过程	说　明
下部钢筋	3. 第三跨下部钢筋 3⌀25 ⑥	
	(1) 判断右端支座锚固方式： 右端支座 350 <L_{aE}=41×25=41×25=1025(mm) 因此在端支座内弯锚 (2) 判断中间支座 3 号轴线处锚固方式：梁底一平，直锚	
	净跨长 +h_c−C(保护层厚度)+15d+max (L_{aE}，0.5h_c+5d) =7200−230−175+350−30+15×25+41×25=8515(mm)	弯锚长度：h_c−C+15d 直锚长度：max (L_{aE}，0.5h_c+5d)
	下部钢筋 ⌀18 总长度 (4523mm+8326mm)×3=38547mm=38.547m 下部钢筋 ⌀25 总长度 8515mm×3=25545mm=25.545m	
抗扭钢筋	1. 第一跨抗扭钢筋 4⌀10 ⑦	
	(1) 判断左端支座锚固方式： 同下部钢筋在支座内弯锚长度为 L_{aE} (2) 判断中间支座 2 号轴线处锚固方式： 直锚长度 L_{aE}	锚固方式同下部钢筋
	净跨长 +2×L_{aE} =3600−230−175+2×41×10=4015(mm)	
	2. 第二跨抗扭钢筋 4⌀14 ⑧	
	伸入支座两端直锚	
	净跨长 +2×L_{aE} =7200−175×2+41×14×2=7998(mm)	
	3. 第三跨抗扭钢筋 4⌀10 ⑨	
	(1) 判断右端支座锚固方式： 同下部钢筋在支座内弯锚长度为 L_{aE} (2) 判断中间支座 3 号轴线处锚固方式： 直锚长度 L_{aE}	
	净跨长 +2×L_{aE} = 7200−230−175+2×41×10=7615(mm)	
	抗扭钢筋 ⌀10 总长度 4×4015mm+4×7615mm=46520mm=46.52m 抗扭钢筋 ⌀14 总长度 4×7998mm=31992mm=31.992m	
支座负筋	1. 第 1 号轴线支座负筋 1⌀8 ⑩	
	端支座锚固同上部通长筋；跨内延伸长度 L_n/3 L_n：端支座为该跨净跨，中间支座为支座两边较大跨的净跨值	
	支座负筋的长度 =h_c−C+15d+L_n/3 =350−30+15×18+(3600−230−175)/3=1655(mm)	端部弯锚长度： h_c−C+15d 跨内延伸长度 L_n/3

续表

钢　筋	计 算 过 程	说　　明
支座负筋	2. 第 2 号轴线支座负筋	
	2 号轴线低位第一排支座负筋 1Φ18 2 号轴线低位第二排支座负筋 2Φ18	
	⑪ 2 号轴线低位第一排支座负筋 1Φ18 $=L_n/3+\max(L_{aE}，0.5h_c+5d)$ =(7200−350)/3+41×18=3021(mm) ⑫ 2 号轴线低位第二排支座负筋 2Φ18 $=[L_n/4+\max(L_{aE}，0.5h_c+5d)]\times2$ =[(7200−350)/4+41×18]×2=4902(mm) ⑬ 2 号轴线高位第一排支座负筋 1Φ18 $=L_n/3+h_c-C+15d$ =(7200−350)/3+350−30+15×18=2873(mm) ⑭ 2 号轴线高位第二排支座负筋 2Φ18 $=(L_n/4+h_c-C+15d)\times2$ =[(7200−350)/4+350−30+15×18]×2=4606(mm)	两端延伸长度 $+h_c$ 第一排跨内延长度 $L_n/3$ 第二排跨内延长度 $L_n/4$
	3. 第 3 号轴线支座负筋（同 2 号轴线）	
	⑮ 3 号轴线低位第一排支座负筋 1Φ18=3021(mm) ⑯ 3 号轴线低位第二排支座负筋 2Φ18=4902(mm) ⑰ 3 号轴线高位第一排支座负筋 1Φ18=2873(mm) ⑱ 3 号轴线高位第二排支座负筋 2Φ18=4606(mm)	
	4. 第 5 号轴线支座负筋 1Φ18 ⑲	
	支座负筋的长度 $=h_c-C+15d+L_n/3$ =350−30+15×18+(7200−230−175)/3=2855(mm)	
	支座负筋 Φ18 总长度 1655mm+(3021mm+4902mm+2873mm+4606mm)×2+2855mm=32459mm=32.459m	
箍筋 φ18@100/150(2)	1. 箍筋长度	
	双肢箍长度计算公式 $(b-2C)\times2+(h_c-C)\times2+[\max(10d，75)+1.9d]\times2$	
	第一跨和第三跨箍筋长度 ⑳ =(250−2×25)×2+(600−2×25)×2+11.9×8×2=1690(mm)	
	第二跨箍筋长度 ㉓ =(250−2×25)×2+(900−2×25)×2+11.9×8×2=2290 (mm)	
	2. 箍筋根数	
	计算公式 加密区根数 =（加密区长度 − 起步距离）/ 间距 +1 非加密区根数 $=(L_{in}-$ 加密区长度 ×2)/ 间距 −1	
	第一跨根数：20+9=29（根）	
	加密区根数：2×10=20（根） 一端加密区根数 $=[\max(1.5h_b=1.5\times600=900，500)-50]/100+1=10$（根） 非加密区根数 (3600−230−175−2×900)/150−1=9（根）	加密区长度： $\max(1.5h_b，500)$ 起步距离： 50

续表

钢　筋	计 算 过 程	说　　明
箍筋 ф8@100/150(2)	第二跨根数：28+27=55(根)	
	加密区根数：2×14=28(根) 一端加密区根数 =[max(1.5h_b=1.5×900=1350，500)−50]/100+1=14(根) 非加密区根数 =(7200−175×2−2×1350)/150−1=27(根)	同第一跨
	第三跨根数：20+33+6=59(根)	
	加密区根数：2×10=20(根) 一端加密区根数 =10(根)(同第一跨) 非加密区根数 =(7200−230−175−2×900)/150−1=33(根) 附加箍筋 =6(根)	主次梁相交处，每边增加 3 个附加箍筋
	箍筋 ф8 总长度 =(29+59)×1690mm+55×2290mm=274670mm=274.67m	
拉筋 ф6@300	梁宽 =250mm<350mm, 拉筋直径为 6mm，间距为非加密区箍筋间距的 2 倍	
	1. 拉筋长度㉑	
	长度计算公式 [(b−2C)×2+[max(10d，75)+1.9d]×2	
	长度 (250−2×25)+(75+1.9×6)×2=373(mm)	
	2. 根数 =12+24+24=60（根）	
	第一跨根数 =(3600−230−175−50×2)/300+1=12(根)	
	第二跨根数 =(7200−175−175−50×2)/300+1=24(根)	
	第三跨根数 =(7200−175−230−50×2)/300+1=24(根)	
	拉筋 ф6 总长度 =60×373mm=22380mm=22.38m	
吊筋 2ф16	吊筋长度㉒ 计算公式：h_b=600mm<800mm 450 弯起：b+50×2+20d×2+$\sqrt{2}$ ×(h_b−2C)×2 长度 =250+50×2+20×16×2+$\sqrt{2}$ ×(600−25×2)×2=2546(mm)	
	吊筋 ф16 长度 2×2546mm=5092mm=5.092m	

(3) 钢筋汇总见表 8-3。

表 8-3 钢筋汇总表

钢筋规格	钢筋比重 /(kg/m)	钢筋名称	重量计算式	总重 /kg
Φ6	0.222	拉筋	22.38 × 0.222=4.97	4.97
Φ8	0.395	箍筋	274.67 × 0.395=108.49	108.49
⌀10	0.617	抗钮钢筋	46.52 × 0.617=28.70	28.70
⌀14	1.21	抗扭钢筋	31.992 × 1.21=38.71	38.71
⌀16	1.58	吊筋	5.092 × 1.58=8.05	8.05
⌀18	2.0	上部通长筋	41.352 × 2.0=82.70	224.708
		支座负筋	32.459 × 2.0=64.918	
		下部钢筋	38.547 × 2.0=77.09	
		合计	82.70+64.918+77.09=224.708	
⌀25	3.85	下部钢筋	25.545 × 3.85=98.35	98.35

8.3 板构件钢筋计算

本节运用板构件构造要求，举例计算构件钢筋。

1. 板平法施工图

试计算 Lb1 钢筋工程量，如图 8.2 所示和表 8-4 所列。

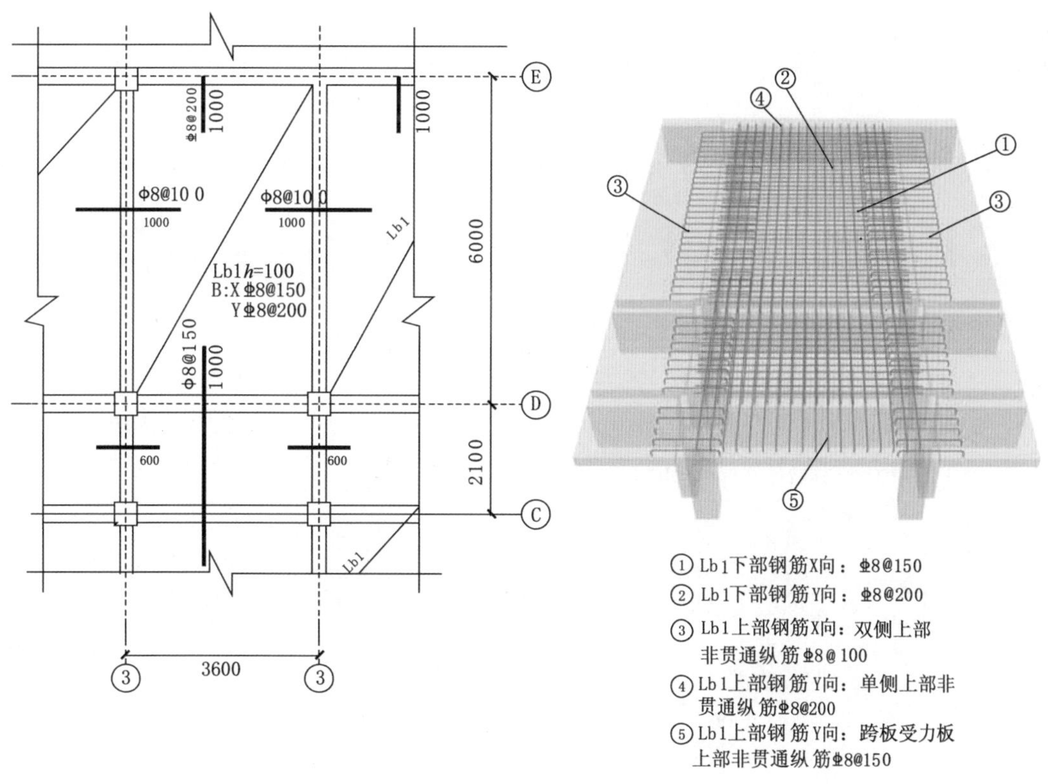

图 8.2 板平法施工图及其三维示意图

表 8-4　计算条件

计算条件	数　据
抗震等级	非抗震
混凝土强度	C30
纵筋连接方式	绑扎连接
钢筋定尺长度	9000mm

2. 计算过程

(1) 板钢筋计算参数（见表 8-5）。

表 8-5　板钢筋计算参数

参　数	值
保护层 C	梁：25(mm) 板：15(mm)
L_c	三级钢筋：L_a=35d
L_L	三级钢筋：L_L=42d（根据计算条件查 16G101 钢筋搭接表）
水平筋起步距离	50mm
板分布钢筋	⌽8@200
板两侧梁宽	250mm

(2) 板钢筋计算过程（见表 8-6）。

表 8-6　板钢筋计算过程表

钢　筋		计　算　过　程	说　　明
Lb1 下部钢筋	① X 向：⌽8@150	计算 Lb1 板 X 向的下部贯通纵筋长度 计算公式： 下部贯通钢筋的直段长度 = 净跨长度 + 两端直锚长度 =3600−250+125 × 2=3600(mm)	①直锚长度 = 梁宽 /2=250/2=125(mm) ②验算：5d=5 × 8=40(mm) 显然，直锚长度 125mm⩾40mm? 满足需求 ③当钢筋级别为一级钢时，下部钢筋增加两个 180 弯钩
		根数： 板下部贯通纵筋的布筋范围 = 净跨长度 =6000−250−2 × 150/2=5600(mm) X 向的下部贯通纵筋的根数 = 5600/150+1 =39（根）	按照图集 (16G101−1) 的规定，第一根贯通纵筋在距梁边为 1/2 板筋间距处开始设置。这样，板上部贯通纵筋的布筋范围 = 净跨长度，在这个范围内除以钢筋的间距，所得的“间隔个数”就是钢筋的根数
		总长度 =3600mm × 39=140400mm=140.4m	
		总质量 =140.4 × 0.395=55.458(kg)	
	② Y 向：⌽8@200	计算 Lb1 板 Y 向的下部贯通纵筋长度 计算公式： 下部贯通钢筋的直段长度 = 净跨长度 + 两端直锚长度 =6000−50+25 × 2=6000(mm)	同 X 向的下部贯通纵筋说明
		根数： 板下部贯通纵筋的布筋范围 = 净跨长度 =3600−250−2 × 200/2=3150(mm) X 方向的下部贯通纵筋的根数 = 3150/200+1=17（根）	同 X 向的下部贯通纵筋说明
		总长度 =6000mm × 17=102000mm=102m	
		总重量：102 × 0.395=40.29(kg)	
		上部非贯通纵筋长度计算公式： 左侧延伸长度 + 右侧延伸长度 + 两上部非贯通纵筋锚固长度 1000+1000+100−15 × 2+100−15 × 2=2140(mm)	上部非贯通纵筋的锚固长度 =Lbl 的厚度 −2× 板保护层厚度

续表

续表

钢 筋		计 算 过 程	说 明
Lb1 上部钢筋	③ X 向：双侧上部非贯通纵筋 ⌀8@100	根数： 布筋范围 = 净跨长度 =6000−25−2×50=5650(mm) X 向双侧上部非贯通纵筋的根数 =5650/100+1=58(根)	原则是有小数进 1 取整
		总长度 =2140mm×58=124120mm =124.12m	
		总质量 =124.120×395=49.0274(kg)	
		左右两边布置相同	
	④ Y 向：单侧上部非贯通纵筋 ⌀8@200	上部非贯通纵筋长度计算公式： 直段长度 − 支座宽的一半 + 梁内的锚固 + 板厚 −2× 保护层厚度 +15d 1000−250/2+250/2+15×8+100−2×15 =1190(mm)	①根据 (16G101−1) 规定的板在端部支座的锚固构造，板上部受力纵筋伸到支座梁外侧角筋的内侧 ②端支座上部钢筋伸到梁外侧纵筋内侧且弯折 15d ③上部非贯通纵筋在板内锚固长度，=Lb1 的厚度 −2× 板保护层厚度
		根数： 布筋范围 = 净跨长度 −2× 起步距离 =3600−250−200/2 × 2=3150(mm) Y 向单侧上部非贯通纵筋的根数 =3150/200+1=17(根)	原则是有小数进 1 取整
		总长度 =1190mm×17=20230 mm=20.23m	
		总质量：20.23×0.395=7.99085(kg)	
	⑤ Y 向：跨板受力板上部非贯通纵筋 ⌀8@150	上部非贯通纵筋长度计算公式： 左侧延伸长度 + 两梁中心间距 + 右侧延伸长度 + 两上部非贯通纵筋锚固长度 1000+2100+1000+100−15×2+100−15×2 =4240(mm)	上部非贯通纵筋的锚固长度 =Lb1 的厚度 −2× 板保护层厚度
		上部非贯通纵筋长度计算公式： 左侧延伸长度 + 两梁中心间距 + 右侧延伸长度 + 两上部非贯通纵筋锚固长度 1000+2100+1000+100−15×2+100−15×2 =4240 (mm)	原则是有小数进 1 取整
		总长度 =4240mm×23=97520mm=97.52m	
		总质量 =97.52×0.395=38.5204(kg)	
		长度计算公式： 分布筋净长 + 搭接 150×2 X 向 :3600−1000−1000+150×2=1900(mm) Y 向 :6000−1000−1000+150×2=4300(mm)	上部非贯通纵筋分布筋伸进角部矩形区域 150mm
		此例题只计算 Lb1 板内根数： X 向：5+5=10 Y 向：5+5=10 X 向 (上) 根数：(1000−125−200/2)/200+1=5(根) X 向 (下) 根数：(1000−125−200/2)/200+1=5(根) Y 向 (左) 根数：(1000−125−200/2)/200+1=5(根) Y 向 (右) 根数：(1000−125−200/2)/200+1=5(根)	
		总长度 =1900mm×10+4300mm×10 =62000mm=62m	
		总质量 =62×0.395=24.49(kg)	

8.4 柱构件钢筋计算

1. 实例

计算图 8.3 轴交 B 轴 KZ1 的钢筋工程量，KZ-1 锚固定在独立基础中独立基础为 DJJ 单级台阶台阶厚度 300mm。带基础连系梁带短柱，如图 8.3 所示。

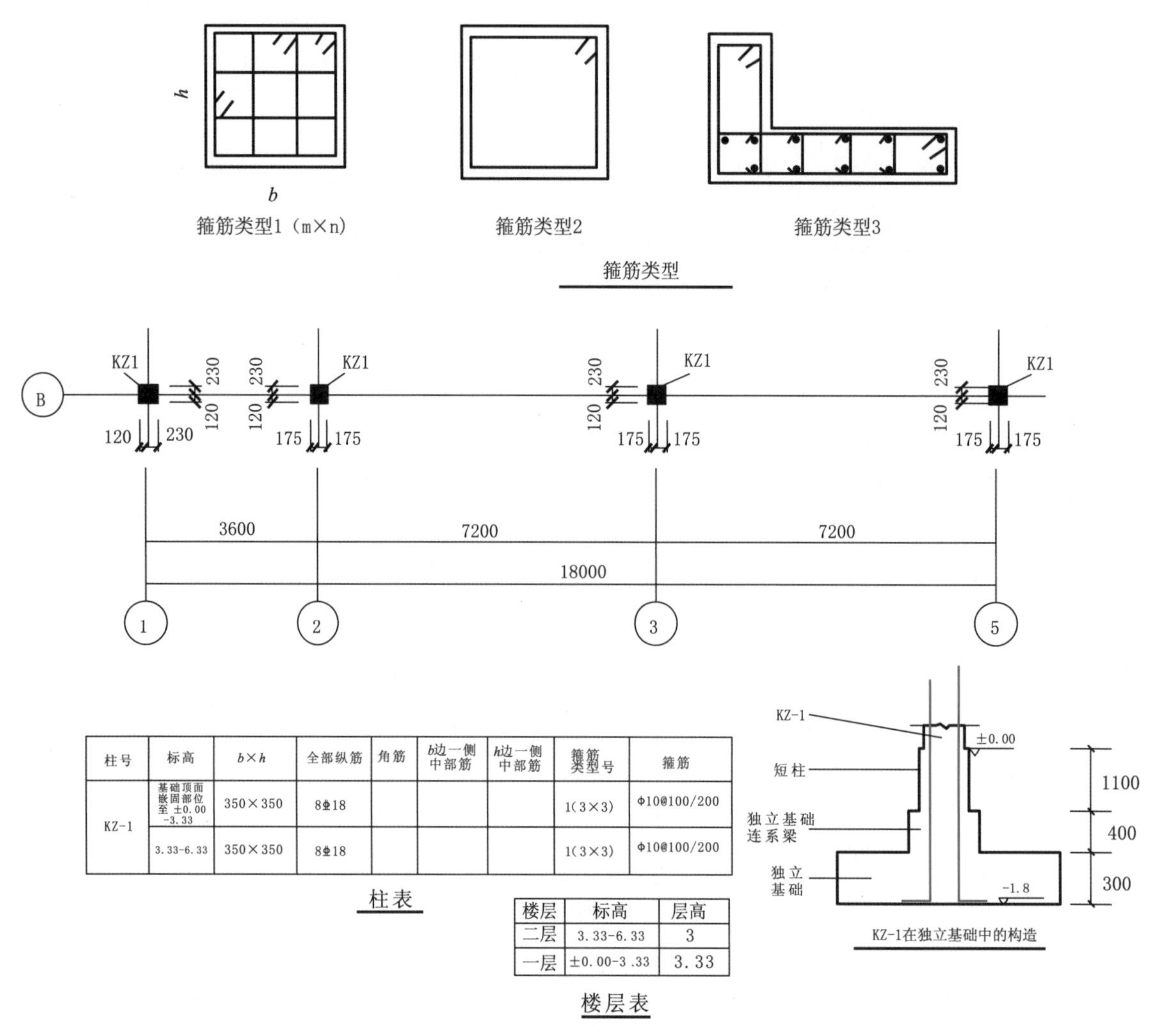

柱号	标高	$b \times h$	全部纵筋	角筋	b边一侧中部筋	h边一侧中部筋	箍筋类型号	箍筋
KZ-1	基础顶面嵌固部位至 ±0.00-3.33	350×350	8⌀18				1(3×3)	Φ10@100/200
	3.33-6.33	350×350	8⌀18				1(3×3)	Φ10@100/200

楼层	标高	层高
二层	3.33-6.33	3
一层	±0.00-3 .33	3.33

图 8.3 KZ-1 平法施工图

2. 钢筋计算

(1) 钢筋计算条件（表 8-7）。

表 8-7 钢筋计算条件表

计算条件	数据
柱构件混凝土强度	C30
抗震等级	二级
柱构件纵筋连接方式	焊接
钢筋定尺长度	参考国家标准

(2) 钢筋计算参数 (表 8-8)。

表 8-8　KZ-1 钢筋计算参数

参数名称	参数值	数据来源
柱保护层厚度 C	30mm	结构设计说明
梁、板保护层	梁：25mm 板：15mm	
基础及基础梁	40mm	
抗震锚固长度 L_{aE}	L_{aE}=41d	《16G10-1》
箍筋直步距离	50mm	《16G10-1》

(3) KZ-1 钢筋计算过程 (见表 8-9)。

表 8-9　KZ-1 钢筋计算过程程表

<table>
<tr><th>钢　　筋</th><th>计 算 过 程</th><th>说　　明</th></tr>
<tr><td rowspan="4">纵筋 8Φ18 在基础中的插筋长度</td><td>基础内长度 = 基础高度 − 保护层厚度 +
基础底部弯折长度 a
H_j=300−40=260<L_{aE}=41d=41 × 18=738，
a 取 15d
基础长度 =300−40+15d
=300−40+15 × 18
=530(mm)</td><td>柱纵筋在基础内的锚固：
伸至基底弯折 a
H_j>L_{aE}，
a=max(6d，150)，
$H_j \leqslant L_{aE}$
a=15d</td></tr>
<tr><td colspan="2">基础插筋总长度 = 基础内长度 + 基础连系梁顶面至基础顶面短柱 + 伸出基础连系梁非连接区高度
伸出基础连系梁非连接区高度：H_n/3
所有的纵筋不能在同一截面连接，错开距离 max(500，35d)</td></tr>
<tr><td colspan="2">基础内插筋 (低位) ①
基础插筋总长度 =
基础内长度 + 基础连系梁顶面至基础顶面短柱 +
伸出基础连系梁非连接区高度
=530+(1800−300−60)+H_n/3
=530+(1800−300−60)+(3270+60−600)/3
=2880(mm)</td></tr>
<tr><td colspan="2">基础内插筋（高位）②
基础插筋总长 = 基础内长度 + 基础连系梁顶面至基础顶面短柱 + 伸出基础练习梁非连接区高度 + 与底位钢筋的错开距离
=530+(1800−300−60)+H_n/3+max(500，35d)
530+(1800−300−60)+(3270+60−600)/3+35 × 18
=3510(mm)</td></tr>
</table>

续表

钢　　筋	计 算 过 程	说　　明
一层纵向钢筋 8Φ18	一层纵筋长度（低位）③ = 层高 − 基础插筋伸入本层的高度 + 伸入上层的高度 = 3270+60−H_n/3+max(H/6，h_c，500) =3270+60−(3270+60−600)/3+500 =2920(mm) 一层纵筋长度（高位）④ = 层高 − 基础插筋伸入本层的高度 − 与本层低位钢筋的错开距离 + 伸入上层的高度 + 与上层低位钢筋的错开距离 =3270+60−H_n/3−35d+max(H_n/6，h_c500) +max(500，35d) =3270+60−(3270+60−600)/3−35×18+500+35×18 =2920(mm)	(1) 伸入上层的高度 max(H/6，h_c，500) (2)H_n 的取值为该楼层的柱净高 (3) 高、低位钢筋的错开距离为 max(500，35d)
二层纵向钢筋 8Φ18	二层纵筋长度（低位）⑤ = 层高 − 柱保护层厚度 − 下层伸入本层的高度 +12d =6270−3270−30−max(H_n/6，h_c，500)+12d =6270−3270−500+12×18 =2686(mm) 二层纵筋长度（高位）⑥ = 层高 − 非连接区高 − 柱保护层厚度 +12d =6270−3270−max(H_n/6，h_c，500)−35d−30+12d = 6270−3270−500−35×18−30+12×18 = 2056(mm)	非连接区高 max(H/6，h_c，500) 纵筋在柱顶端的锚固：伸至柱顶向板中锚固 12d
	总长度 =8486×8=67888mm=67.88m	
	质量 =67.88×1.999=135.71 kg	
基础内箍筋 A10 ⑦	2 矩形封闭箍筋	
一层箍筋 ϕ10@100/200 的根数	外大箍筋长度 =(b−2C)×2+(h−2C)×2+[1.9d+max(10d，75)]×2 =(350−30×2)×2+(350−30×2)×2+11.9×10×2 =1398(mm)	
	拉筋长度 =b−2C+11.9d×2 =350−30×2+11.9×10×2 =528(mm)	

续表

钢　筋	计算过程	说　明
一层箍筋 ϕ10@100/200 的根数	一层： 大箍筋总根数 =15+10+12+6=43（根） 拉筋的根数 =43 × 2=86（根）	
	短柱箍筋加密区根数 =(短柱高 −50)/100+1 =(1800 300 60 50)/100+1−15(根) 下端加密区根数 =(H_n/3− 起步距离)/100+1 =[(3270+60−600)/3−50]/100+1=10(根) 上端加密区根数 =[max(H/6，h_c，500)+ 梁高 − 起步距离]/100+1 =(500+600−50)/100+1=12(根) 中间非加密区根数 =(柱净高 − 两个加密区高度)/200−1 = (3270+60−910−500−600)/200−1=6(根)	(1) 基础连系梁顶面以上加密区范围为 H_n/3 (2) 楼层梁上、下部位包括梁高范围形箍筋加密区，梁上部箍筋加密区长度为 max(H_n/6，h_c，500) 梁下部箍筋加密区长度为 (H_n/6，h_c，500) (3) 起步距离为 50 mm (4) 计算结果向上进 1 取整
二层箍筋 ϕ10@100/200 的根数	二层： 大箍筋总根数 =6+12+6=24(根) 拉筋的根数 =24 × 2=48(根)	
	下端加密区根数 =[max(H_n/6，h_c，500)− 起步距离]/100+1 =(500−50)/100+1=6(根) 上端加密区根数 =[max(H_n/6，h_c，500) + 梁高 − 起步距离]/100+1 =(500+600−50)/100+1=12(根) 中间非加密区根数 =(柱净高 − 两个加密区高度)/200−1 =(6270−3270−600−500−500)/200−1=6(根)	（1）楼层梁上，下部位包括梁高范围形成箍筋加密区，梁上部箍筋加密区长度位 max（H_n/6，h_c，500)，梁下部箍筋加密区长度为 max(H_n/6，h_c，500) (2) 起步举例为 50mm (3) 计算结果向上进 1 取整
柱箍筋总长度 =1398mm × (2+43+24)+528mm × (86+480)=167214mm=167.21m		
质量 =167.21 × 0.617=103.17(kg)		

(4) 钢筋汇总表 (见表 8−10)。

表 8−10　KZ−1 钢筋汇总表

钢筋规格	钢筋比重 (kg/m)	钢筋名称	质量计算式	总质量 /kg
⌀18	1.99	纵筋	67.88 × 1.999=135.71(kg)	135.71
⌀10	0.0395	箍筋	167.21 × 0.617=103.17(kg)	103.17

本章小结

本章钢筋下料与算量中，主要以实例的形式学习钢筋下料与算量的知识，在学习算量的过程中也结合了前面章节平法识图的基本知识。再结合钢筋算量的计算方法，掌握钢筋计算的主要内容和所需要注意的问题，以便准确地计算出钢筋量。

习　题

计算题

1. 计算如图 8.18 所示框架柱 KZ1 的钢筋量，要求写出计算过程。要考虑箍筋加密位置（柱子钢筋采用机械连接进行搭接）。

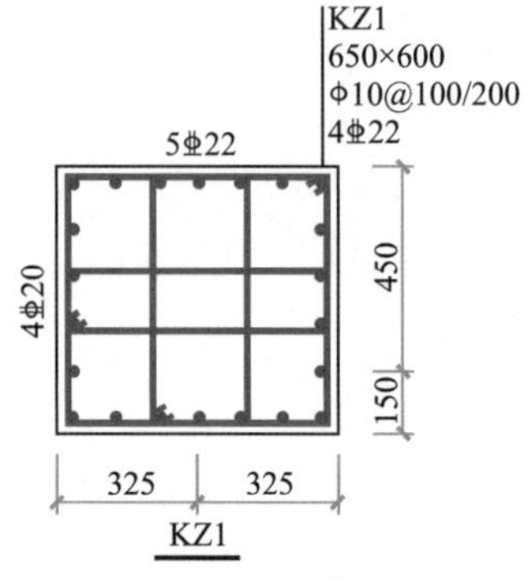

图 8.18　19.470 ~ 23.470 柱平法施工图

2. 计算如图 8.19 所示框架梁 KL2 的钢筋量，要求写出计算过程。

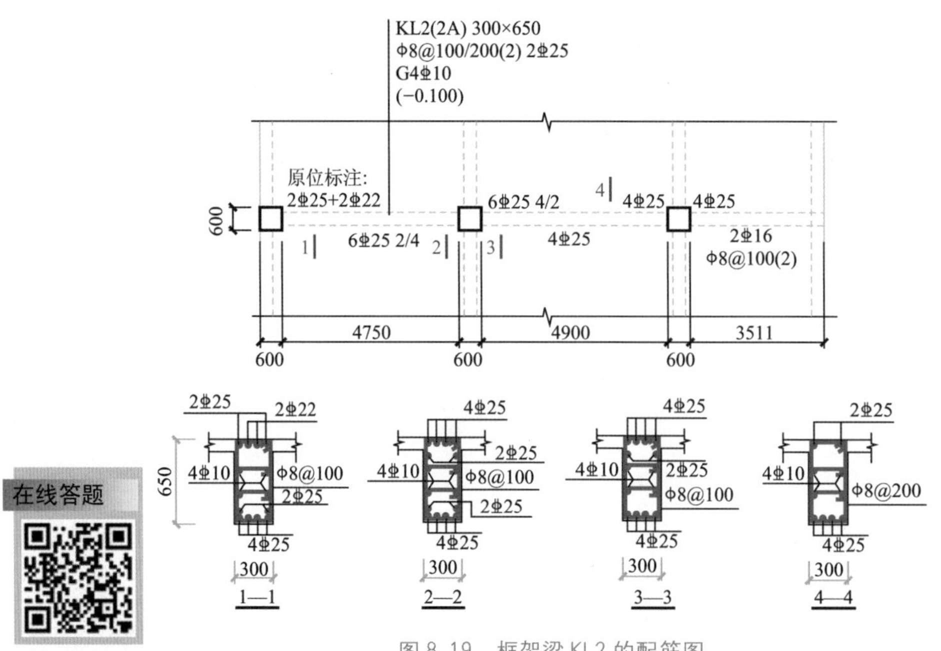

在线答题

图 8.19　框架梁 KL2 的配筋图

北京大学出版社高职高专土建系列教材书目

序号	书　　名	书　　号	编著者	定价	出版时间	配套情况
"互联网+"创新规划教材						
1	建筑工程概论(修订版)	978-7-301-25934-4	申淑荣等	41.00	2019.8	PPT/二维码
2	建筑构造(第二版) (修订版)	978-7-301-26480-5	肖　芳	46.00	2019.8	APP/PPT/二维码
3	建筑三维平法结构图集(第二版)	978-7-301-29049-1	傅华夏	68.00	2018.1	APP
4	建筑三维平法结构识图教程(第二版) (修订版)	978-7-301-29121-4	傅华夏	69.50	2019.8	APP/PPT
5	建筑构造与识图	978-7-301-27838-3	孙　伟	40.00	2017.1	APP/二维码
6	建筑识图与构造	978-7-301-28876-4	林秋怡等	46.00	2017.11	PPT/二维码
7	建筑结构基础与识图	978-7-301-27215-2	周　晖	58.00	2016.9	APP/二维码
8	建筑工程制图与识图(第三版)	978-7-301-30618-5	白丽红等	42.00	2019.10	APP/二维码
9	建筑制图习题集(第三版)	978-7-301-30425-9	白丽红等	28.00	2019.5	APP/答案
10	建筑制图(第三版)	978-7-301-28411-7	高丽荣	39.00	2017.7	APP/PPT/二维码
11	建筑制图习题集(第三版)	978-7-301-27897-0	高丽荣	36.00	2017.7	APP
12	AutoCAD 建筑制图教程(第三版)	978-7-301-29036-1	郭　慧	49.00	2018.4	PPT/素材/二维码
13	建筑装饰构造(第二版)	978-7-301-26572-7	赵志文等	42.00	2016.1	PPT/二维码
14	建筑工程施工技术(第三版)	978-7-301-27675-4	钟汉华等	66.00	2016.11	APP/二维码
15	建筑施工技术(第三版)	978-7-301-28575-6	陈雄辉	54.00	2018.1	PPT/二维码
16	建筑施工技术	978-7-301-28756-9	陆艳侠	58.00	2018.1	PPT/二维码
17	建筑施工技术	978-7-301-29854-1	徐　淳	59.50	2018.9	APP/PPT/二维码
18	高层建筑施工	978-7-301-28232-8	吴俊臣	65.00	2017.4	PPT/答案
19	建筑力学(第三版)	978-7-301-28600-5	刘明晖	55.00	2017.8	PPT/二维码
20	建筑力学与结构(少学时版)(第二版)	978-7-301-29022-4	吴承霞等	46.00	2017.12	PPT/答案
21	建筑力学与结构(第三版)	978-7-301-29209-9	吴承霞等	59.50	2018.5	APP/PPT/二维码
22	工程地质与土力学（第三版）	978-7-301-30230-9	杨仲元	50.00	2019.3	PPT/二维码
23	建筑施工机械(第二版)	978-7-301-28247-2	吴志强等	35.00	2017.5	PPT/答案
24	建筑设备基础知识与识图(第二版) (修订版)	978-7-301-24586-6	靳慧征等	59.50	2019.7	二维码
25	建筑供配电与照明工程	978-7-301-29227-3	羊　梅	38.00	2018.2	PPT/答案/二维码
26	建筑工程测量(第二版)	978-7-301-28296-0	石　东等	51.00	2017.5	PPT/二维码
27	建筑工程测量(第三版)	978-7-301-29113-9	张敬伟等	49.00	2018.1	PPT/答案/二维码
28	建筑工程测量实验与实训指导(第三版)	978-7-301-29112-2	张敬伟等	29.00	2018.1	答案/二维码
29	建筑工程资料管理(第二版)	978-7-301-29210-5	孙　刚等	47.00	2018.3	PPT/二维码
30	建筑工程质量与安全管理(第二版)	978-7-301-27219-0	郑　伟	55.00	2016.8	PPT/二维码
31	建筑工程质量事故分析(第三版)	978-7-301-29305-8	郑文新等	39.00	2018.8	PPT/二维码
32	建设工程监理概论（第三版）	978-7-301-28832-0	徐锡权等	48.00	2018.2	PPT/答案/二维码
33	工程建设监理案例分析教程(第二版)	978-7-301-27864-2	刘志麟等	50.00	2017.1	PPT/二维码
34	工程项目招投标与合同管理(第三版)	978-7-301-28439-1	周艳冬	44.00	2017.7	PPT/二维码
35	工程项目招投标与合同管理(第三版)	978-7-301-29692-9	李洪军等	47.00	2018.8	PPT/二维码
36	建设工程项目管理（第三版）	978-7-301-30314-6	王　辉	40.00	2019.6	PPT/二维码
37	建设工程法规(第三版)	978-7-301-29221-1	皇甫婧琪	45.00	2018.4	PPT/二维码
38	建筑工程经济(第三版)	978-7-301-28723-1	张宁宁等	38.00	2017.9	PPT/答案/二维码
39	建筑施工企业会计（第三版）	978-7-301-30273-6	辛艳红	44.00	2019.3	PPT/二维码
40	建筑工程施工组织设计(第二版)	978-7-301-29103-0	鄢维峰等	37.00	2018.1	PPT/答案/二维码
41	建筑工程施工组织实训(第二版)	978-7-301-30176-0	鄢维峰等	41.00	2019.1	PPT/二维码
42	建筑施工组织设计	978-7-301-30236-1	徐运明等	43.00	2019.1	PPT/二维码
43	建设工程造价控制与管理（修订版）	978-7-301-24273-5	胡芳珍等	46.00	2019.8	PPT/答案/二维码
44	建筑工程计量与计价——透过案例学造价(第二版)	978-7-301-23852-3	张　强	59.00	2017.1	PPT/二维码
45	建筑工程计量与计价	978-7-301-27866-6	吴育萍等	49.00	2017.1	PPT/二维码
46	安装工程计量与计价(第四版)	978-7-301-16737-3	冯　钢	59.00	2018.1	PPT/答案/二维码
47	建筑工程材料	978-7-301-28982-2	向积波等	42.00	2018.1	PPT/二维码
48	建筑材料与检测(第二版)	978-7-301-25347-2	梅　杨等	35.00	2015.2	PPT/答案/二维码
49	建筑材料与检测	978-7-301-28809-2	陈玉萍	44.00	2017.11	PPT/二维码
50	建筑材料与检测实验指导（第二版）	978-7-301-30269-9	王美芬等	24.00	2019.3	二维码
51	市政工程概论	978-7-301-28260-1	郭　福等	46.00	2017.5	PPT/二维码
52	市政工程计量与计价(第三版)	978-7-301-27983-0	郭良娟等	59.00	2017.2	PPT/二维码

序号	书　名	书　号	编著者	定价	出版时间	配套情况
53	市政管道工程施工	978-7-301-26629-8	雷彩虹	46.00	2016.5	PPT/二维码
54	市政道路工程施工	978-7-301-26632-8	张雪丽	49.00	2016.5	PPT/二维码
55	市政工程材料检测	978-7-301-29572-2	李继伟等	44.00	2018.9	PPT/二维码
56	中外建筑史(第三版)	978-7-301-28689-0	袁新华等	42.00	2017.9	PPT/二维码
57	房地产投资分析	978-7-301-27529-0	刘永胜	47.00	2016.9	PPT/二维码
58	城乡规划原理与设计(原城市规划原理与设计)	978-7-301-27771-3	谭婧婧等	43.00	2017.1	PPT/素材/二维码
59	BIM 应用：Revit 建筑案例教程（修订版）	978-7-301-29693-6	林标锋等	58.00	2019.8	APP/PPT/二维码/试题/教案
60	居住区规划设计（第二版）	978-7-301-30133-3	张　燕	59.00	2019.5	PPT/二维码
61	建筑水电安装工程计量与计价(第二版) (修订版)	978-7-301-26329-7	陈连姝	62.00	2019.7	PPT/二维码
62	建筑设备识图与施工工艺(第 2 版)（修订版）	978-7-301-25254-3	周业梅	48.00	2019.8	PPT/二维码
	“十二五”职业教育国家规划教材					
1	★建设工程招投标与合同管理(第四版)（修订版）	978-7-301-29827-5	宋春岩	44.00	2019.9	PPT/答案/试题/教案
2	★工程造价概论（修订版）	978-7-301-24696-2	周艳冬	45.00	2019.8	PPT/答案/二维码
3	★建筑装饰施工技术(第二版)	978-7-301-24482-1	王　军	39.00	2014.7	PPT
4	★建筑工程应用文写作(第二版)	978-7-301-24480-7	赵　立等	50.00	2014.8	PPT
5	★建筑工程经济(第二版)	978-7-301-24492-0	胡六星等	41.00	2014.9	PPT/答案
6	★建设工程监理(第二版)	978-7-301-24490-6	斯　庆	35.00	2015.1	PPT/答案
7	★建筑节能工程与施工	978-7-301-24274-2	吴明军等	35.00	2015.5	PPT
8	★土木工程实用力学(第二版)	978-7-301-24681-8	马景善	47.00	2015.7	PPT
9	★建筑工程计量与计价(第三版)（修订版）	978-7-301-25344-1	肖明和等	60.00	2019.9	APP/二维码
10	★建筑工程计量与计价实训(第三版)	978-7-301-25345-8	肖明和等	29.00	2015.7	
	基础课程					
1	建设法规及相关知识	978-7-301-22748-0	唐茂华等	34.00	2013.9	PPT
2	建筑工程法规实务(第二版)	978-7-301-26188-0	杨陈慧等	49.50	2017.6	PPT
3	建筑法规	978-7301-19371-6	董　伟等	39.00	2011.9	PPT
4	建设工程法规	978-7-301-20912-7	王先恕	32.00	2012.7	PPT
5	AutoCAD 建筑绘图教程(第二版)	978-7-301-24540-8	唐英敏等	44.00	2014.7	PPT
6	建筑 CAD 项目教程(2010 版)	978-7-301-20979-0	郭　慧	38.00	2012.9	素材
7	建筑工程专业英语(第二版)	978-7-301-26597-0	吴承霞	24.00	2016.2	PPT
8	建筑工程专业英语	978-7-301-20003-2	韩　薇等	24.00	2012.2	PPT
9	建筑识图与构造(第二版)	978-7-301-23774-8	郑贵超	40.00	2014.2	PPT/答案
10	房屋建筑构造	978-7-301-19883-4	李少红	26.00	2012.1	PPT
11	建筑识图	978-7-301-21893-8	邓志勇等	35.00	2013.1	PPT
12	建筑识图与房屋构造	978-7-301-22860-9	贠　禄等	54.00	2013.9	PPT/答案
13	建筑构造与设计	978-7-301-23506-5	陈玉萍	38.00	2014.1	PPT/答案
14	房屋建筑构造	978-7-301-23588-1	李元玲等	45.00	2014.1	PPT
15	房屋建筑构造习题集	978-7-301-26005-0	李元玲	26.00	2015.8	PPT/答案
16	建筑构造与施工图识读	978-7-301-24470-8	南学平	52.00	2014.8	PPT
17	建筑工程识图实训教程	978-7-301-26057-9	孙　伟	32.00	2015.12	PPT
18	◎建筑工程制图(第二版)(附习题册)	978-7-301-21120-5	肖明和	48.00	2012.8	PPT
19	建筑制图与识图(第二版)	978-7-301-24386-2	曹雪梅	38.00	2015.8	PPT
20	建筑制图与识图习题册	978-7-301-18652-7	曹雪梅等	30.00	2011.4	
21	建筑制图与识图(第二版)	978-7-301-25834-7	李元玲	32.00	2016.9	PPT
22	建筑制图与识图习题集	978-7-301-20425-2	李元玲	24.00	2012.3	PPT
23	新编建筑工程制图	978-7-301-21140-3	方筱松	30.00	2012.8	PPT
24	新编建筑工程制图习题集	978-7-301-16834-9	方筱松	22.00	2012.8	
	建筑施工类					
1	建筑工程测量	978-7-301-16727-4	赵景利	30.00	2010.2	PPT/答案
2	建筑工程测量实训(第二版)	978-7-301-24833-1	杨凤华	34.00	2015.3	答案
3	建筑工程测量	978-7-301-19992-3	潘益民	38.00	2012.2	PPT
4	建筑工程测量	978-7-301-28757-6	赵　昕	50.00	2018.1	PPT/二维码
5	建筑工程测量	978-7-301-22485-4	景　铎等	34.00	2013.6	PPT
6	建筑施工技术	978-7-301-16726-7	叶　雯等	44.00	2010.8	PPT/素材
7	建筑施工技术	978-7-301-19997-8	苏小梅	38.00	2012.1	PPT
8	基础工程施工	978-7-301-20917-2	董　伟等	35.00	2012.7	PPT

序号	书　　名	书　　号	编著者	定价	出版时间	配套情况
9	建筑施工技术实训(第二版)	978-7-301-24368-8	周晓龙	30.00	2014.7	
10	PKPM 软件的应用(第二版)	978-7-301-22625-4	王　娜等	34.00	2013.6	
11	◎建筑结构(第二版)(上册)	978-7-301-21106-9	徐锡权	41.00	2013.4	PPT/答案
12	◎建筑结构(第二版)(下册)	978-7-301-22584-4	徐锡权	42.00	2013.6	PPT/答案
13	建筑结构学习指导与技能训练(上册)	978-7-301-25929-0	徐锡权	28.00	2015.8	PPT
14	建筑结构学习指导与技能训练(下册)	978-7-301-25933-7	徐锡权	28.00	2015.8	PPT
15	建筑结构(第二版)	978-7-301-25832-3	唐春平等	48.00	2018.6	PPT
16	建筑结构基础	978-7-301-21125-0	王中发	36.00	2012.8	PPT
17	建筑结构原理及应用	978-7-301-18732-6	史美东	45.00	2012.8	PPT
18	建筑结构与识图	978-7-301-26935-0	相秉志	37.00	2016.2	
19	建筑力学与结构	978-7-301-20988-2	陈水广	32.00	2012.8	PPT
20	建筑力学与结构	978-7-301-23348-1	杨丽君等	44.00	2014.1	PPT
21	建筑结构与施工图	978-7-301-22188-4	朱希文等	35.00	2013.3	PPT
22	建筑材料(第二版)	978-7-301-24633-7	林祖宏	35.00	2014.8	PPT
23	建筑材料与检测(第二版)	978-7-301-26550-5	王　辉	40.00	2016.1	PPT
24	建筑材料与检测试验指导(第二版)	978-7-301-28471-1	王　辉	23.00	2017.7	PPT
25	建筑材料选择与应用	978-7-301-21948-5	申淑荣等	39.00	2013.3	PPT
26	建筑材料检测实训	978-7-301-22317-8	申淑荣等	24.00	2013.4	
27	建筑材料	978-7-301-24208-7	任晓菲	40.00	2014.7	PPT/答案
28	建筑材料检测试验指导	978-7-301-24782-2	陈东佐等	20.00	2014.9	PPT
29	◎地基与基础(第二版)	978-7-301-23304-7	肖明和等	42.00	2013.11	PPT/答案
30	地基与基础实训	978-7-301-23174-6	肖明和等	25.00	2013.10	PPT
31	土力学与基础工程	978-7-301-23590-4	宁培淋等	32.00	2014.1	PPT
32	土力学与地基基础	978-7-301-25525-4	陈东佐	45.00	2015.2	PPT/答案
33	建筑施工组织与进度控制	978-7-301-21223-3	张廷瑞	36.00	2012.9	PPT
34	建筑施工组织项目式教程	978-7-301-19901-5	杨红玉	44.00	2012.1	PPT/答案
35	钢筋混凝土工程施工与组织	978-7-301-19587-1	高　雁	32.00	2012.5	PPT
36	建筑施工工艺	978-7-301-24687-0	李源清等	49.50	2015.1	PPT/答案
工程管理类						
1	建筑工程经济	978-7-301-24346-6	刘晓丽等	38.00	2014.7	PPT/答案
2	建筑工程项目管理(第二版)	978-7-301-26944-2	范红岩等	42.00	2016. 3	PPT
3	建设工程项目管理(第二版)	978-7-301-28235-9	冯松山等	45.00	2017.6	PPT
4	建筑施工组织与管理(第二版)	978-7-301-22149-5	翟丽旻等	43.00	2013.4	PPT/答案
5	建设工程合同管理	978-7-301-22612-4	刘庭江	46.00	2013.6	PPT/答案
6	建筑工程招投标与合同管理	978-7-301-16802-8	程超胜	30.00	2012.9	PPT
7	工程招投标与合同管理实务	978-7-301-19035-7	杨甲奇等	48.00	2011.8	ppt
8	工程招投标与合同管理实务	978-7-301-19290-0	郑文新等	43.00	2011.8	ppt
9	建设工程招投标与合同管理实务	978-7-301-20404-7	杨云会等	42.00	2012.4	PPT/答案/习题
10	工程招投标与合同管理	978-7-301-17455-5	文新平	37.00	2012.9	PPT
11	建筑工程安全管理(第 2 版)	978-7-301-25480-6	宋　健等	43.00	2015.8	PPT/答案
12	施工项目质量与安全管理	978-7-301-21275-2	钟汉华	45.00	2012.10	PPT/答案
13	工程造价控制(第 2 版)	978-7-301-24594-1	斯　庆	32.00	2014.8	PPT/答案
14	工程造价管理(第二版)	978-7-301-27050-9	徐锡权等	44.00	2016.5	PPT
15	建筑工程造价管理	978-7-301-20360-6	柴　琦等	27.00	2012.3	PPT
16	工程造价管理(第 2 版)	978-7-301-28269-4	曾　浩等	38.00	2017.5	PPT/答案
17	工程造价案例分析	978-7-301-22985-9	甄　凤	30.00	2013.8	PPT
18	◎建筑工程造价	978-7-301-21892-1	孙咏梅	40.00	2013.2	PPT
19	建筑工程计量与计价	978-7-301-26570-3	杨建林	46.00	2016.1	PPT
20	建筑工程计量与计价综合实训	978-7-301-23568-3	龚小兰	28.00	2014.1	
21	建筑工程估价	978-7-301-22802-9	张　英	43.00	2013.8	PPT
22	安装工程计量与计价综合实训	978-7-301-23294-1	成春燕	49.00	2013.10	素材
23	建筑安装工程计量与计价	978-7-301-26004-3	景巧玲等	56.00	2016.1	PPT
24	建筑安装工程计量与计价实训(第二版)	978-7-301-25683-1	景巧玲等	36.00	2015.7	
25	建筑与装饰装修工程工程量清单(第二版)	978-7-301-25753-1	翟丽旻等	36.00	2015.5	PPT
26	建筑工程清单编制	978-7-301-19387-7	叶晓容	24.00	2011.8	PPT
27	建设项目评估(第二版)	978-7-301-28708-8	高志云等	38.00	2017.9	PPT
28	钢筋工程清单编制	978-7-301-20114-5	贾莲英	36.00	2012.2	PPT
29	建筑装饰工程预算(第二版)	978-7-301-25801-9	范菊雨	44.00	2015.7	PPT

序号	书　　名	书　　号	编著者	定价	出版时间	配套情况
30	建筑装饰工程计量与计价	978-7-301-20055-1	李茂英	42.00	2012.2	PPT
31	建筑工程安全技术与管理实务	978-7-301-21187-8	沈万岳	48.00	2012.9	PPT
	建筑设计类					
1	建筑装饰 CAD 项目教程	978-7-301-20950-9	郭　慧	35.00	2013.1	PPT/素材
2	建筑设计基础	978-7-301-25961-0	周圆圆	42.00	2015.7	
3	室内设计基础	978-7-301-15613-1	李书青	32.00	2009.8	PPT
4	建筑装饰材料(第二版)	978-7-301-22356-7	焦　涛等	34.00	2013.5	PPT
5	设计构成	978-7-301-15504-2	戴碧锋	30.00	2009.8	PPT
6	设计色彩	978-7-301-21211-0	龙黎黎	46.00	2012.9	PPT
7	设计素描	978-7-301-22391-8	司马金桃	29.00	2013.4	PPT
8	建筑素描表现与创意	978-7-301-15541-7	于修国	25.00	2009.8	
9	3ds Max 效果图制作	978-7-301-22870-8	刘　晗等	45.00	2013.7	PPT
10	Photoshop 效果图后期制作	978-7-301-16073-2	脱忠伟等	52.00	2011.1	素材
11	3ds Max & V-Ray 建筑设计表现案例教程	978-7-301-25093-8	郑恩峰	40.00	2014.12	PPT
12	建筑表现技法	978-7-301-19216-0	张　峰	32.00	2011.8	PPT
13	装饰施工读图与识图	978-7-301-19991-6	杨丽君	33.00	2012.5	PPT
14	构成设计	978-7-301-24130-1	耿雪莉	49.00	2014.6	PPT
15	装饰材料与施工(第 2 版)	978-7-301-25049-5	宋志春	41.00	2015.6	PPT
	规划园林类					
1	居住区景观设计	978-7-301-20587-7	张群成	47.00	2012.5	PPT
2	园林植物识别与应用	978-7-301-17485-2	潘　利等	34.00	2012.9	PPT
3	园林工程施工组织管理	978-7-301-22364-2	潘　利等	35.00	2013.4	PPT
4	园林景观计算机辅助设计	978-7-301-24500-2	于化强等	48.00	2014.8	PPT
5	建筑・园林・装饰设计初步	978-7-301-24575-0	王金贵	38.00	2014.10	PPT
	房地产类					
1	房地产开发与经营(第 2 版)	978-7-301-23084-8	张建中等	33.00	2013.9	PPT/答案
2	房地产估价(第 2 版)	978-7-301-22945-3	张　勇等	35.00	2013.9	PPT/答案
3	房地产估价理论与实务	978-7-301-19327-3	褚菁晶	35.00	2011.8	PPT/答案
4	物业管理理论与实务	978-7-301-19354-9	裴艳慧	52.00	2011.9	PPT
5	房地产营销与策划	978-7-301-18731-9	应佐萍	42.00	2012.8	PPT
6	房地产投资分析与实务	978-7-301-24832-4	高志云	35.00	2014.9	PPT
7	物业管理实务	978-7-301-27163-6	胡大见	44.00	2016.6	
	市政与路桥					
1	市政工程施工图案例图集	978-7-301-24824-9	陈亿琳	43.00	2015.3	PDF
2	市政工程计价	978-7-301-22117-4	彭以舟等	39.00	2013.3	PPT
3	市政桥梁工程	978-7-301-16688-8	刘　江等	42.00	2010.8	PPT/素材
4	市政工程材料	978-7-301-22452-6	郑晓国	37.00	2013.5	PPT
5	路基路面工程	978-7-301-19299-3	偶昌宝等	34.00	2011.8	PPT/素材
6	道路工程技术	978-7-301-19363-1	刘　雨等	33.00	2011.12	PPT
7	城市道路设计与施工	978-7-301-21947-8	吴颖峰	39.00	2013.1	PPT
8	建筑给排水工程技术	978-7-301-25224-6	刘　芳等	46.00	2014.12	PPT
9	建筑给水排水工程	978-7-301-20047-6	叶巧云	38.00	2012.2	PPT
10	数字测图技术	978-7-301-22656-8	赵　红	36.00	2013.6	PPT
11	数字测图技术实训指导	978-7-301-22679-7	赵　红	27.00	2013.6	PPT
12	道路工程测量(含技能训练手册)	978-7-301-21967-6	田树涛等	45.00	2013.2	PPT
13	道路工程识图与 AutoCAD	978-7-301-26210-8	王容玲等	35.00	2016.1	PPT
	交通运输类					
1	桥梁施工与维护	978-7-301-23834-9	梁　斌	50.00	2014.2	PPT
2	铁路轨道施工与维护	978-7-301-23524-9	梁　斌	36.00	2014.1	PPT
3	铁路轨道构造	978-7-301-23153-1	梁　斌	32.00	2013.10	PPT
4	城市公共交通运营管理	978-7-301-24108-0	张洪满	40.00	2014.5	PPT
5	城市轨道交通车站行车工作	978-7-301-24210-0	操　杰	31.00	2014.7	PPT
6	公路运输计划与调度实训教程	978-7-301-24503-3	高福军	31.00	2014.7	PPT/答案
	建筑设备类					
1	水泵与水泵站技术	978-7-301-22510-3	刘振华	40.00	2013.5	PPT
2	智能建筑环境设备自动化	978-7-301-21090-1	余志强	40.00	2012.8	PPT
3	流体力学及泵与风机	978-7-301-25279-6	王　宁等	35.00	2015.1	PPT/答案

注：为“互联网+”创新规划教材；★为“十二五”职业教育国家规划教材；◎为国家级、省级精品课程配套教材，省重点教材。如需相关教学资源如电子课件、习题答案、样书等可联系我们获取。联系方式：010-62756290，010-62750667，pup_6@163.com，欢迎来电咨询。